干细胞毒理学

江桂斌　〔意〕费凡（Francesco Faiola）　殷诺雅　主编

科学出版社
北京

内 容 简 介

本书系统介绍干细胞毒理学的基础知识，内容涵盖毒理学和干细胞基础理论、干细胞毒理学多种模型的构建和应用，以及风险管理和未来发展趋势。本书共 4 章：第 1 章绪论，对毒理学的基本概念进行简要介绍，强调毒理学领域当前面临的挑战以及干细胞技术对该领域发展的积极作用；第 2 章干细胞毒理学基础，从经典的干细胞理论出发，详细介绍干细胞毒理学的基础知识和发展历程；第 3 章干细胞毒理学实用模型，全面介绍干细胞分化衍生的各种模型，包括脑、肝脏、心血管、胰腺、皮肤、肺、脂肪、肾脏、肌肉、生殖细胞等；第 4 章干细胞毒理学模型应用和风险管理，系统阐释干细胞毒理学模型在化学品毒性评估中的实际应用以及研究中可能涉及的伦理原则和法规问题，最后展望干细胞毒理学领域未来的发展方向，强调跨学科合作和技术创新对该领域的推动作用。

本书适合毒理学和干细胞生物学相关领域的科研人员阅读参考。

图书在版编目（CIP）数据

干细胞毒理学 / 江桂斌, (意) 费凡 (Francesco Faiola), 殷诺雅主编. 北京 : 科学出版社, 2025.3. -- ISBN 978-7-03-080623-9

Ⅰ. Q24

中国国家版本馆 CIP 数据核字第 2024QH9602 号

责任编辑：朱 丽 郭允允 李 洁 / 责任校对：郝甜甜

责任印制：徐晓晨 / 封面设计：无极书装

科 学 出 版 社 出版

北京东黄城根北街 16 号

邮政编码: 100717

http://www.sciencep.com

北京建宏印刷有限公司印刷

科学出版社发行 各地新华书店经销

*

2025 年 3 月第 一 版 开本：787 × 1092 1/16

2025 年 3 月第一次印刷 印张：18 1/2

字数：436 000

定价：228.00 元

（如有印装质量问题，我社负责调换）

《干细胞毒理学》
编写委员会

主　编　江桂斌　费凡（Francesco Faiola）　殷诺雅

副主编　杨仁君

编　委　周群芳　梁胜贤　胡博文　刘抒羽　梁小星

前　言

工业革命以来，随着科学技术的进步，人类认识世界和改造世界的步伐越来越快。在新物质创造方面，分子合成、分子药物与分子工程承载了社会高质量发展的梦想，大大推动了物质世界的文明进程。与此同时，每年数以万计的新化学物质在监管体系尚未完全覆盖或者对其长期环境影响并不清楚的情况下进入环境，这些潜在风险亟待系统评估。这要求科学界建立完善的环境健康风险评估的认知框架，从分子、细胞到组织器官层面系统解析化学物质与生命系统的相互作用机制。当前毒理学研究正面临两大挑战：动物模型由于存在种属差异而造成的局限性，以及传统方法难以动态检测化学物质在胚胎发育等关键阶段的分子损伤过程。而干细胞技术的发展，为破解这些问题提供了有效方案——通过构建类器官、器官芯片等“体外微观宇宙”，科学家得以在时空维度上全景再现污染物与生命系统的动态关联。

在生命科学与环境科学的深度交融中，干细胞毒理学展现出独特优势。干细胞毒理学（Stem Cell Toxicology）是毒理学的一个新兴分支学科，其核心是利用干细胞的增殖、分化等特性，研究外源性化合物对细胞、组织及生物体发育过程的毒性效应及其分子机制，尤其关注对人类健康的综合影响。干细胞毒理学整合细胞测序、空间转录组等技术，能够动态追踪化学物质对细胞分化过程的影响，还可通过终末分化获得的不同组织细胞评价化学物质的靶器官毒性。随着3D生物打印技术构建出类器官的血管网络，科学家已建立起发育毒性评估的体外支撑系统，这为建立新污染物预警体系提供了有力的技术支撑。

干细胞毒理学的发展始于我们在2013年的决策——将干细胞生物学与环境毒理学交叉融合、开创发展干细胞毒理学学科。作为干细胞毒理学的提出者与推动者，江桂斌院士以前瞻性视野将干细胞技术整合到环境化学–环境毒理学–环境健康体系之中。他主导构建的“干细胞–环境暴露–健康效应”研究范式，突破了传统动物实验的局限，建立起涵盖急性毒性、胚胎毒性、发育毒性等多维度的评估体系。2015年，环境化学与生态毒理学国家重点实验室外籍专家Francesco Faiola在环境科学领域顶级期刊*Environmental Science & Technology*发表题为“*The Rise of Stem Cell Toxicology*”（《干细胞毒理学的崛起》）的论文，系统阐述了干细胞毒理学的理论框架。这种基于人源干细胞的创新平台，不仅显著提升了毒性评估的生理相关性，更实现了对人体健康影响的全生命周期动态监测，为化学品安全评估提供了重要解决方案。

《干细胞毒理学》一书系统梳理了该领域近十年来的发展轨迹，从早期二维毒性筛查模型到当前器官芯片、类器官等三维培养体系的技术演进，深入解析了干细胞技术在毒性机制研究中的创新应用。本书突出学科交叉知识特色，整合毒理学、干细胞生物学、发育生物学等多领域方法论，为研究人员提供从基础理论到转化应用的系统支持。

干细胞毒理学领域的迅速发展，提供了一种更符合生理学和伦理学的毒性测试方法。这种方法有望提高化合物和药物使用的安全性，并更好地评估环境污染物潜在的安全风险。本书作为传统毒理学与干细胞生物学专著的补充，聚焦环境健康研究领域的学科交叉，介绍毒理学前沿领域的最新研究范式与技术路径，旨在为读者把握生命科学与环境科学交叉领域的新兴研究方向提供多维认知视角。

本书由 Francesco Faiola、殷诺雅、杨仁君以及周群芳、梁胜贤、胡博文、刘抒羽、梁小星等专家合作完成。感谢学界同仁们的支持，从阅读初稿到精心修改。感谢科学出版社各位编辑的辛勤奉献，特别是朱丽编辑、郭允允编辑在整个过程中专业的指导和一丝不苟的编校工作。由于时间限制以及作者学识水平的局限，在撰写和修改过程中难免存在观点不成熟和疏漏之处，还请读者批评指正。

科学的发展是无止境的，干细胞毒理学也会随着时间的推移而不断发展、革新。期待本书能为相关研究领域工作者提供有益参考，对已经从事或未来即将从事干细胞毒理学研究的人员起到抛砖引玉的作用。各位读者的兴趣、讨论和批评指正都是我们期待和盼望之处。

作　者

2025 年 2 月

目　　录

第 1 章　绪　　论

1.1　毒理学概述

毒理学（toxicology）一词的起源可追溯到 1655 年的拉丁语词汇“toxicus”，其含义为“毒物”（toxicant）。这门学科拥有悠久的历史背景，初期聚焦于对不同毒物应用的探索，尤其关注毒物对生物体造成的急性危害或致命效应。随着科学的不断发展和进步，现代毒理学逐渐演变为一门关注特定情景下生物体与化学、生物或物理物质接触所引发有害效应（毒性）的学科。毒理学的使命不仅在于定性鉴定环境中引起生物体损害的有害物质，还包括对引发毒性的环境因素进行定量检测。该领域的研究范围涵盖了自然界中存在的各种各样的环境物质和化学品，以及人类合成的用于医疗用途的药物。作为一门实验性科学，毒理学专注于研究有毒物质对生物体的毒害效应和作用机制，以便对外源性物质的安全风险进行评估。

作为一门交叉学科，环境毒理学将环境科学、毒理学、数学计算、生态学和化学等多个领域的知识与概念相交融，其核心使命在于探讨与环境污染息息相关的生态毒理、水毒理和环境健康问题。另外，毒理学与药理学类似，都关注化学物质的基本特性及其对生物体的影响，而在应用层面两者又呈现差异，药理学专注于研究药物试剂的治疗效应，毒理学则重点关注生物体接触化学物质后引发的负面效应。因此，通过风险评估工具阐述物质的潜在危害成为毒理学家的关注重点。

1.1.1　毒理学的性质和任务

毒理学是研究化合物对生物体产生有害作用的科学。有毒（toxic）指的是物质能够产生意想不到或对健康造成不利影响的特性，而毒性（toxicity）则指的是物质对生物体产生负面效应的能力。毒性物质在生物体内产生效应的组织和器官可能大不相同。以氨基糖苷类药物为例，尽管其主要应用于泌尿道或胃肠道细菌感染的治疗，但可能造成对听觉神经或肾脏的特异性损害。毒物进入机体并分布到各个部位，通常只会对特定部位造成损害，因此，只有那些受到影响的区域才被视为该毒物的作用靶标（target site），而受损的组织器官则被称为毒物的靶组织（target tissue）或靶器官（target organ）。

根据研究目的不同，毒理学研究任务通常可被分为以下三方面。

1.1.1.1　描述毒理学

描述毒理学（descriptive toxicology）通常只考虑物质的毒性结果，这也是药物进行安全性评价时需要提供的基本毒理学信息。例如，通过动物实验获得药物的毒性资料，从而评估其对人体的潜在毒性作用。这类毒理学实验通常在商业性机构或政府机构的毒性实验室进行，其目的均为获得药物的基本毒性信息或建立相关数据库等，主要用于确定药物在通常情况下对各种器官的毒性效应。实验内容包括对实验品的急性毒性或长期毒性、遗传毒性、生殖毒性和致癌性的检测，以及机体对毒物的代谢、吸收、分布和蓄积情况的检测，另外还需检测实验品产生毒性作用的量效关系。

1.1.1.2　机制毒理学

机制毒理学（mechanistic toxicology）主要通过研究化合物引起细胞或组织发生的生理或生化改变，阐明该化合物对机体产生毒性作用的具体机制。通常情况下，这些机制的阐明需要在细胞组织学、生物化学和分子生物学的水平来明确药物产生毒性效应的生物学过程。因此，机制毒理学在危险性评估中意义深远。

1.1.1.3　应用毒理学

应用毒理学（applied toxicology）的研究内容主要是基于描述毒理学和（或）机制毒理学提供的资料，并经过系统的毒性研究来明确受试化合物的危险性是否足够低。应用毒理学的研究范畴类似于新药进入临床前的安全性评价，政府机构［如美国食品药品监督管理局（FDA）、中国国家药品监督管理局］根据应用毒理学的研究资料，最终决定某种药物、化妆品、保健食品添加剂是否安全及能否上市。

虽然毒理学按照研究领域可分为上述几种，但是它们均具有两个特点：①验证受试物的理化或生物因素对机体产生有害作用的本质；②评价生物体在特殊染毒情况下，毒性效应出现的可能性。因此，毒理学研究的根本目的是认识并掌握物质的毒性效应及毒性机制，为其安全应用或合理管控提供科学依据。

1.1.2　毒性作用类别

毒物通常是指人工制造的毒性物质，在广义上药物也属于毒物的范畴；毒素（toxin）则指的是天然存在的毒性物质，如蛇毒、箭毒等，有些毒素在特殊情况下也具有治疗价值。根据不同的目的和需求，可按照毒物的靶器官（如肝、肾、造血系统等）、用途（药物、化妆品、溶剂、食品添加剂等）、来源（动物或植物毒素）及其毒性作用（致畸、致癌、致突变等）来对其进行分类。另外，还可按照毒物发挥作用的生化机制对其进行分类（如巯基抑制剂、高铁血红蛋白形成剂等），这种分类方法则比上述分类具有更加明确的意义。

在一定范围内，毒性效应与毒物剂量成正比的关系，称为量效关系。毒性效应的强弱随着毒物剂量的变化呈现连续性增加或减少的反应，称为量反应（graded response），其特点是能够通过具体的数值或最大效应的百分比来表示，如心率的快慢、粒细胞数量的增减、血压的升降等。如果将毒性效应作为纵坐标，将毒物浓度的对数值作为横坐标，那么量效关系将会呈现出典型的 S 形对称曲线，曲线中段的斜率较大，则说明毒性效应较为剧烈，而平坦部分斜率较小，则说明毒性效应相对缓和。

一些毒物的毒性效应无法量化，仅可用有或无、阴性或阳性等来表示，这类效应称为质反应（quantal response），如死亡与存活，此类毒性效应的检测必须采用多个动物或标本进行实验，通过阳性率来表示毒性效应。如果将累加阳性率和剂量（或浓度）的对数值作为参数作图，也将得到典型的S形对称的质反应曲线。通过该曲线能够看出毒物的半数有效量（median effective dose，ED_{50}），即能够引起50%的受试动物或实验标本产生反应的浓度或剂量，若毒物引起的毒性效应为受试物的死亡，该毒物的ED_{50}则称为半数致死剂量（median lethal dose，LD_{50}），LD_{50}与ED_{50}的比值是物质安全性评估的重要依据。

毒性效应包括急性毒性效应、长期毒性效应、特殊毒性效应（如药物对生殖、发育和遗传物质的影响和致癌性）以及对接触部位产生的局部反应。通常地，毒性效应可细分为以下几种。

1.1.2.1　变态反应

变态反应（allergic reaction）是一类免疫反应，其发生机制是非肽类化合物作为半抗原与机体中的蛋白结合，通过过敏过程而发生的反应，也称过敏反应（hypersensitive reaction），常见于过敏体质人群。变态反应的临床表现不尽相同且因人而异，反应性质与毒物接触剂量和毒物固有效应均无关，并且用药理拮抗药解救无效。变态反应的严重程度在不同个体之间存在显著差异，范围从轻微的皮疹、发热，到造血系统抑制、肝损伤、休克，甚至死亡，个体可能仅表现为一种症状，也可能同时出现多种症状；当机体与毒物的接触中断后，过敏反应逐渐减退，但再次接触可能会重新引发。虽然可以通过动物实验发现一些能够引发过敏反应的化合物，但由于动物与人之间的种属差异，很难将动物的实验结果完全推广到人体。例如，某些变态反应在动物体内并不存在，一些如皮疹之类的变态反应在动物身上不易被观察到。因此在研究化合物的过敏性时，合适的模型非常重要，豚鼠就是一个相对理想的模型，如果在豚鼠过敏实验中呈现阳性结果，那么这对人类健康具有重要的参考价值，不过，如果在豚鼠过敏实验中得出阴性结果，并不意味着人类也会呈现阴性结果。

1.1.2.2　毒性反应

毒性反应（toxic reaction）指的是当化合物在体内剂量过大或积累过多时，对特定的靶器官（组织）产生危害性的反应，这种反应通常比较严重。急性毒性反应通常会影响循环系统、呼吸系统以及神经系统，而慢性毒性反应则往往会对肝脏、肾脏、骨髓、内分泌系统等产生损害。新药在进行临床前评价时，通常会进行急性毒性实验，并观察动物在死亡前出现的症状，从而了解急性毒性可能对机体造成的损害。另外，长期毒性实验会使用远高于推荐临床用药剂量数十倍的剂量，并延长给药期限到远超过临床用药疗程的倍数，目的在于了解当人体使用药物剂量过大或药物在体内积累过多时，可能出现的毒性反应，包括影响哪些器官、损伤程度以及这些损伤是否可逆等。这些信息有助于指导临床用药的合理安排，以尽量避免或减轻药物对机体造成的损害。

1.1.2.3　致癌性

药物的致癌性（carcinogenesis）可能来源于长期用药所引发的毒性效应，主要通过对遗传物质的损害诱发肿瘤形成，同时可能通过对非遗传物质的伤害产生作用。此外，致癌性还可能表现为迟发效应，例如，当胚胎在母体子宫内接触到己烯雌酚等物质时，其可能会在出生 20~30 年之后才患阴道癌[1]。

1.1.2.4　生殖毒性和发育毒性

生殖毒性主要指针对处于生育年龄的人群，在用药后可能对其生殖系统、生育相关神经系统或内分泌系统产生不良效应，这些效应包括精子和卵细胞的异常、不孕不育、流产等问题。发育毒性则特指在怀孕期间接触化合物后，直接对胚胎发育造成的影响，这种影响可能表现为在胚胎的器官形成期接触化合物而导致的形态畸形，或在其他发育阶段接触药物后，胚胎出现以功能异常或发育迟缓为主的毒性反应。例如，胚胎在发育的最后三分之一阶段，神经和生殖系统尚未完全发育完善，此时受到外界影响可能导致出生后胎儿的生理反射和行为异常，以及生殖系统形态和功能的异常。在评估生殖毒性时，还需要考虑药物对子代生殖系统的影响，也就是多代毒性评价（multigenerational study）。

1.1.2.5　致突变与遗传毒性

致突变与遗传毒性（mutagenesis and genetic toxicity）主要关注的是当人类接触化合物后，化合物对遗传物质造成的损害。某些化合物可能会损伤人类的遗传物质，导致突变发生，从而对人类自身及其后代产生影响。根据突变的类型以及遗传物质的改变情况，可分为显微镜下可见的突变（如细胞染色体畸变、细胞微核形成）和发生在生物大分子水平上的无法直接观察到的遗传物质损伤。前者涉及细胞染色体数量和结构的变化，后者包括碱基取代和移码突变。当化合物对遗传物质造成损害后，如果化合物导致细胞死亡，则毒性后果相对较轻；但如果细胞仍能存活，则后果更为严重，这种情况往往根据受损细胞类型的不同而产生不同的毒性作用，其可能导致血液系统疾病问题，甚至可能引发癌变和畸变等严重后果。

1.1.2.6　特异质反应

由于个体间存在着先天性的遗传差异，有些个体对某些化合物显得特别敏感，引发的反应性质可能与正常人有所不同，这种现象被称为特异质反应（idiosyncrasy）。不过，这种特异质反应仍然遵循化合物的固有理化特性，且反应的严重程度与暴露剂量成正比。这种反应是由遗传缺陷引起的，并非免疫系统的异常反应，因此不需要预先致敏过程。例如，那些体内缺乏葡萄糖-6-磷酸脱氢酶（G6PDH）的个体接触伯氨喹后，由于机体无法迅速生成还原型烟酰胺腺嘌呤二核苷酸磷酸（NADPH），体内还原型谷胱甘肽水平迅速下降，进而使得红细胞膜无法得到足够的保护而发生溶血，同时无法将高铁血红蛋白还原为血红蛋白，导致高铁血红蛋白症的发生[2]。

上述毒性反应大多在接触化合物后不久就会出现，称为速发型毒性效应；有些毒性作用在接触化合物很长时间后才显现，称为迟发型毒性效应；某些化合物的毒性作用在停止接触后会逐渐减轻甚至消失，称为可逆型毒性效应；而有些毒性作用一旦发生，便无法逆转，称为不可逆型毒性效应（即无法恢复的毒性效应）。例如，某些药物可能会损伤肝脏组织，而肝脏具有很强的再生能力，因此大部分损伤可以得到逆转；与此相反，中枢神经系统细胞已经分化成熟，一旦受损，便无法再生或被替代，因此常常出现无法逆转的毒性效应。

化合物仅在初次接触的局部位置产生毒性效应，称为局部毒性（local toxicity）；而化合物被吸收且在机体内分布并产生影响，则称为全身毒性。值得注意的是，化合物并不一定会在所有器官和组织中产生相同的毒性效应，通常情况下，它只会对1~2个特定的目标组织产生毒性效应，而且这些毒性效应的强弱也可能有所不同。

1.1.3 毒性作用机制

根据化合物接触途径和剂量的不同，毒性作用可分为两种类型：损害机体功能和（或）损害机体结构。毒性作用的程度和特点被视为判断某种化合物是否具有潜在危害的依据，因此，阐明化合物引发毒性效应的机制在理论上具有重要意义，包括探究毒物如何进入器官，如何与靶分子相互作用，如何展现其有害作用，以及最终机体又是如何产生对应结果的。

化合物的毒性作用机制在理论和实践中都具有重要意义。它不仅能够用来预测化合物的毒性效应结果，还可以评估化合物引发有害作用的可能性，以帮助制定防护或对抗毒性效应的措施，并指导设计毒性更低的化合物等。随着毒性机制的解析，我们能够更好地理解毒物的基本毒性作用过程，如神经递质环节的毒性作用、DNA修复环节的毒性作用等，这种深入了解有助于推动我们在实践中应用这些知识来应对潜在的健康风险。

由于存在众多毒物，并且机体的生理结构具有多种可受损性，因此潜在的毒性作用形式多种多样。当毒物仅仅存在于机体的关键部位，而没有与靶分子发生相互作用时，会产生最直接的毒性作用。例如，某些药物进入肾小管，阻碍尿液的形成，从而在这个通路上产生毒性作用。更复杂的情况涉及毒物与靶分子的结合，引发细胞功能紊乱等，从而引发毒性作用，河鲀毒素引起的毒性作用就属于这类情况。河鲀毒素被机体摄入后，会干扰运动神经元上的钠离子通道，导致钠离子通道阻滞，抑制运动神经活动，最终导致骨骼肌麻痹[3]，目前尚未发现任何修复机制能够逆转河鲀毒素的作用。最为复杂的毒性作用涉及机体多方面的变化，首先，毒物到达机体一个或多个靶点，然后与内部的靶分子相互作用，触发对细胞功能和（或）结构的干预效应，继而激发分子、细胞和（或）组织的修复作用。然而，毒物引发的干预效应超过机体的修复能力或修复功能，导致机体出现异常时，就会产生毒性作用。

1.1.3.1 从接触部位到靶组织

毒性效应的强弱主要由终毒物（ultimate toxicant）在作用部位蓄积的浓度和持续时间决定。终毒物是指能够与内源性的靶分子（如受体、酶、DNA、大分子蛋白质、脂质）发生作用并引起其结构和（或）功能变化的化学物质。终毒物通常包括化合物的原型以及代谢产物，或者是在生物体内发生转化时产生的活性氧（ROS）和活性氮等活性物质。这些终毒物是导致毒性效应的关键因素，它们对生物体内部的分子和细胞产生影响，引发毒性反应。靶分子在作用部位的终毒物浓度受到其在该位置上的动态过程的影响，包括其在作用部位的吸收、分布、再吸收以及代谢激活等过程。

1.1.3.2 终毒物与靶分子的反应

毒性效应首先通过终毒物与靶分子之间的特定反应介导，然后引发一系列继发生化反应，最后导致机体各个层次包括靶分子本身、细胞器、细胞、组织和器官，乃至整个机体的功能障碍或损伤。由于毒性效应由终毒物与靶分子的相互作用而引发，因此需要考虑以下因素：①终毒物和靶分子的相互作用类型；②靶分子的特性；③终毒物对靶分子产生的影响。

1）毒性反应类型

A. 非共价键结合

非共价键结合类的毒性反应产生于分子间的极性作用，如氢键和离子键的形成。这类毒性反应的作用通常出现在化合物及其活性代谢产物与细胞膜受体、细胞内受体、离子通道以及一些酶的相互作用中。例如，士的宁与脊髓棘突运动神经甘氨酸受体的结合、华法林与维生素 K 环氧还原酶的结合。由于非共价键结合的键能相对较低、亲和力较弱，因此这类毒性反应是可逆的。

B. 共价键结合

共价键结合是一种不可逆的结合方式，能够从根本上改变生物体内大分子结构，在毒理学领域具有重要意义。具有非离子和阳离子基团的亲电子化合物常常形成共价加成物，这些化合物可与生物体内的大分子如蛋白质和核酸中的亲核基团发生反应。毒物在生物体内转化而产生的中性自由基，如 HO·和·CCl_3，可与生物大分子形成共价结合。例如，·CCl_3 能够加成到脂质或脂肪基团的双键碳原子上，形成含氯甲基脂肪酸。亲核性化合物则能够与体内的亲电物质发生反应，这种反应并不常见，因为生物分子中含有亲电物质相对较少，典型的例子是，在体内的电子转移反应中，亲核性化合物与血红蛋白发生的反应。

C. 氢键吸引

中性自由基容易从内源性化合物上夺取氢（H）原子，使得这些化合物转变成自由基状态。例如，它们可从巯基（R—SH）上获取氢原子，产生 R—S·自由基，成为其他巯基氧化产物如磺酸类（R—SOH）和二硫键产物（R—S—S—R）的前体。羟基能够从游离氨基酸和蛋白质氨基酸残基的—CH_2 基团上夺取氢，形成羰基。这些羰基可与胺类反应，进而与 DNA 或其他蛋白质形成交叉联结。此外，中性自由基也可从 DNA 脱氧核糖上夺取氢，导致 C-4′基的生成，该基团在水解作用下可引发 DNA 链的断裂。中性自由基还可从脂肪酸上夺取氢并产生脂肪基团，从而引发脂质过氧化反应。

D. 电子转移

某些化合物能够将血红蛋白携带的二价铁离子（Fe^{2+}）氧化生成三价铁离子（Fe^{3+}），

导致出现亚硝基氧化血红蛋白和高铁血红蛋白血症。苯胺类和酚类化合物均能够与血红蛋白发生氧化反应，从而形成高铁血红蛋白，并生成过氧化氢。

E. 酶反应

一些毒素能够对特定的靶蛋白产生酶催化效应。例如，蓖麻毒蛋白能够引发核蛋白体的水解断裂，从而阻断蛋白质的合成过程；一些细菌毒素能够催化 ADP-核糖从烟酰胺腺嘌呤二核苷酸（NAD）转移至特定蛋白质上；蛇毒中含有的水解酶能够破坏生物分子等。

总的来说，许多化合物及其活性代谢产物与生物大分子的作用方式，都基于它们自身的化学特性。其中，一些化合物及其代谢产物具有多种化学活性，它们可通过多种机制与不同的靶分子发生反应。

2）靶分子属性

所有内源性分子都是化合物及其活性代谢产物的潜在作用靶点。探究化合物对靶分子的毒性作用特征，是毒理学研究的重要内容之一。毒性作用的靶分子通常是大分子，尤其是 DNA 和蛋白质，小分子如细胞膜脂质也常常成为化合物毒性作用靶分子，而一些高能化合物如腺苷三磷酸（ATP）或辅酶（如辅酶 A 和吡哆醛）则通常不是毒性作用的靶分子。

作为毒性作用靶分子的内源性分子需要具有良好的反应性和（或）空间构型，以便终毒物能够与其发生反应。内源性分子必须与足够高浓度的终毒物发生接触，才会引发毒性反应。因此，那些邻近活性化合物位点或者与其形成活性化合物位点的内源性分子通常会成为毒性作用的靶点。活性代谢产物通常首先与相关的酶或者邻近细胞内结构的酶发生接触。例如，四氯化碳在经过细胞色素 P450（CYP）的活化后，能够损害催化它的酶以及邻近细胞内的微粒体膜。一些线粒体酶，包括丙酮酸脱氢酶、琥珀酸脱氢酶以及细胞色素 c 氧化酶，极易成为能够引发肾脏毒性的巯基结合靶点。这是因为通过线粒体半胱氨酸结合 β-裂解酶的作用，这些结合物转变成亲电子基团，形成活性代谢物位点，若找不到适当的内源性分子，便向周围扩散，直到它们与靶点发生接触为止。

并非所有终毒物的作用靶点都与产生的损害性效应相关。例如，一氧化碳与血红蛋白结合后可引起严重毒性，但与细胞色素 P450 中的铁结合却几乎没有毒性作用。对乙酰氨基酚代谢产生的终毒物可与一些肝脏蛋白结合，但这种结合与其急性肝毒性作用并不相关，因为与这些蛋白结合的部分并未引起肝毒性。因此，确定靶分子与毒性是否相关，可从以下几点出发：①终毒物是否能够与作用靶点结合并影响其功能；②终毒物是否在作用靶点达到足够的浓度；③终毒物是否以与观察到的毒性作用相关的方式影响作用靶点。

3）靶分子的毒物效应

终毒物与内源性分子的反应可导致后者受损并产生功能障碍。外源性蛋白质或是被外源性物质修饰的靶蛋白，在生物体内会被免疫系统视为异物，即抗原。

A. 靶分子功能障碍

一些毒物能够激活靶蛋白，模拟其内源性配体的作用。例如，吗啡激活阿片受体；

氯贝丁酯激活过氧化物酶体增殖物激活受体（PPAR）；佛波醇酯类化合物刺激细胞激酶C的活性。不过，较为常见的情况是毒物抑制靶分子的功能。例如，阿托品、筒箭毒碱和士的宁通过与配体结合而干扰离子通道的功能，从而阻碍神经递质受体的正常工作；河鲀毒素和石房蛤毒素能够抑制钠离子通道的开放；滴滴涕（DDT）和合成除虫菊酯类杀虫剂则会抑制神经元膜电压–活化钠离子通道的关闭。一些毒物可阻滞离子的转运，一些毒物则可抑制线粒体电子转移复合物，还有些毒物可抑制酶的活性，一些化合物与靶蛋白（如长春碱与微管蛋白、松胞菌素与肌动蛋白）的结合则可损伤细胞骨架蛋白的聚合和（或）解聚。

蛋白质与毒物相互作用，可能导致其结构或构象发生变化，从而损害其功能。许多蛋白质分子中都存在关键的功能位点（尤其是巯基等），这些位点对蛋白质的催化活性或聚合成大分子复合物的过程具有至关重要的作用。如果药物与这些基团发生反应，可干扰这些基团的上述功能。因此，许多蛋白可被巯基反应化学品非选择性损伤，导致其功能障碍。

毒物还能影响DNA的模板功能。一些化合物能够与DNA形成共价结合，导致DNA复制过程中发生核苷酸错配。例如，黄曲霉素中的第8位和第9位氧原子与DNA中鸟嘌呤中的第7位氮原子发生共价结合，导致腺嘌呤取代胞嘧啶与鸟嘌呤形成错配，最终导致氨基酸在蛋白质中的错误表达[4]。这种情况与黄曲霉素引发的原癌基因*RAS*和抑癌基因*P53*的突变有关。阿霉素能够嵌入DNA双螺旋结构之间，推动相邻的碱基对分离，由阅读框的位移而引起DNA模板功能出现较大的错误。

B. 靶分子结构破坏

除了形成加成物外，毒物还可通过交叉联结和形成碎裂等方式改变内源性分子的基本结构。例如，一些具有双功能亲电子基团的化合物，如氮芥类烷化剂，能够与细胞骨架蛋白、DNA或DNA蛋白形成交叉联结；羟基也能够与内源性大分子的活性亲电子基团（如蛋白质中的羰基）产生交叉联结。这种交叉联结会导致靶分子的结构和功能都受到影响。

在一些情况下，某些靶分子在受到化学品攻击后极易自动降解。例如，Cl_3COO·自由基和HO·自由基等基团引发脂质从脂肪酸中失氢，所形成的脂肪基团极易通过固定氧而形成脂质过氧基，其获取氢原子后形成氢过氧化物，或者在铁的催化下反应形成脂质烷氧基。这些过程可能导致脂质分子的碎裂，产生烃类（如乙烷）和活性醛类物质（如4-羟基壬烯醛）。脂质过氧化不仅会造成细胞膜的损坏，还能够生成一些内源性毒物，包括自由基和亲电子基团。这些物质容易与邻近的分子（如膜蛋白等）发生反应，或者扩散到较远的靶分子位置，如与DNA发生反应。

蛋白质能够被毒素以水解的形式降解，除此之外被其他毒物源性降解的机制尚未完全明确。目前唯一已知的例子是，细胞色素P450被烯丙基–异丙基–乙酰胺所产生的活性代谢物破坏，是细胞色素P450中的血红蛋白修复基团被烷基化所致，继而引起血红蛋白变性并导致卟啉症的发生。

C. 新抗原形成

当外源性化合物或其代谢产物与体内大分子共价结合时，通常对免疫系统功能的影响并不显著，但在某些个体中，这些被改变的蛋白质可能引发免疫反应。例如，细胞色素 P450 能够将氟烷转化为一种亲电子基团，也就是氯化三氟乙酰基，它能够作为半抗原与肝脏内的微粒体或细胞表面蛋白质结合，诱导机体免疫系统产生抗体，这种免疫反应通常与氟烷敏感患者出现的肝炎样综合征有关[5]。化合物与蛋白质形成加成物后引发的免疫反应可引发狼疮以及常见的粒细胞缺乏症。引发这些反应的化合物往往具有典型的亲核基团，包括芳香胺、肼和巯基等。这些化合物可能会被激活的粒细胞所释放的过氧化物酶氧化，生成活性代谢产物，结合在细胞表面，使其具有抗原性。此外，一些内转蛋白也可被免疫系统攻击，引发抗原–抗体反应。

1.1.3.3 细胞功能紊乱导致的毒性

毒性作用进入第三阶段时，毒物与细胞内的靶分子发生反应而对细胞功能造成损害。多细胞器官的协调运转依赖于每个细胞都能够准确执行特定的程序。细胞的长期程序（即细胞的分裂、分化或凋亡）决定了其命运，而短期程序则控制着细胞所执行的活动，决定其分泌物质的量、紧张程度、放松程度，以及对营养成分的转运和代谢节奏的调控。为了协调这些生物过程，细胞内拥有可被外部信号分子激活或抑制的调节网络。同时，为了执行这些生物过程，细胞具备能够产生能量的系统，用于合成、代谢、动力学调节、物质转运以及形成大分子复合物等。此外，细胞还具有细胞膜和细胞器，以维持其自身的统一性（内部功能），同时也支持其他细胞的生命活动（外部功能）。

毒物引起的细胞功能紊乱类型取决于受影响的靶分子在细胞内所发挥的作用。如果这些靶分子与调节功能相关，那么毒物可导致细胞内基因表达的失控和（或）短暂的细胞活动失调；而如果靶分子主要参与细胞内部的维持功能，毒物引起的功能紊乱可能会影响细胞的存活能力。另外，如果毒物影响了参与细胞外部功能的靶点，则可影响其他细胞以及由这些细胞组成的器官或系统的正常活动。

1）*毒物源性细胞调节紊乱*

通过激活特异性受体信号分子，能够实现细胞的调节，这些受体与信号传导网络相连，将信号传递至基因和（或）功能蛋白调控区域。当受体被激活时，可能会引发两种主要的反应即改变基因的表达和（或）对特定蛋白进行化学修饰（特别是磷酸化）而激活或抑制其功能。通常情况下，程序性控制细胞命运主要影响基因的表达水平，而调节细胞活性的过程则主要影响蛋白功能。由于信号传导网络分支众多并相互联结，因此一个信号可能会触发这两种类型的反应。

2）*基因表达失调*

基因表达的紊乱可源于与转录过程相关的多方面，如信号转录通路的组成及信号分子的合成、储存或释放等。

A. 转录失调

遗传信息从 DNA 转录成 mRNA 的过程，主要通过一系列转录因子与基因调控区域（如启动子区域）的相互作用来完成。通过与该区域核苷酸序列结合，这些活化的转录因子促进前启动复合物的形成，进而启动相邻基因的转录。化合物可与基因启动区域、转录因子及转录前起始复合物的其他成分相互作用并影响其活性，其中，转录因子活性的变化最为常见，转录因子活性的变化从功能上可分为配体激活和信号激活两种方式。

许多天然化合物，如激素（甾体类激素、甲状腺激素）以及维生素（类视黄醇、维生素 D），均能够结合并活化转录因子，影响基因表达。这些化合物能够模拟天然配体，例如，一些贝特类化合物和邻苯二甲酸酯能够取代多不饱和脂肪酸，成为过氧化物酶体增殖子–活化受体的配体；Cd 离子能够取代 Zn 离子，作为金属–反应元素转录因子 MTF-1 的内源性配体。当以极量或在个体发育的关键时期（如胚胎器官形成期）给药时，药物可作为外源性配体激活转录因子，从而导致毒性效应。

B. 信号转录失调

许多来自细胞外的信号分子，如细胞因子、激素和生长因子，最终都能够激活转录因子。其中，磷酸化是最常见的转录因子激活机制，能够进一步刺激基因表达。蛋白激酶和磷酸酶是调控转录因子磷酸化状态的主要分子，任何影响信号传递到转录因子的因素，包括磷酸化和去磷酸化，都能够影响转录因子对基因表达的调节。

在激活转录因子的众多信号中，活化蛋白-1（AP-1）在毒物引起的基因表达变化中扮演着重要角色。细胞遇到热、氧化应激、重金属等刺激后与化学物质形成共价加成而引起的基因表达的改变，与毒物干扰信号的传递有关。氧化剂能够激活蛋白磷酸激酶以及某些转录因子，如 AP-1 和 NF-κB。对这些转录因子易感的基因（如金属硫蛋白基因和血红素加氧酶基因），能够被上述因素影响，然而，关于这些基因表达变化对于化合物毒性下的细胞保护意义的认知还有待深入探索。许多毒物引起的细胞凋亡可能与信号通路干扰和基因表达调控有关。例如，使用烷化剂后，胸腺细胞会出现凋亡现象；抗肿瘤化疗后，肠上皮细胞凋亡；服用某些具有肝毒性的药物后，肝细胞发生凋亡。

C. 信号产生失调

垂体前叶分泌的激素通过作用于细胞表面的受体，影响外周内分泌腺体的有丝分裂作用，同时这些垂体激素的产生也受到外周腺体激素的负反馈调控。这些调控通路受到干扰，会严重影响垂体激素的分泌，进而影响外周腺体激素的分泌功能。例如，一些外源性物质能够影响甲状腺素的产生（如除草剂氨基连三唑、抗真菌药代谢物亚乙基硫脲）或增强甲状腺激素的代谢（如苯巴比妥），导致甲状腺激素水平降低，通过减少负反馈抑制，促使促甲状腺激素（TSH）的分泌增加，这进一步刺激甲状腺体细胞分裂，从而引起甲状腺肿大或甲状腺肿瘤。如果垂体激素的分泌减少，则会引发相反的不良反应，导致外周靶腺的退化和细胞凋亡。例如，雌激素的反馈抑制会降低促性腺激素的分泌，导致男性睾丸萎缩。

3）进行性细胞活动失调

细胞活动受到膜受体信号分子调控，膜受体通过调节钙离子进入胞浆或激活细胞内第二信使酶，生成转导信号。钙离子和其他第二信使最终会影响功能蛋白的磷酸化程度，从而改变这些蛋白的活性，几乎立即改变细胞的功能。当化合物以中毒性剂量作用时，能够干扰信号耦联过程的任何环节，严重影响细胞的生命活动。

A. 可兴奋细胞失调

可兴奋细胞（如神经元、骨骼肌、心肌和平滑肌细胞）的活动和功能受到神经递质的调控，而外源性物质能够通过影响神经递质的合成、释放及其对受体的调控和对神经的调节，干扰可兴奋细胞的活动。①改变神经递质水平：一些化合物能够通过影响神经递质的产生、储存和释放，或者将神经递质从受体附近去除而改变突触中的神经递质水平，进而影响可兴奋细胞的活动。例如，酰肼降低γ-氨基丁酸（GABA）的产生，从而导致惊厥；利舍平引起去甲肾上腺素、5-羟色胺和多巴胺耗竭，引发多种不良反应；有机磷抑制胆碱酯酶活性，影响乙酰胆碱的水解，导致其在受体部位积聚而产生严重不良反应。可卡因或三环类抗抑郁药物抑制神经细胞摄取去甲肾上腺素，使骨骼肌血管α受体过度兴奋，引发可卡因误服者严重的鼻黏膜溃疡和心肌梗死；同时，过度刺激β受体则引发危及生命的心律失常。误服苯丙胺也会产生类似的心脏并发症，因为其可增强肾上腺素能神经释放去甲肾上腺素，竞争性地抑制神经递质的摄取。三环类抗抑郁药物与单胺氧化酶抑制剂同时使用时，它们会以不同的机制影响去甲肾上腺素的清除，从而导致高血压危象。②毒物与神经递质受体相互作用：这类化合物影响神经递质功能的方式，可分为直接和递质受体作用（激活剂和抑制剂）或者间接影响配体与受体结合（激活剂和抑制剂）两类。激动剂和激活剂能够模拟内源性配体的生理反应，而拮抗剂和抑制剂能够阻断这些生理反应。例如，蘑菇毒素蝇蕈醇是γ-氨基丁酸A型受体（GABAA）受体激动剂，而巴比妥类、苯二氮䓬类全身麻醉药和乙醇则是激活剂。根据剂量不同，所有这些毒素或药物都可引发机体镇静、全身麻醉、昏迷，最终导致延髓呼吸中枢抑制。③毒物干预信号转导：许多化学物质能够通过干预信号转导的方式来改变神经和（或）肌肉的活动。电压门控钠离子通道能够传递并放大由配体–门控正离子通道产生的兴奋信号，该通道可被许多植物、动物毒素和人工合成毒物激活；而阻断电压–门控钠离子通道的物质会产生相反的效应，如出现麻痹。钠离子通道在感觉神经信号转导中同样具有重要作用，其激活剂能够诱发感觉和反射，而其抑制剂则可产生麻醉作用。例如，食用附子类植物后可能会引发反射性心动过缓和口腔灼烧感，这是其中的钠离子通道抑制剂所致；而钠离子通道抑制剂普鲁卡因和利多卡因则可用作局部麻醉。④毒物干扰信号传递终端：细胞产生的正电流信号能够被通道或传递位点的正离子消除，而抑制正离子的输出会延长兴奋状态的持续时间。例如，洋地黄苷能够抑制ATP酶的活性，使得细胞内的钠离子浓度增加，由此通过钙离子和钠离子交换作用，减少了钙离子的输出，从而导致细胞内钙离子积累，增强了心肌的收缩力和兴奋性，甚至可能引发严重的心律失常[6]。

B. 其他细胞活动失调

非兴奋细胞中也存在许多信号调控机制，不过通常情况下这些过程受到干扰时较少产生相应的结果。例如，大鼠肝细胞具有α1受体，当这些受体被激活时，细胞内钙离子浓度升高，进而导致糖原的分解和谷胱甘肽的输出增加，这些变化在毒理学上具有重要意义。许多分泌型细胞受到毒蕈碱型受体（M 受体）的调控，当发生有机磷农药中毒时，会出现流涎、流泪、支气管分泌等现象，这些现象是由这些受体受到刺激而引起的，而阿托品对这些受体的阻断作用会产生相反的效应，如会导致体温升高等反应。

磺酰脲类药物能够在实验动物体内引发低血糖，因此被用来开发口服降血糖药物。这类药物通过抑制胰腺中的β细胞上的钾离子通道，导致细胞进一步去极化，进而使钙离子流通过电压–门控钙离子通道，并促使胰岛素从胞内外排。抗高血压药物二氮嗪（diazoxide）则以相反的机制，通过作用于胰腺细胞上的钾离子通道来减少胰岛素的分泌，通常情况下，并不希望产生这种效应，因此这种药物仅在无法进行手术治疗的胰岛素分泌性胰腺癌病例中使用。

4）*细胞维持的毒性改变*

许多化合物能够影响细胞的功能。在多细胞有机体中，细胞必须维持其结构和功能的完整性，同时为其他细胞提供支持性功能。而有些化合物可能会干扰这些功能的正常执行并导致细胞出现毒性反应。

A. 细胞内维持受损–中毒细胞死亡机制

为了维持生存，细胞必须合成内源性分子，整合大分子复合物、膜和细胞器，以维持其内部环境的稳定。同时，细胞还需产生能量，以供机体的生命活动。药物对这些关键功能的干扰可影响细胞的生存，导致细胞中毒并死亡，主要机制包括以下几方面。

（1）ATP 合成受损：许多化学物质能够影响线粒体内的 ATP 合成过程，这些化合物可被分为四类。第一类化合物可干扰氢传递电子的传输链，例如氟乙酸盐抑制三羧酸循环和辅助因子的生成。第二类化合物能够抑制电子经由电子传输链传递给氧的过程，如鱼藤酮和氰化物。第三类化合物干扰氧分子传递给终端电子载体细胞色素氧化酶，所有引起低氧症的化合物最终都会在这一点上产生作用。第四类化合物则能够抑制氧化磷酸化过程中关键的 ATP 合成酶的活性，而这个酶在氧化磷酸化反应中扮演着关键的角色。

（2）细胞内钙离子浓度持续上升：细胞内钙离子浓度能够被精细调控，细胞膜对钙离子的不透性使得细胞内外的钙离子浓度差高达 10000 倍，而通过转运机制，细胞可将钙离子从胞浆中排出。钙离子能够活跃地从胞质进入内质网和线粒体。线粒体对钙离子的亲和力相对较低，因此在隔绝钙离子方面扮演着重要角色，只有当胞浆中的钙离子浓度高达线粒体范围时，胞浆中的钙离子才有可能进入线粒体。在这种情况下，大量钙离子以磷酸钙的形式在线粒体内聚集。某些毒物能够通过打开钙离子通道或破坏生物膜的完整性，促使钙离子内流并抑制钙离子外流。这可能导致细胞内钙离子超载，而钙离子超载是许多器官组织的病变基础。例如，心肌细胞钙离子超载是其凋亡的前提。

（3）其他机制：氧化磷酸化受损和钙离子超载是许多毒性反应的终末事件，这往往导致细胞死亡。此外，毒物还能够通过影响其他关键的细胞结构和功能来引发细胞死亡。例如，①直接损伤细胞膜。一些脂溶性溶剂、表面活性剂等能够直接损伤细胞膜，破坏其完整性。②损伤溶酶体。一些外源性物质，如氨基糖苷类抗生素，能够引发溶酶体的损伤，进而影响细胞内部的有害物质的清除和细胞代谢。③损坏细胞骨架。次毒蕈环肽等物质，能够破坏细胞骨架，影响细胞的稳定性和形状。④干扰蛋白质合成。某些毒物，如鹅膏蕈碱、乙醛等，能够干扰蛋白质的合成过程，甚至影响线粒体内蛋白质的合成。

B. 细胞外维持受损

毒物还可以干扰那些为其他细胞、组织和器官提供支持的特殊细胞的功能。以药物对肝脏的作用为例，肝细胞产生并释放蛋白质和营养成分到血液循环中，并负责清除循环中的胆固醇和胆红素。这些胆固醇和胆红素被转化成胆酸和胆红素葡萄糖醛酸苷，通过胆汁排出体外。如果药物中断了这些过程，会对机体和肝脏产生不良影响。例如，一些药物能够影响肝脏凝血因子的产生，虽然并未对肝脏本身造成损害，但却可导致机体出血，甚至致死，这也是华法林灭鼠药的作用机制[7]。在药物产生快速毒性作用的阶段，降糖氨酸 A 能够抑制糖异生过程，限制脑组织的葡萄糖供应，最终产生致死作用。

1.1.3.4 修复或错误修复

毒性发展的第四个阶段是不适当的修复。许多毒物能够改变生物体内的重要大分子，如果这些大分子没有得到适当修复，就可能导致机体的生物学功能受到严重损害。由于修复过程能够影响毒性损伤的进程，因此了解相关的修复机制具有重要意义。修复机制可发生在分子、细胞和组织层面，其中，分子层面的修复涉及蛋白质、脂质和 DNA，而组织层面的修复则体现为细胞和细胞外基质的凋亡与增生。

1）分子修复

受损的分子可通过不同的方式被修复。对于某些化学改变，如蛋白质中巯基的氧化和 DNA 的甲基化，可被简单地逆转。在发生 DNA 的化学改变或脂质过氧化时，受损分子的一个或多个单位被水解除去，并插入一个或多个新合成的单位；还有一些情况下，受损的分子可能需要完全降解，然后重新合成，这个过程通常需要一段较长的时间，例如有机磷中毒时胆碱酯酶的再生过程。

A. 蛋白修复

巯基是许多蛋白质发挥正常功能所必需的基团，包括受体、酶、细胞骨架蛋白和转移因子等。蛋白质巯基（Prot-SHs）氧化后会形成蛋白二硫化物（Prot-SS、Prot-SS-Prot）、蛋白质–谷胱甘肽混合二硫化物和蛋白二硫化物酸（Prot-SOH），这些氧化形式能够通过酶的作用被还原，即逆转。在生物体内，广泛存在着内源性还原物质，如硫氧还蛋白和谷氧还蛋白。它们的活性中心存在具有氧化还原活性的半胱氨酸（Cys-SH）。这些蛋白中接触反应的巯基被氧化，在戊糖磷酸途径中，通过葡萄糖-6-磷酸脱氢酶和 6-磷酸葡萄糖酸脱氢酶的作用，产生 NADPH 还原物质，这样可以再次还原巯基，实现巯基的循环再生。例如，从细胞色素 b5 转移电子产生的氧化血红蛋白，就是通过 NADH-依赖性细胞色素 b5 还原酶再生[8]。

B. 脂质过氧化修复

脂质过氧化修复是一个复杂的过程，需要通过一系列还原剂以及谷胱甘肽过氧化物酶（GPX）和还原酶共同参与。在这个过程中，含有脂肪酸过氧化氢的磷脂容易被磷脂酶 A2 水解，伴随着过氧化的脂肪酸被游离脂肪酸替代，而这个过程需要 NADPH 的参与。

C. DNA 修复

虽然细胞核 DNA 中具有高度活泼的亲电子基和自由基，但由于其被紧密地折叠在染色体中，并且存在多种修复机制可修正损伤，因此细胞核 DNA 保持着相对的稳定性。其修复机制包括以下几种。

（1）直接修复：某些共价的 DNA 修饰能够直接通过酶的作用逆转。例如，附着在鸟嘌呤氧 6 位的甲基，可被烷基转移酶去除。在 DNA 修复过程中，烷基转移酶将这些加成物从 DNA 分子上移除，同时将它们转移到自己的半胱氨酸残基上，这个过程导致了烷基转移酶自身的失活和降解。

（2）切除修复：碱基切除和核苷酸切除是 DNA 分子修复损伤碱基的两种机制。当损伤不会导致主要的螺旋扭转时，就会通过碱基切除的方式修复损伤。在这个过程中，受损的碱基被能够水解 N—糖苷键的底物特异性 DNA-糖基化酶识别，然后释放出经过修饰的碱基，在 DNA 分子中生成脱嘌呤或脱嘧啶（AP）位点。接着，AP 核酸内切酶辨认该位点，水解与 AP 位点相邻的磷酸脱氧核糖键。在除去该位点后，DNA 聚合酶将正确的核苷酸插入并取代原来的无用糖分子，并由连接酶将链条封闭。

（3）再结合（后复制）修复：在 DNA 修复开始之前，含有嘧啶二聚体或其他结构损伤的 DNA 仍然可以复制。在 DNA 复制过程中，如果发现损伤，DNA 多聚酶会避免在携带损伤的亲代链上继续合成，而是选择适当的子链进行延伸。这种复制方式产生的子链会有大的复制间隙，随后完整的母链与有缺口的子链重组，缺口由母链提供的核苷酸片段填补，重组后，母链中的缺口通过 DNA 多聚酶的作用合成核酸片段，然后由连接酶使新片段与旧链连接，至此重组修复完成。

2）细胞修复：外周神经元的一种方式

细胞损伤的修复并不常见。大多数组织的细胞在损伤后通常会死亡，余下的活细胞会通过分裂来填补丢失的细胞位置。不过，需要特别注意的是神经组织，因为成熟的神经细胞失去了再生增殖的能力。外周神经轴损伤后需要巨噬细胞和施万（Schwann）细胞参与修复。巨噬细胞扮演着清除细胞碎片的角色，它们通过吞噬作用去除受损组织中的废弃物，并产生细胞因子，刺激施万细胞增殖，同时产生神经生长因子（NGF），在细胞表面表达 NGF 受体、分泌神经细胞黏附因子和细胞基质分子。在与新生的轴突一起移行时，施万细胞起到向导作用而在化学上则起到诱导轴突与靶细胞连接的作用。

3）组织修复

在生物体内，由于细胞具备增殖的能力，组织受到损伤后，可以通过清除受损细胞并促进组织增生的方式进行再生。受损的细胞会通过凋亡或坏死两种途径被清除。

A. 凋亡

细胞凋亡是受损细胞一种主动自我清除的过程，也称为程序性细胞死亡，通常在机体需要清除不再需要的细胞或组织时启动这种机制。当药物严重损伤某些组织并引发细胞凋亡时，可能会产生双重效应。一方面，凋亡过程有助于阻止受损细胞发生坏死，同时也减缓了炎症反应的持续，从而防止因炎症释放细胞因子而造成的进一步损害。另一方面，在特定组织中，药物引发的细胞凋亡可能会导致严重的病理后果，例如，药物损伤神经细胞并诱发凋亡，这种情况下细胞再生变得困难，通常由胶质细胞填充代替。

B. 增生

组织的增生能够通过细胞分裂增生（有丝分裂增生）和组织外取代（细胞外取代）

两种方式进行。细胞分裂增生通过细胞的有丝分裂过程完成，使失去的细胞得以重新生成；而细胞外取代的方式指的是，在组织受损后不久，新的细胞从周围环境移入受损的组织区域，然后进入细胞分裂周期，以实现损伤的修复和细胞的替代。

C. 组织损伤的副作用

除了参与失去细胞的补充和细胞外取代修复的调节因子之外，遭受损伤的细胞还能激活巨噬细胞和内皮细胞，导致这些细胞释放其他调节因子。这些调节因子可能引发一系列反应，包括炎症反应、急性期蛋白异常合成以及体温升高等生理反应。

炎症：微循环的变化和炎症性细胞的聚集是炎症过程的标志，而这些过程主要由巨噬细胞引发。当组织遭受损伤时，巨噬细胞被激活并释放细胞因子，如肿瘤坏死因子（TNF）和白细胞介素-1（IL-1）。这些细胞因子进一步刺激邻近的基质细胞，如内皮细胞和纤维母细胞，释放导致局部微循环扩张和毛细血管通透性增加的调节因子。激活的内皮细胞还可以通过释放化学趋化因子、脂质产物和细胞间黏附因子（ICAM），促使循环中的白细胞趋向受损组织。这些浸润的白细胞也会产生调节因子，进一步扩散炎症反应。

巨噬细胞以及白细胞被招募至受损区域，从而在该区域释放自由基和水解酶。其中，一种具有高度反应性的自由基是羟基自由基，其在炎症组织中可以通过三种方式生成，每种方式都涉及特定的酶：NADPH 氧化酶、一氧化氮合成酶或髓过氧化物酶。所有这些具有活性的化学物质以及释放的溶酶体酶，都是炎症细胞产生的破坏性产物。尽管它们可以在受感染部位发挥抗微生物活性的作用，但也会对周围的健康组织造成损伤。

改变蛋白合成：急性期蛋白。来自受损组织的巨噬细胞和粒细胞释放的细胞因子还可以改变蛋白质的合成，这种情况在肝脏中表现得尤为明显。细胞因子，如 IL-6、IL-1 和 TNF，通过作用于细胞表面的受体，分别增强或减弱某些被称为阳性或阴性急性期蛋白基因的转录活性。在肝脏中，许多急性期蛋白，如 C 反应蛋白，会被释放到血液中，使得这些蛋白质在血清中的水平升高，因此成为诊断组织损伤、炎症和肿瘤的指标。此外，红细胞沉降速度的加快也表示上述病理情况的存在，血浆中富含阳性急性期蛋白，如纤维蛋白原等，能够导致红细胞聚集，从而使其沉降速度加快。

除了在诊断方面具有价值之外，阳性急性期蛋白还在减轻组织损伤和促进修复方面发挥作用。其中许多蛋白质，如 α2-巨球蛋白、α1-反向转运酶等，具有抑制来自受损细胞释放的溶酶体酶和招募白细胞的功能。另外，触珠蛋白能在血液中与血红蛋白结合；金属蛋白复合物在细胞内与金属结合；血红蛋白氧化酶能将血红蛋白氧化为胆绿素；而调理素则促进细胞吞噬作用。因此，这些阳性急性期蛋白可能在清除受损组织释放的有害物质方面发挥着作用。

阴性急性期蛋白是指一些血浆蛋白，包括清蛋白、甲状腺运载蛋白、转铁蛋白，以及某些细胞色素 P450 和谷胱甘肽 S-转移酶（GST）。其中，一些酶在外源性物质的毒性代谢和解毒中扮演重要角色，在组织损伤急性期，这些蛋白质可显著影响有毒物质的生物转化和毒性表现。

急性期反应在进化过程中相对保守，但某些急性期蛋白却表现出种属特异性。例如，在组织损伤或炎症引发的急性期中，C 反应蛋白和血清淀粉样蛋白 A 的水平在人类中急剧上升，但在大鼠中却没有观察到类似的变化。相反地，在大鼠中，α1-酸性糖蛋白和α2-巨球蛋白的浓度明显增加，而在人类中这种变化却不太明显。

无显著特点的反应：损伤部位被活化的巨噬细胞和内皮细胞会释放细胞因子，这些细胞因子也可引发神经激素反应。因此，细胞因子如IL-1、TNF和IL-6能够影响下丘脑中的体温调节中枢，导致体温上升和发热反应。此外，IL-1还可调节机体对组织损伤的其他非特异性反应，如嗜睡、休克样状态。此外，IL-1和IL-6还在垂体中发挥作用，促使促肾上腺皮质激素（ACTH）的释放，进而刺激肾上腺皮质分泌肾上腺皮质激素（如可的松）。由于甾体激素（如可的松）能够抑制细胞因子基因的表达，这种过程产生了一种负反馈机制，用来抑制进一步的免疫和炎症反应。

4）修复不全导致的毒性

损伤修复不全的情况可发生在分子、细胞和组织水平。许多毒性类型涉及不同水平的生物学机制，严重的后果包括组织坏死、纤维化和致癌等。

A. 组织坏死

大多数分子层面的损伤可通过修复机制逆转，如果修复机制有效运行，那么细胞层面的损伤也可得以逆转或终止。例如，在微粒体膜中的α-维生素E耗竭之前，氧化剂不会引发脂质的破裂，只有当机体无法提供足够的内源性抗氧化剂来修复过氧化自由基对脂质的损伤时，细胞膜才会遭受损伤。因此，只有在分子修复机制无法正常运行时，分子层面的损伤才会变得不可逆，进而转化为细胞坏死。

细胞损伤演变为组织坏死的过程可通过细胞凋亡和细胞增殖这两种修复机制进行阻断。受损的细胞可激发并启动凋亡过程，从而中断毒性损害的进展。凋亡过程的发生有助于遏制损伤细胞的坏死，并防止炎症反应继续进行，这对于减轻因炎症反应引起的细胞因子释放所造成的损伤尤为重要。

另一个能够终止毒性损伤扩大的重要过程是与损伤细胞相连细胞的增殖，该反应在细胞受损后的短时间内就开始启动。例如，在给予大鼠低剂量（非致命剂量）四氯化碳后数小时内，就可检测到肝脏中出现大量有丝分裂细胞[9]。这些早期分裂的细胞对于损伤组织的迅速完全修复和坏死防治是必不可少的。

确定引起组织坏死的量效关系非常重要，组织坏死只有在一定毒性剂量下才会发生。例如，终毒物在靶部位蓄积到足够高的浓度时，才能够引起足以抵抗细胞修复能力的损伤。细胞的修复能力包括：①修复受损分子的能力；②损伤细胞通过凋亡被清除的能力；③通过细胞分裂取代丧失细胞的能力，组织出现坏死是由毒物的毒性剂量使得细胞损伤过重导致这些修复能力不足而引起的。

B. 纤维化

纤维化是一种以异常组分在细胞外过度沉积为特征的病理状态。肝纤维化或肝硬化通常是由长期饮酒或药物等化学物质中毒引起的。此外，除了长期吸氧和吸入矿物颗粒外，某些化合物如博来霉素和胺碘酮也可导致肺纤维化。阿霉素可引起心脏纤维化，而暴露于离子化辐射可导致多个器官的纤维化。

损伤修复不完全是导致纤维化的主要因素，细胞损伤会刺激大量的细胞增生和细胞外基质的生成。这种现象通常在损伤组织开始重建时出现，如果细胞外基质的生成没有得到适当的调控，就可能演变成纤维化。细胞外基质过度生成的过程受到非实质细胞产生的细胞因子的控制，其中转化生长因子-β（TGF-β）是调节基质过度生成的主要细胞因子。

C. 致癌

化学物质引起的致癌作用与多种修复机制的功能障碍有关，包括：①DNA 修复失败；②细胞凋亡失败；③细胞无法有效停止异常增殖。

（1）DNA 修复失败：致突变、致癌的起始阶段。理化因素可通过引起遗传毒性和非遗传毒性两种机制导致肿瘤的形成。一些与 DNA 反应的药物可导致 DNA 损伤，如形成化学加成、氧化修饰以及螺旋结构断裂。通常情况下，这些损伤可被修复或受损细胞会被清除。然而，如果修复或清除机制未能生效，亲代 DNA 损伤能够引起可遗传的改变，即突变，这些突变可出现在子代 DNA 复制中。如果突变基因并未改变蛋白质编码，或者突变引起的氨基酸组成不会影响蛋白质功能，突变可能仍然不会表现出显性效应。然而，如果突变基因引发影响细胞生长和增殖相关过程的突变体蛋白表达，机体就会出现严重后果。如果这些细胞生存下来并随着有丝分裂继续增殖，它们的后代也会具备相同的异常特性。

（2）细胞凋亡失败：凋亡失调可导致基因突变和细胞过度增殖。当遗传毒物引起 DNA 损伤时，细胞会产生大量 P53 蛋白。高水平的 P53 蛋白会阻碍细胞进入 G1 细胞周期阶段，使得 DNA 修复在 DNA 复制前发生，或者通过凋亡使受损细胞死亡。凋亡有助于清除 DNA 损伤的细胞，从而防止突变和致癌的初始反应。癌前细胞或带有突变的细胞通常比正常细胞更具有活跃的凋亡机制。

化合物对生物体发挥毒性作用的途径多样且复杂，一种化合物可产生多种终毒物，这些终毒物又可能与多种类型的分子靶标发生反应，而与某种分子靶标的反应可能会产生多种结果。因此，一种化合物的毒性可涉及多种机制，这些机制能够以复杂的方式相互作用、相互影响。

1.1.4　毒物代谢动力学

当毒物对生物体产生毒性作用时，除了局部接触毒物外，通常会在体内经历被吸收、分布和排泄的过程，同时还会涉及机体对毒物的生物转化。这些过程是动态的，与毒物对机体的毒性作用和程度密切相关。这些毒物在体内的过程和相关的动力学概念与药理学类似，本部分内容与毒性作用的发生和发展密切相关。通过研究毒物在体内产生毒性作用的剂量及其吸收、分布、代谢和排泄等过程随着时间的动态变化规律，以更好地指导化学物质的合成和使用，同时提高毒物的实验安全性评价结果在不同情况下的可靠性。

1.1.4.1　毒物的吸收、分布、生物转化与排泄

毒物对机体特定组织产生选择性的损害，这些组织被称为毒性靶组织。毒物是否对机体产生毒性作用以及毒性作用的强弱程度，通常取决于它们在靶器官或靶组织的浓度。毒性作用受以下因素影响：当毒物在毒性靶部位未达到足够高的浓度时，可不引发毒性反应；产生毒性作用的毒物可能只在靶器官的部分组织中集中分布；毒物的生物转

化可随着浓度的不同以不同的速率进行，生成具有更大或更小毒性的代谢产物，因此对靶组织产生的毒性强度也随之而异；毒物从机体排泄得越快，其在靶组织或靶器官中的浓度就会越低，毒性作用也越弱。这些过程相互关联、相互影响，因此，毒代动力学在毒理学中具有重要作用。

1）吸收

A. 经胃肠道吸收

胃肠道是毒物吸收的重要通道之一，毒物通常以被动转运的方式经胃肠道吸收，因此，脂溶性较高、解离度较小的毒物容易被吸收。口服途径是常见的毒物接触方式，特别是对于儿童来说，口服途径容易导致误服或误食毒性物质，进而引发中毒。在处理口服毒物引发的毒性时，常用的方法之一是设法降低毒物的脂溶性，或增加其解离度，从而降低吸收并促进排泄。

多种因素能够影响毒物在胃肠道内的吸收，其中包括肠道运动的状况。肠道运动的增加会导致毒物在肠道内滞留的时间变短，从而减少其吸收。而毒物浓度过分稀释则可引起口服吸收率增加，这是因为毒物给药容量明显增大而促使胃排空，使得毒物在表面积更大的十二指肠吸收加快，导致生物利用度增加。

B. 经肺吸收

许多气体、挥发性溶剂或颗粒物可通过呼吸道进入人体，因此毒物可通过肺泡壁吸收，从而产生毒性作用。毒物到达肺部之前会首先经过鼻腔，这会增加其吸收的表面积。鼻腔黏膜有液体层覆盖，若被吸入的毒物是水溶性的，或能够与黏膜细胞表面物质发生反应，那么它们可能会滞留在鼻腔黏膜处。因此，鼻腔黏膜可以减轻水溶性气体和高反应性气体对肺部的损伤。

气体毒物在经由肺部吸收和经由小肠吸收时存在显著的差异，其中一个重要差异是经由肺部吸收的过程没有明显的速率限制。首先，气体和挥发性溶剂通常是非离子型分子，因此不需要考虑它们的酸碱性或脂溶性；其次，肺泡上皮非常薄，同时毛细血管紧贴肺泡细胞，这使得吸入的化合物能够非常容易地通过肺泡上皮；最后，血流流过整个肺部毛细管网只要3/4s，因此，经由肺部吸收的化合物能够迅速进入血液循环，从局部迅速清除。

经由肺部吸收的化合物，可随着血液循环遍及全身各个部位。此时，化合物在靶部位的浓度取决于其在血液中的溶解度。有些气体可与血红蛋白结合，导致血红蛋白失去携氧能力。因此，气体和可挥发性的毒物的毒性，与其在血液中的溶解度以及血细胞和其结合程度密切相关，溶解度越大，对机体产生的潜在毒性可能越大。

除了气体，液体喷雾剂和颗粒物（通常直径小于1μm）也能够被肺泡吸收。不过，相对于气体，颗粒物通过肺泡的吸收较为困难，这些颗粒物从肺部清除主要依赖于溶解作用和血管运输。在第一天，肺部的颗粒物仅有大约20%被清除，而剩余的颗粒物的清除过程更加缓慢，有些颗粒物可一直滞留在肺泡，导致异常细小的病理性团块形成，随后形成硬蛋白纤维斑块或小结，这种情况与肺泡细胞摄取尘埃颗粒的过程相似。

C. 经皮肤吸收

毒物经皮肤吸收的第一相为透过角质层，这是一个限速过程。皮肤具有较好的屏障作用，通常情况下，大部分物质不易经皮肤吸收，仅少数化合物可经皮吸收。成人的角质层每3~4周更新一次，这是一个极其复杂的过程，极性和非极性的物质通过不同的机制经角质层吸收。人体不同部位皮肤角质层的差别非常大，这些差异影响毒物的经皮吸收。皮肤的透过性取决于扩散率和角质层的厚度。足底和手掌的角质层相对较厚，为400~600μm，而位于手臂、背部、大腿和腹部的皮肤仅有8~15μm厚度。较薄的角质层通常具有较好的透过性，不过，厚度形成的距离也会影响毒物的吸收。毒物极易通过阴囊皮肤，因为该部位的皮肤较薄且透过性较好。历史上有记录称，在西方国家，扫烟囱的工人患睾丸癌的发病率较高，这是由于他们工作时需要跨坐在烟囱上，接触了潜在的致癌物质。不过，毒物难以通过腹部皮肤，因为其透过性较差。足底的角质层太厚，虽然透过性良好，但是毒物非常难以穿透。

毒物经皮吸收的第二相为透过表皮层。该层组织由多种细胞组成，其屏障功能相对较弱，使得毒物可通过扩散作用通过这层皮肤，并通过丰富的淋巴毛细血管被吸收。在表皮层内，毒物吸收的速率受局部血液循环和组织液运动等因素的影响。

透过角质层是毒物经皮吸收的关键，因此毒物腐蚀角质层后，会明显加快被吸收的速率。在新药进行临床前评价时，用于皮肤局部给药的全身毒性实验，需要在给药区域引入局部表皮破损的区域，就是基于这种动力学特点而设计的。另外，角质层的含水率也影响毒物的吸收。通常情况下，角质层含水率约为7%，在这种正常含水状态下，毒物的吸收速率可比干燥状态下增加10倍。如果含水率增加3~4倍，则由于组织变得更加紧密，毒物的吸收速率可增加2~3倍。

2）分布

毒物被吸收后进入分布过程，其分布范围取决于器官组织的血流量大小，以及它们从毛细血管床向特定器官组织细胞扩散的速率，最终由毒物与组织之间的亲和力所决定。通常地，毒物分布初期主要依赖于血流，而分布后期更多地取决于毒物与组织的亲和力。毒物进入细胞的过程可通过被动扩散或主动转运实现。水溶性小分子和离子可通过细胞膜的水相通道和孔隙扩散；脂溶性分子本身易穿透细胞膜进入细胞；极性较大的分子以及分子量较大的离子（分子量大于50）则需要通过特殊的转运机制进入细胞。

A. 分布容积

机体液体可分为三个区域：①血浆；②组织间液；③细胞内液。其中，血浆和组织间液合称为细胞外液。毒物在体内的浓度取决于其分布容积，例如，剂量为1g的药物通过静脉注射的方式，直接输入一位体重为70kg的人体血液中，根据药物在不同区域的分布情况，可获得不同的血浆浓度，如果药物只分布在血浆中，那么血浆中的药物浓度会很高，而如果药物能够分布到机体各个区域，血浆中的药物浓度会相对降低。

毒物在体内的分布通常很复杂，不能简单地将其归纳为分布在机体的某个体液区域。它们能够结合和（或）溶解在机体的各个存储部位，如脂肪、肝脏、骨骼等组织，这些组织对毒物的分布起着重要的决定作用。

有些毒物不易穿过细胞膜，因此它们在体内的分布受到限制；而另一些毒物则能够迅速穿过细胞膜分布到全身。有些毒物会在机体特定的部位蓄积，如与蛋白质结合、主动转运或者高度溶解在脂肪中。

毒物发生毒性作用的靶组织或靶器官并非一定是其分布浓度最高的部位。例如，虽然毒物铅在成人体内90%以上分布在骨骼中，但其对分布较少的肾脏、中枢神经系统、外周神经以及造血系统具有选择性的毒性作用[10]。因此，在考虑毒物的毒性作用时，不能简单地只考虑毒物在体液区域中的分布和比例，更需要关注毒物与细胞组织之间特殊亲和力及其在特定组织中的蓄积存储，如肝脏、脂肪、骨骼等。

B. 毒物在组织储存

毒物可与机体的特定部位结合，或溶解在机体的特定部位，只有处于游离状态的化合物才能穿过机体的特定部位，那些以结合形式或溶解形式存在的药物，会显著地改变它们在体内的分布特性。

血浆蛋白结合。毒物进入循环系统后首先与血浆蛋白结合，酸性化合物通常会与清蛋白结合，而碱性化合物则更倾向于与 α1-酸性糖蛋白结合，此外还有少数化合物会与球蛋白结合。专业的药物工具书或药品说明书中提供的药物血浆蛋白结合率，是基于常规药物剂量下在正常人体内测定得出的数值。化学品与血浆蛋白结合后，具有以下特点：①化学品与血浆蛋白的结合呈现可逆性，在吸收过程中，游离状态的化合物进入血液后与血浆蛋白结合，这个平衡倾向于结合的方向。在清除过程中（如肝脏摄取和肾小管排出），血液中游离化合物逐渐减少，平衡会向解离的方向移动。②游离型化合物与血浆蛋白结合后毒理活性暂时消失，因为结合物分子变大，无法通过毛细血管壁而暂时“储存”在血液中。③在低结合力化学品已经结合血浆蛋白的情况下，高结合力化学品进入血浆会竞争低结合力化学品的结合位点，从而提升低结合力化学品在血浆中的浓度。

在肝和肾组织存储。肝脏和肾脏都具备很强的与多种化学物质结合的能力。在机体的各个组织中，这两个器官可通过主动转运机制或与组织结合的方式，比机体其他组织浓缩和富集更多的毒物。肝脏细胞内的谷胱甘肽 S-转移酶与很多药物和毒物特别是有机酸类物质，有很强的亲和力，并在将血浆中的有机阴离子转运到肝脏组织的过程中发挥重要作用。肝脏和肾脏组织内含有金属硫蛋白，这些蛋白也能与多种金属离子结合，因此，当金属离子进入循环系统后，能够在肝脏和肾脏组织中出现高浓度的分布。

在脂肪组织储存。许多有机物具有很高的脂溶性，进入体内后很容易通过生物膜进入各种组织细胞。这种亲脂性化合物往往会倾向于分布到脂肪组织中，甚至在那里积聚并储存。在工业毒物和环境毒物（如 DDT、聚氯化合物等）中，这种情况比较常见。

在骨骼组织中存储。工业毒物和环境毒物中常见的一类例子包括氟化合物和铅等在骨骼组织中的存储。当外来物质被骨骼吸收时，会发生一种表面化学现象，涉及骨骼表面物质（无机羟磷灰石结晶）与周围液体（细胞内液）之间的交换。这些结晶体通常很小，在骨骼表面形成较大的团块。细胞内液携带毒性物质渗透到羟磷灰石结晶，由于尺寸和电荷相似，氟离子（F^-）能够轻易地取代羟基，甚至储存在骨骼中。

C. 血脑屏障

脑是一个血流量较大的器官，不过，毒物在脑组织中的浓度通常较低，这是由于血脑屏障作用的存在。从组织学角度来看，脑毛细血管内皮细胞之间紧密连接，血管基底膜外还有一层星状细胞包围，使得毒物难以穿透进入脑脊液，特别是对于脂溶性较小或者极性较大的毒物来说更加困难，这种现象是大脑在进化过程中形成的一种自我保护机制。尽管有些化合物能够部分穿透血脑屏障，但它们通常不会在脑组织中表现出明显的毒性效应。只有当剂量超过一定水平时，才可能出现明显的毒性效应。例如，青霉素的毒性非常小，但是当以较大剂量通过快速静脉注射途径给药时，会导致较多的青霉素通过血脑屏障而进入脑组织，从而引发头痛和惊厥等不良反应的发作。

D. 胎盘屏障

胎盘屏障是指胎盘绒毛与子宫血窦之间的生理屏障。过去，人们普遍认为这层屏障能够隔离外源性物质，减少它们对胚胎的影响。然而，现在的研究已阐明，由于母体与胎儿之间需要进行营养成分和代谢产物的交换，这种结构的通透性与一般毛细血管并无明显差异，只是可能在两个功能方面起到屏障作用：其一是，从母体到胎盘的血流量相对较少，因此物质进入胎儿循环的速度较慢；其二是，胎盘具有一定的生物转化的能力，能够降低部分外源活性物质的含量，减少毒物对胚胎的损害。然而，几乎所有药物都能够穿过胎盘屏障，进入胚胎的血液循环。因此，在妊娠期间应谨慎或避免使用药物，以防止对胚胎造成潜在的不良影响。

E. 再分布

某些化合物在进入机体内后，通过血流迅速输送到各个组织，首先在血流量较大的器官中分布，随后逐渐向血流量较小的组织转移，这种现象被称为再分布。一个典型的例子是硫喷妥，该化合物的脂溶性非常高，极易通过血脑屏障，首先在血流量较大的脑组织中分布，产生麻醉效应，其次逐渐转移到脂肪等组织中，导致麻醉效应很快消失[11]。

3）生物转化

化合物作为外源活性物质进入体内后，机体通过肝脏或其他部位中的酶对这些物质进行结构上的修饰，以减弱其毒性效应，并增加其水溶性以便加速从体内排泄，该过程被称为生物转化（biotransformation）。值得注意的是，在少数情况下，化合物在经过生物转化后其毒理活性反而增强。这是因为生物转化可能改变化合物原有的性质和在体内的停留时间，这必定会在其发生毒性效应的靶部位引起质和量的变化。因此，化合物的生物转化在毒理学研究领域具有极为重要的意义。

化合物在体内的生物转化通常分两步进行。第一步是氧化、还原或水解反应，通过这些反应多数化合物会被灭活。第二步为结合反应，化合物与体内其他物质结合，使得化合物的活性降低甚至完全灭活，并且使其极性增加。需要注意的是，不同的化合物在体内的代谢过程各有不同，有些化合物需要经历第一步和第二步的转化过程，有些化合物则只需要经过第一步或者第二步的过程，还有些化合物则不需要经过生物转化，能够以原型的形式排出体外。

外源活性物质的生物转化通常需要酶来催化，这些反应可分为两组，分别是Ⅰ相反应和Ⅱ相反应。Ⅰ相反应包括水解、还原和氧化等反应，这些反应通常会在药物分子结构中引入—OH、—SH、—NH_2或—COOH官能团，虽然可能对药物的亲水性只引起轻微变化，但却可显著改变药物的天然活性。Ⅱ相反应是结合反应。经过Ⅱ相反应后，药物的极性将明显增加，因而更易从体内排出。例如，多数经过氧化反应的药物，再经过肝微粒体葡萄糖醛酸转移酶作用后，会与葡萄糖醛酸结合。其他的Ⅱ相反应还包括硫酸化、乙酰化、甲基化、谷胱甘肽结合、氨基酸结合等，这些结合过程均需要供体分子的参与，例如，在葡萄糖醛酸结合中，二磷酸尿嘧啶是供体分子。无论是Ⅰ相反应还是Ⅱ相反应，在毒理学研究中都具有重要意义。

A. 肝脏微粒体细胞色素 P450 酶系统

肝脏微粒体细胞色素 P450 酶系统是Ⅰ相反应中促进化合物生物转化的主要酶系统，故又简称为肝药酶。该系统的基本功能是从辅酶Ⅱ及细胞色素 b5 中获得两个氢离子（H^+）并结合成水，而没有相应的还原产物生成，因此也被称为单加氧酶。细胞色素 P450 酶系统能够与数百种不同的化合物发生反应，执行其生物转化的作用。

细胞色素 P450 酶活性有限，且个体之间差异较大，除了遗传因素外，年龄、营养状况以及疾病状态等均可影响其活性。该酶对所催化的底物特异性很低，容易受到其他化合物的诱导或抑制。当某种化合物影响了这个酶的活性时，会影响同时或连续使用的其他药物的转化过程。例如，乙醇可诱导该酶系活性增加，加速自身和其他受酶催化药物的转化速度，加快药物的灭活，缩短作用持续时间，减弱药物的效应；反之，若加速的是药物的活化代谢，则会使得药物的效应增强，甚至出现严重的毒性效应。在缺氧条件下，细胞色素 P450 酶系统可对偶氮化合物和芳香硝基化合物产生还原反应，生成胺类化合物。

有些化学物质进入机体后，其生物转化可同时或相继通过多重细胞器和（或）细胞胞浆的若干种酶催化其代谢过程。典型的例子是乙醇，其在体内有三种不同的代谢途径，包括在细胞胞浆中通过乙醇脱氢酶催化代谢为乙醛；通过细胞色素 P450 或过氧化氢酶催化代谢为乙醛；生成的乙醛在线粒体中被进一步代谢为乙酸[12]。因此，对于这些具有多重代谢途径的化合物来说，可由于其中一种酶的活性改变而影响代谢速率，尤其是当代谢器官如肝脏等代谢功能受损时，一些细胞器的功能可能也会受到影响，从而影响经由这些酶催化代谢的过程。

B. 谷胱甘肽 S-转移酶

谷胱甘肽 S-转移酶（GST）为Ⅱ相反应中的重要酶系，它存在于细胞胞浆、微粒体和线粒体中，能够催化还原型谷胱甘肽（GSH）与毒物结合。与其他结合反应不同，GSH 结合物主要是硫醚，通过 GSH 中的硫阴离子与外源活性物质中亲电碳原子的亲核攻击而形成。GSH 还可与含有亲电杂原子的外源活性物质结合。存在于微粒体上的 GST 可被亲电子基、超氧阴离子和活性氮等修饰激活，从而加速对上述毒物的代谢灭活。由于亲电子基团极易与生物大分子如核酸、蛋白质等结合，从而对机体造成严重损害，GST 催化的反应对于减轻毒性作用具有重要作用。

4）排泄

体内的毒物可通过多种途径排出，其中肾脏是毒物等外来物质主要的排泄器官，其他的排泄途径包括经由肠道从粪便排出体外、通过乳汁排出或以气体形式经过肺部排出等。化合物经生物转化灭活后排出和以原型形式从体内排出的过程统称为消除（elimination）。

A. 经尿液排泄

肾脏是最有效的毒物排出器官，机体通过肾脏排出毒性化合物的机制与排泄内源性终端代谢物的方式相似，均涉及肾小球的滤过、肾小管的被动扩散和主动排泄的过程。

B. 经其他途径排泄

化合物可通过胆汁排泄进入肠道，最终随着粪便从体内排出，不过这并不是主要的化合物排泄途径。化合物在体内引起毒性效应的过程主要受到以下四个因素的影响：①化合物自身的特性和作用方式；②化合物在靶器官内的浓度和滞留时间；③机体对化合物的代谢和清除能力；④机体内靶器官对化合物的敏感性。

参考文献

[1] Herbst A L, Ulfelder H, Poskanzer D C. Adenocarcinoma of the vagina: Association of maternal stilbestrol therapy with tumor appearance in young women[J]. New England Journal of Medicine, 1971, 284(15): 878-881.

[2] Coleman M D, Coleman N A. Drug-induced methaemoglobinaemia: Treatment issues[J]. Drug Safety, 1996, 14(6): 394-405.

[3] Chen R, Chung S H. Mechanism of tetrodotoxin block and resistance in sodium channels[J]. Biochemical and Biophysical Research Communications, 2014, 446(1): 370-374.

[4] Johnson W W, Guengerich F P. Reaction of aflatoxin b1 exo-8,9-epoxide with DNA: Kinetic analysis of covalent binding and DNA-induced hydrolysis[J]. Proceedings of the National Academy of Sciences of the United States of America, 1997, 94(12): 6121-6125.

[5] Bourdi M, Chen W, Peter R M, et al. Human cytochrome P450 2E1 is a major autoantigen associated with halothane hepatitis[J]. Chemical Research in Toxicology, 1996, 9(7): 1159-1166.

[6] Patocka J, Nepovimova E, Wu W, et al. Digoxin: Pharmacology and toxicology—A review[J]. Environmental Toxicology and Pharmacology, 2020, 79: 103400.

[7] Takeda K, Ikenaka Y, Tanaka K D, et al. Investigation of hepatic warfarin metabolism activity in rodenticide-resistant black rats (*Rattus rattus*) in Tokyo by *in situ* liver perfusion[J]. Pesticide Biochemistry and Physiology, 2018, 148:42-49.

[8] Jaffé E R. Methemoglobin pathophysiology[J]. Progress in Clinical and Biological Research, 1981, 51: 133-151.

[9] Calabrese E J, Baldwin L A, Mehendale H M. G2 subpopulation in rat liver induced into mitosis by low-level exposure to carbon tetrachloride: An adaptive response[J]. Toxicology and Applied Pharmacology, 1993, 121(1): 1-7.

[10] Gidlow D A. Lead toxicity[J]. Occupational Medicine, 2015, 65(5): 348-356.

[11] Russo H, Bressolle F. Pharmacodynamics and pharmacokinetics of thiopental[J]. Clinical Pharmacokinetics, 1998, 35(2): 95-134.

[12] Kubiak-Tomaszewska G, Tomaszewski P, Pachecka J, et al. Molecular mechanisms of ethanol biotransformation: Enzymes of oxidative and nonoxidative metabolic pathways in human[J]. Xenobiotica, 2020, 50(10): 1180-1201.

1.2 体外毒理学

近年来，由于新型化合物的合成、制造和使用量巨大，很多未经过毒理学评估的化学品已被广泛用于多种产品生产中。这些新型化合物暴露途径多样，导致各种危害环境和人体健康的污染事件频繁发生。经济全球化通过资源的交换增强了各国经济之间的相互依赖性，同时也使环境问题不再局限于一个国家。为了应对全球范围的这一问题，亟须找到高灵敏度且高通量的毒理学评价体系，用以快速且准确地评估环境污染物的毒性。

动物实验，长久以来在评估化合物的毒性方面发挥重要作用，目前的毒理学研究依然部分依赖于活体动物模型，虽然动物实验是人体实验的很好的补充，但是其涉及动物福利、成本高、通量低、实验周期长、操作难度高等问题，并且相关发育毒性研究的结果在外推至人体时也无法保证准确率。

细胞生物学、生物化学与分子生物学等学科理论和技术的发展，极大地推动了传统毒性测试策略与技术方法的变革，即从主要依赖于动物实验的传统毒理学研究和测试方法转向高通量、低成本且更加快速、准确的非动物测试方法。

1.2.1　体外毒理学模型

体外培养的细胞是一类最常用的毒性测试体外模型。理论而言，只要有合适的条件，哺乳动物细胞就可以在体外生长和扩增，在不同程度上再现该细胞在体内环境中的生物学结构和功能。体外细胞实验实现了动物实验无法达到的高通量筛选化合物的要求，并且可以直接使用目标物种的细胞进行实验，避免由物种造成的结果误差。细胞是生物有机体进行新陈代谢活动的基本单位，环境中各种物理、化学和生物因素作用于机体，引起器官组织等结构与功能的改变，这些改变均是细胞结构和功能变化的直接反映。成熟的细胞培养方案和多种多样的生物学检测终点促使体外细胞模型成为毒理学研究的中坚力量。

1）原代细胞培养

原代细胞培养是指从生物体内直接分离获得的原始细胞，这些细胞还保留着其来源组织的特异性和原生态。原代细胞培养主要通过组织切割、酶消化等方法获得，可以来源于不同物种的各种组织。在毒理学研究中，原代细胞培养被广泛用于评估化合物的毒性和安全性，以及研究化合物对细胞功能和生理过程的影响。原代细胞的优势在于保留了来源组织的特异性和自然状态，对于特定细胞类型的研究非常有价值。然而，原代细胞的增殖能力有限，生长速度较慢，限制了大规模生产和实验的应用，并且在体外培养过程中，原代细胞容易表现出细胞衰老的特征，限制了长期实验的进行。此外，原代细胞的获得和保存较为困难，需要特定的技术和设施支持。

2）细胞系

细胞系是指从原代细胞中经过一系列传代培养后得到的无限增殖和生长的细胞群体。这些细胞群体具有相同的遗传信息和细胞特性，细胞系在生物学研究中，尤其在基础研究和药物开发领域有着重要的作用。目前已有数千种细胞系被建立和广泛使用，为科学家提供了方便而有效的实验材料。同时，不断有新的细胞系被建立和应用于不同的研究领域。使用细胞系进行毒理学研究的优势在于相关细胞系能够无限增殖和扩增，提供大量的实验材料，并且同一个细胞系具有相同的遗传信息和细胞特性，能够提供一致性的实验结果。然而，细胞系在长时间传代培养中可能导致丧失原始细胞的特异性，因此细胞系往往难以全面、准确地评估原代细胞的真实反应。表 1-1 显示的是一些毒理学研究中常见的细胞系。

表 1-1 毒理学研究中常见的细胞系

细胞名称	物种	分类	组织来源	用途
HeLa 细胞系	人	女性	人宫颈癌组织	最早建立的细胞系之一，广泛用于癌症研究
HEK293 细胞系	人	流产胚胎	人胚肾组织	常用于蛋白表达和分子生物学实验
MCF-7 细胞系	人	女性	人乳腺癌组织	用于研究乳腺癌的生物学特性和治疗
A549 细胞系	人	男性	人肺腺癌组织	常用于呼吸系统疾病研究
SH-SY5Y 细胞系	人	女性	人神经母细胞瘤组织	用于神经生物学和神经药理学研究
PC12 细胞系	大鼠	雄性	大鼠嗜铬细胞瘤组织	用于神经生物学和神经毒性研究
RAW264.7 细胞系	小鼠	雄性	小鼠巨噬细胞瘤组织	用于免疫学和炎症研究
NIH/3T3 细胞系	小鼠	小鼠胚胎	小鼠胚胎成纤维细胞	广泛用于细胞生物学和分子生物学实验
CHO 细胞系	中国仓鼠	雌性	中国仓鼠卵巢组织	重要的重组蛋白表达细胞系
HUVEC 细胞系	人	取决于来源	人脐静脉内皮细胞	常用于血管生物学和血管病理学研究
HepG2 细胞系	人	男性	人肝癌组织	用于肝病学、病毒学和药物代谢与测试研究
Jurkat 细胞系	人	男性	人白血病 T 淋巴细胞	用于免疫学和免疫肿瘤学研究

3）干细胞

干细胞是机体的一类未完全分化的细胞，具有自我更新和自我复制以及分化的潜能，已发展成为一种有力的体外细胞模型。干细胞分化的过程类似于生物体内的自然发育过程，在毒理学研究中，一方面，可以利用干细胞的增殖能力，扩增并诱导分化出大量的特定类型功能性细胞，包括神经细胞、肝细胞、心肌细胞等，使其在毒性评估中能够涵盖多个细胞类型的反应，并且能够满足高通量毒理学研究的需要。另一方面，可以利用干细胞的分化潜能，模拟体内发育的过程，用于研究化学品对个体发育过程的影响。同时，使用人类干细胞能够更好地模拟人体对毒性物质的反应，有助于更准确地预测人体内的毒性效应。在体外毒理学研究中，常用的干细胞包括胚胎干细胞（embryonic stem cells，ESCs），一种从囊胚期内细胞团（inner cell mass，ICM）中分离出来的亚全能性干细胞，在体外培养条件下具有近乎无限的增殖、自我更新能力，能够长期维持正常核型并且理论上在适宜的诱导条件下可以分化为成体所有类型的细胞；诱导多能干细胞（induced pluripotent stem cells，iPSCs），一种通过重编程体细胞获得的干细胞，同样具有亚全能性干细胞的典型特征；间充质干细胞（mesenchymal stem cells，MSCs），一种存在于多种组织中的干细胞，具有较强的自我更新和多向分化潜能，最常见的是被应用于成脂和成骨分化相关的研究；神经干细胞（neural stem cells，NSCs），一种可以分化成多种神经细胞类型的干细胞。

目前干细胞在体外毒理学研究中的应用已取得了诸多进展，为毒性效应评估、靶向毒性筛选和毒作用机制研究等提供了有力工具。然而，值得注意的是，目前也有研究显示，干细胞长时间培养在不适宜的条件下也可能发生基因突变或染色体变异的情况，影响其稳定性和可靠性。同时干细胞群体存在一定程度的细胞异质性，进行分化实验时容易操作不当导致分化效率低下，此外，目前干细胞培养和维持的成本也较高。解决以上问题可以使其在毒理学领域的应用更加普及。

4）三维细胞培养模型

三维细胞培养模型通过在三维空间中构建细胞和细胞外基质的三维结构，模拟细胞在体内的真实环境。与传统的单层细胞培养相比，三维细胞培养模型更接近生物组织的结构和功能，能够更准确地模拟细胞之间的相互作用和信号传导，为毒理学研究提供更可靠的体外模型。在体外毒理学中，常用的三维细胞培养模型有将肝细胞与其他类型的细胞（如血管内皮细胞）共培养的三维肝细胞模型，以模拟肝脏组织的结构和功能[1]。模拟皮肤组织的三维结构包含表皮层和真皮层的三维皮肤模型，可以用于评估化妆品和药物在皮肤组织中的渗透性与刺激性[2]。共培养肿瘤细胞和其他细胞（如间质细胞和免疫细胞）的肿瘤模型，可以模拟肿瘤在体内的复杂微环境，用于研究肿瘤的生长、转移和药物敏感性。目前，也有不少基于干细胞构建的三维细胞培养模型，被称为类器官（organoid）模型，由干细胞构建类器官一般首先需要通过诱导分化得到多种类型的祖细胞或前体细胞，随后按照特定的空间排列去排布不同类型的干细胞，利用干细胞的"自组装"能力，促使各种祖细胞分化并形成与体内器官在结构和功能上类似的类器官。目前已有报道的干细胞类器官包括脑、视网膜、角膜、心脏、血管、肺、唾液腺、胰腺、肝脏、肾、输卵管和子宫内膜等，并且部分人源类器官已经在为药物筛选和化合物毒性研究服务。三维细胞培养模型能够模拟细胞在体内的三维结构和微环境，更接近真实生理环境，因此对药物和毒物的响应更具生理相关性。同时，三维细胞培养模型中多种细胞类型共存，能够模拟细胞间的相互作用和信号传导，对于研究细胞相互之间的复杂调控机制非常重要。此外，目前有不少研究报道了可用于高通量筛选的三维细胞培养模型。然而，现阶段的三维细胞培养模型也有不少需要改进的问题，构建和维护三维细胞培养模型相对复杂，需要更高水平的技术和设备支持，且细胞生长和稳定性可能存在挑战。并且三维细胞培养模型的标准化还不完善，不同实验室可能采用不同的构建和培养方法，导致结果的可重复性和可比性不足。也由于三维细胞培养模型的复杂性，对于大量数据的分析和解释较为困难，需要更深入的数据挖掘和系统生物学研究。总之，相关模型作为体外毒理学研究的重要工具，能够更好地模拟生物体内的细胞环境和相互作用，具有重要的应用前景。未来，随着相关技术的不断发展和标准化操作流程的进一步完善，三维细胞培养模型将更广泛地应用于毒理学研究和药物开发，为药物筛选和毒性评估提供更可靠的预测平台。

5）器官芯片

器官芯片（organ-on-chips，OoCS）是一种体外仿生模型，它通过微流控技术和生物工程方法将细胞和细胞外基质组织成功构建成具有类似真实器官的结构，并模拟器官内部的生理环境。这种技术将多种细胞类型整合在微小芯片中，使其能够模拟复杂的组织和器官结构，并在体外重新创建人体器官的功能和特性。器官芯片是现代体外毒理学研究中的一种前沿技术，目前常见的器官芯片模型如肝脏芯片将肝细胞、血管内皮细胞和间质细胞等结合在一起，能够模拟肝脏的代谢功能和药物毒性[3]。肺脏芯片，将肺上皮细胞、纤毛细胞和免疫细胞等组合在一起，模拟肺脏的呼吸过程和免疫反应，用于研究空气污染物和药物对肺脏的毒性影响[4]。心脏芯片，将心肌细胞和心血管细胞组合在一起，模拟心脏的收缩和传导过程，用于评估药物对心脏的心律影响和毒性反应[5]。器官芯片模型由于结合了微流控技术，能够在微观尺度上模拟器官的结构和功能，并且精细控制细胞周围环境，使之接近真实生理环境，不过相应地，这也提升了对于相关模型体系调控的成本，并且要维持贴近生理环境的条件也需要有深厚的生理微环境理论支持。器官芯片技术是近年来体外毒理学研究的热点领域。随着微流控技术和生物工程方法的不断发展，器官芯片的构建和应用得到了极大的推进。

6）离体组织器官

离体组织器官是从动植物体内取出的组织或器官，在体外维持其活性和功能的一种体外生理学模型。通过将离体组织器官置于适当的培养条件下，可以保持其细胞生存和功能维持一段时间，使其在体外模拟器官的功能和特性。例如，离体肝脏模型，通常从小鼠、大鼠或猪中取出肝脏并置于培养皿中，保持其血液灌流和氧供应，使其在体外维持一定的代谢活性，这种模型能够模拟肝脏的代谢功能研究化学品的肝脏毒性[6]。离体心脏模型，从动物体内取出心脏组织，保持血液灌流使心室维持搏动，在体外模拟心脏的收缩和传导过程，这种模型可以用于评估药物对心脏的心律影响和毒性反应[7]。离体组织器官模型是体外毒理学研究的传统方法之一，能够在体外保留组织的原始结构和功能，相比于整个动物实验，离体组织器官模型可以使研究系统更简化，减少实验的复杂性和成本，同时能够更好地控制实验条件，可以在较短的时间内得到结果，然而由于离体组织器官模型依赖于保持血液供应和氧供应，其保存时间较有限，通常在几小时至一天左右，并且离体组织器官模型的实验结果受供体状态和损伤程度等因素的影响，因此需要更加严格的供体选择和处理。

1.2.2 毒性终点与生物标志物

1.2.2.1 体外毒理学的毒性检测终点

体外毒理学的毒性检测终点是在体外实验中用来评估化学物质或药物对细胞、组织或器官功能影响的指标。这些终点可以提供关于毒性和安全性的信息，帮助评估化学物质对生物体的潜在危害程度。相比于动物模型，体外毒理学更容易从细胞和分子层面捕获外源性物质引起的潜在不良效应，识别和发现机体损伤的早期改变。常见的毒性检测终点如下。

1）细胞存活率/细胞活力检测

细胞存活率/细胞活力检测，是一种常用的体外毒性检测终点，用于评估化学物质或药物对细胞生存和健康状态的影响。该检测通过测量细胞的存活率和细胞膜完整性等指标来判断化学物质的毒性程度，可以提供关于化学物质对细胞生存和功能的重要信息。在过去几十年里，科学家已经发展了多种可靠和高效的细胞存活率/细胞活力检测方法[8]，例如MTT（噻唑蓝）法、台盼蓝细胞膜通透性检测法、刃天青细胞活力检测法、乳酸脱氢酶（LDH）释放法等。这些方法为毒性评估提供了重要的数据。

2）细胞周期检测

细胞周期是指细胞在生命周期中从一个细胞分裂到下一个细胞分裂的时段，包括细胞生长（G1 期）、DNA 复制（S 期）、细胞分裂准备（G2 期）和细胞分裂（M 期）等阶段。细胞周期的调控对于维持细胞生长和组织发育具有重要意义，而化学物质的暴露可能会影响细胞周期，从而对细胞生存和功能产生不良影响[9]。目前有多种方法来检测细胞周期的变化，如流式细胞术（flow cytometry）、细胞核染色、蛋白质检测等。这些方法可以准确地测量细胞在不同周期的比例和细胞周期的持续时间，从而评估化学物质对细胞周期的影响。细胞周期检测在药物筛选、毒性评估、生物学研究等领域都发挥着重要作用。

3）细胞凋亡检测

细胞凋亡是一种程序性细胞死亡方式，是细胞自身调控的过程，与细胞生长、分化和组织发育密切相关。在细胞凋亡过程中，细胞内发生一系列特征性的生物学和生化学变化，如细胞膜破裂、细胞核 DNA 断裂、细胞色素 c 释放等[10]。这些特征可以通过特定的实验方法和生物标志物来检测和评估，从而判断化学物质对细胞凋亡的影响，相关检测技术有荧光显微镜形态观察、细胞凋亡标志物检测、流式细胞术等。

4）细胞迁移和侵袭能力检测

细胞迁移是细胞在体内和体外环境中运动和定向移动的过程，是细胞生长、发育和组织修复等过程的重要组成部分。细胞迁移通常是指细胞在体外环境中的自由移动，而细胞侵袭则是指细胞穿过组织障碍或基底膜，向周围组织内部扩散的能力。细胞迁移和侵袭能力的改变可能会影响细胞的生理功能，甚至引发肿瘤的形成和转移。目前主要通过划痕实验和 Transwell 侵袭实验来测量细胞在不同条件下细胞的迁移和侵袭行为，从而评估化学物质对细胞迁移和侵袭能力的影响[11]。

5）细胞氧化应激检测

细胞氧化应激是指细胞内产生的活性氧化物（如超氧阴离子、氢过氧化物和羟基自由基等）积累过多，超过细胞的清除和修复能力，导致细胞内氧化还原平衡紊乱，从而产生一系列有害的生物学效应。这些氧化应激引起的损伤作用主要发生在细胞的膜、蛋白质、核酸和细胞器等生物分子上，最终可能导致细胞损伤和死亡，甚至诱发细胞衰老和疾病的发生。为了评估细胞氧化应激，常通过酶活性分析、荧光探针染色、电子自旋共振等手段检测抗氧化酶（如超氧化物歧化酶、谷胱甘肽过氧化物酶和过氧化氢酶）的活性、氧化还原状态（如谷胱甘肽还原/氧化态比值）、脂质过氧化程度和 DNA 损伤等[12]。

6）线粒体功能检测

线粒体是细胞内的重要细胞器，它参与细胞的能量代谢、调节细胞死亡、维持细胞内钙离子平衡以及产生氧化应激等多种生物学过程。体外毒理学研究中，线粒体功能检测是一个重要的毒性评估指标。通过评估化学物质对线粒体功能的影响，可以了解其对细胞代谢、能量产生和细胞生存等方面的影响。常用的线粒体功能检测包括线粒体呼吸链酶活性检测，通过检测葡萄糖-6-磷酸脱氢酶（G6PDH）、琥珀酸脱氢酶（SDH）、细胞色素c氧化酶（COX）等酶类的活性，评估线粒体的能量产生能力。线粒体膜电位检测，线粒体膜电位往往反映了线粒体膜的完整性以及是否有凋亡前兆，可以通过荧光探针如 JC-1、TMRE 等测量线粒体膜电位的变化[13]。此外，ATP 是细胞内的主要能量分子，线粒体是细胞内产生 ATP 的主要地方，通过 ATP 酶或荧光探针等可以测量细胞内 ATP 水平。

7）钙离子内流检测

钙离子是细胞内重要的信号分子，在细胞的生存、增殖、凋亡和功能调节等过程中扮演着重要角色，体外毒理学中常使用 Fura-2、Fluo-4、Rhod-2 等与钙离子结合后会产生荧光变化的探针，或钙敏感电极来检测细胞内钙离子的变化[14]。

8）电生理检测

细胞膜是细胞内部和外部之间的分隔屏障，在细胞膜上，有各种类型的离子通道，如钠离子通道、钾离子通道、钙离子通道等，它们可以控制细胞膜上的离子流动，对内外离子交换和信号传递有着重要作用。体外毒理学研究中电生理检测是一种重要的实验方法，用于研究化学物质对细胞膜上离子通道的功能和特性，以及细胞膜电位的变化。该技术通过记录细胞膜上的电流和电位，揭示细胞内外离子交换和膜电位的调控机制，从而研究化学物质对细胞膜的影响和毒性效应。

A. 膜片钳

膜片钳是最精确的生物电生理检测技术之一，可以用于研究细胞膜上离子通道的功能和特性。常用的有全细胞膜片钳，通过形成膜片连接到细胞膜上，使细胞膜内外之间形成一种电生理连接，可以测量细胞膜上的电流和膜电位的变化，了解离子通道的功能和特性。嵌合膜片钳，在膜片形成之前，将离子通道蛋白提取到膜片钳的玻璃管中，然后形成嵌合膜片连接到细胞膜上，可以研究单个离子通道的功能和特性。通过膜片钳技术可以直接测量细胞膜上的离子流动，准确了解钠通道、钾通道、钙通道等不同离子通道的功能和特性，从而全面了解化学物质对细胞膜的影响，同时，膜片钳技术对离子通道的敏感性很高，可以测量极小的电流和电位变化[15]。

B. 微电极阵列

微电极阵列是一种常用于记录细胞电生理活动的技术，常在神经元和心肌细胞相关的研究中被用于记录细胞的电位变化。微电极阵列通常由一系列微小电极组成，这些电极布置在一个平面上，可以与培养的细胞接触，并且由于微电极阵列的电极间距一般很小，因此可以同时记录多个细胞的电活动。进行微电极阵列电生理实验时，一般会在电极上培养需要检测的细胞，如神经元、心脏肌细胞等，当细胞激发动作电位或其他电生理事件时，微电极会捕获这些信号，这些微弱的电位信号经过放大后会由数据采集系统进行存储以备后续分析。基于微电极阵列的细胞电生理检测方法为研究细胞的电活动提供了一种高通量、实时和非侵入性的手段，对于理解细胞功能、药物筛选以及疾病研究都具有重要意义。然而，该方法目前主要面临的问题是带有微电极阵列的培养板以及配套的信号读取记录装置成本过高。随着相关技术的进一步发展和成本的下降，微电极阵列或许能成为将来化学品神经和心肌毒性高通量筛查的重要手段[16]。

9）表观遗传学检测

随着表观遗传学的发展和高通量技术的应用，体外毒理学中对表观遗传学修饰的研究逐渐增多。表观遗传学是指不改变 DNA 序列但可以影响基因表达的遗传信息传递方式，通过化学修饰改变染色质结构和转录因子的结合，从而调控基因的表达水平。体外毒理学中，研究表观遗传学修饰有助于深入了解化学物质对基因表达和细胞功能的影响机制，为毒性评估和药物筛选提供更全面的信息。通过全基因组的 DNA 甲基化和组蛋白修饰分析，可以揭示化学物质对细胞表观遗传学修饰的影响。研究表观遗传学修饰在毒理学领域的应用，不仅可以发现化学物质对基因表达的调控机制，还可以识别潜在的毒性效应和毒性通路，为毒性评估提供更准确的指标。

1.2.2.2　生物标志物

体外毒理学中，在暴露于化学物质或毒物后，在体外细胞、组织或器官中出现病变时，一般在产生毒性的早期阶段即会有一些基因的转录或蛋白水平发生变化，这些对环境因素敏感的 mRNA 或蛋白质往往可以作为生物标志物，用来筛查对机体有毒性的化学品[17]。其中 mRNA 是基因表达的中间产物，其水平反映了基因的转录活性；而蛋白质是细胞功能的主要执行者，其表达水平直接关系到细胞的功能和活性。毒理学中常见的生物标志物包括：细胞凋亡标志物，如 Caspase-3、BAX、BCL2 等；细胞氧化应激标志物，如超氧化物歧化酶（SOD）、GPX；DNA 损伤标志物，如 P53、γ-H2AX（磷酸化的组蛋白 H2AX）等；炎症标志物，如白细胞介素-1β（IL-1β）、肿瘤坏死因子-α（TNF-α）等；细胞周期标志物，如 PCNA（增殖细胞核抗原）、Ki-67 等；纤维化标志物，如 α-平滑肌肌动蛋白（α-SMA）；细胞应激标志物，如热激蛋白 70（HSP70）；细胞间连接标志物，如紧密连接蛋白 ZO-1、E-钙黏蛋白（E-cadherin）。实时荧光定量 PCR、蛋白质印迹法、免疫组化染色是鉴定化合物对 mRNA 和蛋白质影响的传统手段，并且随着二代测序技术、质谱技术和生物信息学技术的发展，目前大量研究会使用转录组学和蛋白质组学技术进行化学品的毒性评估。转录组和蛋白组分别指细胞内所有 mRNA 和蛋白质的集合，它们可以从细胞的转录和翻译水平反映其活性与生理功能状态。结合转录组和蛋白组学研究，可以全面了解细胞中各个基因的转录水平，从而更好地揭示化学品对已知生物标志物的影响，发现新的生物标志物以及揭示化学品造成毒性的机制。

参 考 文 献

[1] Sarah K. Three-dimensional liver culture systems to maintain primary hepatic properties for toxicological analysis *in vitro*[J]. International Journal of Molecular Sciences, 2021, 22(19): 10214.
[2] Klicks J, von Molitor E, Ertongur-Fauth T, et al. *In vitro* skin three-dimensional models and their applications[J]. Journal of Cellular Biotechnology, 2017, 3(1): 21-39.

[3] Docci L, Milani N, Ramp T, et al. Exploration and application of a liver-on-a-chip device in combination with modelling and simulation for quantitative drug metabolism studies[J]. Lab on a Chip, 2022, 22(6): 1187-1205.
[4] Zhu Y, Sun L, Wang Y, et al. A biomimetic human lung-on-a-chip with colorful display of microphysiological breath[J]. Advanced Materials, 2022, 34(13): 2108972.
[5] Faulkner-Jones A, Zamora V, Hortigon-Vinagre M P, et al. A bioprinted heart-on-a-chip with human pluripotent stem cell-derived cardiomyocytes for drug evaluation[J]. Bioengineering, 2022, 9(1): 32.
[6] Bale S S, Moore L, Yarmush M, et al. Emerging *in vitro* liver technologies for drug metabolism and inter-organ interactions[J]. Tissue Engineering Part B-Reviews, 2016, 22(5): 383-394.
[7] Mathur A, Ma Z, Loskill P, et al. *In vitro* cardiac tissue models: Current status and future prospects[J]. Advanced Drug Delivery Reviews, 2016, 96: 203-213.
[8] Aslantürk Ö S. *In vitro* cytotoxicity and cell viability assays: Principles, advantages, and disadvantages[C]// Larramendy M L, Soloneski S. Genotoxicity A Predictable Risk to Our Actual World. London: InTech, 2018: 64-80.
[9] Kumamoto H, Kimi K, Ooya K. Detection of cell cycle-related factors in ameloblastomas[J]. Journal of Oral Pathology & Medicine, 2001, 30(5): 309-315.
[10] Lawen A. Apoptosis—An introduction[J]. Bioessays, 2003, 25(9): 888-896.
[11] Kramer N, Walzl A, Unger C, et al. *In vitro* cell migration and invasion assays[J]. Mutation Research, 2013, 752(1): 10-24.
[12] Pereira C V, Nadanaciva S, Oliveira P J, et al. The contribution of oxidative stress to drug-induced organ toxicity and its detection *in vitro* and *in vivo*[J]. Expert Opinion on Drug Metabolism and Toxicology, 2012, 8(2): 219-237.
[13] Sakamuru S, Li X, Attene-Ramos M S, et al. Application of a homogenous membrane potential assay to assess mitochondrial function[J]. Physiological Genomics, 2012, 44(9): 495-503.
[14] Li E S, Saha M S. Optimizing calcium detection methods in animal systems: A sandbox for synthetic biology[J]. Biomolecules, 2021, 11(3): 343.
[15] Zhao Y, Inayat S, Dikin D, et al. Patch clamp technique: Review of the current state of the art and potential contributions from nanoengineering[J]. Proceedings of the Institution of Mechanical Engineers, Part N: Journal of Nanoengineering and Nanosystems, 2008, 222(1): 1-11.
[16] Stett A, Egert U, Guenther E, et al. Biological application of microelectrode arrays in drug discovery and basic research[J]. Analytical and Bioanalytical Chemistry, 2003, 377(3): 486-495.
[17] Swenberg J A, Fryar-Tita E, Jeong Y C, et al. Biomarkers in toxicology and risk assessment: Informing critical dose-response relationships[J]. Chemical Research in Toxicology, 2008, 21(1): 253-265.

1.3 毒理学面临的挑战

1.3.1 环境毒理学关键问题

在自然环境中，存在三大类因素可能对环境生物或人体产生毒害作用或引发疾病。第一类是病原性微生物，包括引起疾病的细菌和病毒；第二类是物理辐射，包括放射、光、噪声和电磁波辐射；第三类是化学污染物，包括非挥发性的传统污染物如重金属、表面活性剂、聚合物等，还包括挥发性污染物如室内空气污染、大气污染物等，以及半挥发性污染物如持久性有机污染物（persistent organic pollutants，POPs）等。全球范围内发生了多次重大的环境污染事件，对生态和人体健康造成了严重危害。例如，1952年12月5日之后的一周时间内，伦敦发生雾霾事件，导致4703人死亡；大雾消散后的两个多月内，又有约8000人相继死亡。这主要是当时燃煤工业造成的空气中硫化物超标问题所致[1]。关于持久性有机污染物对生态环境与人体健康的危害认识，可追溯至20世纪60年代。蕾切尔·卡森（Rachel Carson）出版了《寂静的春天》（*Silent Spring*），该书详细描述了杀虫剂 DDT 广泛应用所导致的严重生态效应。现在许多有关环境污染的专有名词，如“海洋赤潮”“酸雨”“酸流”等已为人们耳熟能详。环境污染事件涵盖了大气、水、土壤以及高山极地等各个领域，其造成的后果非常严重，如森林大面积凋零、水生鱼类死亡、两栖动物畸形等。而这些污染不仅伤害着环境生物，也对人类造成了无法回避的伤害。空气、水和土壤的污染途径最终会影响食物链顶端的人类，对人体健康构成威胁。

环境污染导致的人体健康问题有许多经典案例。第一个案例发生在 1956 年，在日本水俣湾附近发现了一种奇怪的病。这种病症最初出现在猫身上，被称为“猫舞蹈症”。病猫步态不稳，抽搐、麻痹，甚至跳海死去，被称为“自杀猫”。随后不久，该地也出现了类似病症的人。由于脑中枢神经和末梢神经受损，患者出现了相似的症状。当时由于病因未明，这种病被称为“怪病”。然而，这种“怪病”后来成为轰动全球的“水俣病”，是由工业废水排放污染引发的公害病之一。原因是氯乙烯和乙酸乙烯在制造过程中要使用含汞（Hg）的催化剂，这使排放的废水含有大量的汞。当汞在水中被水生物食用后，会转化成甲基汞（CH_3HgCl）。甲基汞具有非常强的神经毒性效应，会严重损害人体的中枢与周围神经系统，产生典型神经毒害作用[2]。第二个案例发生在 1968 年 3 月，位于日本北九州和爱知县的人们因食用被多氯联苯（polychlorinated biphenyls，PCBs）污染的米糠油而大量中毒。原因是在生产米糠油时，使用多氯联苯作脱臭工艺的热载体，由于生产管理不善，混入米糠油中。该事件造成 13000 人中毒，10 多人死亡。患者最初症状表现为皮疹、指甲发黑、皮肤色素沉着和眼结膜充血，随后发展为肝功能下降、全身肌肉疼痛等，严重时还会导致急性肝功能衰竭、肝昏迷甚至死亡。这个案例凸显了食品安全的重要性，以及对有毒化学品进行严格监管和控制的必要性[3]。在中国，由有毒化学品管理不善导致的集体中毒事件也有发生。第三个案例发生于 1998 年底，在江西龙南与赣南发生的猪油中毒事件。当地居民采用盛有有机锡的废塑料桶来存放猪油，导致桶中残留的甲基锡和丁基锡化合物对人体的神经系统和肝脏等器官产生严重毒害作用。大量食用这种受污染的猪油会对人体造成严重危害。该事件造成了 3 人死亡、60 人中毒以及 1000 多人住院治疗[4]。这个案例凸显了废弃物的回收利用问题的复杂性，以及对有害物质的正确处理和处置的紧迫性。除了已经发生的局部环境污染事件外，目前在全球范围内仍面临着待解决的环境污染问题。例如，由于特殊的地质结构，地下水中的砷污染问题波及亚洲、非洲和美洲。长期饮用富含砷的地下水可能导致皮肤产生弥漫性或片状的灰褐（黑）色素沉积，或出现小块色素减退斑块，呈现出毛囊性丘疹、疱疹和痤疮样皮疹等症状，伴随疼痛或刺激感。如果不及时处理，可能形成顽固性溃疡[5]。

1.3.2 化学品的毒性分类

对于化学品的一般毒性分级主要依赖于观测化学品对动物特别是啮齿类动物经口服、吸入或外用后产生的急性毒性，这种分类主要监测试剂引起的急性死亡率，而不涉及化学品暴露引发的其他一些潜在危害，如生物富集、致癌性、致畸性、致突变效应，或对生殖细胞系统的影响[6]。应该来说传统的毒性分级对于描述化学品的危害性具有很大的局限性。大家对于市场上关于一些食品添加剂的应用安全性的广告用语可能并不陌生。例如多菌灵，它是一种果汁饮料中添加的抗菌剂，可以有效提高食品的保存期。对于其安全性评估，若采用 LD_{50} 评估，其急性毒性（LD_{50} 为 15g/kg）低于食用盐（LD_{50} 为 3g/kg），然而值得注意的是，如果长期暴露，这种化学品可造成生物累积，从而引起眩晕、恶心与呕吐现象，表明其潜在的健康损伤效应[7]。类似地，用于西瓜催熟的膨大剂氯吡脲，基于大鼠实验的 LD_{50} 为 4.9g/kg，但长期暴露可引起生物富集，并在神经系统产生毒性，尤其对儿童的影响更加严重[8]。

为了更加客观地定义化学品的毒性特征，世界各国或国际组织已纷纷拟定规范了化学品的毒性分类体系。例如，美国环境保护署将化学品分为四类，分别以Ⅰ、Ⅱ、Ⅲ与Ⅳ来表示。而欧盟则将化合物分为八类，包括高毒、有毒、有害、腐蚀性、刺激性、光敏性、致癌性与致突变性。世界卫生组织（WHO）按照化学品对大鼠的口服 LD_{50}，将化学品分为四类：剧毒（5mg/kg bw）、高毒（5~50mg/kg bw）、中等毒性（50~500mg/kg bw）与低毒（> 500mg/kg bw）。在中国，危险化学品的毒性分级有不同体系，一般以化学物质的急性毒性分级，分为剧毒、高毒、中等毒、低毒与微毒。对于《职业性接触毒物危害程度分级》（GBZ 230—2010）更加具体，其中规范了吸入、经皮与经口不同暴露模式下化合物的危害等级，主要分为四类：极度危害（Ⅰ）、高度危害（Ⅱ）、中度危害（Ⅲ）与轻度危害（Ⅳ）[9]。从上面的化学品毒性分类情况来看，不同国家或组织在评定标准定义上明显不同，为此联合国于 1992 年设立了《全球化学品统一分类和标签制度》（Globally Harmonized System of Classification and Labeling of Chemicals，GHS），其拟定的危害分类主要包括三方面：物理危害、环境危害与健康危害。其中健康危害中包括急性毒性、皮肤侵蚀性、皮肤刺激性、严重的眼损伤、眼刺激性、呼吸致敏剂、皮肤致敏剂、生殖细胞突变性、致癌性、生殖毒性、特异性靶器官毒性、吸入性危害[10]。在危险药品定义中，只要化学品具有致癌性、致畸性/发育毒性、生殖毒性、低剂量下的器官毒性、基因毒性，以及具有与已知有毒化学品相似的结构活性，均被认为是危险药品。在环境中许多药品都经历了被开发、大量应用，而在其毒性认知明确之后才被控制或禁止的过程，如 PCBs、DDT、二噁英、多溴联苯醚（polybrominated diphenyl ethers，PBDEs）、六氯苯（HCB）等。

1.3.3 环境毒理学面临的挑战

毒理学是研究化学物质对生物体不良影响的学科。毒理学的发展，不仅保护人类和环境免受化学物质的不良影响，而且有助于安全化学品的研发。毒理学研究中的“毒性效应”，可能是急性或慢性的、来自不同接触途径的、不同器官之间的生物反应，并根据生物体年龄、遗传背景、性别、饮食、生理条件等不同，表现千差万别。目前，毒理学研究依然部分依赖于活体动物模型，而动物实验往往存在实验周期长、实验花费高和动物福利伦理等问题。20 世纪 50 年代，3R 原则［替代原则（replacement）、减少原则（reduction）、优化原则（refinement）］的倡导与实施，使得动物实验面临严峻挑战[11]。事实上，除了实验通量较低，动物实验中由于存在物种间的差别，在一些药物的评估前期可能会出现严重的偏差，造成严重的药物毒副作用的恶性事件，如由沙利度胺引起的“海豚肢”胎儿事件[12]。

在如今，人们普遍追求高品质生活，如何从源头上把控新型污染物对环境、健康造成的影响，如何利用高效、准确的手段评估化合物风险，是现代毒理学家关注的重点。

然而，目前的毒理学研究面临着多样且复杂的问题，首先是毒性评估速度难以跟上化合物增长速度，其次是毒理学研究体系本身也面临诸多挑战，包括不同物种对毒物的反应存在差异，不少物质存在非单一性剂量效应关系，化学品长期暴露的影响难以研究，人体和动物实验涉及伦理问题、动物实验的福利问题，以及大量异质性毒性数据难以整合的问题[13]。

1.3.3.1　不断出现的污染物

自 20 世纪 60 年代以来，环境领域实现了快速的发展，从 20 世纪 60 年代《寂静的春天》写到的农业杀虫剂泛滥使用的危害，到 90 年代《失窃的未来：生命的隐形浩劫》讨论的环境内分泌干扰物（endocrine disrupting chemicals，EDCs）的生态风险，直到 21 世纪，国际组织拟定《斯德哥尔摩公约》控制或禁止一些 POPs 的生产使用，都很好地反映了人们对环境化学品污染的危害认识的提升、关注与自我管理能力的增强。目前环境毒理学重点关注的污染物是 POPs，这种化合物具有 4 个显著的特征：①持久性。这类化学品能够在环境中稳定存在，很多化合物的半衰期以年计算，有些达到了 10 年以上，如 DDT、二噁英等。②全球转移性。POPs 具有半挥发性，能够在高温下挥发、低温下冷凝，因此出现了由低纬度地区向高纬度地区转移，以及由平原地带向高原地区转移的现象，称为“蚂蚱跳效应”。目前针对高原极地地区的 POPs 研究很好支持了关于 POPs 的上述理论。③生物放大效应。POPs 浓度可以随着食物链或食物网营养级的增加而出现显著增加的趋势。④高毒性。与传统毒物不同的是，POPs 的急性毒性效应并不高，但大多具有内分泌干扰效应，其低剂量长周期暴露可引发严重的生态灾害，产生“三致”效应[14]。

最初，有 12 种持久性有机污染物被认为对人类和生态系统造成了不利影响，它们也被称为“the dirty dozen”，包括艾氏剂、氯丹、DDT、狄氏剂、异狄氏剂、HCB、七氯、灭蚁灵、毒杀芬、PCBs、二噁英、呋喃类化合物。按照其应用或产生来分，大致可分为三类：杀虫剂、化工产品与无意产生的副产品。许多 POPs 化合物结构复杂，含有 1 个或多个卤原子取代，同分异构体或者同系物种类繁多，并且在环境中含量非常低，经常在 ppt①或 ppb②水平上，鲜有能达到 ppm③水平的，因此对这类污染物的分析鉴定与毒性评估有很大的难度[15]。

在控制或摒弃已知有毒有害化学品的同时，人们也在不断研发新的替代产品以实现不同的应用目的。此外，根据美国化学文摘社（CAS）官网数据，2023 年，在美国 CAS 登记注册的化学品已经超过 2 亿种，并且每年新增约 0.12 亿种。这些化学品中，很多也含有卤原子，从而具有独特的理化特性。这些新型污染物（emerging pollutants）在生产应用前，其毒性评估数据往往非常有限，因此给当前环境毒理学研究带来新的挑战。按

① 1 ppt = 10^{-12}。
② 1 ppb = 10^{-9}。
③ 1 ppm = 10^{-6}。

照应用分类，目前新型污染物至少包括以下 10 类：①消毒副产物（disinfection by products，DBPs）；②药品与个人护理产品（pharmaceuticals and personal care products，PPCPs）；③全氟辛酸（perfluorooctanoic acid，PFOA）；④溴代阻燃剂（brominated flame retardants，BFRs）；⑤短链氯化石蜡（short chain chlorinated paraffins，SCCPs）；⑥农药降解产物；⑦藻毒素；⑧高氯酸；⑨大气污染物；⑩纳米材料。这些新型污染物虽然由于使用时间有限在环境中浓度较低，但它们大量应用于我们的日常生活用品中，因此可产生很高的人体接触暴露风险[16]。探讨这些新型污染物的低剂量、长周期效应、复合效应与分子作用机制，建立化合物灵敏有效的毒性分析测试体系，评价污染物潜在的致畸、致癌、致突变效应，对于新型污染物的安全生产管理与应用具有重要的指导意义，这也为环境毒理学研究提出了新的研究命题与重大挑战。

1.3.3.2　不同物种对毒物的反应存在差异

不同物种对毒物的反应差异主要源于它们在代谢、生物转运、生物结合能力等多个关键生物学过程方面存在显著的差异。这些生物学差异在某种程度上决定了相同化学物质在不同物种中引发不同毒性反应的可能性。以代谢为例，不同物种可能在代谢途径和速率上存在差异，导致某些代谢产物在某些物种中积累，而在其他物种中被更有效地清除。生物转运系统的异同也会影响物质在机体内的分布和排泄方式，进而影响毒性反应的程度和性质。

这些差异意味着同种化学物质在不同物种中可能会表现出不同的毒性效应。举例来说，一种化合物可能在某些物种中引发细胞损伤，而在其他物种中可能导致炎症或免疫反应。这种差异可能是不同物种对代谢产物或生物活性物质的敏感性不同所致。因此，跨物种研究和毒性评估至关重要，以更好地理解潜在的健康风险，并制定相关的安全标准和政策。这也为毒理学领域的研究提供了丰富的课题，以探究不同物种之间毒物代谢和毒性反应的机制及其背后的生物学基础。

1）代谢差异

同一毒物对不同种属和品系的动物的毒性影响有所不同，这主要是由于不同物种的代谢途径和主要代谢产物差异很大。机体对毒物的代谢差异包括活化能力和解毒能力的不同。例如，在人类中，乙苯主要代谢产物是一些酸类物质，而在兔子中则是不同的代谢产物。同样，在甲醇的例子中，不同物种代谢甲醇的方式也有所不同，这可能对甲醇的毒性和健康效应产生影响[17]。

2）生物转运的差异

动物对毒物反应的差异还可能与它们在生物转运能力方面的多样性有关，这一多样性在不同的物种和动物品系之间存在显著差异。这种生物转运能力包括毒物在体内的吸收、分布、代谢和排泄等过程，它们共同影响着毒物在生物体内的浓度和效应。举例来说，一些物种可能具有更高的吸收速率，使得毒物更快地进入循环系统，从而导致更迅速的毒性反应。相反，其他物种可能拥有更有效的代谢途径，可以迅速降解毒物并减轻其潜在的毒性影响。此外，不同物种的排泄机制也可能存在差异，其中一些动物可能更容易将毒物排出体外，而另一些则可能更容易在体内积累毒物。所有这些因素都为不同动物对毒物的反应差异提供了解释，强调了在毒理学研究中考虑物种和品系差异的重要性[18]。

3）生物结合能力的差异

不同物种对化学品毒性的反应也可能受到化学品与生物物质结合能力的影响。这种化学品与生物物质（如蛋白质、DNA 等）的结合过程，不仅会改变化学品在生物体内的分布和生物利用度，还会干扰一些重要的功能蛋白或信号通路受体的正常作用。这种干扰作用可以触发一系列生物学响应，从而影响生物体的代谢、生长、发育等重要生命过程。

举例来说，某些化学品可能与细胞内的特定蛋白质结合，阻碍了这些蛋白质的正常功能，导致细胞内信号传导通路的紊乱。这可能引发细胞凋亡、DNA 损伤或细胞周期异常，最终导致组织和器官水平的毒性效应。此外，一些化学品的结合能力可能会干扰内分泌系统的正常调控，导致内分泌紊乱，进而影响生殖、免疫系统和神经系统等。这种化学品与生物物质的结合能力不仅因化学品的性质而异，还因不同物种的生物体内的代谢途径和蛋白质结构而异。因此，理解这种结合对于解释不同物种对同一化学品的毒性反应差异至关重要。在毒理学研究中充分考虑到物种差异对生物分子相互作用的影响，是科学评估化学品风险的关键[19]。

4）相同物种的遗传因素差异

遗传因素在多方面对机体产生着深远的影响。它们不仅决定了机体的基本构成和功能，还在寿命等方面扮演着重要角色。这些遗传因素主导着机体内核酸、蛋白质、酶、生化产物的种类和数量，同时也调控着核酸的转录、蛋白质的翻译、代谢过程、免疫反应、组织相容性等关键生物学过程。

特别值得注意的是，遗传因素对外源性毒物和内源性毒物在机体内的命运产生显著影响。它们参与了毒物的活化、代谢、转化、降解和排泄过程，同时也影响了机体对有害物质的掩蔽、拮抗和损伤修复机制。这一系列作用使得遗传因素在健康和病理生理变化中扮演着关键的角色。其中，酶的多态性是遗传因素中最为重要的方面之一，因为它直接导致了代谢的多样性。此外，遗传因素也决定了可能存在的缺陷，这些缺陷可能成为机体易患癌症和某些疾病的内在因素[20]。

在毒理学实验中，我们常常观察到即使是同一种属和品系的动物，在相同剂量的受试物作用下，也可能呈现出个体间的毒性反应性质或程度上的差异。同样地，在人群中，很多肿瘤和慢性疾病都呈家族聚集倾向，而某些疾病只在相同环境下的一部分个体中发生。这些差异的重要原因之一就是遗传因素的不同，尤其是个体之间存在的酶多态性差异，这些差异导致了毒物代谢或毒物动力学的变化，从而影响了中毒、致畸、致突变或致癌等毒性效应的表现。这突显了遗传因素在毒理学和健康风险评估中的重要性，需要深入研究以更好地理解和管理潜在的健康风险。

1.3.3.3　毒物的剂量效应

在毒理学研究中，剂量是非常重要的概念。任何一种物质如果在适当条件下给予机体适当剂量可能是有益的，反之，则可能产生毒性效应。化合物的剂量效应曲线可表现为多种形式，可以是线性的，或J形，或S形，或U形，或倒U形等，这都体现了化合物诱导效应的复杂性与机体负反馈调节机制的作用。系统来讲，一种化学品在极低剂量下对生物体的影响是不可检测的，但当其达到某一剂量则可表现出一定的效应，这可能是有益的，也可能是有害的，通常取决于用药生物个体的具体情况。当暴露剂量进一步升高时，则可能出现严重的毒性效应甚至是死亡效应。传统毒理学着重关注化学品的致死效应，因此一些关键参数如LD_{50}、EC_{50}（产生半数最大效应所需的有效浓度）、最低有影响浓度（LOEC）等经常用于化学品的毒性效应评估。随着生物分析检测手段的高速发展，对化学品的毒性评估已逐渐转移至暴露剂量较低情况下引起的生物学响应，这样的研究可以更加贴切地评估环境污染物低水平长周期暴露所引发的生态风险与健康效应[21]。

1.3.3.4　时间因素

在研究化学品低剂量情况下的毒性时，其毒性效应可能是表观不可观测的，或者是在短期暴露后不产生显著后果。例如，长期暴露于铅、汞、砷、氟化物、苯、甲醛等化学物质可能会导致慢性毒性反应，如神经系统受损、免疫系统受损、癌症等。但是，在短期暴露下，这些化学物质可能不会立即产生明显的影响。这使得研究人员不仅需要考虑毒物短期暴露的影响，还必须研究长期暴露的影响。然而长期的暴露实验对于众多毒理学研究模型本身就是一个挑战，因为实验时间的延长也意味着其中不可控因素的增多。那么如何使用敏感高效的模型在短时间内检测出低剂量化学品的毒性就是亟待解决的问题[21]。

1.3.3.5　有毒物质的交互作用

生物体可能同时受到多种毒物的暴露，导致毒物之间产生相互作用，影响其毒性效应[21]。近几十年来，有两种概念被应用于预测毒性物质的综合效应：①基于浓度相加法来评估相似作用的毒性物质的综合效应。浓度相加法假设按其毒性进行缩放，毒性物质的浓度可以相加。②基于效应相加法来评估不同作用毒性物质的综合效应，效应相加法假设两种毒性物质的每种效应都是在概率上可加和的，考虑到个体独立地被每种化学物质杀死的概率，并通过减去其概率的乘积进行计算[22]。

然而，大量的研究表明，毒性物质的综合效应可能远远超出浓度相加法或效应相加法预测的范围，人们推测产生这种现象的原因是毒性物质之间还存在着协同作用或拮抗作用，这进一步增加了毒性反应的多样性和复杂性[23]。这种高度的不确定性使得预测毒性物质混合物的生物效应变得困难。对脊椎动物中农药相互作用研究的回顾报告中指出，在某些情况下，农药混合物，特别是涉及杀虫剂的混合物，可以起到协同作用，其毒性增加了100多倍。而胆碱酯酶抑制剂、拟除虫菊酯、咪唑类杀菌剂和防污剂在蜜蜂、细菌弧菌和甲壳类动物等生物中也表现出协同效应[24]。与许多毒性物质混合物类似，环境压力与污染物的组合也可能表现出协同效应。然而，这些类型的压力组合也给出了矛盾的结果。

预测协同效应的一种方法是最近发展的压力相加模型（SAM）。SAM 假设每个个体生物对所有特定压力都有一般的压力容忍能力。如果超过这个容忍能力，个体生物就会死亡。因此，一般压力是任何类型压力的共同标准。独立压力的一般压力水平是可加的，其加和决定了对种群施加的总压力。该方法提供了一种工具，可以定量预测独立压力组合的协同急性效应。然而，SAM 无法准确预测低强度压力的组合效应，因为传统的逻辑因果关系不能准确地再现观察到的关系[24]。

综上所述，毒性反应的复杂性和多样性是毒理学研究中的一个关键挑战。了解并解决这些问题需要综合运用多种研究方法，需要考虑到生物体的多样性和剂量效应关系，同时进行长期暴露研究，以准确评估毒物的潜在毒性。研究人员还需要关注遗传差异、交互作用等因素，以全面理解毒物的毒性机制和对生物体的影响。通过持续的努力和不断改进的研究方法，我们可以更好地理解和预测毒物的毒性反应，为毒理学领域的发展和环境健康提供更可靠的依据。

1.3.3.6　动物福利与伦理问题

动物作为生命体，也有权利受到尊重和保护。研究者需要在研究的科学价值与动物福利之间取得平衡。1959 年英国生理学家 William Russell 和 Rex Burch 出版了《人道主义实验技术原理》（*The Principles of Humane Experimental Technique*）一书。该书是他们对实验动物进行伦理反思的成果，强调了科学研究应最大限度地减少实验动物的痛苦，并寻求替代方法来取代动物实验，同时确保科学研究的可靠性和有效性。书中最核心的是 3R 原则，其改善了实验动物的福利，促进了更具伦理和科学性的研究方法，因此得到了广泛的认可和应用。

1）替代原则（replacement）

该原则鼓励科学家和研究人员寻找替代动物实验的方法，以减少对活体动物的使用。例如，可以使用细胞培养、计算机模拟、组织切片等替代方法来替代动物实验。

2）减少原则（reduction）

该原则强调在必须使用动物实验时，通过合理设计实验，合并实验项目，以及充分考虑样本统计学的要求，可以最大限度地减少实验动物的数量。

3）优化原则（refinement）

该原则关注改进动物实验的实施方式，以减轻实验动物的痛苦。这包括改进实验操作、使用较少侵入性的技术，确保动物的福利。

遵循 3R 原则进行研究一方面能够改善实验动物的福利，另一方面也促进了动物替代模型的发展和应用，如细胞培养、器官芯片、计算机模拟等。

参 考 文 献

[1] Bell M L, Davis D L, Fletcher T. A retrospective assessment of mortality from the london smog episode

of 1952: The role of influenza and pollution[J]. Environmental Health Perspectives, 2004, 112(1): 6-8.
[2] Yorifuji T, Kashima S, Suryadhi M A H, et al. Temporal trends of infant and birth outcomes in minamata after severe methylmercury exposure[J]. Environmental Pollution, 2017, 231: 1586-1592.
[3] Mitoma C, Uchi H, Tsukimori K, et al. Yusho and its latest findings—A review in studies conducted by the Yusho Group[J]. Environment International, 2015, 82: 41-48.
[4] Jiang G B, Zhou Q F, He B, et al. Speciation analysis of organotin compounds in lard poisoning accident in Jiangxi Province, China[J]. Science in China(Series B), 2000, 43(5): 531-539.
[5] Smith A H, Lopipero P A, Bates M N, et al. Public health-arsenic epidemiology and drinking water standards[J]. Science, 2002, 296(5576): 2145-2146.
[6] Trevan J W. The error of determination of toxicity[J]. Proceedings of the Royal Society of London Series B-Containing Papers of a Biological Character, 1927, 101(712): 483-514.
[7] Singh S, Singh N, Kumar V, et al. Toxicity, monitoring and biodegradation of the fungicide carbendazim[J]. Environmental Chemistry Letters, 2016, 14(3): 317-329.
[8] EFSA, Arena M, Auteri D, et al. Peer review of the pesticide risk assessment of the active substance clopyralid[J]. European Food Safety Authority Journal, 2018, 16(8): e05389.
[9] 中华人民共和国卫生部. 职业性接触毒物危害程度分级[S]. 北京: 中国标准出版社, 2010.
[10] Wang Y, Wu E T, Gao X H, et al. Global governance on chemical sound management and challenges in Asia-Pacific region[J]. Procedia Environmental Sciences, 2016, 31: 911-916.
[11] Hubrecht R C, Carter E. The 3Rs and humane experimental technique: Implementing change[J]. Animals, 2019, 9(10): 754.
[12] Kim J H, Scialli A R. Thalidomide: The tragedy of birth defects and the effective treatment of disease[J]. Toxicological Sciences, 2011, 122(1): 1-6.
[13] Liu Z C, Huang R L, Roberts R, et al. Toxicogenomics: A 2020 vision[J]. Trends in Pharmacological Sciences, 2019, 40(2): 92-103.
[14] Jones K C, de Voogt P. Persistent organic pollutants(POPs): State of the science[J]. Environmental Pollution, 1999, 100(1-3): 209-221.
[15] Kaiser J, Enserink M. Environmental toxicology. Treaty takes a POP at the dirty dozen[J]. Science, 2000, 290(5499): 2053.
[16] Noguera-Oviedo K, Aga D S. Lessons learned from more than two decades of research on emerging contaminants in the environment[J]. Journal of Hazardous Materials, 2016, 316: 242-251.
[17] Mumtaz M M, Pohl H R. Interspecies uncertainty in molecular responses and toxicity of mixtures[J]. Molecular, Clinical and Environmental Toxicology, 2012, 101: 361-379.
[18] Moller G, Husen B, Kowalik D, et al. Species used for drug testing reveal different inhibition susceptibility for 17β-hydroxysteroid dehydrogenase type 1[J]. PLoS One, 2010, 5(6): e10969.
[19] Du H, Wang M, Dai H, et al. Endosulfan isomers and sulfate metabolite induced reproductive toxicity in caenorhabditis elegans involves genotoxic response genes[J]. Environmental Science & Technology, 2015, 49(4): 2460-2468.
[20] Xu Z Q, Huang H, Chen Y L, et al. Different expression patterns of amyloid-β protein precursor secretases in human and mouse hippocampal neurons: A potential contribution to species differences in neuronal susceptibility to amyloid-β pathogenesis[J]. Journal of Alzheimer's Disease, 2016, 51(1): 179-195.
[21] Zhou T, Cao H, Zheng J, et al. Suppression of water-bloom cyanobacterium microcystis aeruginosa by algaecide hydrogen peroxide maximized through programmed cell death[J]. Journal of Hazardous Materials, 2020, 393: 122394.
[22] Schlezinger J J, Heiger-Bernays W, Webster T F. Predicting the activation of the androgen receptor by mixtures of ligands using generalized concentration addition[J]. Toxicological Sciences, 2020, 177(2): 466-475.
[23] Dhakal S, Macreadie I. Tyramine and amyloid β 42: A toxic synergy[J]. Biomedicines, 2020, 8(6): 145.
[24] Liess M, Henz S, Shahid N. Modeling the synergistic effects of toxicant mixtures[J]. Environmental Sciences Europe, 2020, 32(1): 119.

第 2 章　干细胞毒理学基础

2.1　干细胞生物学基础

干细胞是一种能够自我更新且具有分化潜能的细胞群，根据来源，最新的分类方法将其分为成体干细胞、胚胎干细胞、胎儿干细胞和核移植干细胞四类。成体干细胞和胚胎干细胞不仅在来源上存在差异，还在增殖能力和分化潜能上具有显著区别。相对于胚胎干细胞的高分化潜能，越来越多的实验结果验证了成体干细胞具有转分化的潜能，能够转变成其他类型的细胞。这种可塑性也成为当下研究热点。

2.1.1　干细胞的基本概念

2.1.1.1　干细胞的定义

自 19 世纪首次提出“干细胞”（stem cell）概念以来，其应用范围不断扩大，然而至今没有被广泛接受的定义。目前常用的概念是指能够进行无限增殖并可选择性分化为多种细胞类型的细胞。同时，人们也逐渐明确何时应用“干细胞”概念。最新观点认为这一概念通常与细胞增殖和分化密不可分。干细胞具有自我更新能力和较高的分化潜能。在个体发育阶段和成体各个组织中都存在干细胞。然而，随着年龄增长，干细胞数量逐渐减少，其分化能力也逐渐减弱。在干细胞分化过程中，还存在一种名为祖细胞的中间类型。祖细胞仍具有一定的增殖和分化能力，但不同于干细胞，它缺乏自我更新能力。通常经过几轮细胞分裂后，祖细胞产生的两个子代细胞均为终末分化细胞。举例来说，造血干细胞（hematopoietic stem cells，HSCs）是造血祖细胞的来源。HSCs 分裂产生一系列祖细胞，如淋巴祖细胞、髓系祖细胞等，它们进一步分化成更成熟的祖细胞，其分化能力和数量更有限，最终分化成淋巴细胞、红细胞、血小板、粒细胞、单核细胞等终末分化细胞，完成造血过程。

1）干细胞的自我更新

干细胞在医学领域有着巨大的应用前景，作为潜在的“种子细胞”，可能被应用于细胞替代疗法，来治疗各种顽疾。但要实现干细胞在临床实践中的成功应用，首要解决的问题是如何在体外维持干细胞的持续增殖同时又保持不分化状态，即干细胞的自我更新机制。现有研究表明，胚胎干细胞依赖于外源性因子，如小鼠胚胎干细胞维持培养需要白血病抑制因子（LIF），以维持其在体外的自我更新能力。这些细胞因子通过信号复合物 gp130 激活非受体型蛋白酪氨酸激酶家族（JAK 激酶），进而引发下游效应分子的酪氨酸残基磷酸化，将信号传递给细胞核中的靶基因，从而维持胚胎干细胞高度增殖状态并保持不分化。此外，具有 POU 结构域的转录因子 OCT4 也是维持干细胞多能性的关键分子之一。尽管如此，关于胚胎干细胞在体外如何保持不分化增殖状态的分子机制仍不明确，需要进一步深入研究。相较之下，成体干细胞的研究更为广泛，但其存在一个致命缺陷，即在体外增殖一段时间后会走向分化。因此，如何在体外控制干细胞的增殖条件、延长增殖代数，成为一个重要的研究方向。

2）干细胞的可塑性

干细胞具备两个显著的特征。首先，它具有较高的体外增殖能力。其次，它能够被有目的地诱导分化为体内各种类型的细胞，即干细胞具有可塑性。目前，研究者已经成功将小鼠胚胎干细胞定向诱导分化为血细胞、神经细胞、心肌细胞、横纹肌细胞、平滑肌细胞、骨细胞、胰岛细胞、软骨细胞、脂肪细胞、肥大细胞甚至肺泡上皮细胞等。成体干细胞同样具备较强的可塑性，来源于不同组织的成体干细胞可以相互转化。然而，控制干细胞朝着特定分化方向发展的分子机制，以及哪些基因是它们分化调控的关键，这些问题目前尚知之甚少。

2.1.1.2　干细胞的研究历史

早在 1961 年，Till 和 McCulloch[1]就通过小鼠的脾集落形成实验证明了有造血干细胞存在于脾脏中，这些细胞容易形成集落，能够产生多种血细胞。随后的研究证实，成体脊椎动物的一些更新较快的组织（如血液、皮肤和小肠上皮细胞）中也存在干细胞。这些干细胞能够持续增殖，用于补充机体中老化和死亡细胞，或促进创伤愈合等。另外，有些组织（如脑、肝脏、肌肉等细胞）则会永久性退出细胞增殖周期，不再进行细胞分裂。但 1992 年，Reynolds 和 Weiss[2]在成年小鼠脑中发现了干细胞的存在，在特定条件下这些细胞仍具有分化为神经元、星形胶质细胞及少突胶质细胞的能力。随后，在一项经过许可的研究中，Eriksson 等[3]在一位接受了 5-溴脱氧尿嘧啶核苷（BrdU）注射的晚期癌症去世患者的脑内海马区观察到 DNA 的合成现象，从而证实了人脑中干细胞的存在。目前已经有多项报告提到，骨髓、外周血、脑、脊髓、血管、骨骼肌、肝脏、胰腺、角膜、视网膜、牙髓、皮肤以及胃肠道上皮和脂肪中都存在干细胞。随后在 1999 年的一项研究再次引起了广泛关注。Bjornson 等[4]使用 X 射线照射破坏了小鼠的骨髓系统，之后移植神经干细胞到该小鼠体内。一段时间后，这些神经干细胞展现出造血干细胞的某些特征，并且成功重建小鼠的骨髓系统。这项研究结果表明，成体干细胞也具备一定的可塑性，其分化潜能远比此前所认知的更为广泛。由于成体干细胞易操作、可以避免免疫排斥，且不引发伦理和道德争议，因此随后许多研究人员开始致力于这一领域。越来越多的实验数据显示，成体干细胞的潜能远超过了人们的想象。

胚胎干细胞的概念最早来源于对小鼠畸胎癌（teratocarcinoma）的研究。早在 1964 年，Pierce 和 Beals[5]发现从小鼠睾丸畸胎癌中提取的细胞具有多能性，可以分化为多种细胞类型，这些多能性细胞被称为胚胎癌细胞（embryonal carcinoma cells，ECCs）。1975 年 Papaioannou 等[6]通过将 ECCs 注射入小鼠囊胚形成嵌合体小鼠，这些 ECCs 几乎能够参与宿主胚胎所有组织的形成，从而证明 ECCs 确实具备干细胞的特性。因此 ECCs

为研究小鼠的胚胎发育提供了良好模型，然而 ECCs 具有某些恶性肿瘤的特征，其染色体也常常存在异常。

1981 年，Martin[7]在小鼠囊胚的内细胞团中实现了首次 ESCs 的分离，并成功进行了体外培养。这些 ESCs 呈现正常的二倍体核型，可以分化成包括生殖细胞在内的多种体内细胞类型，此外，将这些细胞移植到小鼠皮下还能够形成畸胎瘤。

此后，人们陆续在其他物种中建立了多个胚胎干细胞系。1998 年，Thomson 等[8]首次成功地从人类囊胚的内细胞团中获得人源胚胎干细胞（human embryonic stem cells，hESCs）。至今，这些细胞系已在体外培养中连续培养数百代，且核型保持正常。将这些细胞移植到免疫缺陷小鼠体内可以形成畸胎瘤。同时，Shamblott 等[9]在 5~9 周流产胎儿的生殖嵴中分离并建立了人胚胎生殖细胞（embryonic germ cells，EGCs），类似于 ESCs，这些细胞可以在体外自我更新，并自发分化成多种细胞类型。这些人多能干细胞系的建立标志着干细胞研究的重要转折。在此之前，胚胎干细胞系主要用于构建转基因小鼠模型。此后研究重点转向了如何引导这些细胞进行定向分化，从而使细胞移植用于疾病治疗成为可能，甚至使实验室培育人体器官成为可能。至今，人们已经成功将小鼠胚胎干细胞分化成血细胞、神经细胞、心肌细胞、横纹肌细胞、平滑肌细胞、骨细胞、胰岛细胞、软骨细胞、脂肪细胞、肥大细胞甚至肺泡上皮细胞等多种细胞类型。尽管如此，由于胚胎干细胞的获取涉及胚胎或流产胎儿，受到伦理和道德压力的制约，许多国家禁止了与人类相关的这类研究。相比之下，对成体干细胞的研究则更为广泛和深入。

2.1.1.3　干细胞的研究内容

干细胞是生物医学领域中具有广阔临床应用前景的重要研究对象。其研究起源于对小鼠胚胎癌细胞的探索，目前主要研究内容为：①干细胞的分离、鉴定和培养；②干细胞的分子调控机制；③干细胞在组织工程和再生医学中的应用；④干细胞在化学品毒性评估中的应用。

1）干细胞的分离、鉴定和培养

胚胎干细胞主要来自囊胚的内细胞团、胚胎或胎儿的生殖嵴等部位，分离这些区域获得的细胞基本上具备多能性，且分离相对较为容易。干细胞分离是从组织或样本中将干细胞与其他细胞分离出来的过程。这通常需要使用特定的分离方法，以确保从混合的细胞群中获得纯度较高的干细胞群体。常见的分离方法有三种：第一种是细胞排序（cell sorting），即利用细胞表面标记物（如抗体标记）和流式细胞术，可以识别和分离具有特定表型的细胞，包括干细胞。第二种是密度梯度离心（density gradient centrifugation）法，主要基于细胞的密度差异，在离心过程中分离不同类型的细胞。第三种是磁性分选（magnetic separation）法，使用磁性颗粒标记干细胞，然后通过磁力将其从其他细胞中分离出来。为确保所分离细胞的干细胞特性，这包括确定细胞是否具有干细胞的表型、功能和潜能，通常要对分离细胞进行鉴定。胚胎干细胞的鉴定方法也较为完善，主要包括细胞表面标记物分析（surface marker analysis）、功能性鉴定（functional assays）、基因表达分析（gene expression analysis）。其中细胞表面标记物分析是通过检测细胞表面的特定标记物，如抗原或蛋白质，来确认干细胞的存在。常用的胚胎干细胞的标志分子有 OCT4、碱性磷酸酶、阶段特异性胚胎抗原等，它们在胚胎干细胞中多呈现强阳性。功能性鉴定通过在特定条件下观察细胞的分化、增殖和自我更新能力来评估干细胞的功能特性。基因表达分析则通过研究干细胞特有的基因表达模式，以确认细胞是否具有干细胞特性。通常还可以从细胞形态和分化潜能等方面对其进行鉴定。胚胎干细胞具有独特的细胞形态，细胞呈三维集落状生长，细胞核显著，核质比高；将胚胎干细胞移植到小鼠皮下可形成畸胎瘤，若将它转移到假孕母鼠子宫中，会进一步发育成嵌合体动物等。成体干细胞的分离纯化比胚胎干细胞要困难得多。首先，就成体干细胞而言，它们在组织中分布相对分散。举例来说，在神经系统中，我们可以在脑室区、脑室下区以及海马回等位置发现神经干细胞的存在，但是神经干细胞的数量相当有限，大约每 10 万个细胞中才有 1 个干细胞；除了一些已知的干细胞类型如造血干细胞等，目前很多成体干细胞尚没有特定的表征标志分子，使得这些干细胞的分离和纯化变得颇具挑战性。因此，当前的挑战在于寻找合适的分离和纯化方法，期望能够有效地获取相对纯净的成体干细胞群体。干细胞的培养（culture）则是指将分离和鉴定后的干细胞在体外继续培养和增殖的过程。为了维持干细胞的干性状态和增殖能力，需要提供适当的培养基和条件。干细胞培养的成功与否直接影响到细胞的稳定性、功能性和研究应用。干细胞培养包括几个关键方面：培养基是供给细胞所需营养物质和生长因子的液体环境。不同类型的干细胞需要不同配方的培养基。培养基通常包含基础培养液（如 DMEM、RPMI 等）以及补充物，如细胞因子［如成纤维细胞生长因子（FGF）、表皮生长因子（EGF）、骨形成蛋白（BMP）等］和血清替代物（如 KSR 或 B27），以促进干细胞的增殖和自我更新。细胞的生长需要一定的培养条件。温度、湿度和 CO_2 浓度等都是影响细胞培养的关键条件。通常地，37℃的恒温培养箱中提供 5% CO_2 的培养环境，以维持细胞的正常生长。初始培养时，要控制适当的细胞密度，以避免过度拥挤，从而保证细胞的正常增殖。随着时间的推移，干细胞群体会增殖并形成集落，此时需要进行细胞传代（subculture）以防止细胞的老化和不适当分化。培养皿的类型和涂层材料也会影响干细胞的附着、扩张和分化。常用的培养皿有培养瓶、培养皿、培养板等。底物通常涂有胶原、凝胶、明胶、聚-*L*-赖氨酸等，以提供细胞附着所需的支持。为了更好地模拟体内环境，研究人员也在探索使用三维培养方法，如支架材料、微流控系统等，以提供更类似自然环境的生长条件，更好地维持干细胞的干性和功能性。在培养过程中，需要定期观察细胞的生长状态、形态和健康状况。如有必要，可以根据细胞的需求调整培养条件、培养基成分等，以保持细胞的健康状态。

2）干细胞的分子调控机制

干细胞的分子调控机制研究是探究干细胞自我更新、分化以及多能性维持等关键过程的科学领域。这种研究有助于深入理解干细胞的行为，并为开发医学应用提供了基础。干细胞的分子调控机制研究主要包括基因调控、信号通路、表观遗传学调控、miRNA 和非编码 RNA、细胞周期和凋亡调控以及跨界调控等。干细胞的自我更新和分化受到一系列基因的调控。基因调控是指研究人员通过转录因子、染色质修饰、非编码 RNA 等的研究，揭示这些基因在不同干细胞状态中的表达模式。例如，转录因子如 OCT4、SOX2 和 NANOG

在胚胎干细胞中维持其多能性状态；细胞内的信号通路，如 Wnt、Notch、Hedgehog 和 JAK-STAT 等，对于干细胞的命运决定和功能发挥起着重要作用。研究人员通过分析这些信号通路的激活、抑制和交互，揭示它们在干细胞自我更新和分化中的作用机制；表观遗传学调控包括染色质的结构和修饰，这对于基因表达的调控至关重要。研究人员研究 DNA 甲基化、组蛋白修饰等表观遗传学变化，揭示它们在干细胞命运决定和维持多能性中的作用。miRNA 和长非编码 RNA（lncRNA）等非编码 RNA 分子在干细胞调控中同样具有重要作用。研究人员通过解析这些分子的表达和作用机制，揭示它们在干细胞自我更新、分化以及干细胞与周围环境之间的相互作用中的作用。细胞周期则是干细胞对自我更新的严格控制，以保持质量和数量的平衡。细胞凋亡也是维持干细胞群体稳定性所必需的。对这些过程的研究可以更好地了解干细胞的生命特性。跨界调控是指细胞生物学领域联合系统生物学、计算生物学等领域，通过整合大规模数据、建立模型，研究人员可以更全面地理解干细胞的功能和行为。干细胞的分子调控机制研究是一个复杂且不断发展的领域，通过深入了解这些机制，科学家可以揭示干细胞的内在规律，为干细胞医学应用提供理论基础。

3）干细胞在组织工程和再生医学中的应用

干细胞在组织工程和再生医学中的应用具有巨大的潜力，可以用于治疗各种疾病、损伤和组织退化，甚至实现器官移植替代。目前干细胞已经应用于这些领域中。组织修复与再生是常见的干细胞在组织工程和再生医学的应用，由于干细胞可以被诱导分化成特定细胞类型，如神经细胞、心肌细胞、肝细胞等。在组织工程中，研究人员可以将这些分化后的细胞植入患者体内，用于治疗因疾病或损伤导致的组织损失。例如，用心肌细胞修复心脏组织，或用神经干细胞治疗神经系统疾病。目前器官替代也开始逐渐应用于医学治疗。制造人工器官是再生医学的一个目标。干细胞可以用于生产体外培养的器官，如肝脏、肺部和肾脏等，以满足器官移植的需求。这种方法有潜力缩短器官移植的等待时间并降低排斥反应的风险。组织工程支架可以用于修复骨折、软骨缺损等，干细胞可以结合生物可降解支架，用于构建三维的组织结构。支架可以为细胞提供生长和定向分化的支持。干细胞可以通过诱导成特定细胞类型，用于药物筛选和疾病建模。研究人员可以使用疾病患者的干细胞，将其分化成患有特定疾病特征的细胞，以研究疾病的机制，测试药物的疗效，加速药物开发。干细胞在神经系统再生中具有潜在应用。它们可以分化成神经元和胶质细胞，用于治疗脑损伤、帕金森病、脊髓损伤等神经系统疾病。视网膜色素上皮干细胞可用于治疗因黄斑变性等引起的失明。干细胞还可以调节免疫反应，因此成为自体免疫疾病治疗的潜在应用。然而，干细胞治疗在临床应用中仍然面临许多挑战，如细胞存活、分化方向控制、免疫排斥等。因此，大规模、安全和有效的应用仍需要深入的研究和临床试验。不过，干细胞在组织工程和再生医学领域的持续发展为医学带来了巨大的希望，可以为许多疾病和损伤的治疗提供新的途径。

4）干细胞在化学品毒性评估中的应用

干细胞在化学品毒性评估中的应用为毒性测试带来了一种更加敏感、高效且有前瞻性的方法。传统的毒性测试通常使用动物模型，但这些方法昂贵、耗时且存在伦理和科学问题。干细胞毒性评估的方法主要利用体外培养的干细胞，与人类具有较强相关性。干细胞可以从人类组织中获得，从而更准确地反映人类生物学特性，避免了动物模型的物种差异性带来的不确定性。这使得干细胞毒性测试更具有人类相关性和可预测性。干细胞来源于不同个体，可以用于研究个体之间对于特定化学品毒性的差异。这有助于实现个体化的毒性评估，以及了解特定人群对毒性的敏感性。干细胞毒性测试可以进行高通量筛选，即同时测试多个化学物质的毒性，从而加速毒性评估过程。这种方法对于快速识别潜在危险物质在药物、化妆品、食品等领域具有重要意义。而且干细胞毒性测试不仅可以检测化学品是否有毒性，还可以深入研究毒性的机制。通过分析细胞的生理和分子变化，可以揭示毒性作用的生物学基础。相对于动物实验，干细胞毒性测试的成本更低，且需要的时间更短。这有助于加快新化学品的安全性评估流程。干细胞在化学品毒性评估中的具体应用有四方面。第一是细胞存活和增殖测试，通常检测化学品对干细胞存活和增殖的影响，以评估其毒性。第二是细胞分化抑制，观察化学品对干细胞分化为特定细胞类型的影响，从而评估其影响干细胞命运的能力。第三是可以进行基因表达和蛋白质分析，研究化学品对干细胞基因表达和蛋白质表达的影响，揭示毒性机制。第四是细胞毒性途径分析，主要研究特定途径（如细胞凋亡、氧化应激等）在毒性过程中的作用。尽管干细胞毒性评估在发展中，但已经取得了显著进展，并在药物筛选和毒性评估领域展示出巨大的潜力，可以为毒性评估提供更可靠、更高效、与人类更相关的方法。

2.1.1.4　干细胞的分类

目前有两种常用的干细胞分类方法：一种是根据干细胞的分化潜能大小，将其分为全能干细胞、三胚层多能干细胞、单胚层多能干细胞以及单能干细胞；另一种分类方法则将干细胞分为成体干细胞、胎儿干细胞、胚胎干细胞和核移植干细胞。

1）根据分化潜能大小分类

A. 全能干细胞

全能干细胞指的是那些具备可以发育成完整个体能力的干细胞。众所周知，哺乳动物的生命起源于受精卵，受精卵具有较高潜能，可以分化为体内200多种不同细胞类型的细胞，并进一步发育成完整个体，这一特性被称为全能性，同时能够拥有这种全能性的细胞被称为全能干细胞。在受精卵发育过程中，随着卵裂的进行，受精卵不断分裂，当其分裂到8~16个细胞阶段时，形成一个实心球状体，被称为桑葚胚（morula）。此时每个卵裂球仍保持着全能性，这意味着将任何一个卵裂球放置到适当的子宫环境中，都有可能发育成一个完整个体。

B. 三胚层多能干细胞

三胚层多能干细胞是指失去发育成完整个体的潜能，但仍然具备分化成个体内任何一种细胞（包括生殖细胞）能力的干细胞。桑葚胚进入子宫后，经历分裂，形成由32~64个细胞构成的早期囊胚（blastula），又被称为胚泡（blastocyst）。在这一阶段，胚泡开始形成腔隙，即胚泡腔或囊胚腔。围绕囊胚腔的外部细胞层被称为滋养外胚层（trophectoderm），而内部则是内细胞团（inner cell mass，ICM）。内细胞团是整个胚胎发育过程中最早出现的细胞分化。内细胞团的细胞虽然不能发育成完整个体，却依然保留了分化为个体内包括生殖细胞在内的各类细胞潜能，因此被归类为三胚层多能干细胞。

C. 单胚层多能干细胞

单胚层多能干细胞是指只有能力分化成同一胚层内不同细胞类型的干细胞。与之前的类型相比，它的分化潜能较为受限，只能分化成几种特定类型的细胞。例如，一般意义上的间充质干细胞仅能分化成骨细胞、软骨细胞、肌肉细胞、脂肪细胞以及其他结缔组织细胞，而无法分化成其他类型的组织细胞。

D. 单能干细胞

单能干细胞是指仅能分化成一种细胞类型的干细胞。

2）根据来源分类

A. 成体干细胞

成体干细胞是存在于胎儿、儿童和成人各种组织中的多能干细胞（pluripotent stem cells，PSCs）的总称。这些干细胞具有特定的组织或器官特异性，能够持续分裂并产生特定类型的细胞，以维持细胞功能的稳定。以前的观点认为只有在一些不断更新的组织如血液、小肠黏膜和皮肤中存在干细胞，它们负责机体的更新和创伤的修复。但近年的研究发现，即使在一些被认为成熟后不再分裂的组织，如脑和肝，也存在干细胞。不断深入的研究使人们对成体干细胞的了解也逐渐扩展。成体干细胞的存在范围变得更加广泛，涵盖了骨髓、外周血、脑、脊髓、血管、骨骼肌、肝、胰、角膜、视网膜、牙髓、皮肤、胃肠道的上皮以及脂肪等组织。关于成体干细胞的起源，目前有两种主要观点：一种认为它们是个体发育过程中残留的胚胎干细胞，另一种认为它们是成体细胞在特定情况下经过重编程形成的，或是细胞间自发融合的结果。然而，这些观点仍需进一步研究验证。近年的研究发现，成体干细胞的分化潜能远超过传统观点的局限。例如，骨髓中的成体干细胞可以长期生长在合适的体内外环境中，并分化为多种细胞类型，如骨细胞、软骨细胞、脂肪细胞、平滑肌细胞、纤维细胞和血管内皮细胞，甚至可以生成名为肝卵圆的肝脏前体细胞。造血干细胞经过高度纯化可以分化为肝细胞、内皮细胞和心肌细胞。骨骼肌细胞可以产生造血细胞，中枢神经系统干细胞可以分化为血液细胞、肌肉细胞和其他多种细胞类型。这种跨系统分化的特性被称为“可塑性”。

B. 胎儿干细胞

在妊娠约 3 个月时，胎儿的器官开始形成，这一阶段各器官的原始形态和位置已确定。在随后的 6 个月中，器官逐渐增大，并逐步开始获得独立于胎盘的功能。胎儿以极快的速度生长，因此包括脑在内的所有组织和器官都含有干细胞。这部分研究一直存在着伦理争议，包括是否应单独称为“胎儿干细胞”等存在不同观点。

C. 胚胎干细胞

胚胎干细胞是目前实验室科学研究的重中之重。胚胎干细胞通常指从囊胚内细胞团获得的干细胞，这些细胞在高水平表达着端粒酶。胚胎干细胞相关详细内容于后面章节重点阐述。

D. 核移植干细胞

在 20 世纪早期，人们认识到人类细胞都携带了一个完整的染色体组，每个组织和器官的细胞中都包含一个人的全部基因。唯一的例外是成熟的生殖细胞，它们只携带其他细胞数量一半的染色体。那么从理论上来说，能否通过从一个成人细胞中提取的染色体来培养出一个与该成人完全相同的新个体呢？于是“克隆”（clone）技术诞生。该技术将一个细胞的核移植到另一个去核的卵细胞中，观察移植的细胞核是否能够诱导整个细胞发育成一个完整的个体。实验结果证实了这一可能性。动物克隆技术对育种专家、研究人员和宠物饲养者来说具有重要意义，但其最重要的应用在于产生用于治疗人类疾病的干细胞。通过核移植，获得的干细胞与成体细胞的遗传信息完全相同，能够产生身体各种组织的替代细胞，类似于自体移植，从而避免了干细胞移植中的免疫排斥反应。此外，这项技术还可以利用基因替代技术来纠正干细胞的遗传缺陷，为将来治疗多种临床疾病铺平道路。

2.1.2　胚胎干细胞

胚胎干细胞近年来成为人们广泛关注的焦点。这些干细胞来自胚胎或胎儿中的多能细胞群，能够在体外无限制地增殖，形成具有相同基因型的细胞群，并且有能力分化成各种细胞类型。胚胎干细胞研究的重点集中在体外培养和诱导分化过程上，目前其取得了显著进展，能够成功地在体外诱导出多类型体细胞。胚胎干细胞研究的深入以及各种终末靶细胞和组织器官的成功培养，有望在临床上开创一种全新的治疗方式，从根本上解决许多当前无法解决的医学难题。同时，这项研究还为药物测试和发育过程的研究提供了有力的体外模型。

2.1.2.1　胚胎干细胞概述

1）胚胎干细胞概念

胚胎干细胞的概念并非近年才被提出。实际上早在 20 世纪 60 年代，人们就已经发现小鼠畸胎瘤中具有未分化的多能干细胞，这些细胞在适当条件下可以分化成多种细胞。畸胎瘤是由原始生殖细胞癌变形成的，因此这种多能干细胞被称为 ECCs。尽管 ECCs 因其多能性成为早期胚胎发育研究的量化模型，但它们常常具有某些恶性肿瘤的特征，即异常的染色体核型、有限的分化潜能，以及无法参与嵌合体动物生殖细胞的形成。而且 ECCs 在嵌合体中往往会引发肿瘤或导致胚胎早期死亡。因此人们开始寻找其他适合用于分离多能干细胞的材料。

随后，人们发现异位移植到小鼠体内的早期胚胎能够自发形成畸胎瘤，这启示人们可以考虑在体外培养胚胎，以从中分离出多能干细胞，同时避免肿瘤的发生。1981 年，Evans 和 Kaufman[10]首次从缓慢着床的小鼠胚泡中建立了多能干细胞系，这些细胞具有正常的二倍体核型，并且能够分化成多种细胞类型，被称为 ESCs。

畸胎瘤是由原始生殖细胞癌变而形成的。因此，有研究尝试直接从原始生殖细胞中分离出未分化的多能性细胞。研究结果证实，原始生殖细胞中确实存在多能干细胞，这些细胞在适宜的体外环境下可以维持其增殖能力并保持未分化状态。不同的信号刺激能够诱导这些细胞分化成体内的多种类型细胞。这种来自原始生殖细胞的多能性细胞被称为 EGCs[9]。

虽然 ECCs、ESCs 和 EGCs 是三种不同的细胞类型，但它们都能够在体外无限或长期增殖和多向分化。此外从细胞起源来看，它们都直接或间接地源自胚胎组织。因此，在某些研究中，人们将这些细胞统称为胚胎干细胞。

2）胚胎干细胞的分离建系

胚胎干细胞是一类源自哺乳动物早期胚胎的未分化的二倍体细胞。它们可以从着床前囊胚期的 ICM 以及早期胚胎的原始生殖嵴中分离出来，并在体外进行培养。这些细胞具有多向分化的潜能，可以分化为机体的任何组织细胞，甚至具有形成嵌合体（包括生殖系）的能力。体外培养的 ESCs 具有正常的二倍体+核型，可进行遗传操作，且仍保持发育的多能性。在适当的条件下，这些细胞被诱导分化成多种细胞和组织，或与宿主囊胚形成嵌合体。ESCs 是研究哺乳动物胚胎早期发育、细胞分化、基因调控等发育生物学基本问题的理想模型。此外，它们也在组织工程、药理学以及临床医学研究中扮演着重要的角色。ESCs 的分离与建系对未来研究具有重要的基础作用。

通常情况下，小鼠胚胎干细胞（mouse embryonic stem cells，mESCs）是从 2.5 天的桑葚胚或 3.5 天的早期胚泡中获得的，而 hESCs 通常取自 7 天的胚泡。桑葚胚中的细胞通常具有全能性，因此分离相对较容易，而囊胚则稍微复杂。囊胚阶段胚胎已经开始初步分化，内部出现了胚胎囊腔，囊腔一端为 ICM（图 2-1），囊腔外围则为扁平的滋养层细胞。由于滋养层细胞竞争性抑制 ICM 的增殖并导致其分化，因此在体外分离 ESCs 时，需要将外围的滋养层细胞剥离去除，只留下 ICM 进行培养。免疫学分离法是常用的方法，它能够有选择地杀死外围的滋养层细胞，而保留 ICM。该方法是将胚泡与抗小鼠的血清共培养一段时间，然后添加补体，在补体的作用下，囊胚外围的滋养层细胞被溶解，ICM 则不受影响。这种方法能够有效地分离出纯净的 ICM。

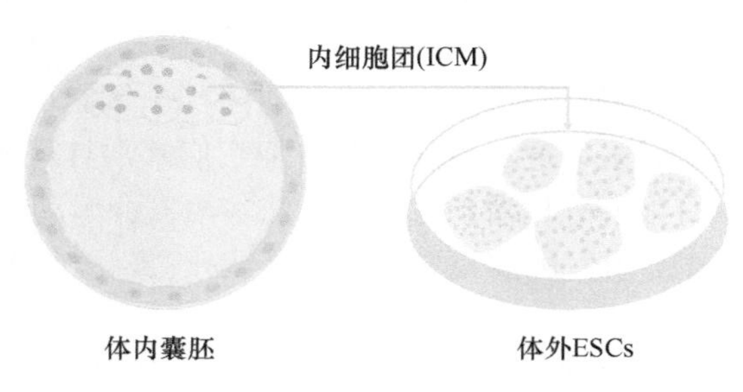

图 2-1 ESCs 的来源

ESCs 的分离效率受到多种因素的影响，包括物种、品系、动物的受孕状态等。目前已有研究表明，许多小鼠品系都可以建立 ESCs 系，但以 129 品系小鼠最常用且相对稳定。129 品系小鼠倾向于自发形成畸胎瘤，由它们建立的 ESCs 系可以长期在体外进行自我更新，并能分化为包括生殖细胞在内的多种类型细胞。研究人员还发现，母鼠在哺乳期再次怀孕时，胚泡的着床会被延迟，导致胚泡的发育发生停滞，这种状态一般持续约 4 周。这期间注射雌激素或将延迟着床的胚泡移植到假孕的母鼠子宫内，这些胚泡可以重新着床并开始正常发育。通过利用这些延迟着床的胚泡来分离 ESCs，可以提高分离效率。因此，在建立小鼠 ESCs 系时，许多实验室会切除受孕早期的小鼠卵囊或通过外源性激素改变母体激素水平，从而影响子宫内环境，获得延迟着床的胚泡，进而提高 ESCs 的分离效率。

在 1981 年，英国剑桥大学的 Evans 和 Kaufman[10]采用延缓胚泡着床的方式进行分离培养了小鼠的 ESCs。他们首先切除了 2.5 天大的小鼠卵巢，通过改变孕鼠体内的激素水平，获得了延缓着床的胚泡。随后，他们成功地分离出这些囊胚中的 ICM，经过胰酶处理后进行培养。在培养过程中，他们筛选出生长活跃的克隆细胞，并通过体外分化抑制培养以及同种动物的皮下注射，证实这些细胞为 ESCs。与此同时，美国加利福尼亚州大学旧金山分校的 Martin[7]则利用了特定的培养基分离培养小鼠 ESCs。这些成功的实验引发了 ESCs 在生命科学领域中的广泛应用前景，进一步推动了人们对不同物种 ESCs 的分离培养研究。除小鼠外，研究人员还在猪、牛、兔、绵羊、山羊、水貂、仓鼠以及恒河猴在内的各种哺乳动物的 ICM 中分离培养出 ESCs 系，拓展了 ESCs 的研究范围。

1989 年，Pera 等[11]首次尝试从人类畸胎瘤中分离 ESCs，初步证明了建立 hESCs 系的可能性。随后 Bongso 等[12]利用人输卵管上皮细胞作为滋养层对原核期胚胎进行培养，通过添加人白血病抑制因子（LIF），成功分离培养了类 hESCs 克隆。1998 年，Thomson 等[8]在临床上自愿捐赠的体外受精胚胎中成功地分离出了 hESCs 系。他们将胚胎培养为囊胚，通过免疫外科手术方法去除透明带，分离出 14 个囊胚中的 ICM，经过培养获得了 5 个细胞系，分别命名为 H1、H7、H9、H13 和 H14。这些细胞系经过 32 代仍然保持了正常的生长。在这个研究中，他们使用 γ 射线照射后失活的鼠胚成纤维细胞作为滋养层，以 DMEM 为基础培养基，特定添加了胎牛血清、谷氨酰胺、β-巯基乙醇和非必需氨基酸。这些细胞系具有不同的染色体核型，其中 H1、H13 和 H14 为正常男性染色体核型 XY，而 H7 和 H9 为正常女性染色体核型 XX。且 5 个细胞系都可以被冻存、复苏，并保持其未分化状态。它们表现出高表达的端粒酶特性，同时保持正常的核型和与其他哺乳动物 ESCs 类似的表面抗原标志。研究者将这 5 个 hESCs 系分别注射到免疫缺陷小鼠体内，结果所有小鼠身上都长出畸胎瘤。这些畸胎瘤组织包括消化道上皮组织、骨和软骨组织、平滑肌和横纹肌、神经上皮、神经节和复层鳞状上皮，这证明 hESCs 具有形成内、中、外三个胚层结构的分化潜能。Kerr 等[13]从临床流产的胚胎组织中获得原始生殖细胞，并在体外培养 9 个月，这些细胞表现出与 Thomson 等[8]分离的 hESCs 相似的生物学特性。

亚全能性干细胞在体外表现出无限或较长期的自我更新和多向分化潜能，这使它们不仅在生物医学基础研究中具有重要作用，还可以在实验室环境下诱导形成各种组织和器官，从而为治疗多种疑难杂症提供了新的可能性。相关研究结果的发布不仅对生物学领域产生了深远影响，也引发了全球范围内政府、企业和公众的广泛关注。1999 年“人类干细胞研究”被国际权威杂志 *Science* 列为人类十大科学成就榜首。566 名中国科学院和中国工程院院士联合评选的 2001 年中国十大科技进展中，与生命科学相关的干细胞研究也占据了重要的位置。

人源胚胎干细胞的生成和应用在各领域引发了广泛的争议，至今仍有多种不同观点在相互交锋。人源胚胎干细胞最初从多余的体外受精胚胎中分离出来。从科学研究和再生医学的角度来看，这些胚胎应用于科学研究或疾病治疗，而不是简单销毁或冷冻储存，可以为人类带来福祉。然而，干细胞在科学研究和疾病治疗的应用中仍然存在着许多难题。一方面，使用多余的试管婴儿胚胎涉及如何平衡科学研究和尊重胚胎生命的复杂伦理与道德问题，如何合理而又尊重地处理这些问题一直是社会各界关注的焦点。同时，不同国家对体外受精胚胎使用制定的法律法规不同，导致跨国合作和共享研究成果方面的复杂性。另外，在再生医学应用方面，人源胚胎干细胞不适合生长在传统的含其他物种血清或蛋白的培养基中，因为这可能引入动物源的致病因子。因此，解决或避免上述问题成为保证干细胞领域发展的重要基础。

2.1.2.2　胚胎干细胞的生物学特征

1）ESCs 的形态

ESCs 在形态结构上与早期胚胎细胞相似，它们细胞体积较小，细胞核较大，胞浆较少，核质比较高，而且具有一个或多个突出的核仁，染色质分散，除了游离核糖体外，细胞质内其他细胞器相对较少。在显微镜下 ESCs 折光性强，细胞间紧密堆积，缺乏明显的细胞界限。hESCs 和 mESCs 在形态上有细微的差异。hESCs 呈扁平克隆状生长，而 mESCs 则呈穹隆状并更加紧密地聚集在一起（图 2-2）。与 mESCs 相比，hESCs 不容易通过常规的方法消化成单细胞并分散，此外，将 hESCs 消化为单细胞后需要额外添加抑制因子 ROCKi，否则 hESCs 可能无法在单细胞状态下存活。

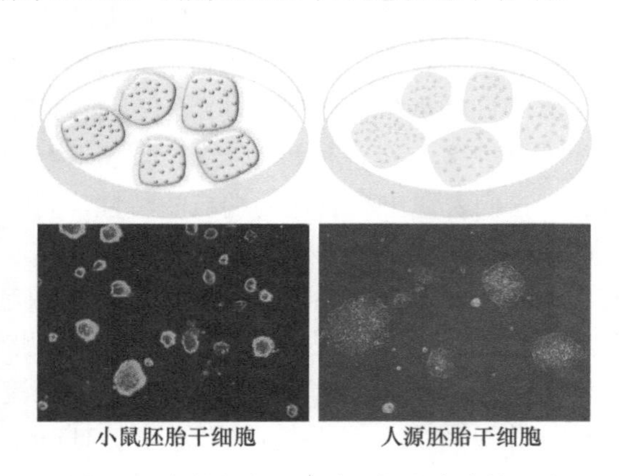

图 2-2　小鼠和人源胚胎干细胞克隆的形态

2）ESCs 的抗原特性

ESCs 作为未分化的多能干细胞，能表达一些特异性的标志物，包括 OCT4、碱性磷酸酶、早期胚胎细胞表面抗原。这些特异性的标志物可以作为 ESCs 分离与鉴定的指标之一（表 2-1）。

表 2-1　人源胚胎干细胞标志物

表面标志物	蛋白表达位置	物种	参考文献
OCT4	细胞质、细胞核	人类和小鼠	[14]
NANOG	细胞核	人类和小鼠	[15]
SSEA-1（CD15）	高尔基体膜	人类和小鼠	[16，17]
SSEA-3	细胞膜	人类	[17，18]
SSEA-4	细胞膜	人类	[17，18]
TRA-1-60	细胞膜	人类	[17，19]
TRA-1-81	细胞膜	人类	[17，19]
CD9	细胞膜	人类和小鼠	[20]
TG30	细胞膜	人类	[21]
GCTM-2	细胞膜	人类	[22]
TG343	细胞膜	人类	[23]

3）调控胚胎干细胞未分化状态稳定性的外在因子

A. 白血病抑制因子（LIF）

LIF 是 IL-6 类细胞因子家族的成员之一。该家族刺激 gp130 受体，与受体的特异性配体（如 LIF-R）形成异质性二聚体，从而产生效应。尽管 gp130 在所有细胞中均有表达，但其亚单位的表达在不同细胞中具有特异性。除了 LIF 外，IL-6 细胞因子家族的其他成员，如 OSM 和 CNF，能够取代 LIF 在胞外基质中发挥类似的生物活性，原因在于它们作用于相同的下游信号响应途径。激活 gp130 会触发 JAK 和 STAT 蛋白的激活，随后这些蛋白转移到细胞核核仁，与 DNA 结合并启动转录过程。研究结果表明，LIF 依靠活化 STAT3 防止小鼠胚胎干细胞分化。在没有 LIF 的情况下，仅通过活化 STAT3 也可使细胞增殖。此外，LIF 不仅活化维持未分化状态所需的 STAT3，还能引发其他信号如 ERKs 的传导。ERKs 的活化会促进细胞分化。因此，细胞内 STAT3 与 ERKs 之间的活化平衡是决定未分化胚胎干细胞命运的关键。研究还显示，由于抑制 PI3K 会导致 ERKs 的活化增强而引起分化，因此 PI3K 信号也受 LIF 的调控并进一步导致小鼠胚胎干细胞的分化（图 2-3）。另一研究报告指出，LIF 在小鼠胚胎干细胞中激活了包括非受体酪氨酸激酶 Src 家族特别是成员 cYes 的另一信号通路。抑制该家族会降低胚胎干细胞标志物的生成和表达，这种现象在人类和鼠类细胞中都被观察到。LIF 和血清调控小鼠胚胎干细胞的 cYes 活性，在细胞分化后活性下降。然而，由于 cYes 突变的小鼠仍然可以正常存活和繁殖，因此认为 cYes 在生物体中并不具有重要作用。结合 LIF 离体效应，敲除实验显示 LIF 信号通路在早期胚胎发育中并非必不可少。LIF 基因突变小鼠通过胚胎移植可以存活和繁殖。但 LIF-R 突变导致小鼠在出生 24h 内死亡，而 *Gp130* 突变的小鼠则在胚胎发育的 12.5dpc（days post coitum，受精后天数）逐渐死亡。进一步的研究表明，LIF 在正常胚胎早期发育中不必需，但在间歇期具有重要作用。该阶段，胚胎在植入前由于哺乳而停滞在囊胚后期。这种停滞状态可以持续数周，其间 ICM 多能区保持未分化状态。然而，*Gp130* 基因突变的胚胎在停滞后无法继续正常发育，丧失其多能性。

这表明，LIF 的体外效应实际上是对异常状态的反应，其中人为延长了正常 ICM 的瞬时增殖，类似于发育间歇期中观察到的增殖状态的延长。人源胚胎干细胞需要与滋养层细胞共同培养以维持其生长状态。对于人源胚胎干细胞来说，这种共培养条件无法仅通过添加 LIF 来替代。且小鼠的 LIF 对人源胚胎干细胞没有作用，无法维持人源胚胎干细胞的多能性。与小鼠胚胎干细胞类似，条件培养基（conditional medium，CM）可以取代人源胚胎干细胞与滋养层细胞的共培养。在特定的细胞外基质与培养基共存的条件下，可以实现无滋养层细胞的人源胚胎干细胞的持久培养。对于人源胚胎干细胞无法响应 LIF 的原因进行探究时，最初的假设是由于 LIF-R 的表达水平过低或缺失。然而，验证假设时发现，不同的人源胚胎干细胞在 LIF-R 的表达水平上存在差异，从极低或缺失到相当高的水平。研究表明，人源胚胎干细胞对 LIF 效应缺失不是因为细胞不响应 LIF 信号，而是因为无法激活 STAT3。未激活的 STAT3 能够维持小鼠胚胎干细胞自我更新，但不能阻止人源胚胎干细胞的分化。此外，在未分化的小鼠胚胎干细胞中可检测到高水平的激活状态的磷酸化 STAT3，然而未分化状态的人源胚胎干细胞中并未观察到该现象。

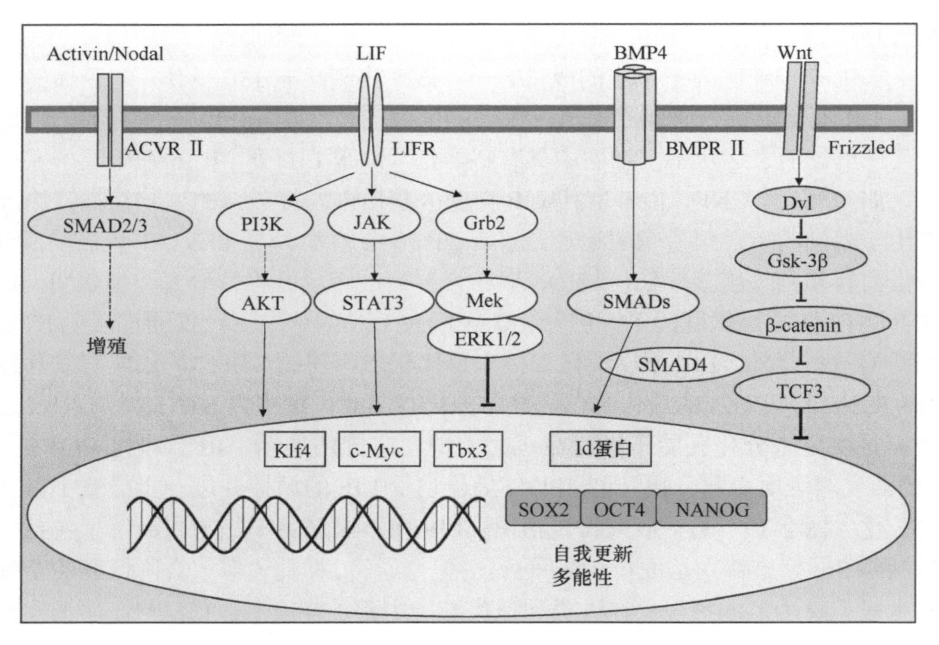

图 2-3 小鼠胚胎干细胞中自我更新相关的主要信号通路

研究显示，LIF 和 BMP4 信号是未分化小鼠胚胎干细胞增殖所必需的。BMP4 结合其受体，激活两个下游通路，阻止分化：①SMADs 活化，引起分化抑制或 DNA 结合抑制相关基因转录，从而调控 BMPs 参与自我更新；②抑制 ERK，使细胞产生分化。LIF 结合受体，同时导致分化与抗分化信号激活。分化信号包括 ERK 活化，而对自我更新很重要的信号包括 STAT3 的活化，以及 PI3K（抑制 ERK）的活化。小鼠中对自我更新很重要的主要转录因子是 OCT4 和 NANOG。OCT4 与一些转录因子一起调控目标基因转录。这一合作通过它们结合在目标基因加强因子的不同位点上。上述为共调控因子的例子与由不同调控因子组合调控的假定靶基因的例子

B. BMP4

最近的研究表明，一种属于 TGF-β 家族的多肽信号分子 BMP4 与小鼠胚胎干细胞的分化相关。在存在血清的条件下，LIF 能够抑制小鼠胚胎干细胞的分化。但在无血

清状态下，即使存在 LIF，神经分化也可能会发生，这可能是由于血清中含有的许多未知因子可以防止胚胎干细胞分化。培养基中同时添加 BMP4 和 LIF 可以在无血清状态下维持和培养胚胎干细胞，如果只添加 BMP4，细胞会向非神经方向分化。去除培养基中的 BMP4 和 LIF 则会诱导细胞向神经反向分化。因此，LIF 对 BMP4 的抑制分化能力至关重要，缺乏 LIF 可能会导致细胞分化。从研究结果看，BMP4 抑制细胞向神经方向分化，而 LIF 则抑制细胞向非神经方向分化。当小鼠胚胎发育中缺乏 BMP4、BMPR-1a 或 SMAD4 时，它们可以正常发育到早期卵圆柱期，但随后会出现外胚层增殖减少和原肠胚形成失败的现象。这种增殖减少可能是由内胚层分化缺陷引起的，而非外胚层本身的问题。

BMP4 通过激活 SMAD 蛋白来维持小鼠胚胎干细胞的自我更新能力。在这一过程中，BMP4 激活了负性 bHLH 因子 *Id* 基因。将 *Id* 基因转染到小鼠胚胎干细胞中，可以使它们在无血清无 BMP4 的环境下继续生长。此外，血清可以通过多条途径诱导 *Id* 基因的表达，因此血清存在的情况下即使没有 BMP4，小鼠胚胎干细胞也能表达 *Id* 基因。另一项研究发现，BMP4 还能够通过抑制 ERK 和 p38 MAPK 信号通路来支持细胞的自我更新，且抑制 p38 MAPK 信号通路产生 ALK3 缺失的胚胎可以被用来建立胚胎干细胞系，但这些细胞无法正常扩增。然而与小鼠胚胎干细胞不同，向人源胚胎干细胞培养基中添加 BMP4 并没有增强细胞的自我更新能力，但导致人源胚胎干细胞向滋养层细胞分化，而小鼠胚胎干细胞不能分化为这类细胞。滋养层细胞生成的差异表明人源胚胎干细胞和小鼠胚胎干细胞可能源自不同的发育阶段，它们的自我更新能力也受到不同因素的影响。

C. bFGF

在使用血清替代物的人源胚胎干细胞的常规培养中，bFGF 是不可或缺的因子。无血清、无 bFGF 时细胞容易发生分化。而添加 bFGF 可以使细胞形态更加致密，并保持较长时间的未分化状态，还可以提升细胞的克隆形成能力。小鼠胚胎干细胞的繁殖并不需要 bFGF，但对于不同的人或鼠的多能细胞和胚胎生殖细胞，它都具有重要作用。在原始生殖细胞向无限增殖的胚胎生殖细胞转化的过程中，bFGF 发挥重要作用。然而当小鼠胚胎生殖细胞形成后，在常规培养中就不再需要 bFGF。研究人源胚胎干细胞信号通路中的不同成分发现 FGF 信号元素的存在，包括 4 个 FGF 受体及其下游分子。不同于分化衍生物，这些元素在未分化的人源胚胎干细胞中富集。虽然人源胚胎干细胞自身会产生 bFGF，但其表达水平并不足以完全阻止细胞的分化。

D. 其他因子

由于 LIF 和 BMP4 均不支持人源胚胎干细胞的自我更新，因此目前正在研究其他能够用于配制胚胎干细胞 CM 的细胞因子。有证据显示小鼠胚胎干细胞的自我更新通路不依赖于 LIF 或 STAT3 的活化。这一发现与 LIF 并不维持活体小鼠多能性的结论一致。这些事实表明，可能存在维持人类和小鼠多能性的基本生理通路。一些研究探索了能够替代人源胚胎干细胞培养基的因子。其中一项研究表明，Wnt 信号通路能够在短期内维持人源胚胎干细胞的自我更新（表 2-2）。另一项研究则指出，TGF-β1、纤维连接蛋白和 LIF 的组合可以有效地在无 CM 的培养条件下维持细胞的状态。

表 2-2　调控胚胎干细胞未分化状态稳定性的外在因子

细胞因子	在小鼠胚胎干细胞中的作用	在人源胚胎干细胞中的作用	小鼠突变实验
LIF	通过取代滋养细胞维持多能性	在自我更新中没有明显作用	通过胚胎移植可存活和繁殖
BMP4	代替血清维持细胞的多能性	促使细胞向滋养外胚层分化	卵圆柱期后外胚层增殖减少，原肠胚形成失败
bFGF	在细胞繁殖中未发挥明显作用	血清替代物中繁殖的必需成分	敲除后可存活，但神经发育与功能缺陷
Wnt	影响细胞的分化和多能性，促进自我更新	短期内维持干细胞的自我更新	影响胚胎的存活和正常发育
TGF-β	影响细胞的自我更新和分化	参与细胞的命运决定	内胚层细胞的异常分化和功能损失

4）调控胚胎干细胞未分化状态稳定性的内在因子

在胚胎干细胞多能性维持中已发现涉及一些因子，现正在开展更多研究以揭示其他因子。

A. OCT4

OCT4 是一种 POU 家族的转录因子，具有八聚物识别序列，一种广泛表达且在细胞特异性基因启动子和增强子中出现的 8-bp 序列。表达模式局限于多能细胞系是 OCT4 的一个独特的特点，尽管有报道显示在一些癌症中存在活化 OCT4。在小鼠早期胚胎的 4~8 个细胞阶段，OCT4 表达活跃，在外胚层开始分化前结束表达，同时在生殖细胞中持续表达。小鼠胚胎中的 OCT4 突变导致移植后的胚胎因仅含滋养层细胞，缺少 ICM 而死亡（表 2-3）。低表达 OCT4 的小鼠胚胎干细胞倾向于分化为滋养层细胞，通常小鼠胚胎干细胞并不产生这类细胞。此外，OCT4 表达仅增加两倍小鼠胚胎干细胞也会分化，但这时细胞的命运可能为内胚层或中胚层。当 OCT4 与其他转录因子或辅因子在分化中共同作用时，其细胞命运由这些因子相对浓度比例决定。在人源胚胎干细胞中，OCT4 也起着维持多能性的作用，与在小鼠胚胎干细胞中的作用相似，且降低人源胚胎干细胞中 OCT4 的表达同样会导致细胞向滋养层细胞分化。

表 2-3　维持胚胎干细胞的主要转录因子

转录因子	在小鼠胚胎干细胞中的作用	在人源胚胎干细胞中的作用	小鼠突变实验
OCT4	参与调控基因表达，保持胚胎干细胞的未分化状态，并阻止它们向特定细胞类型的分化	在维持自我更新、多能性、细胞分化和胚胎发育等方面具有重要意义	OCT4 突变小鼠在移植后由于胚胎缺少 ICM，仅有滋养层细胞，因此无法正常发育而死亡
NANOG	参与调控胚胎干细胞的基因表达，保持细胞的未分化状态，维持干细胞的自我更新能力	在自我更新、多能性维持、胚胎发育和潜在的医学应用等多方面发挥重要作用，是维持胚胎干细胞特性的关键分子之一	NANOG 突变小鼠仅由无序的胚胎外组织组成，ICM 会完全分化为壁内胚层样细胞，无法形成胚胎外外胚层
SOX2	参与维持小鼠胚胎干细胞的未分化状态，保持胚胎干细胞的多能性，调控细胞分化的方向	对维持干细胞的特性、自我更新能力、多能性状态以及胚胎发育和潜在的医学应用都具有重要影响	SOX2 突变小鼠可发育出正常的 ICM，但缺乏卵圆形结构，不能维持外胚层，移植后很快死亡
FOXD3	维持其未分化状态，影响细胞命运决定，参与胚胎内细胞的分化和定向，为干细胞治疗和再生医学提供线索	在维持干细胞状态、胚胎发育调控、细胞命运决定和干细胞治疗与研究应用等方面具有重要作用，但人们对确切功能和调控机制了解相对较少，仍需进一步研究	FOXD3 突变小鼠外胚层缺失，胚胎外外胚层和内胚层则扩张，并在原肠胚形成期死亡

对于 OCT4 活性的目标基因及其调控因子的作用，尚未完全鉴定清楚。但关于该信息的阐释正在逐渐展开，尤其在小鼠胚胎干细胞领域。根据不同的证据，已经提出了多种可能的目标基因或蛋白。这些目标基因或蛋白包括 FGF4、转录辅因子 UTF-1、锌指蛋白 REX-1、血小板衍生生长因子 α 受体、骨桥蛋白（OPN）、FBX15 等。另外，也有研究报道 OCT4 抑制滋养层细胞的一些基因，如来自人绒毛膜癌细胞的人绒毛膜促性腺激素基因表达。需要注意的是，虽然已经确认了一些目标基因，但仍然存在许多未被研究过或尚未被完全了解的靶标，这也可能是因为某些当前已研究的目标基因在其敲除情况下并不会影响 ICM 的形成，这使 OCT4 目标基因激活维持多能性的方式仍不明确。*Fgf4* 是目前已知的 OCT4 目标基因。通过 *Fgf4* 基因的敲除发现经过移植的胚胎中缺失了 FGF4 时，其内胚层无法正常增殖，并且很快死亡。这暗示了 *Fgf4* 在胚胎发育中的重要作用，而 OCT4 可能是通过调控 *Fgf4* 等基因来维持多能性和胚胎发育的正常进程。OCT4 可以通过与不同的辅因子相互作用充当转录激活剂和转录抑制剂。但与 OCT4 相互作用的辅因子数量有限，包括腺病毒 E1A、Sry-相关因子 SOX2、FOXD3 和 HMG-1。OCT4 还与某些辅因子相互作用会导致抑制效应。已有研究结果显示，OCT4 与其转录激活因子之间的定量平衡对于正确调控它们的部分目标基因激活至关重要，例如 OCT4 表达上升时，E1A 会阻碍活性转录复合物的形成。类似现象还有高水平的 OCT4 导致 REX-1 受到抑制。但并非所有的 OCT4 目标基因都适用这一模式。共同受 OCT4 和 SOX2 调控的 *Fgf4* 就没有观察到类似的现象。

OCT4 的辅因子在多能细胞中呈现出多样的表达模式。例如，SOX2 在 ICM 和原始外胚层中都有表达，而 NANOG 主要在 ICM 中表达。这种差异性表达可能有助于解释 OCT4 不同靶标的表达模式差异，可能是因为它们转录时不同辅因子发挥作用。

B. SOX2

Sox2 属于 *Sox* 基因家族，是编码单一的 HMG DNA 结合区域转录因子。类似于 OCT4，SOX2 在小鼠早期胚胎多能细胞、ICM、外胚层和生殖细胞中均有表达。与 OCT4 不同的是，SOX2 也在胚胎外胚层的多能细胞中表达，并且可以作为中枢神经系统的神经前体细胞的标记，这对于维持它们的特征至关重要。*Sox2* 的下调与细胞分化有关。在 *Sox2* 缺失的小鼠胚胎中，囊胚期的表现似乎正常，但在移植后很快会死亡。这些胚胎缺失了外胚层的外皮细胞特征和卵圆筒结构。在体外培养产生胚胎干细胞时，缺失 *Sox2* 的囊泡在早期发育阶段表现正常，但在后期无法正常分化为 ICM，观察到的仅为滋养层细胞和内胚层细胞。通过 *Sox2* 的敲除移植在活体中观察到的作用，在获得胚胎干细胞尤其在 ICM 和外胚层的早期胚胎阶段，SOX2 也发挥着维持细胞多能性的重要作用。在早期胚胎中母体提供了充足的 SOX2 蛋白。在缺乏 SOX2 的突变胚胎中，母体来源的 SOX2 蛋白仍然持续存在，直至囊胚阶段，但与许多其他母系基因产物不同，这些蛋白无法持续存在到移植时期。因此，突变胚胎能存活到植入阶段是由于母体提供了足够量的 SOX2 蛋白。SOX2 在维持或创造早期胚胎阶段细胞多能性方面发挥着重要作用。然而，由于母源性 SOX2 蛋白的存在，这一作用在简单的敲除实验中很难被检测出。此外，SOX2 还对维持滋养层干细胞也具有作用，因为在 SOX2 缺失的条件下，无法生成这些细胞。

C. FOXD3

FOXD3（最初称为起源）是叉形头家族成员。它在未受精卵子或单细胞受精卵阶段不表达，但在胚胎囊泡期可以检测到其转录复制。缺乏 FOXD3 的胚胎在原肠胚形成期死亡，表现为外胚层缺失、胚胎外外胚层和内胚层则扩张。但在囊胚阶段 FOXD3 缺失胚胎的 ICM 及其标志物都表现正常。当进行离体培养时，缺乏 FOXD3 的囊胚起初看起来是正常的，但随后 ICM 无法正常生长。嵌合救援实验则证明缺少 FOXD3 的细胞可以分化成多种细胞类型。因此，FOXD3 能够调控分泌因子或细胞表面信号分子。SOX2 和 FOXD3 在人源胚胎干细胞中的作用仍需更深入地探究（表 2-3）。现有结果证明在未分化的人源胚胎干细胞中，SOX2 表达明显。然而，对于 FOXD3 在人源胚胎干细胞中表达情况存在一些差异，在有些细胞中表达，而在另一些细胞中则不表达。因此，FOXD3 可能不是人源胚胎干细胞的自我更新的必需因子。尽管如此，FOXD3 缺失会导致胚胎在 ICM 生成后阶段出现缺陷，我们仍然不清楚这种表达模式的差异是否导致了不同物种在维持多能性方面的差异。

D. NANOG

最近发现的另一基因参与了胚胎干细胞的自我更新，该基因被称为 *Nanog*，其命名源自凯尔特神话中的永恒青春之地 Tir nan Og。NANOG 是一个不同于任一现有同源框基因的同源框转录因子。它在小鼠的紧密桑葚期和囊胚期内细胞、早期生殖细胞、胚胎干细胞、胚胎生殖细胞以及胚胎癌细胞中表达，但在分化细胞中不表达。在小鼠胚胎干细胞中高表达 NANOG 可以使细胞摆脱对 LIF 的依赖性。尽管在缺乏 LIF 的条件下细胞仍然能够自我更新并保持多能性，但其自我更新能力会下降。因此，NANOG 的过度表达不能使细胞完全脱离 LIF，但 NANOG 与 LIF 两个因子可以协同作用。NANOG 的过度表达效应并不是通过 STAT3 激活来调控的，反之亦然，这表明 STAT3 和 NANOG 信号途径是相互独立的。过度表达 NANOG 的细胞也能够在无血清、无 BMP 的条件下传代，并且能够维持 *Id* 的足量表达。然而，NANOG 的过度表达并不能完全取代对 OCT4 活性的需求，因为在小鼠胚胎干细胞的自我更新中，NANOG 和 OCT4 两者都是必需的。*Nanog* 在小鼠胚胎干细胞中的缺失会导致分化向胚胎外内胚层方向进行。当 *Nanog* 敲除胚胎在明胶（gelatin）上培养发育到囊胚期时，它们的 ICM 会完全分化为壁内胚层样细胞。因此，NANOG 对于维持 ICM 在从 OCT4 依赖性阶段过渡到后续多能性阶段的多能性是必不可少的。如果 OCT4 能够阻止胚胎干细胞分化为滋养层细胞，那么 NANOG 可以阻止细胞朝原始内胚层方向转化，这是胚胎中下一个决定细胞命运的过程。与 OCT4 主要防止干细胞分化为滋养层细胞不同，NANOG 不仅可以预防分化为胚胎外内胚层，还在维持多能性方面发挥作用。NANOG 目前的调控目标基因尚不清楚。但已经通过指数富集配体系统进化技术（SELEX）确定了 NANOG 能够结合的 DNA 序列，这些序列的位置为确定目标基因提供了线索。其中一个可能的目标基因是 GATA6，NANOG 可能抑制它的表达。增强 GATA6 的表达足以导致胚胎外内胚层的分化，在 *Nanog* 敲除细胞中也观察到了类似的现象。同时，NANOG 也包含能够激活转录的两个区域，因此它也能够正向调控胚胎干细胞的特异性基因，并同时抑制胚胎外内胚层基因的表达。NANOG 在人源胚胎干细胞、胚胎细胞、胚胎生殖细胞、生殖细胞以及几种肿瘤中均有表达。当小鼠胚胎干细胞高表达人类 NANOG 时，可发现细胞从 LIF

依赖中部分解脱出来。这暗示着 NANOG 信号通路在人类和小鼠中可能具有相似的功能，但该结论仍需要进一步验证。

E. miRNA

另一种与干细胞特性维持相关的调控因子是 miRNAs。这些短 RNA 分子已被发现与翻译调控密切相关，其主要作用是通过抑制翻译，在一定条件下促使 mRNA 的降解。近期的研究集中在通过计算机模拟和 miRNA 库的检测来鉴定这些分子。在小鼠胚胎干细胞方面的一项研究发现了新型 miRNAs，在未分化的胚胎干细胞中表达特异性，还发现一些已知的 miRNAs 在这些细胞中富集。由于一些 miRNAs 在调控发育中的重要作用，因此认为这些分子在胚胎干细胞的多能性维持中扮演着关键角色类似的研究也在人源胚胎干细胞上进行，鉴定了 17 种在未分化细胞中富集的新型 miRNAs，其中有 11 种与之前在小鼠胚胎干细胞中鉴定的 miRNAs 类似，这些 miRNAs 在哺乳动物胚胎发育中的作用可能具有保守性。当我们研究胚胎干细胞的自我更新和多能性时，需要认识到这些细胞在活体中只存在于有限的时间，并不持续存在于胚胎发育过程。这在体外培养体系中也能够体现出来，因为胚胎干细胞培养物中不仅包含主要的未分化细胞，还有一些分化细胞。由于胚胎干细胞容易发生分化，它们的多能性表现会受到外部环境因素的调控。LIF 是已知的能够最大程度延长细胞多能性存在时间的因子。LIF 和 BMP4 都能够防止细胞分化为不同类型的细胞。细胞的未分化状态取决于分化信号和抗分化信号之间的平衡。分化信号在多能细胞内已建立的多能转录通路中发挥作用，并通过这些通路来维持多能性。这些早期建立的转录通路包括 OCT4 和 NANOG 等多能细胞特有的成分，其作用之一是增强维持多能性状态的能力。在自我更新过程中，转录因子的水平对于决定细胞命运至关重要，在每个细胞分裂中，细胞命运的决定都涉及复杂的相互作用过程。在研究自我更新和多能性时，一个关键问题是探索调控人源胚胎干细胞和小鼠胚胎干细胞生物过程的相似性。然而在细胞对外源因子响应方面发现差异性要远多于可观察到的相似性。这一观察结果在 LIF 和 BMP4 的作用上都得到了验证。在对多能状态特异性内源转录因子的作用进行检查时，相似性更为显著。尽管关于人源胚胎干细胞的研究相对较少，但已有的数据与小鼠胚胎干细胞的结果并不矛盾。OCT4 在小鼠和人体中的作用类似，尽管尚未探测到人体中 NANOG 和 SOX2 的作用，但这些基因作用可能与小鼠中类似，因为两者均在多能细胞中表达。建立多能状态并维持自我更新的关键通路可能在这两种物种中是共通的。然而，非干细胞特有的内部信号和这些信号通路的激活则存在差异。

5）ESCs 的高分化潜能

在去除分化抑制物后，ESCs 的高分化潜能表现在以下几方面。

A. 形成畸胎瘤

通过将 ESCs 注入具有相同基因型或免疫缺陷的动物皮下或肾囊，可以获得包含 3 个胚层细胞的畸胎瘤，从而证实了 ESCs 具有全能性。Thomson 等[8]将分离出的 hESCs 注射到小鼠体内，结果每只小鼠都形成了包含三胚层成分的畸胎瘤。证明 ESCs 的多能性通常通过构建胚胎形成嵌合小鼠来实现。

B. 形成拟胚体

抑制分化的因素被去除后，ESCs 在非黏附性底物中进行悬浮培养能够形成拟胚体（embryoid bodies，EBs）。类似于体内植入后的胚胎组织，拟胚体由胚外内胚层和外胚层组成，两胚层相互作用诱导外胚层进一步分化成多种细胞类型。拟胚体是一个类似于畸胎瘤包含三胚层组织无序排列且混合了多种细胞的集合体，各种细胞分泌自身所需的生长和分化因子。但拟胚体尚未形成极性结构和胚盘，因此无法发展成能够存活的人类胚胎。目前，悬浮培养是形成拟胚体最常用的方法。近年来，随着科学技术的进步，拟胚体培养方法不断发展，出现了多种适应模具，极大地提高了拟胚体形成早期阶段的效率。

C. 定向分化

通过对 ESCs 的生长环境或特定基因进行遗传操纵，能够直接促使 ESCs 向特定的细胞系分化。例如，向 ESCs 中插入神经命运决定基因 *NeuroD*，这些细胞就可以分化成神经细胞。

D. 形成嵌合体

嵌合体动物的形成被视为最有力的细胞多能性实验验证方式。这种分化途径与拟胚体的聚集过程不同，主要通过胚泡注射法或桑葚胚聚集法结合供体的 ESCs 和受体胚泡，融合后的细胞移植到假孕母体子宫中继续发育，形成嵌合体动物。嵌合体动物由供体的 ESCs 和受体的胚泡共同发育形成各种组织器官。在这个过程中，ESCs 发育产生嵌合体包括生殖系统在内的所有细胞类型。这一方法被认为是判断细胞系是否为 ESCs 的黄金标准。然而，一些来源于兔子、鸡、猪以及非人类灵长类动物胚胎的所谓 ESCs，并未能在重新导入胚泡后形成包含生殖细胞系的嵌合体，或因伦理道德无法进行嵌合体形成实验，因此被归类为类 ESCs。

2.1.2.3 胚胎干细胞和成体干细胞的区别

胚胎干细胞与成体干细胞最显著的区别在于不同的分化能力。胚胎干细胞的分化能力远远超过成体干细胞。两者起源也存在差异。目前主要从胚胎或流产的胎儿中获取胚胎干细胞。对于胚胎特别是早期胚胎（如桑葚胚甚至是受精卵）是否代表独立的生命个体，在伦理学上仍然存在争议。胚胎干细胞和成体干细胞在数量与分离纯化上也存在差异。胚胎干细胞主要来源于囊胚的 ICM，因此在分离和纯化方面都存在相当成熟且确定的体系，能够获取足够数量的胚胎干细胞。与此相反，成体组织中的干细胞数量稀少。以骨髓为例，10000~15000 个细胞中仅能发现 1 个造血干细胞。此外，对许多成体干细胞而言，尚未确定其特定的细胞标志物，这导致成体干细胞的分离和纯化操作难以统一实施。尽管胚胎干细胞和成体干细胞都可以在体外进行增殖，但它们的增殖能力存在显著差异。胚胎干细胞具有无限增殖的能力，而成体干细胞的增殖能力则受到一定限制。此外，在分化能力方面胚胎干细胞的能力明显高于成体干细胞。胚胎干细胞表现出强大的分化潜能，单个胚胎干细胞经过体外增殖和分化，可以发育为体内大约 200 多种不同类型的细胞。而成体干细胞通常具有单胚层多能性，甚至是单能性。在大多数情况下，它们只能分化为某一特定的细胞类型。

胚胎干细胞研究备受关注的主要原因在于，这些细胞理论上来讲具备在体外无限增殖的能力，并且可以分化成体内各种细胞类型。移植到患者体内的胚胎干细胞有望替代受损细胞，恢复其功能，为临床治疗带来新希望。然而，目前要将胚胎干细胞应用于临床治疗仍需解决众多问题。首要的问题是胚胎干细胞自发性分化的情况，将这些细胞移植到免疫缺陷的小鼠体内，可能会导致畸胎瘤的形成。因此，适合胚胎干细胞移植的分化阶段还需更深入地研究。其次，胚胎干细胞移植是否会引发免疫排斥问题也需要进一步探究。尽管还存在多种问题，但胚胎干细胞在科学实验中仍具有压倒性优势，胚胎干细胞具备多样的分化潜能，这使得研究者能够探索并实现各种不同的实验想法。在培养过程中，实验者熟练操作能够通过传代持续培养胚胎干细胞，从而为实验提供强大的细胞种群数量保障。然而，就成体干细胞而言，虽然其操作门槛较低且在临床相关专业应用广泛，但在实验中，其维持、纯化以及自身的实验价值均不及胚胎干细胞。更为关键的是，成体干细胞往往来源于从医院手术中获得的病人组织，这使实验本身涉及高度伦理风险。

参 考 文 献

[1] Till J E, McCulloch E. A direct measurement of the radiation sensitivity of normal mouse bone marrow cells[J]. Radiation Research, 1961, 14: 213-222.

[2] Reynolds B A, Weiss S. Generation of neurons and astrocytes from isolated cells of the adult mammalian central nervous system[J]. Science, 1992, 255(5052): 1707-1710.

[3] Eriksson P S, Perfilieva E, Björk-Eriksson T, et al. Neurogenesis in the adult human hippocampus[J]. Nature Medicine, 1998, 4(11): 1313-1317.

[4] Bjornson C R, Rietze R L, Reynolds B A, et al. Turning brain into blood: A hematopoietic fate adopted by adult neural stem cells *in vivo*[J]. Science, 1999, 283(5401): 534-537.

[5] Pierce G B, Beals T F. The ultrastructure of primordial germinal cells of the fetal testes and of embryonal carcinoma cells of mice[J]. Cancer Research, 1964, 24: 1553-1567.

[6] Papaioannou V E, McBurney M W, Gardner R L, et al. Fate of teratocarcinoma cells injected into early mouse embryos[J]. Nature, 1975, 258(5530): 70-73.

[7] Martin G R. Isolation of a pluripotent cell line from early mouse embryos cultured in medium conditioned by teratocarcinoma stem cells[J]. Proceedings of the National Academy of Sciences of the United States of America, 1981, 78(12): 7634-7638.

[8] Thomson J A, Itskovitz-Eldor J, Shapiro S S, et al. Embryonic stem cell lines derived from human blastocysts[J]. Science, 1998, 282(5391): 1145-1147.

[9] Shamblott M J, Axelman J, Wang S, et al. Derivation of pluripotent stem cells from cultured human primordial germ cells[J]. Proceedings of the National Academy of Sciences of the United States of America, 1998, 95(23): 13726-13731.

[10] Evans M J, Kaufman M H. Establishment in culture of pluripotential cells from mouse embryos[J]. Nature, 1981, 292(5819): 154-156.

[11] Pera M F, Cooper S, Mills J, et al. Isolation and characterization of a multipotent clone of human embryonal carcinoma cells[J]. Differentiation, 1989, 42(1): 10-23.

[12]Bongso A, Fong C Y, Ng S C, et al. Isolation and culture of inner cell mass cells from human blastocysts[J]. Human Reproduction, 1994, 9(11): 2110-2117.

[13] Kerr C L, Shamblott M J, Gearhart J D. Pluripotent stem cells from germ cells[J]. Methods in Enzymology, 2006, 419:400-426.

[14] Nichols J, Zevnik B, Anastassiadis K, et al. Formation of pluripotent stem cells in the mammalian embryo depends on the POU transcription factor Oct4[J]. Cell, 1998, 95(3): 379-391.

[15] Mitsui K, Tokuzawa Y, Itoh H, et al. The homeoprotein Nanog is required for maintenance of pluripotency in mouse epiblast and ES cells[J]. Cell, 2003, 113(5): 631-642.

[16] Solter D, Knowles B B. Monoclonal antibody defining a stage-specific mouse embryonic antigen (SSEA-1)[J]. Proceedings of the National Academy of Sciences of the United States of America, 1978, 75(11): 5565-5569.

[17] Henderson J K, Draper J S, Baillie H S, et al. Preimplantation human embryos and embryonic stem cells show comparable expression of stage-specific embryonic antigens[J]. Stem Cells, 2002, 20(4): 329-337.
[18] Kannagi R, Cochran N A, Ishigami F, et al. Stage-specific embryonic antigens (SSEA-3 and -4) are epitopes of a unique globo-series ganglioside isolated from human teratocarcinoma cells[J]. EMBO Journal, 1983, 2(12): 2355-2361.
[19] Andrews P W, Banting G, Damjanov I, et al. Three monoclonal antibodies defining distinct differentiation antigens associated with different high molecular weight polypeptides on the surface of human embryonal carcinoma cells[J]. Hybridoma, 1984, 3(4): 347-361.
[20] Oka M, Tagoku K, Russell T L, et al. Cd9 is associated with leukemia inhibitory factor-mediated maintenance of embryonic stem cells[J]. Molecular Biology of the Cell, 2002, 13(4): 1274-1281.
[21] Pera M F, Filipczyk A A, Hawes S M, et al. Isolation, characterization, and differentiation of human embryonic stem cells[J]. Methods in Enzymology, 2003, 365: 429-446.
[22] Schopperle W M, Kershaw D B, DeWolf W C. Human embryonal carcinoma tumor antigen, Gp200/GCTM-2, is podocalyxin[J]. Biochemical and Biophysical Research Communications, 2003, 300(2): 285-290.
[23] Cooper S, Bennett W, Andrade J, et al. Biochemical properties of a keratan sulphate/chondroitin sulphate proteoglycan expressed in primate pluripotent stem cells[J]. Journal of Anatomy, 2002, 200(Pt 3): 259-265.

2.2　干细胞毒理学定义和特征

毒理学旨在研究化学物质对生物体造成的不良影响，以保护人类和环境免受有毒物质（如临床药物、杀虫剂和食品添加剂等）的伤害，并推动更安全的化学物质开发和使用。毒性一般分为急性和慢性两种类型，其影响会根据暴露途径、靶器官、个体的年龄、遗传背景、性别、饮食习惯、生理状态以及整体健康状况等因素而有所不同。毒理学领域涵盖多种体内和体外测试方法。尽管动物实验在毒理学研究历史中扮演关键角色，但自 20 世纪 50 年代以来，体外毒理学，尤其是以细胞为基础的检测方法开始兴起，更能够符合 3R 原则。体外毒性测试利用成熟的细胞培养方案和经过验证的多种生物学检测终点进行毒性测试，具有更短的实验周期和出色的可重现性。在毒性测试中，基于人体细胞的体外实验作为替代体内动物实验的方法，能更直接揭示化学品对人体的影响。然而，由于某些类型的原代人类细胞难以获得，而永生化的细胞或癌细胞系与正常细胞遗传背景差异较大，寻找适用于毒性测试的细胞类型仍是关键难题。总之，面对不断增长的潜在有害化学物质，以及对动物福利保护的需求，环境毒理学面临重大挑战，迫切需要开发新的高通量实验系统，以不损害动物福利的方式，高效地检测这些物质的潜在毒性。

2.2.1　干细胞毒理学的定义

干细胞毒理学是一门使用干细胞及其分化细胞来评估化学物质对生物体的毒性影响的学科。这个领域主要关注干细胞和干细胞分化产生的细胞在毒性评估中的应用。干细胞毒理学旨在通过使用干细胞建立针对不同物种、器官、组织、细胞类型和发育阶段的毒理学研究模型，提供多种替代动物实验的研究方法，更加有效地评估化学物质对生物体的影响，同时减少毒性评估研究中活体动物的使用以及规避相关的伦理问题。干细胞毒理学的发展为环境健康领域带来了新的可能性，并且为更准确地了解化学物质对不同研究对象的潜在危害性提供了新的工具和方法。

作为体外毒理学的新兴分支，干细胞毒理学最初受到小鼠胚胎干细胞测试的启发，涵盖对干细胞及其分化细胞进行毒理学研究。干细胞具有自我更新和分化潜能，这种特性使得干细胞可以在体外进行多代细胞维持，无须对遗传物质进行改造也可以长时间维持增殖能力和分化潜能。这些细胞的遗传背景正常，并且能够满足呈指数级增长的化学品毒性评估需要。此外，相比于体细胞和癌细胞模型，基于干细胞的特别是基于多能干细胞的毒理学研究还具有一个独特的优势，即干细胞毒理学还可关注胚胎发育毒性。

2.2.2　干细胞毒理学的基础模型概述

PSCs 通常包括 ESCs 和诱导多能干细胞（iPSCs），它们能够在体外分化成成年个体几乎所有组织类型的细胞，包括生殖细胞。这一特性构成了干细胞毒理学的核心，也解释了为什么干细胞在毒性测试方面具有如此巨大的潜力。这一优势不仅相较于体外使用的其他细胞模型，甚至相对于实验动物也是如此。即使进行简单的细胞毒性测试，借助干细胞也能获得更丰富的信息，因为它们的多能性使得其不仅比体细胞更敏感，同时也能评估化学品对严格调控的发育过程的干扰作用。通过在体外形成 EBs，PSCs 能够模拟胚胎发育的早期阶段，进而在分化条件下形成三个原始胚层以及相关细胞谱系，从而实现对化学品的胚胎毒性或致畸性的安全评估（图 2-4），值得注意的是，发育毒性和致畸性使用传统模型难以研究，因此 PSCs 模型的出现对现代毒理学的发展至关重要。

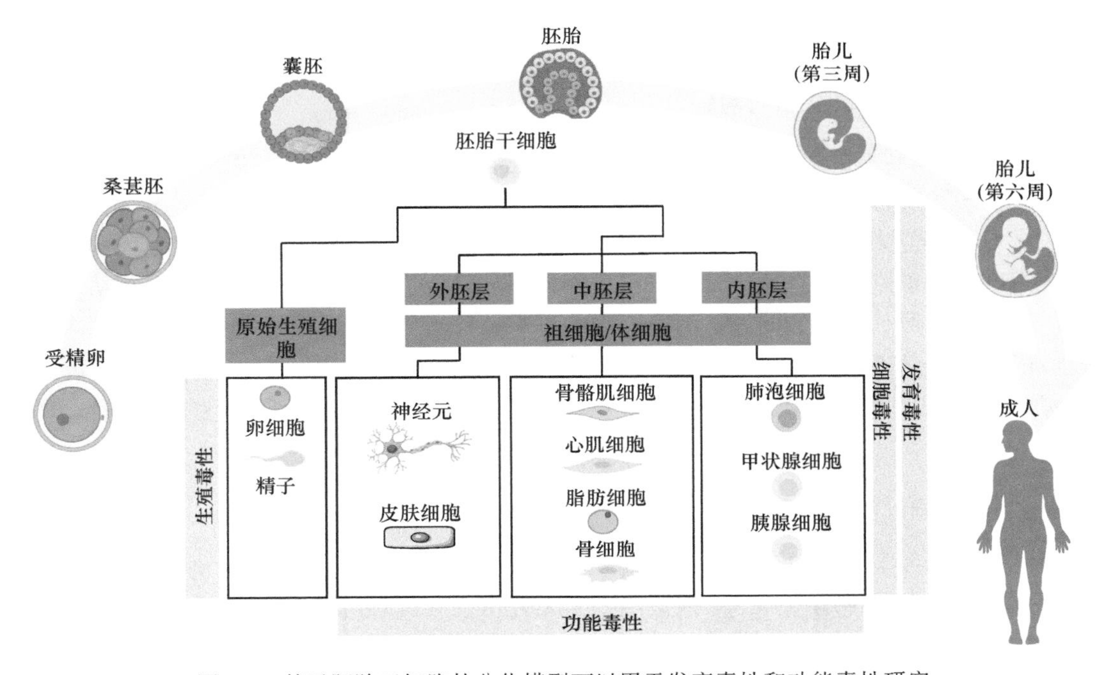

图 2-4　基于胚胎干细胞的分化模型可以用于发育毒性和功能毒性研究

在早期的干细胞毒理学研究中主要使用的是 EBs 模型，然而 EBs 会在同一时间自发分化成多种细胞类型，在研究需要关注的是化学品对某一特定组织的毒性作用时，EBs

模型无偏分化的特性会降低毒理学测试中靶向毒性的特异性，可能导致研究所关注的毒性效应被掩盖。为了解决这些问题，研究人员已经提出了方案，可以促使诱导的 EBs 优先分化成单个原始胚层，然后再进一步分化成特定的祖细胞或体细胞，从而可以评估组织特异性的毒性效应，如神经毒性、心脏毒性、肝毒性等。许多 PSCs 分化方案基于单层条件，这降低了发育毒性测试的技术门槛并更快地收集数据。因此，尽管在单层细胞中进行的分化实验无法完全复制体内的三维条件，但单层细胞分化模型在对毒性化合物进行快速初步筛选时非常有用。

除了发育毒性评估外，干细胞毒理学还提供了对 PSCs 分化细胞功能进行评估的方法。特别是污染物在较低的环境相关剂量水平下并不影响胚胎发育过程和细胞命运决定，而是只影响分化组织后续的细胞功能。在进行功能毒性评估时，干细胞毒理学能够为获得多种特定类型的细胞提供丰富的来源，并且相比动物模型能够更准确地模拟人体对化学品暴露的毒性响应。面对飞速增长的化学品的多组织全面毒性评估的需求，干细胞毒理学表现出了至关重要的优势，它为毒理学研究提供了更精细和有针对性的方法，以揭示毒性化合物对特定细胞类型和组织功能的影响，并且这些方法无须采用复杂且常常具有侵入性的活组织分离程序。此外，干细胞毒理学还可应用于辐射毒性（RT）评估，因为 PSCs 不仅可以在体外产生生殖细胞祖细胞，还可能进一步产生终末分化的配子，从而用于评估环境污染物对与生殖相关指标的影响。

2.2.3　干细胞毒理学的优势

2.2.3.1　解决动物福利问题

干细胞毒理学通过使用干细胞及其分化细胞，来替代传统的动物实验方法进行毒性评估。这一发展对于推动毒理学领域的转变具有重要意义。干细胞本身在适当条件下具有大量增殖的能力，尤其是多能干细胞，它们具备几乎无限的增殖和自我更新能力。因此干细胞相关细胞系一旦建立，就可以长期使用，避免了传统细胞实验需要反复从动物体内取样制备原代细胞的问题。由于干细胞具有分化潜能，尤其是多能性干细胞可以分化成成体的各种不同细胞，甚至是形成类器官，因此干细胞在毒理学研究中能够很好地模拟成体组织和器官对污染物的响应，进一步减少在进行组织和器官毒性研究时对动物的需求。

2.2.3.2　更接近人体

目前在毒理学研究中人们最关注的还是化学品对人体的毒性，然而，传统动物模型与人体之间存在着种属差异，将相关研究结果外推至人类时可能出现不准确的情况。另外，人体癌细胞遗传背景不正常，无法很好地再现正常人体细胞对化学品的反应。此外，人体原代细胞难以获取，并且增殖能力非常有限，难以满足大量评估化学品毒性的需求。而使用干细胞毒理学模型进行研究则有望克服这些问题。首先，干细胞是正常的人体细胞，使用干细胞可以建立贴近人体真实情况的生物学评估模型，这些模型能够帮助研究者获得更真实、更准确的结果。其次，干细胞，尤其是胚胎干细胞，在体外能够长期维持增殖能力，为毒理学研究提供足够的细胞，为高通量筛选提供了可能。通过采用干细胞毒理学模型，研究者能够更好地解决现有方法所面临的局限，以更精确、更可靠的方式评估化学物的毒性效应。

2.2.3.3　适用于高通量毒性筛查

干细胞毒理学可以通过高通量筛选方法，快速有效地评估大量化学物质的毒性，从而加速毒性评估过程。干细胞可以通过体外培养进行大规模扩增，从一个干细胞源头可以获得大量的细胞。这一特性使得干细胞毒理学模型能够满足高通量筛选对大量细胞原材料的需求，克服了传统动物实验和原代细胞实验所面临的细胞量不足的问题。干细胞毒理学模型还可以通过精确控制培养条件和细胞来源的一致性，确保高通量筛查结果的稳定性和可重复性。干细胞毒理学还能够提供多种细胞、组织和器官相关的研究模型，将高通量毒性筛查技术应用在这些模型上能够全方位探究化学品对个体的不良影响。因此，干细胞毒理学为化学品的安全性评估提供了更为全面的数据支持，为相关领域的研究提供了更精确的方法。

2.2.3.4　为个性化毒理学评估提供条件

每个个体在生物学上都携带着独特的遗传和环境背景，这会影响其对化合物的毒性反应。使用个体来源的干细胞来建立个性化毒理学模型可以根据不同个体的特征，并在体外进行毒性评估。这有助于更准确地了解个体对化合物暴露的反应，揭示化合物对个体干细胞和组织的作用机制，为定制个性化的治疗方案提供参考。干细胞还可以从某种特定疾病的患者中获得，从而建立与特定疾病相关的毒理学模型。这种个性化的模型可以模拟患者的疾病特征，更好地了解化合物对患者健康的影响，并为药物研发和治疗策略提供指导。干细胞毒理学模型也可以用于预测个体对特定药物或化合物的敏感性。这种个性化的评估有助于确定最适合患者的治疗方法，并减少潜在的药物不良反应。

2.2.3.5　提供高效的发育毒性评估模型

发育毒性是指环境因素对发育中的个体产生的毒性作用，在人体中，发育毒性可以导致流产、死胎或后代具有先天缺陷。而相比流产或死胎，非致死情况下的发育毒性导致的先天缺陷往往会带来更加严重的问题。先天缺陷往往意味着个体可能长期受到残障问题的困扰，缺陷个体甚至可能一生都饱受疾病之苦。同时，严重的先天疾病也会给缺陷个体的家庭和社会带来沉重的负担。2022 年，世界卫生组织网站上的数据显示，世界范围内具有先天缺陷的新生儿比例高达 6%，而在 5 岁以下，因先天缺陷死亡的婴儿数量高达 41 万人。这表明预防人类胎儿先天缺陷是一个不容忽视的挑战。

1）传统发育毒性研究方法

A. 流行病学研究

目前最直接的人体发育毒性研究方式是流行病学调查，该方法可以直接基于人群的化合物暴露、赋存和发育异常事件数据，揭示化合物暴露与人群子代发育异常现象之间的关系。由于该方法直接基于人群进行研究，因此能够最贴切地反映化合物对人体的发育毒性。流行病学研究往往需要有足够的案例、明确的人体暴露和赋存数据支持，才能建立起较为准确的化合物暴露–发育毒性效应关系。然而，人体的发育过程漫长，因此难以明确子代发育问题与母体妊娠期间接触过的哪些致畸因素相关。此外，由于人体组织器官系统结构功能复杂且不透明，发育过程中的异常往往需要子代在系统层面出现明显的功能异常时才比较容易被发现，因此无论是回顾性还是前瞻性的发育毒性研究都意味着有无数个不幸的患者以及家庭受到相关化学品暴露的伤害，由此也可见使用流行病学调查的方式来研究化学品的发育毒性时，其预测性不足的局限。

B. 啮齿动物模型

为了预测化学品的人体发育毒性，许多动物替代模型被开发出来。其中啮齿动物体内研究模型是应用最广泛的模型之一。啮齿动物体内研究模型主要使用小鼠、大鼠或者兔子进行发育毒性检测。一般是首先对怀孕动物进行给药处理，随后检测其子代的存活率和畸形率。相关模型的优势在于，啮齿动物与人类亲缘关系较近，其中小鼠与人类基因组的同源性能够达到90%以上[1]。同时，由于是体内模型，能一定程度反映生物体复杂的结构和功能，例如都存在化学品代谢和穿透生物屏障的过程，能够较为贴切地反映药物对人体的影响。而单次实验需要的动物数量多、动物生长周期长、饲养成本高、解剖等操作技术难度较大并且动物体型较大不适合高通量化检测是相关模型的劣势。

C. 斑马鱼模型

自 1950 年以来，斑马鱼模型也被广泛应用于研究化合物的发育毒性。斑马鱼模型的优势包括：母体单次产卵数量多、个体小，适合应用于基于微孔板的高通量发育毒性筛查；鱼卵孵化迅速，发育毒性检测通常只需要培养 3 天左右，因此相关研究耗时短、效率高；胚胎和幼苗透明，在研究中易进行形态观察和免疫标记，能够直观地显示出由发育毒性导致的畸形或病变[2]。然而，使用斑马鱼系统研究化学物质对人体的发育毒性也存在一些问题。一方面，斑马鱼是鱼类，与人类亲缘关系较远，其基因组与人类基因组的同源性也较低（同源性>70%）[3]，因此斑马鱼胚胎和人体胚胎对于相同药物的反应很可能不同。另一方面，斑马鱼胚胎在水体中会直接与药物或环境污染物接触，但是在人体中，化学物质一方面会被母体代谢成其他物质，另外还会被人体的各种屏障系统阻隔，因此如果要提高斑马鱼模型预测化合物对人体发育毒性的准确性，还需要在使用该模型研究特定化合物毒性的同时，检测其人体主要代谢产物的毒性，同时考虑到人体屏障的阻隔效应，使用接近人体胚胎暴露浓度的化学物质去处理斑马鱼胚胎。

2）基于干细胞的发育毒性研究方法

近年来兴起的干细胞毒理学检测模型，尤其是人源胚胎干细胞检测模型，为直接评估化合物的人体胚胎发育毒性提供了新方法。胚胎干细胞具有多向分化潜能，在一定条件下能够分化成人体几乎所有类型的细胞，而且其分化过程往往模拟人体真实的发育过程，适合应用于发育毒性研究。其中，拟胚体分化模型是基于人源胚胎干细胞的发育毒性检测模型中较为基础的一种，该模型正是利用了胚胎干细胞的多向分化潜能，通过诱导其自发分化，从而模拟早期人体胚胎发育的过程。相关研究显示，拟胚体分化过程可产生三个原始胚层及其衍生的多种类型细胞，包括神经、心脏、造血、肝脏、上皮、免疫、间充质等多种类型细胞[4]。其与人体胚胎发育过程类似的多向分化特性能够非靶向性地显示外源物质对细胞命运决定过程的影响[5]。目前该模型已经被应用于评估环境污染物的早期人体胚胎发育毒性，并且该模型由于易操作、周期短、单次实验可制备的拟胚体数量多等特点，非常适合高通量化检测。然而，需要注意的是，胚胎干细胞相关模型与其他体外模型有一个共同的劣势——在实际情况下，化学品是经过人体内存在的代谢过程和屏障系统后与胚胎干细胞作用。因此，如果希望获得准确的化学品发育毒性预测结果，还需要在体外模拟化学品的代谢和穿透屏障的过程中，或在已知相关化学品代谢产物以及屏障穿透效率的情况下，使用合适浓度的代谢产物进行测试。

参 考 文 献

[1] Mouse Genome Sequencing Consortium. Initial sequencing and comparative analysis of the mouse genome[J]. Nature, 2002, 420: 520-562.
[2] Ali S, Champagne D L, Spaink H P, et al. Zebrafish embryos and larvae: A new generation of disease models and drug screens[J]. Birth Defects Research Part C: Embryo Today, 2011, 93(2): 115-133.
[3] Howe K, Clark M D, Torroja C F, et al. The zebrafish reference genome sequence and its relationship to the human genome[J]. Nature, 2013, 496(7446): 498-503.
[4] Faiola F, Yin N, Yao X, et al. The rise of stem cell toxicology[J]. Environmental Science & Technology, 2015, 49(10): 5847-5848.
[5] Yao X, Yin N, Faiola F. Stem cell toxicology: A powerful tool to assess pollution effects on human health[J]. National Science Review, 2016, 3(4): 430-450.

2.3　干细胞毒理学发展

干细胞毒理学作为一个新兴领域，吸引了越来越多的关注，发展出了各个研究方向。传统的毒理学评估主要依赖于动物实验。然而，由于现代毒性测试需求的增加以及对动物实验在伦理和成本上的局限性，我们亟须更为可信、高效且预测能力更强的毒理学评估手段。在这一背景下，干细胞毒理学的出现恰逢其时，由于其自我更新和多向分化的特性，干细胞成为研究毒性物质对细胞发育和组织修复影响的理想模型。在毒性评估中应用干细胞模型，我们能更深入地了解毒性物质暴露后，细胞功能可能受到的影响，以及潜在的发育风险。随着技术进步，干细胞毒理学正逐渐成为现代毒理学的前沿领域。通过在体外培养干细胞，我们能够分化出各种细胞类型和组织，并基于此更准确地评估化学物质的毒性效应。此外，干细胞毒理学还可进行个性化毒性评估，根据个体的基因型和表型特征，预测其对化学物质的敏感程度以及毒性反应。

尽管干细胞毒理学在毒性测试领域尚处于初步发展阶段，但其巨大的发展潜力已经展现出来。这不仅为我们提供了一种全新的方式来评估化学物质的安全性，同时也为药物筛选、环境污染物评估和个性化医学等领域带来了广阔的发展机遇。随着对干细胞认知的加深以及技术进步，干细胞毒理学必将给毒性和风险评估领域带来革命性的转变。

2.3.1　基于胚胎干细胞的毒理学研究发展

干细胞毒理学可以采用亚全能性干细胞、由亚全能性干细胞体外分化产生的其他细胞类型，以及从成体中分离出的干细胞等模型。近年来，与亚全能性干细胞相关的模型利用发展尤为迅猛，并取得极大的研究价值。亚全能性干细胞主要有两种来源，一是从囊胚时期内细胞群中分离得到的 ESCs，二是重编程获得的 iPSCs，它们都具备自我更新能力、几乎无限的增殖能力以及几乎可以分化所有成体细胞的能力[1]。1981 年，Evans 和 Kaufman[2]成功分离了 mESCs 并建立了稳定的培养方法。1997 年，Spielmann 等[3]提出 ESCs 测试准则，建立了首个基于 mESCs 的发育毒性评估模型。1998 年，Thomson 等[4]首次成功实现了 hESCs 的体外分离和培养。1999 年，胚胎干细胞测试（EST）模型在环境污染物的胚胎发育毒性评估中的准确性被欧洲替代方法研究中心（European Centre for the Validation of Alternative Methods，ECVAM）证明使用[5]。2007 年，Takahashi 等[6]通过重编程人成纤维细胞实现了由体细胞向 iPSCs 的转变。2008 年，Dimos 等[7]通过重编程渐冻症病人细胞，成功建立了疾病特异性背景的 iPSCs 细胞系，解决了特殊疾病患者特定组织样品难以获取和扩增的问题，为精准医疗和针对特定群体的个性评估发展奠定了基础。2008 年，首个与小鼠 EST 相对应的 hESCs 测试准则正式确立[8]，在接下来的时间里，hESCs 逐步成为毒理学和药理学研究的热点模型，而其中最具意义的三类突破是：①利用 ESCs 近乎无限的增殖能力以及多谱系分化能力，大量分化产生目的细胞类型，解决了像心肌细胞等原代细胞无法大规模获得的问题，进而实现体外毒理学研究的高通量化[9]；②基于体外 ESCs 分化可以模拟体内人胚胎发育过程，可针对不同分化模型进行不同维度的毒理学检测，同时评估化学物质对人胚胎发育各阶段的毒性作用，预防药物或环境污染导致胎儿畸变的事件发生；③真实生理状态下的组织器官可以由胚胎干细胞分化而来的类器官进行模拟，如此，对于化合物毒性分析，类器官能更加贴切地反映化合物在人体中的实际作用，再结合新兴的单细胞测序等分析技术，可以高效地从类器官和单细胞两个层面深入解析化合物的效应和机制（图 2-5）。

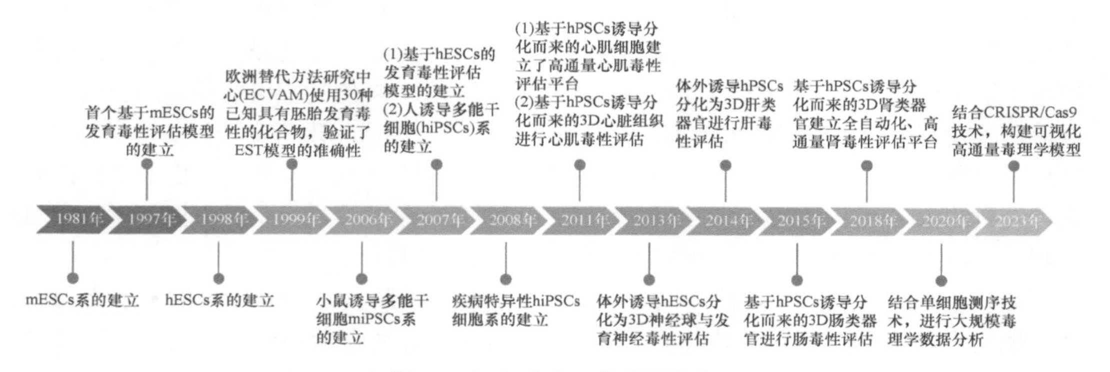

图 2-5　干细胞毒理学发展简介

此外，干细胞毒理学领域的一个研究热点是结合使用 CRISPR/Cas9 技术。这种方法可以用来编辑特定基因，以探究毒物的作用机制，或者有针对性地修改与毒物代谢、解毒或细胞应激反应相关的生物学过程，从而深入了解化合物对干细胞以及整个胚胎发育过程甚至各器官系统的影响[10,11]。

在研究环境污染物的毒性时，采用多能干细胞的体外实验模型有助于精确且灵敏地评估环境污染物对不同细胞、组织、器官或发育过程的毒性效应。通过将多能干细胞与高通量分析方法相结合，还可以获取大量多层次的关联毒性数据，从而有效地促进毒性机制以及化合物结构–毒性效应关系的阐明。尽管目前在环境污染物毒性评估方面，干细胞的应用仍然处于探索阶段，但其发展前景十分广阔[12,13]。

2.3.2　多能干细胞在基础毒性评估中的应用

在现代毒理学研究中，体外细胞实验具备一系列优点，包括实验系统简单、条件易控制、实验周期短、容易实现高通量等。与癌细胞相比，胚胎干细胞核型正常，因此在基础毒性测试中更能客观地反映化合物与正常细胞之间的相互作用；与原代细胞相比，胚胎干细胞具有更强的增殖能力，通过诱导分化，能够获得多种不同类型的原代细胞替代品，为实现高通量创造了条件。胚胎干细胞在基础毒性评估中的应用可以追溯到 1991 年，当时 Laschinski 等[14]研究者从囊胚中成功提取出整倍体的 mESCs，之后进行 MTT 测试，得到了多种化合物对 mESCs 和成纤维细胞的细胞毒性数据。相关测试结果不仅与之前的活体动物实验高度一致，而且相比已分化细胞，mESCs 具有更灵敏的毒性响应。随着人源多能干细胞（human pluripotent stem cells，hPSCs）培养系统的建立和诱导分化技术的不断突破，研究人员开始将 hPSCs 及其分化细胞应用于基础毒性评估，并且毒性测试方法逐渐向高通量化方向发展。2016 年，科研人员建立了一个基于人诱导多能干细胞（human induced pluripotent stem cells，hiPSCs）及其分化细胞（包括神经干细胞、神经元和星形胶质细胞）的高通量化合物毒性筛查系统，用于研究包括神经毒素、发育性神经毒素和环境污染物在 10μmol/L 和 100μmol/L 浓度下的毒性效应。MTT 细胞毒性检测实验结果显示，在测试的 80 种化合物中，至少有 50 种对这四种细胞中的至少一种表现出细胞毒性，尤其是缬霉素、四溴双酚 A（tetrabromobisphenol A，TBBPA）、溴氰菊酯和磷酸三苯酯对这四种细胞均显示出明显的细胞毒性[15]。这些研究结果表明，采用干细胞分化系统有助于建立多种细胞类型的高通量毒性筛查平台，极大地推动了化合物毒性敏感阶段和靶点细胞的确定。与其他已知的神经毒剂相比，环境污染物如四溴双酚 A、溴氰菊酯和磷酸三苯酯展示出更广泛的毒性效应，进一步说明使用基于 hPSCs 和不同分化细胞的高通量毒性筛查平台来评估环境污染物的基础毒性是必要的。

2.3.3　多能干细胞在发育毒性评估中的应用

在干细胞毒理学研究中，除了关注化合物对细胞活力、胞内活性氧自由基水平和细胞膜完整性等基本毒性指标的影响外，更关注在非致死浓度下，化合物对干细胞自我更新能力、分化潜能以及分化过程的影响。此外，hPSCs 分化模型目前是直接研究化合物对人类早期胚胎发育影响的唯一有效模型。1997 年，Spielmann 等[3]开发了一种基于 mESCs 的胚胎发育毒性检测的新方法，即 EBs 分化实验。在这个实验中，给药处理设置在 EBs 分化过程中，随后通过分化末期 EBs 的数量及形态来评估化合物对分化实验效率的影响。该实验方法可以看作胚胎干细胞在发育毒性评估中的雏形。hPSCs 分化模型的建立为发育毒性研究提供了多种可选方向，从而使某个或某类化合物对胚胎干细胞不同分化过程的影响得到更为全面的探究，从而有助于揭示化合物对胚胎发育毒性的毒性效应靶点及机制。

2.3.4 多能干细胞在器官毒性评估中的应用

随着胚胎干细胞分化方案的不断完善和发展，研究人员开始尝试使用这些分化后的细胞来构建高度仿真的三维组织结构。在过去几年中，发展出了两种不同的模拟体内器官真实情况的技术：①依赖干细胞生物学的自组织类器官技术；②依赖生物工程手段的器官芯片技术。3D 类器官是指与相应的体内器官具有类似的空间结构和功能的三维细胞培养物。类器官的形成过程为，首先通过各种方法诱导胚胎干细胞朝特定发育方向分化，获得处于特定发育阶段的干细胞或祖细胞，然后将这些细胞以某种特定方式混合在一起，使它们能够自发组装并发育形成类器官。通常地，通过单层分化获得的细胞仍处于未成熟状态，然而一系列研究表明，使用在特定分化阶段的细胞自组装构建的类器官内的细胞通常更加成熟，因此其基因表达、细胞外基质分泌以及细胞功能活动更接近体内器官[16]，并且更适合应用于化合物的器官毒性研究。目前，已经成功构建的类器官包括大脑[17]、心脏[18]、肝脏[19]、胰腺[20]、肺[21]、肾[22]、输卵管[23]、小肠[24]、视网膜[25]、角膜[26]、唾液腺[27]、子宫内膜[28]和血管[29]等。一些人源类器官已经被应用于再生医学研究或化合物毒性评估中。

在脑类器官研究方面，研究人员将从 hPSCs 分化而来的神经前体细胞、内皮细胞、间充质干细胞以及小胶质/巨噬细胞前体细胞进行共培养，促使它们自组装形成三维的脑类器官，包括神经结构和血管网络。接下来，研究人员探究了 34 种包括环境污染物二噁英在内的神经毒剂和 26 种无毒化合物对此脑类器官的影响。他们分析了这些化合物对基因表达谱的影响，并应用机器学习技术，根据脑类器官基因表达谱在有毒和无毒情况下的不同，建立了一个用于评估化合物神经毒性的计算机模型。这项研究不仅提供了一种可行的脑类器官构建方法，还证明了通过计算机识别毒性特异基因表达谱来评估化合物毒性的可行性。高灵敏度和高通量的毒性筛查系统的建立基于两点：首先，与细胞活力相比，化合物在低浓度下通常先影响基因的转录，因此基于转录组分析的毒性筛查方法更为灵敏。其次，随着机器学习技术的不断发展和转录组测序成本的降低，计算机识别毒性特异基因表达谱的方法有着较高的优势。在心脏类器官领域，研究人员已经成功建立了一个高通量的心脏类器官毒性评估系统，并测试了 105 种潜在的促再生小分子。通过这个系统，他们成功筛选出两种不会影响心脏功能的促再生分子，并初步揭示了它们促进心脏再生的机制。在肝脏类器官方面，我国的研究学者采用了 3D 肝脏类器官模型，研究了该模型对阳性对照物胺碘酮、环孢霉素和阴性对照药物阿司匹林的不同反应。测试结果说明该系统在检测肝脏毒性方面具有准确性[30]。另外，在肾脏毒性方面，研究人员建立了一套全自动化和高通量的肾脏类器官形成以及肾毒性评估系统，有望高效地用于研究化合物的肾脏毒性[31]。

尽管目前基于现有技术构建的3D类器官还不能完美地模拟体内各成熟器官，但使用类器官代替人体脏器系统进行毒理学研究已是大势所趋。在不久的将来，随着类器官构建技术的不断突破以及基于类器官的毒理学研究系统的高通量化，有望实现人体器官毒性研究的飞跃。此外，虽然目前人源类器官的应用集中在药物开发领域，但实际上环境污染物对人体健康的影响同样值得关注。因此，亟须拓展人源类器官模型在环境污染物的器官毒性评估方面的应用。

器官芯片是一种通过微流控等方法，来精确模拟体内环境培养细胞的生物工程技术。该领域的最早研究可追溯至2010年，当时Huh等[32]科学家使用了经典的软光刻技术和微流控技术，成功创建了一个肺芯片，用于模拟人类肺泡毛细血管界面，从而使研究人员能够研究肺部炎症和感染。近年来，器官芯片领域发展迅速，涌现出大量的器官芯片构建成果。成熟的胚胎干细胞技术为利用器官芯片进行疾病特异性药物研发或特定人群污染物毒性评估提供了便捷途径。同时，将类器官技术与器官芯片技术相结合，也有望促进对化合物器官发育毒性的研究。在研究环境污染物的毒性效应方面，器官芯片和类器官芯片具有广泛的应用前景。

2.3.5　基于成体干细胞的毒理学研究发展

2.3.5.1　成体干细胞模型的发展

在胚胎发育的早期阶段，内细胞团（ICM）中的多能细胞会在胚胎原肠形成的过程中重新组织，形成三胚层，最终生成身体各种组织，这个阶段的细胞，分化潜能被抑制，可塑性降低，只能够产生一种或几种特定组织类型的细胞，因此被称为多能干细胞。首次证实成年组织中存在干细胞的研究可以追溯到1960~1961年McCulloch和Till[33]进行的开创性工作，他们首次证明了小鼠骨髓中的细胞能够保持自我更新，同时具有多谱系分化的能力。因此，这些干细胞通常被称为成体干细胞。然而，它们也可以在胎儿组织中找到，如脐带和胎盘，并被称为胎儿干细胞。此外，根据它们的组织来源和功能，成体干细胞可以分为不同类型，包括间充质干细胞（MSCs）、神经干细胞（NSCs）、造血干细胞（HSCs）、皮肤干细胞等。

1）间充质干细胞（MSCs）

亚历山大·弗里登斯坦是首位提出MSCs概念的学者。在1968年，他和同事首次从小鼠骨髓中分离出了一种黏附性的纤维样集落形成细胞，这些细胞在体外具有高度的增殖能力，并且能够分化为成骨细胞，以及皮下移植后重建造血微环境。后来，类似的纤维状细胞群在1980年同样在人类骨髓中被检测到，这些细胞表现出能够在体外分化为成骨细胞、脂肪细胞、软骨细胞和肌肉源性间充质细胞的潜力[34]。截至目前，MSCs已经成功地从多种组织中分离出来，包括脂肪、牙髓、牙周韧带、肌腱、脐带、皮肤、胎盘、羊膜液、肌肉、肝脏和大脑等。虽然已经确认了一些MSCs具有多能性，但由于它们的异质性，这些可黏附的细胞在体内并不都具有同等程度的自我更新和分化潜能。因此，国际细胞治疗学会在 2005 年推荐使用“多能性间充质细胞”这一术语来描述这些纤维状可黏附的细胞[35]，并在 2006 年发布了定义人类 MSCs 的最低标准：这些细胞在标准培养条件下能够附着在塑料表面；它们表达 CD105、CD73 和 CD90；不表达 CD45、CD34、CD14、CD11b、CD79a、CD19 和 HLA-DR；并且它们能够在体外分化为成骨细胞、脂肪细胞和软骨细胞[36]。尽管关于“干细胞”和“间充质”这些术语的使用仍然存在争议，但这并没有妨碍 MSCs 在基础研究和临床试验中的广泛应用。事实上，MSCs 不仅可以作为多能的细胞祖细胞，还能够免疫调节，维持造血稳态，并在组织受损后调节营养因子的释放。

2）神经干细胞（NSCs）

1992 年，Reynolds 和 Weiss[37] 首次从小鼠的脑室下区成功分离提取 NSCs，自那之后，已有许多从啮齿类动物以及人类发育中或发育成熟的大脑的特定区域成功提取 NSCs 的案例。NSCs 可以从胚胎或成熟的神经组织获得，或者由胚胎干细胞或诱导多能干细胞分化而来，但由于供体年龄、脑区来源的不同，相对应产生的 NSCs 在增殖能力、营养需求、表型潜能等方面也会存在一定的差异。NSCs 同样具有自我更新和多谱系分化能力，可分化产生神经元、星形胶质细胞、少突胶质细胞等神经细胞类型。但不同于其他干细胞的是，NSCs 并不能产生神经系统中的所有细胞类型，且在经过长期扩增后，其分化方向会更局限于 GABA 能和谷氨酸能神经元。常用的神经干细胞表征方法：一是神经球的测定，即测定神经干细胞是否能够形成三维球体结构；二是多能性检测，即通过特定的分化条件，观察神经干细胞是否能够分化成神经元、星形胶质细胞和寡突胶质细胞等不同类型的细胞，或者使用特定抗体标记神经细胞标志物（如 Nestin、SOX2、PAX6 等），以确认细胞是否分化成神经细胞；三是体内移植实验，即将潜在的神经干细胞移植到动物模型中，观察其是否能够融合并分化为各种功能性神经细胞，具备向多种神经细胞类型分化的能力。此外，神经干细胞可以为神经系统疾病的治疗提供来源，取代一系列缺失或功能失调的细胞，同时在分化状态下的 NSCs 会自发产生各种神经营养因子，如 BDNF、GDNF、NT-3，这些神经营养因子具有神经营养、保护两种功能。

3）造血干细胞（HSCs）

造血干细胞作为多能干细胞，同样具有自我更新能力，能够分化产生包括淋系和髓系在内的成熟血细胞，包括红细胞、白细胞和血小板等，其中髓系细胞的发育模式与脾集落形成单位相似。造血干细胞的另一特性是归巢，指造血干细胞具有从血液定向迁移至骨髓，并在微环境的可植入点位生存、增殖以及分化为多谱系细胞。20 世纪 50 年代，有研究发现在小鼠经致死辐照后，脾脏来源的 HSCs 可以发挥保护作用，虽然最开始的设想是脾脏分泌的激素发挥作用，但在后来的实验中发现，共生小鼠分别进行全身辐照和铅屏蔽处理，来自铅屏蔽小鼠后肢的造血干细胞可以在辐照小鼠体内循环并重构受损的骨髓，这表明造血干细胞可以在血液中循环并定位至骨髓中的合适位点，而这也推动了将外周血作为造血细胞来源的临床应用。关于小鼠造血干细胞的分离和鉴定，自 1961 年 Till 和 McCulloch 发表了脾集落形成实验相关文章后，在大约 20 年的时间里人们都认为能够在辐照受体内形成脾集落的细胞均具有 HSCs 的特性，直到 19 世纪 80 年代，人们发现符合造血干细胞的细胞有时并不会形成集落，目前已经发展出基于造血干细胞表达某些表面抗原的同时对其他一些表面抗原表达呈阴性的特性，利用磁式筛选或流式分选等技术来进行造血干细胞的精准分离。对于小鼠的造血干细胞，具有长期重建潜力的群体的接受的表型是 $Lin^{-}Sca1^{+}cKit^{+}$（LSK）$CD150^{+}CD48^{-}CD34^{-}$，对于人类的造血干细胞，则是 $Lin^{-}CD34^{+}CD38^{low}CD45RA^{-}CD90^{+}$[38]，而对于人体 HSCs 的分离，长期培养启动细胞（long-term culture initiating cell，LTC-IC）和延长的长期培养启动细胞（extended long-term culture initiating cell，ELTC-IC）实验、高增殖潜能集落形成细胞（high proliferative potential colony forming cell，HPP-CFC）测试、卵石样区域形成细胞（cobblestone area-forming cell，CAFC）测试、原始细胞集落（colony forming unit-blast，CFU-Blast）测试、A 型集落形成单位（colony forming unit type A，CFU-A）实验、混合集落实验等是常用的方法。

4）*皮肤干细胞*

皮肤干细胞的概念在 1987 年由 Barrandon 和 Green[39]首次提出。皮肤干细胞存在于各类皮肤组织中，同样具有自我更新和分化为多种皮肤细胞类型的能力，在促进皮肤的生长、修复和再生方面具有关键作用。皮肤干细胞主要分为表皮干细胞、毛囊干细胞、皮脂腺干细胞、汗腺干细胞等几种类型。其中，表皮干细胞位于皮肤表皮层的基底层，与真皮紧密相连，可以分化成角质细胞（构成角质层）、基底细胞（维持自我更新和组织结构）、黑色素细胞（产生黑色素以调节皮肤颜色）等细胞类型。毛囊干细胞主要存在于毛囊的外根鞘中，可分化为毛乳头细胞、毛囊上皮细胞等，以参与到毛发的生长和修复中。皮脂腺干细胞存在于皮脂腺中，可分化为皮脂腺细胞，对皮肤的润滑、保护和修复有着重要的作用。汗腺干细胞分布于汗腺，可以分化为汗腺上皮细胞、汗腺导管细胞、间质细胞等类型，调节体温、皮肤排泄等。基于此，表皮干细胞在临床上的应用涉及皮肤再生和美容、角质层疾病治疗、皮肤癌治疗等多个领域。皮肤干细胞的表征方法：一是检测其能否形成克隆以及能否分化成表皮细胞、毛囊细胞、皮脂腺细胞等不同类型的皮肤细胞；二是检测皮肤干细胞是否表达一些特定的基因和蛋白质标志物，如 K15、K19、CD34 等；三是可将皮肤干细胞移植到动物模型或人体皮肤中，观察它们是否能够参与皮肤再生和修复过程。

2.3.5.2　成体干细胞在毒理学研究中的应用

与胚胎干细胞（ESCs）不同，成体干细胞不能用于胚胎发育毒性评估。然而，在婴儿和青少年时期的成体干细胞仍然具有自我更新与分化为体细胞的能力，因此其可以用于评估环境对后生发育进程的影响，直至成年期（图 2-6）。在成年组织中，成体干细胞（somatic stem cells，SSCs）保持静止状态，直到受到触发以通过自我更新和分化来再生受损的细胞/组织。随着生理老化，组织稳态逐渐受到破坏，成体干细胞修复受损组织的能力逐渐减弱。因此，环境污染物可能导致不可逆的组织损伤，成体干细胞分化无法充分修复，或者有些化学品会直接作用于成体干细胞，导致其耗竭、过早老化甚至癌变。因此，可以使用原始组织来源或多能干细胞来源的成体干细胞，用于体外评估有害环境对婴儿和青少年进展成年的发育过程的影响。基于成体干细胞的毒理学还可以用于确定污染物在损伤后的组织再生过程中的毒性效应或退化性疾病，并评估对干细胞的耗竭和老化的影响。目前也有许多研究使用直接从个体中获得的成体干细胞进行毒理学研究。以下是成体干细胞在毒理学研究中的一些关键发现和应用。

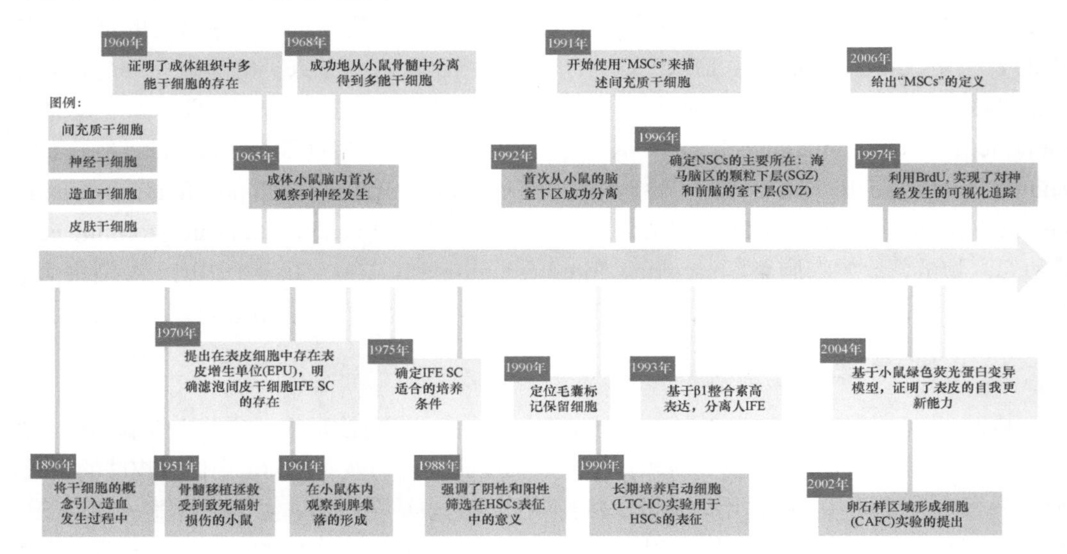

图 2-6　成体干细胞发展历程

2011 年，Scanu 等[40]首次评估了人间充质干细胞（hMSCs）在体外细胞毒性测试中的适用性，以正确评估 LD_{50} 值并根据 GHS 预测被测试化学物质的危险类别。他们的研究结果表明，与经过验证的 3T3 细胞测试和正常人角质细胞/中性红摄取法相比，hMSCs 更准确地模拟了体内条件。这表明 hMSCs 可能是一种更可靠的模型，用于评估化学物质的毒性效应，并根据 GHS 预测其危险类别。2012 年，Akhavan 等[41]证明了低浓度（0.1mg/mL）的还原氧化石墨烯纳米片对 hMSCs 产生基因毒性作用，导致 DNA 断裂和染色体异常。此外，2015 年，Strong 等[42]将 hMSCs 暴露于内分泌干扰化学物质滴滴涕，揭示了自我更新、增殖、分化（脂肪形成和骨形成）和基因表达方面的深刻变化，这在一定程度上可以解释受影响个体之间的稳态失衡和癌症发病率增加。2020 年，Liu 等[43]采用人类脐带间充质干细胞（hUC-MSCs）作为体外模型，探讨了四种全氟或多氟烷基物质（全氟丁基磺酸、全氟己基磺酸、全氟丁酸和全氟己酸）对其自我更新和脂肪分化的影响，发现四种全氟或多氟烷基物质（PFAS）均能降低 hUC-MSCs 的增殖能力、细胞活力和自我更新能力，同时抑制其脂肪分化，并影响相关基因的表达。

2006 年，Tamm 等[44]证明神经干细胞系 C17.2 和原代胚胎皮质干细胞对甲基汞（MeHg）非常敏感，这表现在对细胞存活和分化的影响，为评估低水平 MeHg 暴露的生物学后果提供了新的视角。2009 年，Buzanska 等[45]建立了一种来自脐带血的人类神经干细胞系（HUCB-NSC），并通过分析细胞增殖、凋亡以及神经元和胶质细胞的分化等参数，来测试发育性神经毒性。2015 年，Slikker 等[46]，将氯胺酮按照临床用量 10μmol/L 暴露 24h 后，发现 NSCs 的增殖、存活，以及线粒体、DNA 水平并没有受到明显影响，但在后续诱导 NSCs 分化为其他神经细胞的研究中发现，上述暴露条件会明显降低（通过凋亡）分化产生的神经元数量。2018 年，在一项探究除草剂百草枯和杀菌剂代森锰的神经毒性研究中，Colle 等[47]发现百草枯单暴露或两者复合暴露均会显著影响 NSCs 的增殖能力，干扰细胞周期并刺激炎症反应的发生。2021 年，Masood 等[48]将 NSCs 模型引入废水样品的生物学检测中，结果发现未经处理的废水会降低神经干细胞的活力和增殖能力，并影响神经元和星形胶质细胞的定向分化、抑制神经元轴突生长、星形胶质细胞生长和细胞迁移等，并分析污水中含有的含氮物质、杀虫剂、汞化合物、双酚 A（bisphenol A，BPA）和邻苯二甲酸盐是可能造成这些毒性效应的原因。

2008 年，Shao 等[49]探究了溴代阻燃剂对胎儿肝脏 HSCs 的毒性，发现经暴露处理后，HSCs 线粒体膜电位降低进而凋亡，同时活性氧和脂质过氧化水平也会升高，说明 HSCs 作为毒理学模型的可行性。2015 年，Kotova 等[50]为探究 HSCs 模型在污染物基因毒性和致癌性测试中的可应用性，测试了五种直接作用的染色体破裂原，三种需要代谢活化的染色体破裂原，四种非整倍体诱导物质和三种非基因毒性化合物，发现该模型可以更灵敏、高效的方式得出同其他研究相同的结论。2020 年，Mathialagan 等[51]利用 HSCs 模型来探究 1, 4-苯醌的遗传毒性机制，发现 1, 4-苯醌暴露会显著降低谷胱甘肽水平和超氧化物歧化酶活性，显著升高丙二醛和羰基化蛋白水平，同时在彗星实验中暴露组显示出更长的拖尾，DNA 损伤程度更为严重。在另外一项研究中也发现其可以影响 HSCs 的自我更新和分化[52]。2, 2′, 4, 4′-四溴联苯醚（BDE 47）引发了细胞存活率下降，2023 年，除螨剂氟螨嗪会降低斑马鱼 HSCs 的数量并降低分化产生的巨噬细胞、中性粒细胞、胸腺 T 细胞、红细胞和血小板数量，并发现了 NF-κB/p53 通路在促进 HSCs 凋亡中的重要作用，为阐明环境污染物引发血液疾病的潜在机制提供了新思考[53]。

2010 年，Calenic 等[54]发现硫化氢可以使皮肤干细胞线粒体膜电位下降、ROS 水平升高，激活 P53，进而诱导其凋亡，破坏皮肤屏障。2, 3, 7, 8-四氯二苯并对二噁英可以通过激活芳香烃受体促进皮肤疾病氯痤疮的发展，2015 年，Mandavia[55]利用人和小鼠皮肤干细胞模型，探明了表皮生长因子受体细胞外信号调节激酶 EGFR-ERK 在促进表皮干细胞异常激活和分化，进而促发氯痤疮的关键作用。2017 年，Ge 等[56]利用从小鼠毛囊中分离的毛囊干细胞探究了防晒产品中含有的纳米氧化锌颗粒对皮肤稳态的影响，发现其会诱导毛囊干细胞中相关凋亡蛋白的表达，干扰毛囊干细胞的增殖，并且降低其分化能力。2023 年，Labarrade 等[57]探究了大气颗粒物对皮肤分化的影响，他们将柴油废气中分离得到的超细颗粒物暴露于人表皮干细胞，发现表皮干细胞的 ROS 水平升高，干性下降，并且分化能力受到损害。

参 考 文 献

[1] Abu-Dawud R, Graffmann N, Ferber S, et al. Pluripotent stem cells: Induction and self-renewal[J]. Philosophical Transactions of the Royal Society of London B Biological Sciences, 2018, 373(1750): 20170213.

[2] Evans M J, Kaufman M H. Establishment in culture of pluripotential cells from mouse embryos[J]. Nature, 1981, 292(5819): 154-156.

[3] Spielmann H, Pohl I, Doring B, et al. The embryonic stem cell test, an *in vitro* embryotoxicity test using two permanent mouse cell lines: 3T3 fibroblasts and embryonic stem cells[J]. Toxicology in Vitro, 1997, 10(1): 119-128.

[4] Thomson J A, Itskovitz-Eldor J, Shapiro S S, et al. Embryonic stem cell lines derived from human blastocysts[J]. Science, 1998, 282(5391): 1145-1147.
[5] Scholz G, Genschow E, Pohl I, et al. Prevalidation of the Embryonic Stem Cell Test (EST)—A new *in vitro* embryotoxicity test[J]. Toxicology in Vitro, 1999, 13(4-5): 675-681.
[6] Takahashi K, Tanabe K, Ohnuki M, et al. Induction of pluripotent stem cells from adult human fibroblasts by defined factors[J]. Cell, 2007, 131(5): 861-872.
[7] Dimos J T, Rodolfa K T, Niakan K K, et al. Induced pluripotent stem cells generated from patients with ALS can be differentiated into motor neurons[J]. Science, 2008, 321: 1218-1221.
[8] Augustine-Rauch K, Zhang C X, Panzica-Kelly J M. *In vitro* developmental toxicology assays: A review of the state of the science of rodent and zebrafish whole embryo culture and embryonic stem cell assays[J]. Birth Defects Research Part C: Embryo Today, 2010, 90(2): 87-98.
[9] Mummery C L, Zhang J, Ng E S, et al. Differentiation of human embryonic stem cells and induced pluripotent stem cells to cardiomyocytes: A methods overview[J]. Circulation Research, 2012, 111(3): 344-358.
[10] Patmanathan S N, Gnanasegaran N, Lim M N, et al. CRISPR/Cas9 in stem cell research: Current application and future perspective[J]. Current Stem Cell Research & Therapy, 2018, 13(8): 632-644.
[11] Li S, Xia M. Review of high-content screening applications in toxicology[J]. Archives of Toxicology, 2019, 93(12): 3387-3396.
[12] Yao X, Yin N, Faiola F. Stem cell toxicology: A powerful tool to assess pollution effects on human health[J]. National Science Review, 2016, 3(4): 430-450.
[13] Rezvanfar M A, Hodjat M, Abdollahi M. Growing knowledge of using embryonic stem cells as a novel tool in developmental risk assessment of environmental toxicants[J]. Life Sciences, 2016, 158: 137-160.
[14] Laschinski G, Vogel R, Spielmann H. Cytotoxicity test using blastocyst-derived euploid embryonal stem cells: A new approach to *in vitro* teratogenesis screening[J]. Reproductive Toxicology, 1991, 5(1): 57-64.
[15] Ryan K R, Sirenko O, Parham F, et al. Neurite outgrowth in human induced pluripotent stem cell-derived neurons as a high-throughput screen for developmental neurotoxicity or neurotoxicity[J]. Neurotoxicology, 2016, 53: 271-281.
[16] Artegiani B, Clevers H. Use and application of 3D-organoid technology[J]. Human Molecular Genetics, 2018, 27(R2): R99-R107.
[17] Koo B, Choi B, Park H, et al. Past, present, and future of brain organoid technology[J]. Molecules and Cells, 2019, 42(9): 617.
[18] Zhao D, Lei W, Hu S. Cardiac organoid—A promising perspective of preclinical model[J]. Stem Cell Research & Therapy, 2021, 12(1): 1-10.
[19] Ramachandran S D, Schirmer K, Münst B, et al. *In vitro* generation of functional liver organoid-like structures using adult human cells[J]. PLoS One, 2015, 10(10): e0139345.
[20] Huang L, Holtzinger A, Jagan I, et al. Ductal pancreatic cancer modeling and drug screening using human pluripotent stem cell-and patient-derived tumor organoids[J]. Nature Medicine, 2015, 21(11): 1364-1371.
[21] Miller A J, Dye B R, Ferrer-Torres D, et al. Generation of lung organoids from human pluripotent stem cells *in vitro*[J]. Nature Protocols, 2019, 14(2): 518-540.
[22] Takasato M, Er P X, Chiu H S, et al. Generation of kidney organoids from human pluripotent stem cells[J]. Nature Protocols, 2016, 11(9): 1681-1692.
[23] Yucer N, Ahdoot R, Workman M J, et al. Human iPSC-derived fallopian tube organoids with *BRCA1* mutation recapitulate early-stage carcinogenesis[J]. Cell Reports, 2021, 37(13): 110146.
[24] Múnera J O, Wells J M. Generation of gastrointestinal organoids from human pluripotent stem cells[J]. Methods in Molecular Biology, 2017, 1597: 167-177.
[25] Kruczek K, Swaroop A. Pluripotent stem cell-derived retinal organoids for disease modeling and development of therapies[J]. Stem Cells, 2020, 38(10): 1206-1215.
[26] Foster J W, Wahlin K, Adams S M, et al. Cornea organoids from human induced pluripotent stem cells[J]. Scientific Reports, 2017, 7(1): 41286.
[27] Tanaka J, Ogawa M, Hojo H, et al. Generation of orthotopically functional salivary gland from embryonic stem cells[J]. Nature Communications, 2018, 9(1): 4216.
[28] Cheung V C, Peng C Y, Marinić M, et al. Pluripotent stem cell-derived endometrial stromal fibroblasts in a cyclic, hormone-responsive, coculture model of human decidua[J]. Cell Reports, 2021, 35(7): 109138.
[29] Wimmer R A, Leopoldi A, Aichinger M, et al. Generation of blood vessel organoids from human pluripotent stem cells[J]. Nature Protocols, 2019, 14(11): 3082-3100.
[30] Li P Y, Li C Y, Lu X H, et al. The three dimensional organoids-based high content imaging model for hepatotoxicity assessment[J]. Acta Pharmaceutica Sinica B, 2017, 52(7): 1055-1062.

[31] Czerniecki S M, Cruz N M, Harder J L, et al. High-throughput screening enhances kidney organoid differentiation from human pluripotent stem cells and enables automated multidimensional phenotyping[J]. Cell Stem Cell, 2018, 22(6): 929-940.
[32] Huh D, Matthews B D, Mammoto A, et al. Reconstituting organ-level lung functions on a chip[J]. Science, 2010, 328(5986): 1662-1668.
[33] McCulloch E A, Till J E. The radiation sensitivity of normal mouse bone marrow cells, determined by quantitative marrow transplantation into irradiated mice[J]. Radiation Research, 1960, 13(1): 115-125.
[34] Castro-Malaspina H, Gay R E, Resnick G, et al. Characterization of human bone marrow fibroblast colony-forming cells (CFU-F) and their progeny[J]. Blood, 1980, 56(2): 289-301.
[35] Horwitz E, Le Blanc K, Dominici M, et al. Clarification of the nomenclature for MSC: The international society for cellular therapy position statement[J]. Cytotherapy, 2005, 7(5): 393-395.
[36] Dominici M, Le Blanc K, Mueller I, et al. Minimal criteria for defining multipotent mesenchymal stromal cells. The International Society for Cellular Therapy position statement[J]. Cytotherapy, 2006, 8(4): 315-317.
[37] Reynolds B A, Weiss S. Generation of neurons and astrocytes from isolated cells of the adult mammalian central nervous system[J]. Science, 1992, 255(5052): 1707-1710.
[38] Wilson A, Laurenti E, Oser G, et al. Hematopoietic stem cells reversibly switch from dormancy to self-renewal during homeostasis and repair[J]. Cell, 2008, 135(6): 1118-1129.
[39] Barrandon Y, Green H. Three clonal types of keratinocyte with different capacities for multiplication[J]. Proceedings of the National Academy of Sciences of the United States of America, 1987, 84(8): 2302-2306.
[40] Scanu M, Mancuso L, Cao G. Evaluation of the use of human mesenchymal stem cells for acute toxicity tests[J]. Toxicology in Vitro, 2011, 25(8): 1989-1995.
[41] Akhavan O, Ghaderi E, Akhavan A. Size-dependent genotoxicity of graphene nanoplatelets in human stem cells[J]. Biomaterials, 2012, 33(32): 8017-8025.
[42] Strong A L, Shi Z, Strong M J, et al. Effects of the endocrine-disrupting chemical DDT on self-renewal and differentiation of human mesenchymal stem cells[J]. Environmental Health Perspectives, 2015, 123(1): 42-48.
[43] Liu S, Yang R, Yin N, et al. The short-chain perfluorinated compounds PFBS, PFHxS, PFBA and PFHxA, disrupt human mesenchymal stem cell self-renewal and adipogenic differentiation[J]. Journal of Environmental Sciences (China), 2020, 88: 187-199.
[44] Tamm C, Duckworth J, Hermanson O, et al. High susceptibility of neural stem cells to methylmercury toxicity: Effects on cell survival and neuronal differentiation[J]. Journal of Neurochemistry, 2006, 97(1): 69-78.
[45] Buzanska L, Sypecka J, Nerini-Molteni S, et al. A human stem cell-based model for identifying adverse effects of organic and inorganic chemicals on the developing nervous system[J]. Stem Cells, 2009, 27(10): 2591-2601.
[46] Slikker W, Liu F, Rainosek S W, et al. Ketamine-induced toxicity in neurons differentiated from neural stem cells[J]. Molecular Endocrinology, 2015, 52(2): 959-969.
[47] Colle D, Farina M, Ceccatelli S, et al. Paraquat and maneb exposure alters rat neural stem cell proliferation by inducing oxidative stress: New insights on pesticide-induced neurodevelopmental toxicity[J]. Neurotoxicity Research, 2018, 34(4): 820-833.
[48] Masood M I, Hauke N T, Nasim M J, et al. Neural stem cell-based *in vitro* bioassay for the assessment of neurotoxic potential of water samples[J]. Journal of Environmental Sciences (China), 2021, 101: 72-86.
[49] Shao J, White C C, Dabrowski M J, et al. The role of mitochondrial and oxidative injury in BDE 47 toxicity to human fetal liver hematopoietic stem cells[J]. Toxicological Sciences, 2008, 101(1): 81-90.
[50] Kotova N, Hebert N, Härnwall E L, et al. A novel micronucleus *in vitro* assay utilizing human hematopoietic stem cells[J]. Toxicology in Vitro, 2015, 29(7): 1897-1905.
[51] Mathialagan R D, Abd Hamid Z, Ng Q M, et al. Bone marrow oxidative stress and acquired lineage-specific genotoxicity in hematopoietic stem/progenitor cells exposed to 1, 4-benzoquinone[J]. International Journal of Environmental Research and Public Health, 2020, 17(16): 5865.
[52] Chow P W, Rajab N F, Chua K H, et al. Differential responses of lineages-committed hematopoietic progenitors and altered expression of self-renewal and differentiation-related genes in 1, 4-benzoquinone (1, 4-BQ) exposure[J]. Toxicology in Vitro, 2018, 46: 122-128.
[53] Jia K, Xiong H, Yuan W, et al. Diflovidazin damages the hematopoietic stem cells to zebrafish embryos via the TLR4/NF-κB/P53 pathway[J]. Fish & Shellfish Immunology, 2023, 135: 108672.
[54] Calenic B, Yaegaki K, Kozhuharova A, et al. Oral malodorous compound causes oxidative stress and P53-mediated programmed cell death in keratinocyte stem cells[J]. Journal of Periodontology, 2010, 81(9): 1317-1323.
[55] Mandavia C. TCDD-induced activation of aryl hydrocarbon receptor regulates the skin stem cell population[J]. Medical Hypotheses, 2015, 84(3): 204-208.

[56] Ge W, Zhao Y, Lai F N, et al. Cutaneous applied nano-ZnO reduce the ability of hair follicle stem cells to differentiate[J]. Nanotoxicology, 2017, 11(4): 465-474.
[57] Labarrade F, Meyrignac C, Plaza C, et al. The impact of airborne ultrafine particulate matter on human keratinocyte stem cells[J]. International Journal of Cosmetic Science, 2023, 45(2): 214-223.

2.4　胚胎干细胞测试

伴随着化学品、药品、农药和杀虫剂的发展，毒理学评估逐渐成为研究的焦点，尤其在20世纪60年代沙利度胺事件之后。这一恶性事件的发生，强调了对发育毒性进行上市前安全性评估的必要性，早期毒理学依靠啮齿动物和非啮齿动物的小型哺乳动物如小鼠、大鼠和兔子来预测人类安全性似乎并不全面。经济合作与发展组织（Organization for Economic Co-operation and Development，OECD）于20世纪80年代初制定了动物研究方案的全球指南，并逐步进行了更新。

通过PSCs系的生物标志物变化来分析药物和化学物质的健康风险，特别是用在孕妇妊娠期风险评估中，已逐步呈现出替代动物实验的发展趋势。随着使用mESCs和hPSCs实践经验的丰富，它们在预测人类安全性方面的优势变得显而易见。实验动物中的3R原则是在强调发展新的毒理学实验方法的必要性，新方法的发展势必以识别发育危害并准确评估毒物对人类妊娠期风险为核心[1]。

最早出现的EST，即胚胎干细胞测试，是一种创新的生物医学研究方法，在发育毒性实验中具有重要潜力。在当时，该方法以胚胎干细胞产生的心肌细胞为研究对象，评估毒物对心肌细胞分化的影响[2]。与常规的细胞实验不同，EST利用了从胚胎干细胞发育分化到功能性心肌细胞这一动态过程，有效地评估了毒物潜在的发育风险，并可直接用于评估化合物对心肌细胞分化的影响。EST方法的出现，不仅提高了评估化学品安全性和相关风险的准确性，并在一定程度上提高成本效益和时效性。逐步地，EST的应用从毒理学评估扩展到药物开发和个性化医疗等诸多方向。EST的出现，不仅是给毒理学研究带来原始创新，还是推进生物医学研究和促进人类健康与福祉的宝贵工具[2]。

2.4.1　经典EST

人类一生都会接触到各种可能对健康构成风险的化合物和药物。为了评估这些物质的潜在风险，传统毒理学研究一直使用体内动物模型来开展实验研究，这些动物模型是OECD和国际人用药品注册技术协调会（The International Conference on Harmonisation of Technical Requirements for Registration of Pharmaceuticals for Human Use，ICH）指定的可接受的体内测试模型。但是，由于动物实验的高成本和耗时性，以及对动物实验日益增长的伦理问题，迫切需要开发高效的高通量毒性筛选方法。在毒理学测试领域中，发育毒理学需要大量的实验动物进行化学品注册、评估、授权和限制（registration，evaluation，authorization，and restriction of chemicals，REACH）评估[3]。为应对发育毒性研究中的这一问题，研究人员开发了一系列可以提高实验通量的测试模型，包括斑马鱼胚胎测试、全胚胎培养（whole embryo culture，WEC）和微组织测试（micromass test）[4-6]。然而，这些测试模型仍然无法避免实验动物的使用，缺乏完全无动物的方法。1997 年，Seiler 和 Spielmann[7]首次提出胚胎干细胞测试（EST），它是一种仅使用细胞在体外开展毒性风险评估的测试方法，实验全程无须使用动物模型。该测试利用 mESCs，通过外加诱导因子，使 mESCs 开始分化并专注于测试分化中心肌细胞的表现。Spielmann 等[6]设计的 EST 涉及三个实验终点：①以 3T3 细胞为参照细胞系的细胞毒性测试；②在化合物处理 10 天后使用 MTT 方法测试 mESCs 细胞毒性；③诱导 mESCs 细胞进行 10 天分化并进行化合物处理，测试 10 天后化合物对心肌细胞的抑制作用。每个实验终点需评估 50%抑制浓度，即半数细胞活力抑制浓度（IC_{50}）和半数分化抑制浓度（ID_{50}）。EST 的核心点是分化测定，通过评估心肌细胞的跳动来表征化合物对心肌细胞的影响。在分化实验中，“悬滴”（hanging drops）是实验人员用移液器接种到无菌平板上的细胞液滴，翻转倒置后使液滴处于悬挂状态进行培养，每个“悬滴”中初始含有 750 个 mESCs 以及实验人员设置的不同浓度的化合物，持续悬挂状态培养 3 天。“悬滴”培养期间，mESCs 会自发聚集形成 EBs，培养 3 天后转移至 Petri 培养皿中（实验人员发现 Petri 培养皿对 EBs 的吸附作用较小，相比于常规细胞培养皿，Petri 培养皿可更好地维持 EBs 状态）。由于在实验初始阶段即加入了待测化合物，因此实验结果是反映化合物对发育过程的影响。当 EBs 分化进行到第 5 天时，将 EBs 转移到 24 孔细胞培养皿中，贴壁后的细胞会形成跳动的心肌。实验人员通过显微观察，记录含有跳动心肌细胞的孔数，再汇总计算比例。

经典 EST 方法中，mESCs 是主要的细胞模型[8]，实验特色在于可以在体外水平开展胚胎毒性评估。经典 EST 经 ECVAM 验证，在推广过程中不仅保留了测试中的胚胎毒性的基本机制测试，如细胞毒性和发育毒性，还考虑了分化后成熟细胞和胚胎细胞之间的敏感性变化。经典 EST 的三个实验终点（对 3T3 成纤维细胞的毒性作用、对干细胞的毒性作用和对分化心肌细胞的抑制作用）纳入生物统计学预测模型中，通过统计学分析，将细胞毒性和发育毒性（分化抑制）联系起来，将化合物的致畸性划分为三个类别：无胚胎毒性、弱胚胎毒性和强胚胎毒性[9]。值得注意的是，EST 仅依赖于体外培养的细胞系，消除了对妊娠动物原代胚胎细胞和组织的需求[7]。虽然各种脊椎动物的胚胎干细胞理论上均可以用于 EST，但只有基于小鼠胚胎干细胞的 EST 得到了监管机构的验证和许可[10]。

经典 EST 可作为心脏分化抑制和细胞毒性的预测模型。为了优化测试方案，一项预验证研究评估了两个实验室中累计十种具有不同发育毒性的化合物[11]。该研究将四个化合物错误地分类，误差率达到 40%。随后研究人员引入了一种改进的统计预测模型，对相同的化合物预测准确率提升至 93%[11]。由 ECVAM 资助的一项更大规模的验证研究遵循了 ECVAM 方法[11-13]，该项盲筛测试涉及国际上四个研究所，累计测试 20 种具有不同发育毒性的化合物，包括 7 种无胚胎毒性化合物、6 种弱胚胎毒性化合物和 7 种强胚胎毒性化合物。最终实验结果总体准确率为 78%，但是对强胚胎毒性化合物的预测准确率达到 100%。虽然该模型有效地识别了强胚胎毒性化合物，但它面临着区分弱胚胎毒性化合物和无胚胎毒性化合物的挑战，导致实验最终预测率较低（分别为 69%和 73%）和假阳性率较高。因此，该测试系统在识别强胚胎毒性化合物方面表现出色，但在区分弱胚胎毒性化合物和无胚胎毒性化合物方面存在局限性[12]。虽然 ECVAM 组织的验证测试显示了经典 EST 在发育性毒物筛选中的应用前景，但仍然有必要在实验精准度方面进行进一步优化和扩展。

2.4.2　改良 EST

在经典 EST 中，评估细胞的心脏分化潜力包括在显微镜下观察收缩的心肌细胞簇[14]，并绘制剂量–效应曲线。然而，由于需要专业的培养和检测设备，以及漫长的 10 天分化等待时间，而且如何计算跳动心肌细胞簇存在一定的主观性，经典 EST 方法不适合商业化公司进行成本效益高的高通量筛选。此外，仅依靠这一单一终点进行化合物检测可能会导致不同细胞类型的致畸潜力分类不准确。

在 2003 年，ECVAM 组织了专门的研讨会讨论 EST 的适用范围[15]，同时还评估了经验证的方法是否可用于制药行业的铅化合物筛选，以及根据 REACH 检测化学行业的发育毒性。由于自身检测方法的限制，EST 方法被认为不适合作为检测标准进行大范围使用，但可以提供支持性信息[15]。此次研讨会针对经典 EST 方法形成了若干建议，包括对 EST 方法进行改进：开发代谢激活系统、区分其他特定谱系（如神经、成骨细胞）、用已知的体内胚胎毒物扩展化学品数据库、创建额外的预测模型、建立定量终点、考虑体外/体内浓度关系、评估化合物的稳定性。

根据这些建议，ECVAM 和国际专家选择了 31 种化合物进行第二次筛选研究。欧洲 ReProTect 联盟的两个实验室对其中 13 种化合物进行了测试，这些化合物在体内表现出强烈、中度、轻度或无胚胎毒性作用。实验分析表明，13 种化合物中只有两种被正确分类，这说明改进的模型在预测发育毒性方面存在很大的局限性。随后针对这次意料之外的结果进行了深入讨论，并建议对测试系统进行修改，包括改变方案、添加代谢系统和使用分子标记的新分化终点[16]。在 ReProTect 项目的最后阶段，一项可行性研究在 14 个测试系统中盲筛出了 10 种具有充分数据支撑的毒理学特征化合物，每个测试系统都预测了生殖周期内的特定终点[17]。最终，EST 方法被纳入发育毒性的预测模型，可有助于对 9/10 的化合物进行正确分类。

2.4.2.1　基于分子终点的 EST

自方法开发以来，EST 被认为在评估发育毒性方面比其他体外实验更有前景。然而，它的技术局限性一直困扰着毒理学家。例如，研究表明，在培养的第 10 天，跳动心肌细胞簇仅占 EBs 内总细胞数的 6%~17%[18]。为了更深入地了解该测试系统可评估的发育毒性机制，特别是对所有细胞类型的影响，科学家具有针对性地改进了 EST 方法，旨在提高准确性和效率，从单终点形态统计分析过渡到能够精确定位特定发育事件的分子分析系统[2]。事实上，近年来已经有多项研究提出了优化、缩短和增强 EST 方法的建议[16,19-21]，还提出了新的分子终点，如荧光激活细胞分选（FACS）分析、基因表达模型和带有特定标记的细胞[18,22-32]。例如，细胞表面标记物（如肌球蛋白重链和 α-肌动蛋白）的定量流式细胞术已被用于鉴定心肌细胞的表达[23]。同样，与前面提到的细胞毒性终点相比，量化心脏特异性基因的表达已被证明在评估发育毒性方面是十分有效的[33]。

在上述 ECVAM/ReProTect 项目实施期间，业界提出了对现有方法的各种修改，包括改变培养基和时间点、改变细胞毒性测试方案、去除参照 3T3 细胞、调整预测模型以及替代终点，如分子标记或两类分类（胚胎毒性或无胚胎毒性）[16]。许多研究团队均已发布他们自己的优化方案。为了提高 EST 方法的效率，Stummann 等[34]开发了一个用于收缩心肌细胞数字分析的软件程序，从而能够更客观地测量搏动频率和面积。van Dartel 等[21]开发出区别化合物是细胞增殖毒性还是细胞发育毒性的方法：给药时间的不同会造成表现毒性不同。具体而言，从第 0 天或第 3 天起给药处理，细胞表现出不一样的毒性反应，在给药处理的前 3 天，化合物主要影响细胞增殖，而对发育过程的影响较小。为了更好地区分增殖和分化毒性，实验人员提出在给药处理 0~3 天后的第 3 天进行一次评估，在给药处理 3~10 天后进行跳动心肌簇计数。

为了提高 EST 方法在形态学评估方面的精准度，研究人员建议进行高通量筛选，其中包括确定预测发育毒性物质的分子终点。第一个在 EST 中提出分子终点的实验人员是使用 FACS 分析来量化α-肌动蛋白和肌球蛋白重链表达[18]。比较 10 种化合物的 FACS-EST 和经典 EST 结果显示，两种系统的敏感性相当[23]。虽然 FACS 自身增加了实验成本，但这种对 EST 方法的改进，提供了更加客观的检测终点。

基因表达是预测发育毒性的另一个分子终点[25,35]。Pellizzer 等[35]利用半定量逆转录 PCR 研究心肌细胞发育中的关键基因，揭示了视黄酸和氯化锂毒性作用模式的差异。de Jong 等[25]探索了在 EST 第 10 天丙戊酸（VPA）和类似物给药处理后的基因表达，发现了 *Nkx2.5* 和 *Myh6* 基因表达抑制的现象。

2.4.2.2　基于转录组学的 EST

尽管当心肌细胞分化不受影响时，经典 EST 可能无法预测到所有的发育毒性作用，但分子层面分析可以揭示出更广泛的影响。转录组学和蛋白质组学为 EST 机制提供了全面的解析，增强了 EST 的适用范围。van Dartel 研究团队通过转录组学研究了化合物在 EST 中的基因表达变化[27,29-32]。通过对早期基因表达变化的分析，研究人员汇总出一组 43 个与心脏分化相关的调控基因[31]。利用这些与心脏相关的调控基因，研究人员进一步对模型化合物邻苯二甲酸一丁酯（monobutyl phthalate，MBP）开展全面评估，揭示出 MBP 对细胞多能性、细胞增殖和非中胚层分化相关的基因表达的干扰，并且发现 MBP 造成心肌细胞分化相关基因的下调。蛋白质组学分析表明，MBP 造成肌球蛋白重链和其他发育相关蛋白表达量下降[36]。随后的一项转录组学研究集中于更长时间的 MBP 和 6-氨基烟酰胺（6-AN）给药处理，揭示了随着时间的推移其对基因表达的影响更为显著[32]。对照组遵循发育时间上的“分化轨迹”，而 MBP 和 6-AN 处理的细胞明显偏离了这一轨迹，证实了化合物对发育分化的影响[32]。用不同发育毒性的化合物验证该实验方案表明，使用“van Dartel 基因集”成功预测了 83%的化合物[27,29]。分化轨迹还可用于区分化合物的类别，即不同类别化合物对分化轨迹的干扰是具有明显特征的，证明了转录组学在识别和分类方面具有很大潜力[30]。研究测试了一系列浓度的三唑–氟硅唑（triazole flusilazole），与细胞分裂相关基因集相比，在较低浓度下，发育相关基因集受到的影响更为显著，而高浓度下与抗真菌作用模式相关的基因会受到明显的干扰[30]。

总之，这些研究均强调了转录组评估的重要性，在 EST 基础上可更加全面地反映出分子水平信息。组学的加入显著提高了 EST 在监管测试策略方面的硬实力。

2.4.2.3　其他细胞谱系的 EST

经典 EST 以及其他几种改进的 EST 仅使用心肌细胞分化作为终点，这导致了预测针对其他谱系（如神经、骨或肝脏）的化合物发育毒性存在很大的不确定性。甲基汞就是一个例子，在经典 EST 中被归类为无胚胎毒性[12]，而在体内毒性测试中，甲基汞表现出非常明显的神经发育毒性[37]。这表明在 EST 中需要引入可靠的专用于检测神经毒性的测试方法来覆盖这类化合物的发育毒性研究。此外，许多化合物在体内会影响骨骼发育，所以对于成骨细胞或软骨分化的 EST 系统研发是十分具有价值的。因此，在第一次 ECVAM 研讨会中，即提出为提升 EST 的全面性，建议为特定谱系开发分化模型[15]。

体内神经系统的发育涉及各种复杂的细胞和分子事件的，需多种通路协调表达[38-40]。将神经系统发育的所有终点均纳入体外检测体系中是十分困难的，所以需要针对神经发育的不同层次设计不同的测试系统。各种已发表的测试系统侧重于神经形态学终点、轴突生长效应和分子预测化合物对神经分化的扰动。针对甲基汞在 EST 中被错误分类的问题，ECVAM 使用 EST 模型，在诱导神经分化的 25 天进行了测试，特别是对 8 个神经分化标志物的基因表达进行了评估。然而，实验结果仅在第 14 天观察到 *Mtap2* 的显著基因表达变化，这也表明使用基因阵列的重要性[41]。Theunissen 等[27]开发了一种类似于经典 EST 的神经分化模型，通过撤除血清诱导并加入视黄酸的分化方案，将 21 天的神经分化过程减少到 13 天，在神经形态学和标志物表达方面仅显示出微小差异。在针对神经形态学研究方面，科研人员对拟胚体四周发散的神经突起生长进行评分，并与多能性、早期神经分化和成熟神经元标志物的 FACS 分析相结合。实验结果证实了 2.5nmol/L 甲基汞显著减少神经生长，影响 Nestin 的表达。转录组学更加深入细致地解析了甲基汞对早期分化、多能性和神经发育过程的影响。而研究人员更进一步明确了将 mESCs 分化为神经系统细胞的信使核糖核酸标记物，这将有助于神经发育毒性分子层面的筛查评估[42-45]。

骨骼肌发育毒性研究也逐步加入化合物毒性筛选中[46]。基于成骨细胞分化的 EST 是对发育毒性检测的另一个补充。已有研究表明，将 mESCs 分化为成骨细胞是根据骨毒性对化合物进行分类的准确检测模型[47,48]。成骨细胞分化检测终点包括分析组织特异性信使核糖核酸标记物和评估发育中成骨细胞的钙化水平[49,50]。钙含量可以通过检测沉积物的分析来评估，或者使用细胞图像分析来量化培养物中的暗矿化物质[49,50]。除了对分子技术层面的改进，化合物发育毒性筛选方案也在逐步缩短测试的时间。对比经典 EST 中使用拟胚体测试心脏毒性的方法，在早期成骨培养过程中拟胚体可以更快地评估钙化水平[49]。

总之，经典 EST 仅关注心肌细胞分化，这给预测靶向其他谱系的发育毒性带来很大困难。开发特定的分化模型，如神经和成骨细胞 EST，不仅可以增强预测能力，也是对发育毒性进行全面评估的补充。

2.4.2.4　具有代谢能力的 EST

对于体外测试模型而言，其中一个挑战是其代谢能力十分有限[51]。在实际情况中，许多发育毒物只有在经过生物转化后才会有毒，甲氧基乙醇的发育毒性研究即说明了这一问题：它需要在体内代谢成甲氧基乙酸才能产生胚胎毒性[25]。研究人员意识到 ESCs 缺乏代谢能力，所以将代谢能力纳入评估系统中成为对 EST 方法改进的另一个方向[15]。通过对培养基的代谢组学分析（分泌组）已可初步确定用于筛选潜在发育风险的生物标志物[52-54]。实际上，代谢组学方法在准确预测各种化合物的发育毒性潜力方面均已显示出了广阔的前景[53,55,56]。但是由于细胞毒性的问题，添加 S9 混合物来模拟代谢实验的尝试尚未成功[16]。ECVAM 使用 CYP2B1 转染的基因工程细胞 V79，结合 EST，将化合物生物转化引入发育毒性检测中，具体来说，实验使用发育毒性物质环磷酰胺（cyclophosphamide，CPA），在鼠或人原代肝细胞培养物中预孵育，通过 CYP2B1 将其转化为毒性代谢产物后，然后将代谢产物在 EST 中进行毒性评估，实验结果证明这一方法十分有效[57]。但是在实验中，通过与肝细胞预孵育降低了 CPA 和丙酰胺（valpromide，VPD）的 ID_{50} 值，揭示了 VPD 生物活性的物种特异性。

健康风险评估应考虑吸收、分布、消除和代谢，特别是当将体外浓度外推到体内暴露时。基于生理学的动力学（physiologically based kinetic，PBK）模型可与 EST 相结合，从体外浓度预测体内发育毒性效应剂量[25,58,59]。

2.4.2.5　人源 EST

虽然小鼠细胞分化终点在预测人类致畸作用方面已被证明是十分有价值的，但经典 EST 的预测性仍存在一定的偏差，准确率为 70%~80%[10]。增强 EST 的预测能力可能需要涉及使用灵长类甚至 hESCs[60]。就这一问题，早期在 ECVAM 研讨会上科研人员即建议使用 hESCs，以增强 EST 的适用性和安全性评估的准确度[15,16]。实际上，mESCs 和 hESCs 在培养要求、分化生长因子和基因表达方面均具有很大的差别，虽然 mESCs 依赖白血病抑制因子即可在体外很好地维持稳定培养，但 hESCs 在分离后的培养初期一直需要成纤维细胞作为滋养层来保证其多能性[61]。在分子层面，mESCs 与 hESCs 的标志物有所区别，如 SSEA-4 和 TRA-1-81 是 hESCs 的标志物，而 SSEA1 是 mESCs 的标志物[61]。许多研究人员已开展各方面的探索，致力于将 hESCs 用于发育毒性评估，ECVAM 在类似于经典 EST 的基于细胞毒性的测试中已逐步开始使用 hESCs 和人成纤维细胞[62]。与经典 EST 发展类似，hESCs 的心肌分化首先得到了优化，随后被用于评估了多种化合物对人胚胎细胞心肌细胞分化的影响[60]。

在另一项研究中，评估了胚胎毒性化合物对 hESCs 外胚层、中胚层和内胚层分化标志物的影响，显示出化合物对谱系的特异作用[63]。除心脏毒性外，另一个被研究人员重点关注的方向即神经发育方向，hESCs 神经分化系统用于评估发育毒性风险时，除毒性数据外，还证实了 mESCs 与 hESCs 存在明显的种属间差异[64]。这一点支持了开发基于 hESCs 的 EST 是十分必要的。

总之，虽然开发新的测试系统存在诸多困难，例如多能干细胞在基础培养过程中不可控地自发分化，但将基于 hESCs 的 EST 方法逐步开发完善一直是科研人员努力的方向。随着基础生物学的快速发展，目前对 hESCs 的基础培养已不再是难题。尽管 hESCs 的毒理学数据可以更好地预测化合物对人类发育的影响，但在大范围推广使用 hESCs 模型前，需要将培养方法、测试手段等进行更加标准化的统一规范。

2.4.3 结论和展望

在 ECVAM 研究中，四个实验室对三种孕期发育毒性模型进行了验证，即大鼠全胚胎培养、大鼠胚胎肢芽微组织（rat limb bud micromass）和小鼠心脏 EST[10]。这项研究涉及大约 20 种化学物质，包括阳性发育毒性物质、阴性物质和在各种人类发育毒性动物模型中表现出弱毒性的中间组。分析结果对这些化学物质的预测能力接近 80%，具有可接受的实验室间可比性。虽然这些模型中可能包括一些实验不可控因素，并且也均未获得监管部门的商业化大范围使用推广许可，但小鼠心脏 EST 在预筛选、优先排序和研究化合物干扰胚胎发育分化的分子机制方面已经在工业上体现出很好的实用性[65]。小鼠胚胎干细胞测试（mEST）最初是依赖小鼠来源的 mESCs（D3 系）向各种细胞类型的分化潜力。早期测试中，mEST 模型是诱导 mESCs EBs 自发分化 9~10 天，然后结合化合物的细胞毒性，测定跳动的心肌细胞和/或肌球蛋白重链表达[7,9,12,33,66-68]。然而，传统的 mEST 在准确区分弱致畸物和非致畸物方面的局限性十分明显[24]。为了克服 mEST 的局限性，研究人员对 mEST 进行了改进，尽管它们尚未得到全面验证，但已有数据证实了这些改进是有效的。这些改进包括优化 96 孔板中 EBs 的形成以增加产量、使用荧光活化细胞分选进行心肌细胞评估、掺入胎盘 BeWo b30 细胞以提高预测准确性、利用转录组学在保持数据全面性的同时减少测定时间[23,68-71]。除此之外，研究人员还开发了一系列具有干细胞特色的测试，包括分子效应标记的基因修饰，以及评估不同的分化途径，如神经和成骨谱系，并且为这些测试配置了自动识别读数系统[72,73]。与此同时，形态计量学方法已被整合到 mEST 中，以增强发育毒理学的预测准确性。hiPSCs 的分化动力学也已被用于量化和分类化合物的致畸潜力中[74]。其他前沿模型，如微芯片技术和 EBs-on-a-chip，近年来已成为研究人类胚胎发育毒性和高通量测试的平台基础[75,76]。

EST 从诞生到目前逐步改良后成为先进模型的历程证明了人们对科学进步的不懈追求。随着这些测试的不断完善，它们有可能重塑毒性评估系统、推动新药发现、并加深我们对发育生物学的理解。利用 PSCs 的卓越能力，研究人员正在突破创新的边界，不仅增强人类健康和福祉，更推动我们走向一个精度和效率交叉的未来。

参 考 文 献

[1] Knudsen T B, Fitzpatrick S C, de Abrew K N, et al. Futuretox IV workshop summary: Predictive toxicology for healthy children[J]. Toxicological Sciences, 2021, 180(2): 198-211.
[2] Piersma A H, Baker N C, Daston G P, et al. Pluripotent stem cell assays: Modalities and applications for predictive developmental toxicity[J]. Current Research in Toxicology, 2022, 3: 100074.
[3] Barrow P C. Reproductive toxicity testing for pharmaceuticals under ICH[J]. Reproductive Toxicology, 2009, 28(2): 172-179.

[4] Nagel R. DarT: The embryo test with the Zebrafish *Danio rerio*—A general model in ecotoxicology and toxicology[J]. Alternatives to Animal Experimentation, 2002, 19: 38-48.
[5] Piersma A H, Genschow E, Verhoef A, et al. Validation of the postimplantation rat whole-embryo culture test in the international ECVAM validation study on three *in vitro* embryotoxicity tests[J]. Alternatives to Laboratory Animals, 2004, 32(3): 275-307.
[6] Spielmann H, Genschow E, Brown N A, et al. Validation of the rat limb bud micromass test in the international ECVAM validation study on three *in vitro* embryotoxicity tests[J]. Alternatives to Laboratory Animals, 2004, 32(3): 245-274.
[7] Seiler A E, Spielmann H. The validated embryonic stem cell test to predict embryotoxicity *in vitro*[J]. Nature Protocols, 2011, 6(7): 961-978.
[8] Heuer J, Graeber I M, Pohl I, et al. An *in vitro* embryotoxicity assay using the differentiation of embryonic mouse stem cells into haematopoietic cells[J]. Toxicology in Vitro, 1994, 8(4): 585-587.
[9] Genschow E, Scholz G, Brown N, et al. Development of prediction models for three *in vitro* embryotoxicity tests in an ECVAM validation study[J]. In Vitro and Molecular Toxicology, 2000, 13(1): 51-66.
[10] Genschow E, Spielmann H, Scholz G, et al. The ECVAM international validation study on *in vitro* embryotoxicity tests: Results of the definitive phase and evaluation of prediction models. European centre for the validation of alternative methods[J]. Alternatives to Laboratory Animals, 2002, 30(2): 151-176.
[11] Scholz G, Genschow E, Pohl I, et al. Prevalidation of the embryonic stem cell test (EST)—A new *in vitro* embryotoxicity test[J]. Toxicology in Vitro, 1999, 13(4-5): 675-681.
[12] Genschow E, Spielmann H, Scholz G, et al. Validation of the embryonic stem cell test in the international ECVAM validation study on three *in vitro* embryotoxicity tests[J]. Alternatives to Laboratory Animals, 2004, 32(3): 209-244.
[13] Hartung T, Bremer S, Casati S, et al. A modular approach to the ECVAM principles on test validity[J]. Alternatives to Laboratory Animals, 2004, 32(5): 467-472.
[14] Laschinski G, Vogel R, Spielmann H. Cytotoxicity test using blastocyst-derived euploid embryonal stem cells: A new approach to *in vitro* teratogenesis screening[J]. Reproductive Toxicology, 1991, 5(1): 57-64.
[15] Spielmann H, Seiler A, Bremer S, et al. The practical application of three validated *in vitro* embryotoxicity tests. The report and recommendations of an ECVAM/ZEBET workshop (ECVAM workshop 57)[J]. Alternatives to Laboratory Animals, 2006, 34(5): 527-538.
[16] Marx-Stoelting P, Adriaens E, Ahr H J, et al. A review of the implementation of the embryonic stem cell test (EST). The report and recommendations of an ECVAM/ReProTect workshop[J]. Alternatives to Laboratory Animals, 2009, 37(3): 313-328.
[17] Schenk B, Weimer M, Bremer S, et al. The ReProTect feasibility study, a novel comprehensive *in vitro* approach to detect reproductive toxicants[J]. Reproductive Toxicology, 2010, 30(1): 200-218.
[18] Seiler A, Visan A, Buesen R, et al. Improvement of an *in vitro* stem cell assay for developmental toxicity: The use of molecular endpoints in the embryonic stem cell test[J]. Reproductive Toxicology, 2004, 18(2): 231-240.
[19] de Smedt A, Steemans M, de Boeck M, et al. Optimisation of the cell cultivation methods in the embryonic stem cell test results in an increased differentiation potential of the cells into strong beating myocard cells[J]. Toxicology in Vitro, 2008, 22(7): 1789-1796.
[20] Stummann T C, Hareng L, Bremer S. Embryotoxicity hazard assessment of cadmium and arsenic compounds using embryonic stem cells[J]. Toxicology, 2008, 252(1-3): 118-122.
[21] van Dartel D A, Zeijen N J, de la Fonteyne L J, et al. Disentangling cellular proliferation and differentiation in the embryonic stem cell test, and its impact on the experimental protocol[J]. Reproductive Toxicology, 2009, 28(2): 254-261.
[22] Augustine-Rauch K, Zhang C X, Panzica-Kelly J M. *In vitro* developmental toxicology assays: A review of the state of the science of rodent and zebrafish whole embryo culture and embryonic stem cell assays[J]. Birth Defects Research Part C: Embryo Today, 2010, 90(2): 87-98.
[23] Buesen R, Genschow E, Slawik B, et al. Embryonic stem cell test remastered: Comparison between the validated EST and the new molecular FACS-EST for assessing developmental toxicity *in vitro*[J]. Toxicological Sciences, 2009, 108(2): 389-400.
[24] Chapin R, Stedman D, Paquette J, et al. Struggles for equivalence: *In vitro* developmental toxicity model evolution in pharmaceuticals in 2006[J]. Toxicology in Vitro, 2007, 21(8): 1545-1551.
[25] de Jong E, Doedee A M, Reis-Fernandes M A, et al. Potency ranking of valproic acid analogues as to inhibition of cardiac differentiation of embryonic stem cells in comparison to their *in vivo* embryotoxicity[J]. Reproductive Toxicology, 2011, 31(4): 375-382.
[26] Riebeling C, Pirow R, Becker K, et al. The embryonic stem cell test as tool to assess structure-dependent teratogenicity: The case of valproic acid[J]. Toxicological Sciences, 2011, 120(2): 360-370.

[27] Theunissen P T, Schulpen S H, van Dartel D A, et al. An abbreviated protocol for multilineage neural differentiation of murine embryonic stem cells and its perturbation by methyl mercury[J]. Reproductive Toxicology, 2010, 29(4): 383-392.
[28] Uibel F, Muhleisen A, Kohle C, et al. Reproglo: A new stem cell-based reporter assay aimed to predict embryotoxic potential of drugs and chemicals[J]. Reproductive Toxicology, 2010, 30(1): 103-112.
[29] van Dartel D A, Pennings J L, de la Fonteyne L J, et al. Evaluation of developmental toxicant identification using gene expression profiling in embryonic stem cell differentiation cultures[J]. Toxicological Sciences, 2011, 119(1): 126-134.
[30] van Dartel D A, Pennings J L, de la Fonteyne L J, et al. Concentration-dependent gene expression responses to flusilazole in embryonic stem cell differentiation cultures[J]. Toxicology and Applied Pharmacology, 2011, 251(2): 110-118.
[31] van Dartel D A, Pennings J L, Hendriksen P J, et al. Early gene expression changes during embryonic stem cell differentiation into cardiomyocytes and their modulation by monobutyl phthalate[J]. Reproductive Toxicology, 2009, 27(2): 93-102.
[32] van Dartel D A, Pennings J L, van Schooten F J, et al. Transcriptomics-based identification of developmental toxicants through their interference with cardiomyocyte differentiation of embryonic stem cells[J]. Toxicology and Applied Pharmacology, 2010, 243(3): 420-428.
[33] zur Nieden N I, Ruf L J, Kempka G, et al. Molecular markers in embryonic stem cells[J]. Toxicology in Vitro, 2001, 15(4-5): 455-461.
[34] Stummann T C, Wronski M, Sobanski T, et al. Digital movie analysis for quantification of beating frequencies, chronotropic effects, and beating areas in cardiomyocyte cultures[J]. Assay and Drug Development Technologies, 2008, 6(3): 375-385.
[35] Pellizzer C, Adler S, Corvi R, et al. Monitoring of teratogenic effects *in vitro* by analysing a selected gene expression pattern[J]. Toxicology in Vitro, 2004, 18(3): 325-335.
[36] Osman A M, van Dartel D A, Zwart E, et al. Proteome profiling of mouse embryonic stem cells to define markers for cell differentiation and embryotoxicity[J]. Reproductive Toxicology, 2010, 30(2): 322-332.
[37] Myers G J, Davidson P W. Prenatal methylmercury exposure and children: Neurologic, developmental, and behavioral research[J]. Environmental Health Perspectives, 1998, 106(Suppl 3): 841-847.
[38] Cowan W M, Jessell T M, Zipursky S L. Molecular and Cellular Approaches to Neural Development[M]. New York: Oxford University Press, 1997.
[39] Rice D, Barone S, Jr. Critical periods of vulnerability for the developing nervous system: Evidence from humans and animal models[J]. Environmental Health Perspectives, 2000, 108: 511-533.
[40] Rodier P M. Vulnerable periods and processes during central nervous system development[J]. Environmental Health Perspectives, 1994, 102(Suppl 2): 121-124.
[41] Stummann T C, Hareng L, Bremer S. Embryotoxicity hazard assessment of methylmercury and chromium using embryonic stem cells[J]. Toxicology, 2007, 242(1-3): 130-143.
[42] Kuegler P B, Zimmer B, Waldmann T, et al. Markers of murine embryonic and neural stem cells, neurons and astrocytes: Reference points for developmental neurotoxicity testing[J]. Alternatives to Animal Experimentation, 2010, 27(1): 17-42.
[43] Robinson J F, Griffith W C, Yu X, et al. Methylmercury induced toxicogenomic response in C57 and SWV mouse embryos undergoing neural tube closure[J]. Reproductive Toxicology, 2010, 30(2): 284-291.
[44] Robinson J F, van Beelen V A, Verhoef A, et al. Embryotoxicant-specific transcriptomic responses in rat postimplantation whole-embryo culture[J]. Toxicological Sciences, 2010, 118(2): 675-685.
[45] Theunissen P T, Pennings J L, Robinson J F, et al. Time-response evaluation by transcriptomics of methylmercury effects on neural differentiation of murine embryonic stem cells[J]. Toxicological Sciences, 2011, 122(2): 437-447.
[46] Tyl R W, Chernoff N, Rogers J M. Altered axial skeletal development[J]. Birth Defects Research Part B: Developmental and Reproductive Toxicology, 2007, 80(6): 451-472.
[47] zur Nieden N I, Baumgartner L. Assessing developmental osteotoxicity of chlorides in the embryonic stem cell test[J]. Reproductive Toxicology, 2010, 30(2): 277-283.
[48] zur Nieden N I, Kempka G, Ahr H J. Molecular multiple endpoint embryonic stem cell test—A possible approach to test for the teratogenic potential of compounds[J]. Toxicology and Applied Pharmacology, 2004, 194(3): 257-269.
[49] zur Nieden N I, Davis L A, Rancourt D E. Monolayer cultivation of osteoprogenitors shortens duration of the embryonic stem cell test while reliably predicting developmental osteotoxicity[J]. Toxicology, 2010, 277(1-3): 66-73.
[50] zur Nieden N I, Davis L A, Rancourt D E. Comparing three novel endpoints for developmental osteotoxicity in the embryonic stem cell test[J]. Toxicology and Applied Pharmacology, 2010, 247(2): 91-97.

[51]Coecke S, Ahr H, Blaauboer B J, et al. Metabolism: A bottleneck in *in vitro* toxicological test development. The report and recommendations of ECVAM workshop 54[J]. Alternatives to Laboratory Animals, 2006, 34(1): 49-84.
[52] Cezar G G, Quam J A, Smith A M, et al. Identification of small molecules from human embryonic stem cells using metabolomics[J]. Stem Cells and Development, 2007, 16(6): 869-882.
[53] Palmer J A, Smith A M, Egnash L A, et al. Establishment and assessment of a new human embryonic stem cell-based biomarker assay for developmental toxicity screening[J]. Birth Defects Research Part B: Developmental and Reproductive Toxicology, 2013, 98(4): 343-363.
[54] West P R, Weir A M, Smith A M, et al. Predicting human developmental toxicity of pharmaceuticals using human embryonic stem cells and metabolomics[J]. Toxicology and Applied Pharmacology, 2010, 247(1): 18-27.
[55] Kleinstreuer N C, Smith A M, West P R, et al. Identifying developmental toxicity pathways for a subset of toxcast chemicals using human embryonic stem cells and metabolomics[J]. Toxicology and Applied Pharmacology, 2011, 257(1): 111-121.
[56] Zurlinden T J, Saili K S, Rush N, et al. Profiling the toxcast library with a pluripotent human (H9) stem cell line-based biomarker assay for developmental toxicity[J]. Toxicological Sciences, 2020, 174(2): 189-209.
[57] Hettwer M, Reis-Fernandes M A, Iken M, et al. Metabolic activation capacity by primary hepatocytes expands the applicability of the embryonic stem cell test as alternative to experimental animal testing[J]. Reproductive Toxicology, 2010, 30(1): 113-120.
[58] Louisse J, de Jong E, van de Sandt J J, et al. The use of *in vitro* toxicity data and physiologically based kinetic modeling to predict dose-response curves for *in vivo* developmental toxicity of glycol ethers in rat and man[J]. Toxicological Sciences, 2010, 118(2): 470-484.
[59] Verwei M, van Burgsteden J A, Krul C A, et al. Prediction of *in vivo* embryotoxic effect levels with a combination of *in vitro* studies and PBPK modelling[J]. Toxicology Letters, 2006, 165(1): 79-87.
[60] Adler S, Pellizzer C, Hareng L, et al. First steps in establishing a developmental toxicity test method based on human embryonic stem cells[J]. Toxicology in Vitro, 2008, 22(1): 200-211.
[61] Ginis I, Luo Y, Miura T, et al. Differences between human and mouse embryonic stem cells[J]. Developmental Biology, 2004, 269(2): 360-380.
[62] Adler S, Lindqvist J, Uddenberg K, et al. Testing potential developmental toxicants with a cytotoxicity assay based on human embryonic stem cells[J]. Alternatives to Laboratory Animals, 2008, 36(2): 129-140.
[63] Mehta A, Konala V B, Khanna A, et al. Assessment of drug induced developmental toxicity using human embryonic stem cells[J]. Cell Biology International, 2008, 32(11): 1412-1424.
[64] Stummann T C, Hareng L, Bremer S. Hazard assessment of methylmercury toxicity to neuronal induction in embryogenesis using human embryonic stem cells[J]. Toxicology, 2009, 257(3): 117-126.
[65] Robinson J F, Piersma A H. Toxicogenomic approaches in developmental toxicology testing[J]. Methods in Molecular Biology, 2013, 947: 451-473.
[66] Barrier M, Chandler K, Jeffay S, et al. Mouse embryonic stem cell adherent cell differentiation and cytotoxicity assay[J]. Methods in Molecular Biology, 2012, 889: 181-195.
[67] Chandler K J, Barrier M, Jeffay S, et al. Evaluation of 309 environmental chemicals using a mouse embryonic stem cell adherent cell differentiation and cytotoxicity assay[J]. PLoS One, 2011, 6(6): e18540.
[68] Peters A K, Steemans M, Hansen E, et al. Evaluation of the embryotoxic potency of compounds in a newly revised high throughput embryonic stem cell test[J]. Toxicological Sciences, 2008, 105(2): 342-350.
[69] Dimopoulou M, Verhoef A, Gomes C A, et al. A comparison of the embryonic stem cell test and whole embryo culture assay combined with the BeWo placental passage model for predicting the embryotoxicity of azoles[J]. Toxicology Letters, 2018, 286: 10-21.
[70] Panzica-Kelly J M, Brannen K C, Ma Y, et al. Establishment of a molecular embryonic stem cell developmental toxicity assay[J]. Toxicological Sciences, 2013, 131(2): 447-457.
[71] van Dartel D A, Piersma A H. The embryonic stem cell test combined with toxicogenomics as an alternative testing model for the assessment of developmental toxicity[J]. Reproductive Toxicology, 2011, 32(2): 235-244.
[72] Madrid J V, Sera S R, Sparks N R L, et al. Human pluripotent stem cells to assess developmental toxicity in the osteogenic lineage[J]. Methods in Molecular Biology, 2018, 1797: 125-145.
[73] Schmidt B Z, Lehmann M, Gutbier S, et al. *In vitro* acute and developmental neurotoxicity screening: An overview of cellular platforms and high-throughput technical possibilities[J]. Archives of Toxicology, 2017, 91(1): 1-33.
[74] Xing J, Toh Y C, Xu S, et al. A method for human teratogen detection by geometrically confined cell differentiation and migration[J]. Scientific Reports, 2015, 5: 10038.

[75] Knudsen T B, Klieforth B, Slikker W, Jr. Programming microphysiological systems for children's health protection[J]. Experimental Biology and Medicine, 2017, 242(16): 1586-1592.
[76] Rico-Varela J, Ho D, Wan L Q. *In vitro* microscale models for embryogenesis[J]. Advanced Biosystems, 2018, 2(6): 1700235.

2.5 ESNATS 和 SCR&Tox 项目

2007 年，欧洲联盟（欧盟）启动了第七个研究和技术发展框架方案。它分为四个具体实施方案，与欧洲研究政策的四个主要目标相对应。这些方案中，第一个是“合作”，指的是通过支持欧盟各地和世界其他地区的大学、工业、研究中心和政府机构之间的合作，在关键科技领域获得领导地位。该方案包括 10 个不同的专题研究领域，其中就包括“健康”领域。欧盟第七框架计划（FP7）下的健康研究目标是改善欧洲公民的健康，提高与健康相关的行业和企业竞争力，并致力于解决全球健康问题。

健康主题是合作方案的一个核心主题，欧盟在 FP7 期间为这一主题累计拨款 61 亿欧元。其中，资助的项目包括基于胚胎干细胞的新型替代测试策略（Embryonic Stem cell-based Novel Alternative Testing Strategies，ESNATS）和干细胞相关高效扩展和标准化毒理学（SCR & Tox）项目。

2.5.1 基于胚胎干细胞的新型替代测试策略

基于胚胎干细胞的新型替代测试策略（ESNATS）。ESNATS 项目是一项旨在开发替代传统动物实验方法的研究举措，用于评估化学品和药物的安全性[1]。该项目执行周期为 2008~2013 年。

2.5.1.1 项目背景、目标和主要成就

ESNATS 项目旨在利用胚胎干细胞，特别是 hESCs，创建一个新的毒性测试平台，以加强药物开发和药物安全性的临床评估。目标是通过早期发现不良反应、提高患者用药安全性、降低成本、减少动物实验的需要。

ESNATS 项目解决了当前毒性测试方法中的以下问题：①以往对药物、化学品的安全性测试都有滞后性，并且需要大量的实验动物，成本高昂。②一些体外实验使用了难以标准化的细胞系，这些细胞系的背景差别大，而遗传多样性却十分有限。③现有的基于动物实验和人源细胞系的测试并不能准确反映实际条件下接触药物、化学品的真实生理情况。

该项目重点关注生殖毒性，特别是孕期产前发育毒性，其中的重中之重是关注神经系统。生殖毒性测试既昂贵又富有挑战性，通常而言，一种化合物测试即需要数百只动物。目前的动物发育毒性测试漫长而复杂，对于庞大的待测化学品显得力不从心。因此，需要可靠、更快、更准确的体外测试。

为了实现目标，ESNATS 项目开发了一系列不同的毒性测试，使用经过标准化的 ESCs 细胞系以及规范的培养和分化方法。这些测试涵盖了 ESCs 发育的各个阶段，包

括分化的神经元谱系，以及肝脏代谢系统。基因组学方法则用于鉴定预测性毒代蛋白质组学和毒代基因组学特征。以上测试均被整合在一起，形成了一个全面的测试策略，在针对促进制药行业应用的测试中，还开发出了自动 ESCs 培养的概念。该项目的最后阶段包括通过“概念验证”（proof of concept）生物标志物和相关配套测试研究来评估测试策略的可预测性、质量和重现性。

ESNATS 项目的毒性实验涉及各种不同标准化培养方案的 hESCs 系。测试涵盖了不同发育阶段的拟胚体分化和终末分化的成熟体细胞，包括但不限于神经元谱系，同时辅以肝脏代谢测试系统以模拟真实情况下化合物在体内代谢后的情况。

涵盖的四个关键研究领域是：①生殖毒性；②神经毒性；③基于 ESCs 的毒物基因组和毒物蛋白质组学特征；④毒代动力学、代谢和计算建模。

该项目在实施过程中分为两个阶段，在最初的三年里，科研人员努力集中开发和优化这些特定领域的分析方法。在随后两年的时间里，将前期开发出的各种检测方法整合到一个全面的检测系统中，专注于完善检测策略。为了保证系统的可靠性，实验人员使用参考物质开展了一系列盲检评估，旨在为其中每个单个检测系统的敏感性和特异性提供保障。

在上述两个分阶段实施过程中，最初的三年里总计优化出 14 项新的补充测试方案，但在随后的两年验证时间中，只有 5 项在深入评估中表现良好。这些测试涵盖了不同的分化阶段，最终得到了战略性组合，ESNATS 项目制定并优化了测试方案、预测模型和验证程序，为未来的正式评估提供了极大的便利。

ESNATS 项目证明了 hESCs 测试系统的重现性，并表明 hESCs 衍生出的评估发育神经毒性（developmental neurotoxicity，DNT）的系统可在一定程度上取代或显著优于基于动物模型的测试，这一成果是基于转录组学数据的优化和标准化处理所得出的结论。

然而，具有已知发育神经毒性特征的化学品数量有限，不能通过足够数量的标准化学品盲筛测试来更加深入地验证模型，给模型后续的推广应用带来了挑战。同时，针对真实环境中所发生的长期和慢性暴露，开发 3D 和更具有复杂性的测试系统才是未来评估真实神经毒性最理想的模型。将体外结果与体内结果相关联，并根据测试化合物的组学特征预测体内不良反应也是至关重要的。

另外，ESNATS 项目也考虑到使用 hESCs 存在道德层面的问题，相比于传统 EST 使用的啮齿类动物细胞模型，使用 hESCs 需要更加严格且清晰的使用准则和操作规范，在未来推广时，让使用方更加明确 hESCs 实验的边界在哪里。正是基于这方面的考虑，ESNATS 项目还组织了多次培训会议，其中包括一次在林茨（Linz）举行的 300 多名研究人员参与的会议。

纵观该项目实施的五年半时间，累计有 100 多篇研究论文在同行评审期刊上发表，持续的科研贡献和数据产出反映了这项工作的持久影响。ESNATS 项目有助于毒理学领域的发展和替代测试策略的进步，这些策略对于在毒理学测试中取代或减少实验动物量是十分有利的，专注于利用 ESCs 的能力来模拟人类正常生理组织的行为和反应，使研究人员能够在细胞和分子水平上较为容易地研究化学品的影响。

2.5.1.2　项目进展和成果

ESNATS 项目的主要进展和成果体现在多方面，以下针对不同实验阶段进行介绍。

1）准备工作

在选择待测化合物方面，需明确已知化合物活性并且使用标准命名法将化学品名称统一。由于在 ESNATS 项目初始阶段，对人类身体毒副作用明确的化合物数据有限，因此在此阶段仅选择了 10 种在人类发育过程中具有神经毒性的化学物质作为研究起点。另外，也需对不同化合物的命名规则进行统一，这对化合物在后续的分析评价存在着重要的影响。

2）新型体外毒性测试系统

在三年的测试时间里，研究人员累计开发出 14 种新的补充测试系统，其中一个例子是 Avantea 测试，是针对产前神经致畸性的检测。该检测使用 hESCs，将其分化为模拟神经管形成的神经玫瑰花结样结构，在暴露于神经毒性化合物后评价细胞和分子变化。

3）ESNATS 成套测试

在研究产前毒性方面，研究人员集中开发出多个适用于神经发育毒性研究的模型，从最初的 14 个测试系统中优选出 5 个，组成"ESNATS 测试组"：UKK、UKN1、JRC、UNIGE1 和 UKN2。这些是根据标准操作规程（standard operating procedure，SOP）的可用性、可靠性、控制和生物学相关性等标准选择出来的。其他系统作为这套测试组的补充，可提供额外的神经毒性补充数据。

4）成套测试的实验设计

成套测试系统的设计具有明确的实验方法、毒性范围和专属特性。数据质量、统计评估和测试化合物的能力对于实验结果是至关重要的。成套测试系统中的五个组成部分分别代表不同发展阶段。UKK：hESCs 向外胚层、中胚层和内胚层的多谱系分化。UKN1：神经外胚层祖细胞的诱导分化。JRC：通过神经玫瑰花结在早期神经发生过程中形成神经管。UNIGE1：从神经前体细胞向成熟神经元的过渡。UKN2：检查 hESCs 产生的神经嵴细胞的功能特性。

5）代谢和建模

将体外培养的人类干细胞加入测试模型中，旨在模拟化合物在真实人体内经历的代谢过程，通常代谢物的毒性与原型化合物存在着明显的差别。借助先进的建模技术，整合代谢、生理药代动力学（PBPK）和时空组织模型，可以确定在真实人体内的相关测试化合物浓度。

6）合作和验证

上面介绍的各种测试，不论是单一测试系统还是成套测试，均涉及与商业制药公司的合作，并且是在监管机构的监督下进行的。例如，使用 hESCs 和神经元前体细胞首先进行了初步实验，进一步又借助基于 iPSCs 的测试系统进行了验证。该项目通过方法开发、合作和验证这种模式，证明了使用基于人类干细胞的分析来评估毒性的可行性，特别是对早期神经发育毒性的可行性。

7）发育性神经毒性化合物的特异性特征鉴定

ESNATS 项目发起了一项“生物标志物研究”，通过使用基因表达分析来建立一种识别具有特定毒性机制或诱导特定表型的化合物算法，以对测试实验进行补充。该研究将五种选定的 ESNATS 测试系统暴露于两类已知会引起发育神经毒性的化合物：丙戊酸（VPA）和甲基汞（MeHg）。这些化合物引起的基因表达改变使它们与阴性对照和彼此区分开来，这表明这一项研究是具有化合物辨别潜力的。

一项盲筛分类研究进一步区分了 6 种通过“丙戊酸样机制”或类似甲基汞机制发挥作用的化合物，建立了明确区分发育神经毒性化合物和溶剂对照的分类分析法。该项研究的成功，凸显出 ESNATS 研发的测试可在体外复制人类早期发育的关键时间节点和发育过程，并体现了干扰神经元发育的不良结果通路（adverse outcome pathway，AOP）的重要性。

8）基因表达毒性图谱

为了方便快速获取生物标志物研究结果，研究人员创建了“ESNATS 基因表达毒性图谱”。与当前流行的人工智能类似，这种基于网络的资源允许对与生物标志物研究相关的基因表达和相关体外测试数据进行交互式探索。该图谱包括来自细胞活力实验的原始数据、确定基准剂量的统计算法，以及用于主成分分析、聚类基因表达模式、识别差异表达基因和浏览基因本体（gene ontology，GO）注释的界面。

9）肝细胞体外代谢研究系统

ESNATS 项目在执行初期即意识到化合物在真实人体内存在的代谢过程，是体外研究毒性与真实体内毒性存在偏差的原因之一。将功能代谢系统纳入研究策略中，是除了研究神经和生殖系统毒性外的另一个项目重点。传统毒理学模型中的原代肝细胞由于存在体外不易扩增、细胞源不稳定等问题，不能在大规模测试中得到应用。而动物模型中的肝脏系统又存在种属间的差异，导致一些实际代谢与真实人体存在偏差。因此，基于干细胞分化衍生出的肝细胞可作为这个方向研究的替代品。

在肝细胞研究中，德国莱布尼茨工作环境与人类因素研究所（Leibniz Research Centre for Working Environment and Human Factors）的一个团队探索了 PSCs 衍生肝细胞的 3D 细胞培养，并证明了其具有类似真实人体的代谢活性。另一个来自布鲁塞尔自由大学（Vrije Universiteit Brussel，VUB）的研究组专注于人类皮肤来源的前体细胞（human skin-derived precursor cells，hSKP），该细胞在暴露于肝源性生长因子后，表现出肝祖细胞和成年肝细胞的特征。虽然没有完全发挥功能，但这些细胞对肝毒性的反应与原代人类肝细胞相似，这表明 VUB 组开发出的细胞也是可以作为体外肝毒性测试的早期临床前模型。

10）通过 PBPK 模型对产前（神经）毒性实验数据的体外–体内外推法

与体内动物模型不同的是，体外毒理学模型通常都缺少与体内器官相类似的动力学过程，如吸收、分布、代谢和排泄（absorption，distribution，metabolism，and excretion，ADME）。但如果体外毒理学研究可与体内暴露情况一致，则可通过建立体外系统的置信区间来规范数据使用的条件。然而在实际情况下，体内毒性暴露的报告数据常常是化合物剂量而非组织浓度，这给体外毒理学研究中如何设置药物处理条件带来了挑战。与此同时，体内环境中时常发生蛋白质与化合物相结合、化合物的脂质分配发生变化等，也使得在体外实验模拟体内环境变得更加复杂。在 ESNATS 项目中，TNO 使用 PBPK 模型解决了以下问题：①预测与体内孕期神经毒性相对应的化合物靶组织浓度；②纠正蛋白质结合和脂质分配变化造成的差异；③确定体外实验的相关浓度；④解释测试系统之间的差别；⑤建立体外和体内毒性浓度之间的相关性。

这些模型也可用于“反向剂量测定”，将体外实验浓度外推为人类出现毒性时的剂量，有助于取代风险评估中的动物研究。

11）PSCs 衍生的工程神经组织

神经元可以从 2D 和 3D 模型中的 PSCs 衍生获得，称为细胞衍生的工程神经组织（cell-derived engineered neural tissues，ENTs），类似于中枢神经系统类器官。该项研究中涉及的 PSCs 衍生神经干细胞采用含有培养基的纳米膜覆盖在气–液界面上来完成。培养后，这些组织类似于胎儿神经组织，可用于各种实验，其中还包括电生理学实验。不同类型的 ENTs 可以通过改变起始材料、神经球培养的时间和包括引入细胞命运调节分子来进行有针对性的制备模型。

ENTs 被用于研究胶质母细胞瘤和巨细胞病毒（CMV）感染，显示结果呈阳性。虽然一些其他体外实验没有显示出显著的相互作用，但 ENTs 在研究大脑发育和中枢神经系统疾病的病理生理学（如胶质母细胞瘤侵袭、CMV 感染）方面具有很好的生物医学应用，有利于药物开发和毒理学研究。

总之，ENTs 为了解人类大脑发育、中枢神经系统疾病和潜在毒性影响提供了一个多功能平台，为医学研究和应用做出了积极贡献。

12）hESCs 分化过程中沙利度胺特异性转录组学和蛋白质组学特征的鉴定

沙利度胺在人类胚胎发育过程中导致肢体畸形的历史事件凸显了动物模型预测人类毒性的失败。实验人员在 hESCs 分化过程中加入沙利度胺，基因表达变化揭示出其对心脏、肢体发育和 Wnt 信号相关基因的显著影响，并呈现浓度依赖性。在分子层面，沙利度胺可抑制谷胱甘肽转移酶基因和核质转运蛋白，影响核质运输途径。此外，它还抑制 α 类谷胱甘肽 S-转移酶（GSTA）的表达，GSTA 对保护细胞免受活性氧诱导的损伤至关重要，沙利度胺对 GSTA 的干扰会进一步造成机体无法修复自身损伤。

13）干细胞生产和细胞库的自动放大（automatic scale-up）

ESNATS 项目为干细胞生产和储存的自动化提供了建议、概念和资格鉴定。无滋养层细胞系统适用于大规模自动化，但在推广前需要优化细胞解离方法和接种密度，以实现未分化细胞的稳定培养和可重复扩增。概念文件部分概述了细胞培养自动化和分化细胞冷冻保存的设备规范，通过确保再现性、稳定性和可靠性来简化工业预测毒性分析的流程。Cellectis 证明了胚胎毒性测试对各种培养条件和细胞系的适用性，甚至开发了一种概念验证报告细胞系，适用于使用绿色荧光蛋白（GFP）标记的蛋白进行高通量胚胎毒性和神经毒性评估。

2.5.1.3　重大影响

ESNATS 项目在开发基于人类干细胞的体外测试系统方面取得了重大进展，该系统在体外重现了人类中枢神经系统发育的关键过程。ESNATS 项目中各个系统已经证明了它们识别引起发育神经毒性的化合物的潜力。虽然这些测定尚未经过大规模商业推广，但它们已经用于早期药物开发的毒副作用初筛中。随着科学技术的发展，以及对ESNATS 系统进一步的开发和验证，这些检测方法大大有助于化学品安全评估，并有可能取代毒理学测试中的动物实验。

2.5.1.4　未来方向

未来需要开展进一步的研究来加深对已建立的测试系统的理解。具体来说，在神经元分化过程中观察到的基因表达的图谱需要更详细和深入地研究，这需要非常复杂的建模和系统生物学方法，以了解这些发育图谱是如何互作协调的，以及它们是如何被有毒化合物破坏的。此外，将人类体外研究系统与类似的发育中的小鼠体外/体内数据进行比较，可以帮助人类体外实验结果的解读。

研究由化合物诱导的复杂基因表达模式需要实验者、生物统计学家和建模者之间的相互合作。识别化合物诱导基因表达改变的转录因子可以帮助降低数据的复杂性，并揭示特定的毒性过程。

虽然研究最终目标是开发对化合物毒性具有高灵敏度和特异性的体外测试系统，但重要的是避免过早启动大规模筛查计划。应采用逐步优化策略，重点关注不同的机制和化合物。该策略包括测试其他具有已知发育神经毒性的化合物，以评估现有的体外系统是否充分涵盖了各种机制，进而识别引发新毒性模式的化合物并研究其潜在机制，只有在这些渐进的改进与更复杂的实验条件进行比较之后，大规模的验证研究才更具有意义。

基于人类细胞的 3D 组织培养是十分有前景的，未来有可能超越传统的啮齿体内动物研究，成为人类预测毒理学的金标准。完善、比较和验证的迭代过程，对于建立这些先进的体外系统来评估化合物安全性和替代动物实验是至关重要的。

2.5.2　干细胞相关高效扩展和标准化毒理学

SCR&Tox 项目是由欧盟 FP7 和欧洲化妆品协会共同资助的合作研究项目。

2.5.2.1　项目背景和目标

毒理学测试方法在应用于制药和化妆品行业时，需要进行重大变革。目前，在这两个行业中的方法主要依赖于动物实验，时常出现数据不可靠且成本高昂的问题。科学家建议将测试转移到分子水平，重点关注低剂量毒物暴露引发的细胞功能变化的“毒性途径”。这需要新的毒理学体外评估模型，以提供准确的急性/慢性毒性在分子水平表现出的特征。SCR&Tox 项目是为了评估 hPSCs 在开发应对这些挑战时具体可适用于哪些用途。该项目利用了 hPSCs 系的自我更新和多能性，分析了多种细胞类型、暴露条件和毒性测试方法。SCR&Tox 项目旨在为体外毒性途径测定提供稳定的生物和技术资源，并在工业规模上证明其可靠性。

SCR&Tox 项目的第一阶段重点是为毒性测试提供生物资源。在该阶段，hESCs 和 iPSCs 是主要的测试模型，此阶段测试要求将干细胞的自我更新和多能性等特定属性应用于毒性筛选。这个阶段的研究目的是产生具有不同遗传来源的未分化细胞系，适合分析遗传多态性对毒性反应的影响。相比于癌细胞和原代细胞，PSCs 因其多样性而具有显著优势，可以探索遗传特征对化合物的响应。

SCR&Tox 项目的第二阶段旨在开发用于评估毒性途径的高效细胞测定法，包括使用“组学”技术进行基因和蛋白质表达分析，识别参与毒物触发关键分子信号通路的基因，并优化大规模筛选的资源。在此阶段，对功能基因组学、蛋白质组学和生物电子学进行了初步探索。另外一项重要工作是在后续大规模推广至工业生产中筛选测试适用的诱导 PSCs 的工程细胞。

SCR&Tox 项目的第三阶段是基于上述第一阶段和第二阶段的研究成果，开发基于 PSCs 的毒性分子通路分析方法。在此阶段，对 PSCs 衍生物中的关键信号通路进行大量鉴定和测试，此项研究重点是筛选出不同通路的生物标志物，用于后续在大规模测试中准确且快速对毒性进行预测。

SCR&Tox 项目的最后阶段，是将上述通过测评的毒性研究系统推广到工业规模应用中。这需要将实验室小尺度实验技术转移到工业大尺度平台，将实验放大并给予标准化指导。在此阶段，需要相关实施政策的支持，同时需要证明实验室研究中的毒物在真实环境中出现相同预测毒性的稳定性、特异性和模型检测敏感性。

总体而言，SCR&Tox 项目旨在为使用 PSCs 的毒性测试提供实验资源和标准化方法，实现技术从早期生物资源开发到最终工业规模应用。

2.5.2.2　主要成果

在 SCR&Tox 项目的背景下，达成了以下任务和结果。

1）生物资源

总体而言，SCR&Tox 项目为不同细胞类型的工业规模毒理学研究提供了可扩展的自动化制造系统。

A. 未分化的 hPSCs 种子库

该项目的重点是建立用于毒理学研究的质量可控的 hPSCs 系，包括 hESCs 和 hiPSCs。这些品系作为参考种子库，是符合商业上质量控制（QC）和表征标准的。虽然单个的 hPSCs 系非常实用，但由于这些细胞源于不同的个体，它们的遗传背景差异很大，因此建立的模型间存在显著差异。因此，在实际应用中，选择多个细胞系进行组合研究能更准确地反映化合物的真实毒理学特性。另外，为了保持细胞系的完整性及其与真实条件中身体组织反应的相关性，实验建立细胞系应尽量避免基因组整合技术，将对基因组的干扰降至最低。SCR&Tox 项目成功地建立并储存了各种 hESCs 和 iPSCs 细胞系，包括通过非整合重编程方法产生的“干净”iPSCs 细胞株（指基因组未经过修改的诱导多能干细胞）。SCR&Tox 项目生产线是经过了广泛的 QC 测试、表征和安全评估的，在随后的项目实施阶段保证其安全使用。

B. 未分化干细胞扩增的质量控制

该项目的目标之一是大规模生产未分化的 PSCs，为后续在工业平台上开发和应用分析提供模型基础。实际上，该项目成功开发了 hPSCs（包括 ESCs 和 iPSCs）的自动培养、扩增和冷冻的方案与条件。在项目研发过程中，涉及各种重编程技术和自动化培养平台，从而解决了未分化干细胞库的制备问题。SCR&Tox 项目还开发出冷冻保存和长期储存系统，并制定了标准化的操作方案，以确保解冻后细胞质量的一致性和标准化。这一系列的研究基础，均为后续工业化应用提供了保障。

C. 分化方案

SCR&Tox 项目开发了五种不同细胞类型（肝细胞、神经元、心肌细胞、角质形成细胞和肌肉前体细胞）的分化方案，并进一步为每种细胞类型制定了规范的分化方案细则。主要包括以下亮点。

①肝细胞：iPSCs 系高效分化为高纯度、功能性肝细胞样细胞。②神经元：为有丝分裂前和有丝分裂后的神经元开发灵活的实验方案，旨在捕捉人脑中神经元类型的异质性。③心肌细胞：使用 3D 技术成功地将 iPSCs 分化为心室心肌细胞。④角质形成细胞：开发无滋养层支持的分化方案，用于临床药物筛选。⑤肌肉前体细胞：建立从 hESCs 和 iPSCs 产生中胚层前体细胞同质细胞类群（homogeneous populations）的方案。

D. 生产用于毒理学测试的即用型细胞

SCR&Tox 项目利用 hPSCs 悬浮培养技术，成功使得细胞自发形成模拟胚胎早期的中胚层和神经前体细胞，并进一步建立成熟终末分化的神经细胞和肝脏细胞。SCR & Tox 项目研发出的自动化系统可识别出单一基因型的细胞并根据不同基因型分别接种于细胞培养多孔板中，相比传统研究中使用手动接种细胞，大大提高了实验的均一性和效率。自动化系统结合分化实验方案，同时可处理大量不同基因背景的细胞，成功缩短检测时间的同时也展现出实验的灵活性。

2）技术资源

总体而言，在 SCR&Tox 项目下述各项任务中，涉及各种技术和方法的开发与优化，以表征、设计和生产用于毒性测试的功能细胞模型为目的，为科研领域推进体外毒理学评估方法做出突出贡献。

A. 细胞特征及功能表征

该任务的目的是开发有效的基于细胞的测定技术和方法，定量评估与毒性途径相关的生物标志物。任务分为三组：①干细胞衍生物的基因和蛋白质图谱表征及功能分析。②设计和实施功能基因组与蛋白质组学方法，动态分析干细胞衍生物。③神经和心脏干细胞衍生物的电生理特性表征。

该项任务不仅限于上述三组内容，其结果还包括鉴定干细胞分化的关键信号、验证基于干细胞衍生系统的毒性模型、建立 RNA 干扰（RNAi）修饰物筛选技术，同时人源蛋白质–蛋白质相互作用网络也被用来识别毒性模式的功能和拓扑特征。此外，在该项任务中还开发出电生理监测系统。

B. 基因工程技术编辑实验细胞

该项任务的目的是开发并规范 hPSCs 基因组工程技术和重编程技术。其中，包括使用核酸酶［大核酸酶和转录激活因子样效应物核酸酶（TALEN）］、细胞来源的纳米囊泡（gesicles，用于基因转移的囊泡）、慢病毒载体进行靶向整合和重编程。虽然基于 TALEN 的同源重组是非常成功的技术，但在实验早期效率非常低。gesicles 是为转移转录因子而开发的，已被广泛用于细胞基因工程中。另外一个可靠的实验方案是，采用基于附加体（episome）的重编程方法来产生“干净”的 iPSCs，在任务执行时还评估了增强基于外泌物重编程的可行性。最终，因结果稳定性和重现性较好，该项任务确定了基于附加体的实验策略是优选方案。该项任务后续还开展相应的补充工作，以达到解决和鉴定没有遗传突变的二倍体 iPSCs 系和标准化基于干细胞测定相关的目的。

C. 用于毒理学测试的即用细胞大规模生产

在这项任务研究中，重点是设计和实施将基因构件引入 hPSCs 的技术，以促进特定分化阶段的细胞表达或促进分化为特定细胞表型。此部分研究重点关注肝细胞和心肌细胞的分化，着重研究了关键转录因子和转运蛋白的过表达，以期增强成熟肝细胞和心肌细胞的功能。虽然结果中的某些修饰未能达到预期，但通过结合改变细胞培养技术，如使用 3D 培养方法，可进一步改善这些细胞类型的分化效率。

3）测试技术研发

在此项研究中，侧重于开发利用干细胞衍生模型探索毒性途径的分析方法。尽管该项目面临着各种挑战，但在表征毒性途径和使用干细胞衍生模型开发毒性测试方面取得了长足的进展。

A. 参比目标毒性途径对细胞进行分析和功能表征

由于 NRF2 通路与氧化应激和细胞防御机制有关，此部分研究旨在建立一种使用 hPSCs 衍生物测定 NRF2 通路的方法。实验中 NRF2 通路的激活，作为评估不同细胞类型化学物质危害的关键事件。此部分研究包括评估编码解毒酶和抗氧化蛋白的 NRF2 靶基因的表达，模型选择 hPSCs 的分化模型，包括神经元、心肌细胞和角质形成细胞模型。结果证明了这些模型区分神经毒性作用和非特异性细胞毒性作用的能力不容小觑，还可以准确反馈出不同化学物质的剂量–反应曲线，如受试化合物中已知的可调节 NRF2 途径的鱼藤酮和 AI-1。

B. 测试技术发展和毒性实验

在这项研究任务中，开发了各种体外细胞模型来表征特定细胞表型对不同毒物的反应。具体而言，对于 hESCs 和 iPSCs 的 3D 心肌细胞培养物以及来源于 iPSCs 的肝细胞进行了毒性测试。任务评价了阿霉素、对乙酰氨基酚和星形孢菌素等化合物对不同细胞系统的影响。结果表明，细胞系统之间的毒性反应和机制存在差异，再次强调了毒理学评估中需有针对性地使用不同细胞模型，以达到准确评估靶器官毒性风险的目的。

C. 特定毒性实验的验证

此项任务最终未能顺利完成，原因是专用于 NRF2 途径的基因工程细胞系出现了问题，撤出实验，造成了该任务无法完成。因此，无法对基于该工程细胞系的特定毒性实验进行验证。

4）向工业平台的技术转移

SCR&Tox 项目在执行初期即提出了要将毒理学评估系统向工业化应用推广，这也是 SCR&Tox 项目第二阶段的研究重心。但由于在特定毒性实验验证阶段，NRF2 途径的基因工程细胞出现了问题，对后续向工业平台技术转移造成了很大的障碍。尽管验证实验未能成功，在此部分研究工作中，SCR&Tox 项目仍然发挥出不错的优势，成功地转移和优化了几种细胞类型，并完善了相关各种测定的方案。

A. 工业应用中的标准操作规程

标准操作规程（SOP）是指将某一事件的标准操作步骤和要求以统一的格式描述出来，用于指导和规范日常的工作。SOP 的精髓是将细节进行量化，通俗地讲，SOP 就是对实验测试中的关键节点进行细化和量化，便于工业大规模应用。SCR&Tox 项目建立了肝细胞、心肌细胞、神经元和角质形成细胞相关的 SOP。对于肝细胞和心肌细胞来说，虽然分化过程中存在一些难以控制的问题，如心肌细胞培养中会有少量非心肌细胞干扰，但整体而言，分化过程是有效的。对于角质形成细胞，SOP 建立了手动和自动分化与扩增过程。角质形成细胞培养也遇到了挑战，与心肌细胞不同，iPSCs 衍生的角质形成细胞生长速率缓慢，影响后续形成 3D 表皮组织的效率，但是对测试方案进行调整后，iPSCs 衍生的角质形成细胞具有类似真实皮肤组织的内在代谢活性。

由于角质形成细胞生长速率问题，实验人员进一步优化方案，使用 iPSCs 衍生的角质形成细胞进行实验测定，以确定待测化合物的最佳暴露窗口期。实验在暴露后的不同时间点评估角质形成细胞基因表达变化和细胞毒性差异。

除对角质形成细胞的暴露窗口期进行优化测试外，还测定了不同细胞系的细胞群体倍增时间（population doubling time），包括 iPSCs 衍生的角质形成细胞、人原代表皮角质形成细胞（human primary epidermal keratinocytes，HPEKs）和人原代新生儿表皮角质形成细胞（human primary neonatal epidermal keratinocytes，NHEKs）。群体倍增时间的测定，可以表征出不同细胞类型之间的基础代谢差别。

在 SOP 制定过程中，不论是 iPSCs 角质形成细胞还是其他细胞系，都使用已知毒性的阴性和阳性对照化合物。阴性和阳性对照化合物被用于保证评估的有效性，特别是为操作流程中生物标志物表达变化提供参考依据。

为不同的测定建立阳性和阴性对照。使用不同的化合物来评估对照的有效性，并分析相关的标志物。

QC 是工业应用中最重要的环节，也是 SOP 制定中的核心组成内容。与实验室小尺度规模不同，工业应用需要对实验进行放大以达到高通量规模。但由于生物资源有限，初始的高通量推广 QC 未能实现，但是对于不同细胞的 QC 步骤已基本确定，特别是细胞培养基质量控制和性能测定参数。

B. 选定毒性实验转移到工业规模的平台

如上所述，由于缺乏 NRF2 工程细胞系，该计划的这一部分工作受到了严重影响，这阻碍了将选定的毒性实验转移到工业规模的平台上。但对于一部分终末分化细胞，实验和方案已成功地转移到了工业规模的平台上，如 iPSCs 衍生的角质形成细胞，以及 It-NES iPS 衍生的神经元（It-NES iPS-derived neuronal cells）。针对不同类型的细胞，分别制定 SOP 细则，以确保检测方案的正确实施。在分化方案的基础上，研究人员还进一步进行了细化，除基本的生物标志物外，还提供了额外的测试终点以供补充。

C. 工业规模平台上选定毒性实验的概念证明

由于上述选定毒性实验转移过程中的问题，缺乏测试所需的适当工程细胞系，该部分计划未能实施。

2.5.2.3　潜在影响和成果开发利用

在 SCR&Tox 项目的背景下，潜在影响旨在推进预测毒理学领域的发展，减少对动物实验的依赖，并促进使用 hPSCs 衍生物的细胞分析。该项目旨在为科学进步、产业创新、医疗政策和毒理学研发做出贡献。

SCR&Tox 项目的各项工作是致力于通过将动物实验转移到基于人类细胞的体外实验来提高毒性评估的价值。该项目旨在提供更准确、可靠的毒性评估方法，并解决了部分与动物实验相关的假阴性和假阳性问题。

预测毒理学是药物研发的重要组成部分，占总成本的很大一部分。SCR&Tox 项目开发的可用于早期药物筛选阶段的体外细胞检测可有效地降低这部分成本，从而减少与动物实验和临床试验相关的费用。

除对于新药筛选方面的贡献外，SCR&Tox 项目还帮助解决了化妆品行业长期依赖动物模型的问题。对于化妆品行业特别是皮肤相关致敏、致毒风险评估，SCR&Tox 项目中的模型可以极大限度降低实验动物使用量。但由于未实现高通量推广的 QC，不能全面取消动物实验，但在化妆品行业的模型推广明显降低了前期研发的成本并缩短了研发到上市的时间。

SCR&Tox 项目针对 PSCs 应用进行了多方面的开发，特别是 PSCs 分化为各种细胞谱系的方案、基因和蛋白质工程、基因和蛋白图谱以及用于毒性评估的生物电子学方法，为重大科学进步做出了贡献。虽然并非所有方面都在工业规模上得到了充分验证，但 SCR&Tox 项目的基础数据为进一步的研发奠定了基础。

在工业应用阶段，SCR&Tox 项目与多个生物技术公司和委托研究机构合作，证明在工业规模上进行预测毒理学测试的可行性。SCR&Tox 项目向行业合作伙伴转让协议和技术是为实施大范围推广基于干细胞的检测提供服务。

审视 SCR&Tox 项目早期制定的内容计划，尽管验证阶段遇到了各种问题，对分析方法提出了挑战，但 SCR&Tox 项目旨在大规模工业化生产中广泛应用各种分析方法和指导方案。因此，即使验证阶段不太顺利，SCR&Tox 项目仍然对现有的测试方法进行了更全面的补充。经过监管部门的认证，可以大幅减少毒理学测试对动物的依赖。除了在技术层面的进展外，该项目的另一部分侧重于对毒理学方法的培训和传播。该项目为外部团队、内部团队和行业合作伙伴组织了多项培训课程，以确保毒理学领域的人员能够有效地实施所开发的技术。

SCR&Tox 项目的成果为下一代毒理学家提供丰富的指导经验，帮助他们获得与预测毒理学相关的前沿技能和知识。这种指导作用不仅有利于参与者，而且有助于未来更好地发展体外细胞模型测试，带动学科的发展。

总之，SCR&Tox 项目从始至终都坚定其初衷，即推动预测毒理学的进步、减少对动物实验的依赖、促进采用使用 hPSCs 衍生物的细胞分析。尽管 SCR&Tox 项目在实施中存在一些挑战，但瑕不掩瑜，该项目为未来在这一关键科学研究领域的研发奠定了基础。

参考文献

[1] Rovida C, Vivier M, Garthoff B, et al. ESNATS Conference—The use of human embryonic stem cells for novel toxicity testing approaches[J]. Alternatives to Laboratory Animals, 2014, 42(2): 97-113.

2.6　成体干细胞毒理学

成体干细胞在毒理学中发挥着重要的作用，它们是存在于成体组织中的一类具有有限分化潜能的干细胞，可产生某种特定类型的组织细胞。成体干细胞存在于全身的特定组织中，负责组织维持、修复和再生，需注意的是，与胚胎干细胞不同，不同组织中的成体干细胞千差万别，故在描述成体干细胞时，除描述种属外，还需额外注明是何种组织的成体干细胞。成体干细胞和 PSCs 在毒理学领域有各自的优势和应用，选择使用何种细胞类型取决于具体的研究目标、预期毒性类型以及细胞模型适用性。在某些毒理学研究中，成体干细胞可能比 PSCs 更受青睐，大致有如下几个原因。

（1）某些类型的成体干细胞，能够比 PSCs 更快地衍生出终末分化的成熟细胞并具有功能性，如造血干细胞和间充质干细胞。这促进了成体干细胞作为毒理学工具的广泛使用。

（2）成体干细胞可定向专一地分化为某个组织中的特定细胞类型，这表明它们可以高效地直接分化为研究人员感兴趣的细胞类型。此外，由于成体干细胞已经处于部分分化状态，与需要经历更长分化过程的 PSCs 相比，它们更容易分化为成熟细胞类型。

（3）通过将成体干细胞分化为特定的细胞类型，研究人员可以创建模拟人体组织对毒物反应的体外细胞模型。这允许在细胞和分子水平上研究正常人体内部组织细胞的毒性，而不存在与使用活体动物或 hPSCs 相关的伦理问题。此外，如果毒理学研究的目标是评估毒物对特定器官或组织的影响，那么使用该器官的成体干细胞可以提供更精确的数据结果。PSCs 需要额外的步骤来分化为特定的细胞类型，由于分化时间漫长，该过程可能会引入额外的误差。

（4）成体干细胞可用于产生特殊疾病背景的实验研究中，以研究毒物对特定疾病背景人群的影响。成体干细胞可以来源于患有特定疾病的个体组织，而无须对体细胞进行长时间的重编程，从而可以创建用于毒性研究的疾病特异性模型。这种方法在评估有毒物质对疾病进展和恶化的影响方面尤其重要。

（5）使用来自成年组织的成体干细胞避免了与使用 ESCs 相关的伦理问题，无论是 mESCs 还是 hESCs，最初的构建过程均需从胚胎提取细胞。

因此，成体干细胞和 PSCs 之间的选择取决于具体的研究问题、实验所需达到的分化水平、备选模型的适用范围以及毒理学研究的最终目标。在许多情况下，这两种类型干细胞的结合可以更加全面地了解不同组织类型的毒性作用。

毒理学中最常见的成体干细胞包括造血干细胞、间充质干细胞和神经干细胞。

2.6.1　造血干细胞

纵观生物学领域，造血干细胞的使用非常广泛，因其在产生成熟血细胞和临床移植中的优势，造血干细胞出现在大量基础生物学研究中。但是相比于其他类型的干细胞，造血干细胞在毒理学研究中的应用并不太常见。

在有限的毒理学研究数据中，较为经典的使用造血干细胞模型实验是集落形成单位（CFU）测定，用以评估造血干细胞多谱系分化潜力的体外测定。CFU 测定是检测特异性造血祖细胞增殖频率的增加或减少，以反映外源刺激性或抑制性分子的作用。具体而言，CFU 测定法包括测量造血祖细胞群体的红细胞系（CFU-E）、髓系（CFU-M）、粒细胞（CFU-GM）或 B 细胞（CFU-B）潜能[1,2]。CFU 测定在药理学中的应用比较广泛，特别是针对临床使用的化疗药物，需测定其骨髓造血影响，即骨髓毒性[3,4]。在造血干细胞的测试中，相比于测定多谱系分化潜力以及细胞多能性，在体外水平长期测定细胞的自我更新能力要复杂得多。针对这个问题，科研人员制定了“长期初始细胞测定”（long-term initiating cell assay，LT-IC）方案，用于小鼠和人类的造血干细胞自我更新潜力的测试[5,6]。尽管有 LT-IC 这种检测技术，但在评价毒性化合物暴露后的细胞长期自我更新能力研究中，多数研究人员仍然偏向于使用体内测试，而不使用 LT-IC 测定。尽管体外造血测定法已被广泛应用多年，但测量长期自我更新潜力的金标准仍然需要体内实验验证[7]。正因如此，较少有早期毒理学研究使用造血干细胞的例子。

2003 年，Pessina 等[3]描述了先前验证的人和小鼠体外实验中造血干细胞的应用，以评估基于外源性药物对粒细胞和巨噬细胞的不良影响的潜在血液毒性。随后，他们启动了一项国际盲筛实验方案，通过测试 20 种药物，将该模型推广应用于临床中性粒细胞减少症的研究。这项研究证实，体外造血干细胞模型在临床血液病理学和候选药物的临床前安全性研究中是十分实用与有效的[8]。体外研究中相对检测频次较高的血液毒性类型是毒物对骨髓祖细胞的急性毒性，如粒细胞–巨噬细胞（CFU-GM）、红细胞系（CFU-E）和巨核细胞（CFU-MK），这类检测需要定量存活的祖细胞，检测中使用的化合物暴露水平需要参考最大刺激性细胞因子浓度。在实际的临床研究中，不论是血液类疾病还是其他类型疾病药物，均需要对其是否具有潜在的骨髓毒性进行表征。这种毒性不仅涉及对骨髓祖细胞的影响，还需判断是否潜在特异性影响某种细胞系的毒性，如对淋巴细胞、中性粒细胞、巨核细胞或红细胞是否具有特异性毒性。在这一系列毒理学评估中，需要研究人员根据受试药物的特定实验目的，选择合适的药物剂量以及最贴合实际情况的造血干细胞评价模型。虽然体内动物实验在药代动力学方面具有不可替代的地位，但是体外细胞模型可以通过减少种属差异引起的不确定性来提高实际安全阈值，并为计算临床剂量和设定最大药物使用限值提供更合理的数据基础。造血干细胞毒理学评价模型在临床前药物毒理学研究中意义重大，在很大程度上减少了传统研究中所需的动物数量。Pessina 等[3]在体外模型上正确地预测了 10 种具有“实际 IC_{90} 值”的药物在真实人群中的最大耐受剂量（maximum tolerated dose，MTD），以及另外 10 种仅能推断 IC_{90} 值的药物中，7 种药物的最大耐受剂量。

与 Pessina 等[3]的研究类似，2007 年，Clarke 等[9]描述了在新药研发过程中与造血干细胞体外测定技术相关的几项研究成果。实际上，研究人员开发骨髓细胞的检测方法是为了解决干细胞和祖细胞的功能问题，而这些骨髓细胞的检测方法还提供了筛查潜在毒性化合物的实用体系。为了减少新药开发的成本和缩短研发时间，科研人员努力推进检测方法在临床开展大规模实验的进度。虽然真实的人体内环境条件是不能在体外 1∶1 完全复制，但经过多方面的验证，CFU-GM 测试已成功预测了药物在真实人群中的最大耐受剂量，并消除了体外筛选技术和体内研究之间的差距。使用啮齿类动物或人源的原代细胞作为模型开展测试，是提供了一种灵敏且可靠的检测化合物血液毒性的方法。与常规毒理学研究中使用癌细胞系不同，在造血干细胞测试中实验人员收集多种细胞类型的定性和定量数据，通过高通量检测结果进行临床前数据的预测，不仅可以获得基础毒性数据，还能在造血细胞相关特异性的分子机制过程方面给出准确的预测数值。此外，使用集落形成细胞测定法来获得新药血液学影响的信息，是一种快速且具有较高成本效益的方式。在后续的药物研发中，体内动物实验的应用可以根据具体要求来缩小实验规模，例如在对细胞进行一系列体外测试后量化相应的毒理学数据，评估某种特定细胞群落从骨髓形成到血液成熟的过程，或将已知的化疗药物作为阳性对照与候选新药进行比较，获得体外毒理学数据后，根据结果再进一步有的放矢地制定体内动物实验，可在很大程度上减少动物实验前期对给药浓度、处理时间等预实验操作。

2.6.2　间充质干细胞

MSCs 是一种多能的基质细胞，可以分化为多种细胞类型，包括成骨细胞、软骨细胞、肌肉细胞和脂肪细胞（产生骨髓脂肪组织的脂肪细胞）[10]。MSCs 最初在骨髓中被鉴定分离出来，随着对其研究的深入，几乎身体的各个组织中均可检出 MSCs 的存在。除骨髓外，最常见的 MSCs 来源是脂肪组织、脐带血、滑膜组织和牙髓[10]。

Pratt 等[11]是最早将 MSCs 应用到毒理学研究中的团队之一，早在 1982 年就研究了基于人胚胎腭间充质（human embryonic palatal mesenchyme，HEPM）细胞系体外测定的可靠性。实验数据证实，这些 HEPM 细胞能够以较低的成本大量生产，若研究目的是细胞数量的变化，HEPM 可以非常容易且快速地给出实验结果。此外，HEPM 细胞可以对人类胚胎发育中接触的毒性化合物表现出一定的敏感性，因为 HEPM 细胞是代表来自许多组织的未分化间充质细胞，这些组织通常与致畸剂诱导的畸形有关，包括原发性和继发性腭、四肢和心脏的畸变。因此，HEPM 能满足快速、廉价和预筛选环境致畸物检测的要求。同样，由于金属氧化物纳米颗粒特别是二氧化钛和氧化锌的抗菌活性，这些金属纳米材料在牙科领域的使用越来越广泛，使用人类牙髓干细胞（另一种类型的骨髓间充质干细胞）对新材料在生物医学领域应用中的细胞毒性进行评估[12]。结果表明，四种金属氧化物纳米颗粒（TiO_2、SiO_2、ZnO 和 Al_2O_3）的细胞活力抑制和细胞形态变化呈显著的浓度依赖性。

随后，MSCs 的其他毒性测试相继研发问世。2014 年，Remya 等[13] 在评估羟基磷灰石纳米颗粒的毒性研究中，使用来自小鼠骨髓的 MSCs 模型（mBM-MSCs）评估活性氧的产生和细胞氧化应激相关的凋亡变化。Scanu 等[14]将人骨髓来源的 MSCs（hBM-MSCs）用于化学品的急性毒性测试中。他们利用中性红摄取（neutral red uptake，NRU）测定法来测定待测化合物的体外细胞毒性，而且还利用体外生成的数据外推出体内实验的剂量，例如根据 NRU 测定法获得的 IC_{50} 和由细胞毒性机构（Registry of Cytotoxicity，RC）获得的啮齿动物口服化合物的 LD_{50} 之间的线性关系，来确定口服途径的体内急性毒性实验的起始剂量。hBM-MSCs 在预测 GHS 中化合物毒性类别方面表现优异，与两种已经验证的细胞系 3T3 和正常人角质形成细胞（normal human keratinocyte，NHK）数据相同[14]。hBM-MSCs 还被用于测试氧化铜（CuO）纳米和微米颗粒的细胞毒性，实验人员在获得伦理委员会批准后，通过临床骨髓抽吸程序获得了原代的 hBM-MSCs。最终研究发现，与微米颗粒相比，纳米颗粒的毒性更高[15]。

脂肪来源的 MSCs（adipose-derived MSCs，AD-MSCs）比骨髓来源的 MSCs（BM-MSCs）更容易从皮下脂肪吸出物中分离出来[16]。Abud 等[17]在 2015 年的研究中，根据替代方法验证机构间协调委员会（Interagency Coordinating Committee on the Validation of Alternatives Methods，ICCVAM）的建议，使用人源 AD-MSCs 评估了 12 种标准化学品的细胞毒性。另一项研究，比对人源 AD-MSCs 细胞系和鼠 3T3 细胞系，发现两个细胞系的实验结果十分相似，这在一定程度上表明人源 AD-MSCs 是可以替代动物实验的，在此基础上，研究人员对纳米银颗粒物（silver nanoparticles，Ag-NPs）的遗传毒性作用进行了评估。根据彗星实验和染色体畸变实验结果，高浓度的纳米银颗粒物可引起明显的 DNA 损伤[18]。除了将 AD-MSCs 应用于基础毒理学数据评估外，研究人员还尝试将其诱导分化为多种不同成熟组织细胞，例如在神经分化方向的研究中，实验人员顺利地将 AD-MSCs 分化为神经细胞的不同阶段，在此基础上给予经典的神经毒物——铅进行毒性测试，结果发现铅会明显抑制已分化的 AD-MSCs，但是对未分化的细胞没有影响[19]。进一步对分子水平变化研究发现，包括 Nestin、NeuN、NF70 和突触素（synaptophysin）等各种神经细胞标志物在铅暴露后的不同分化阶段均发生了明显变化，这表明从 AD-MSCs 分化的神经细胞是可以用于鉴定神经毒素的体外模型的[19]。作者研究团队（Faiola group）近年来利用人源 AD-MSCs 来剖析环境污染物的不良影响，包括 AD-MSCs 自我更新、脂肪生成和成骨分化。作者研究团队发现，环境中赋存浓度以及人体职业暴露相关剂量的 PFAS 干扰了 MSCs 的自我更新和分化[20,21]。然而，另一种环境污染物——双酚 A 却出现与 PFAS 相反的毒性行为，在人源 AD-MSCs 模型上刺激脂肪生成和成骨分化[22]。染色质损伤现象出现时的一个灵敏检测方法是细胞微核实验，除了使用各种永生化细胞系和淋巴细胞原代培养物进行细胞微核实验外，脐带间充质干细胞（umbilical cord MSCs，UC-MSCs）也被用于评估诱变剂如丝裂霉素 C 和过氧化氢的遗传毒性。结果显示，与癌症细胞（A549）相比，正常细胞（UC-MSCs 和淋巴细胞）表现出不同水平的微核诱导结果，与癌细胞和淋巴细胞相比，UC-MSCs 在毒物测试中显示出更加敏感的特性[23]。这些结果均表明，人源的正常 UC-MSCs 可以作为外周淋巴细胞和癌症细胞系的替代测试模型。

2.6.3　神经干细胞

神经干细胞起源于胚胎发育中神经外胚层，最终经历细胞迁移后，在中枢和外周神经系统中产生大部分终末分化细胞。早期外胚层生成的神经干细胞是具有有限多能性的，可以分化为神经元、星形胶质细胞和少突胶质细胞。神经干细胞是毒理学中非常有价值的工具，它们可以为识别神经发育毒性物质及其作用机制提供全面的信息[24]。

目前已有几种成熟的神经干细胞模型可用于毒理学研究，其中包括：①原代大鼠胚胎端脑、纹状体和海马组织神经干细胞模型[25]；②原代大鼠侧脑室侧壁前部的成年神经干细胞模型；③妊娠 6~12 周胎儿前脑的人神经干细胞模型[26,27]；④脐带血产生的人神经干细胞（HUCB NSCs）模型[28]；⑤hiPSCs 衍生的神经上皮样干细胞模型[29]。

在神经干细胞模型研发初期，毒理学研究集中在经典的神经毒物甲基汞和两种持久性有机污染物全氟辛烷磺酸（perfluorooctanesulfonic acid，PFOS）和 PFOA 上。这些研究阐释了几种神经毒物对不同神经发育节点的影响，包括细胞死亡、增殖、分化、迁移、轴突生长、突触发生和神经网络形成。这几种神经毒物的作用靶点和毒性行为均不相同[30-42]。利用胚胎干细胞分化产生神经干细胞作为模型，测试了两种不同给药方案的甲基汞毒性，低剂量 10nmol/L 进行为期 10 天的毒性实验，高剂量 100nmol/L 甲基汞进行 5 天测试[40]。由于来自不同细胞来源的神经球具有不同的敏感性，hPSCs 分化产生的神经前体细胞（neural progenitor cells，NPCs）最低可观测不良反应浓度（lowest observable adverse effect concentration，LOAEC）为 3000nmol/L，原代获得的 NPCs 的 LOAEC 为 1000nmol/L[36]。在不同的神经干细胞模型中，甲基汞在一定浓度、给药时间内均出现诱导细胞死亡并改变线粒体功能的毒性效应，包括对啮齿动物的神经干细胞[30,34,37,43]、人胚胎神经干细胞[31,32,38]，以及皮质层神经祖细胞[32]。甲基汞给药处理后，细胞在活力不受影响的情况下出现了增殖效率的降低，这与细胞周期调节和细胞骨架动力学的改变有关[37,44,45]。此外，甲基汞暴露会影响经典的 ERK1/2 和 Notch 通路介导的神经元分化和基因表达[31,34,38,45-49]。最终，甲基汞引起的毒性造成了神经元的迁移率降低，但这种迁移上的变化存在着性别差异[38,50-55]，以及对突触发生、突触标志物表达产生严重影响[51]。

PFOS 在神经干细胞模型上的研究结果相对复杂，总体而言 PFOS 会影响细胞凋亡、增殖和神经发育标志物的表达[33,35,39,41,42]。

首先，PFOS 给药处理后，在不同细胞模型上出现了异常诱导细胞增殖的现象[33,35,39]，同时，PFOS 影响神经元分化、轴突生长和标志基因表达[33,35]。有趣的是，PFOS 给药处理后细胞体形态发生明显改变，但对神经元突起数量和长度进行定量，却发现 PFOS 造成的影响不具有显著性[35]。另外，在神经突触长出的窗口期，两种化合物 PFOS 和 PFOA 均会对突触形成造成干扰[56]。

综合多方面的数据，甲基汞和 PFOS/PFOA 均影响细胞内钙与神经递质受体[57,58]，微电极阵列（MEA）数据显示，这一影响是化合物对神经元放电速率和网络活动造成的不可逆影响所致[57,58]。

在暴露毒物后，神经干细胞出现氧化应激是很多神经毒物，如甲基汞[31,32,49]造成毒性的主要途径。实际上，甲基汞诱导活性氧在胞内生成，是损伤细胞线粒体功能以及破坏抗氧化防御系统的直接原因[59]。在较高剂量浓度下，甲基汞不仅会在短时间内损伤线粒体功能，还会快速触发细胞凋亡通路启动[34]，而低剂量的甲基汞则通过抑制线粒体呼吸作用关键酶的基因表达而产生毒性[49]。这些损伤可通过向细胞内加入抗氧化保护剂得到有效拮抗[60]。除对线粒体的直接损伤外，氧化应激还会通过自由基或非自由基氧化造成遗传、表观遗传水平的改变，从而加剧 DNA 损伤和染色体突变[32]。

PFOS 的神经毒性机制涉及活性氧损伤和 JNK 通路的激活，进而加剧神经元异常凋亡[39]。除 JNK 通路外，活性氧还会触发导致神经元死亡的各种信号通路[61]。经过分子水平的检测，PFOS 可改变神经干细胞中与应答氧化应激损伤相关的 mRNA 的表达[33]。然而，虽然 PFOS 与 PFOA 结构类似，但 PFOA 与神经干细胞的毒性作用与氧化应激无关。

甲基汞给药处理后，人神经干细胞和大鼠神经干细胞内的 ROS 大量增加，影响细胞 DNA 甲基化和基因的表达[32,42]。同时，甲基汞还影响神经内重要因子脑源性神经营养因子（brain-derived neurotrophic factor，BDNF）的组蛋白修饰[42]，并涉及非编码 RNA 表达异常等机制，影响神经干细胞的增殖和分化[31]。

对于甲基汞和 PFAS 的研究揭示出化合物对神经发育过程的影响是动态且复杂的。

更深入地，科研人员使用体外神经发育系统，研究了典型的卤代持久性有机污染物的影响，已知这些污染物在流行病调查中会导致癌症、免疫毒性、神经毒性，并干扰生殖和发育。此前较少有研究报道过持久性有机污染物混合物在真实人群中的毒性风险，以及使用人类体外测试系统对关键神经发育过程的风险评估。科研人员将分化自 hiPSCs 的混合神经元/神经胶质培养物暴露于 29 种不同持久性有机污染物的模拟混合物中，混合物浓度与斯堪的纳维亚人血液检出水平相当。实验结果表明，与人类相关浓度的持久性有机污染物的混合物（特别是溴化物和氯化物）增加了神经干细胞的增殖，但在神经发育后期会减少神经突触的数量[41]。根据数学模型模拟，突触发生和突起生长是体外神经发育最敏感的发育神经毒性终点。持久性有机污染物相关研究结果表明，产前接触持久性有机污染物可能会影响人类胎儿大脑发育，可能导致临床观察到的儿童学习和记忆缺陷[41]。

在临床药物毒理学研究方面，Mortimer 等[62]细致分析了降血脂药物他汀类和降压药物如何影响神经干细胞的细胞活力、增殖和分化。研究利用系统综述和荟萃分析，以检查这些化合物对神经干细胞功能的潜在影响。结果发现降压药 α-2 肾上腺素受体激动剂和各种他汀类药物对神经干细胞增殖具有抑制作用。此外，初步研究证据表明，L 型钙通道阻滞剂和他汀类药物可能会降低神经干细胞的细胞活力。尽管在此项研究中可用的数据有限，但已有明确的迹象表明，常用药物特别是他汀类对神经干细胞功能的影响不容忽视[62]。

2.6.4　其他种类的成体干细胞

除了上文所述的造血干细胞、间充质干细胞和神经干细胞外，还有其他类型的成体干细胞也越来越多地用在毒理学评估中。在大多数情况下，这些成体干细胞是由多能干细胞分化产生的某个组织器官的祖细胞。本节只讨论直接来源于活体组织或器官的原代成体干细胞。

2.6.4.1　精原干细胞

精原干细胞是未分化的精原细胞，在成体组织中处于自我更新和定向分化的平衡状态，以维持体内精子的正常产生[63]。2017 年，Jeon 等[64]利用小鼠精原干细胞在体外测试了化合物的生殖毒性，小鼠精原干细胞在整体水平上是保证维持精子发生的“种子库”，实验中使用羟基脲作为待测毒性化合物，揭示出羟基脲通过对精原干细胞的 DNA 造成损伤、ROS 形成以及刺激细胞凋亡启动等途径，最终导致雄性小鼠的生殖毒性。

早于 Jeon 等[64]的一项研究中，在体外使用胚胎鸡精原干细胞，对除草剂 2,4-二氯苯氧乙酸（2, 4-dichlorophenoxyacetic acid）进行初步评估，结果虽然没有 Jeon 等[64]的数据细致全面，但可证实除草剂导致的细胞核固缩、胞质空泡化以及细胞活力降低等毒性效应[65]。相似的实验结果出现在柴油废气颗粒 4-硝基-3-苯基苯酚（4-nitro-3-phenylphenol）处理后的实验中[66]。在后续的拮抗研究中，研究人员发现用槲皮素（quercetin）可显著降低这些毒性效应，说明槲皮素的抗氧化应激作用可以很好地保护精原干细胞免受外界毒物干扰。

2.6.4.2　胎盘干细胞

胎盘干细胞（placenta-derived stem cells，PDSCs），最初是从足月的胎盘中分离出来，接种于细胞用培养皿中，经过一段时间后形成成纤维细胞集落形成单元，这些细胞表达干细胞特异性表面抗原，并且具有向一个或多个谱系分化的潜力，包括成骨分化、成脂分化、成软骨分化和肝脏分化[67-70]。PDSCs 目前已被公认为是 MSCs 的代表类型之一[71]。本节将 PDSCs 放在此部分进行描述，是由于 PSDCs 名称中不包含“间充质”，但其特性却与间充质干细胞类似。

Lee 等[72]进行的一项研究，在体外肝脏诱导条件下将 PDSCs 分化为肝脏细胞样细胞。肝脏分化的 PDSCs 在后续评估肝毒性化合物中（如二乙基亚硝胺、二甲基亚硝胺和四氯化碳）表现出优异的特性，相比于骨髓间充质干细胞，这些肝毒性化合物在PDSCs模型上表现出更加明显的毒性效应[72]。特别是在四氯化碳的研究中，未分化的PDSCs比肝脏分化的PDSCs敏感性更高。在分子层面，ABC转运蛋白（ATP-binding cassette transporters）是参与干细胞分化为特定谱系的关键要素，在分化过程中实验人员发现PDSCs的ABC亚家族G（ABCG）会发生动态变化，这表明未分化的PDSCs可作为体外毒性筛选系统应用，ABCG可作为分化标志物来表征外源化合物的毒性效应。

2.6.4.3　人皮肤来源的干细胞

人皮肤来源的干细胞是从人体真皮（包皮）皮肤分离的多能细胞群[73-75]。这些与分化过程中神经嵴相关的成体干细胞，可从腹部[76]、乳房[76]、手臂[77]、面部[78]、头皮[79]中分离出来。人皮肤来源的干细胞具有较高的自我更新能力和多向分化潜力，具体来说，人皮肤来源的干细胞除了具有向外胚层和中胚层分化的潜力外，在连续经过肝脏发育条件诱导后，还可定向于肝脏谱系分化，与体内肝脏发育过程十分类似[80]。与PDSCs类似，虽然人皮肤来源的干细胞也属于间充质干细胞[79]，但在大多数情况下还是归类为其他类型干细胞。

在人皮肤来源的干细胞研究中[81]，经肝源性生长因子和细胞分子诱导后，人皮肤来源的干细胞可获得足够的肝脏特征，使得人皮肤来源的干细胞可用于新化合物或新药物的肝毒性筛选，并分化出肝脏前体细胞表达标志物（*EPCAM*、*NCAM2*、*PROM1*）和成熟肝脏标志物（*ALB*），并且可以检出关键生物转化酶编码基因（*CYP1B1*、*FMO1*、*GSTA4*、*GSTM3*）和药物转运蛋白酶编码基因（*ABCC4*、*ABCA1*、*SLC2A5*）。使用毒代基因组学方法，该模型可证明经典药物对乙酰氨基酚具有的肝脏毒性效应，并且获得的结果与在原代人肝脏细胞模型十分类似，毒理学反映“肝脏损伤”“肝脏增殖”“肝脏坏死”“肝脏脂肪变性”，在人皮肤来源的干细胞诱导获得的类肝脏细胞中均有显著富集。此外，与细胞毒性或诱导细胞凋亡相关的基因（*BCL2L11*、*FOS*、*HMOX1*、*TIMP3*和*AHR*）上调，这些指标通常情况下是指征早期肝毒性发生的生物标志物。这一系列分子结果证明，来源于皮肤干细胞的肝脏前体细胞是可用于体外筛选化合物肝毒性的适用模型。

参 考 文 献

[1] Broxmeyer H E, Hangoc G, Cooper S, et al. Growth characteristics and expansion of human umbilical cord blood and estimation of its potential for transplantation in adults[J]. Proceedings of the National Academy of Sciences of the United States of America, 1992, 89(9): 4109-4113.

[2] Broxmeyer H E, Lee M R, Hangoc G, et al. Hematopoietic stem/progenitor cells, generation of induced pluripotent stem cells, and isolation of endothelial progenitors from 21- to 23.5-year cryopreserved cord blood[J]. Blood, 2011, 117(18): 4773-4777.

[3] Pessina A, Albella B, Bayo M, et al. Application of the CFU-GM assay to predict acute drug-induced neutropenia: An international blind trial to validate a prediction model for the maximum tolerated dose (MTD) of myelosuppressive xenobiotics[J]. Toxicological Sciences, 2003, 75(2): 355-367.

[4] Pessina A, Bonomi A, Cavicchini L, et al. Prevalidation of the rat CFU-GM assay for *in vitro* toxicology applications[J]. Alternatives to Laboratory Animals, 2010, 38(2): 105-117.

[5] Mazini L, Wunder E, Sovalat H, et al. Mature accessory cells influence long-term growth of human hematopoietic progenitors on a murine stromal cell feeder layer[J]. Stem Cells, 1998, 16(6): 404-412.

[6] van Os R P, Dethmers-Ausema B, de Haan G. *In vitro* assays for cobblestone area-forming cells, LTC-IC, and CFU-C[J]. Methods in Molecular Biology, 2008, 430: 143-157.

[7] Laiosa M D. Functional assays of hematopoietic stem cells in toxicology research[J]. Methods in Molecular Biology, 2018, 1803: 317-333.

[8] Deldar A, Stevens C E. Development and application of *in vitro* models of hematopoiesis to drug development[J]. Toxicologic Pathology, 1993, 21(2): 231-240.

[9] Clarke E, Pereira C, Chaney R, et al. Toxicity testing using hematopoietic stem cell assays[J]. Regenerative Medicine, 2007, 2(6): 947-956.

[10] Tonk C H, Witzler M, Schulze M, et al. Mesenchymal stem cells[C]// Brand-Saberi B. Essential Current Concepts in Stem Cell Biology. Cham: Springer International Publishing, 2020: 21-39.

[11] Pratt R M, Grove R I, Willis W D. Prescreening for environmental teratogens using cultured mesenchymal cells from the human embryonic palate[J]. Teratogenesis Carcinogenesis and Mutagenesis, 1982, 2(3-4): 313-318.

[12] Tabari K, Hosseinpour S, Parashos P, et al. Cytotoxicity of selected nanoparticles on human dental pulp stem cells[J]. Iranian Endodonic Journal, 2017, 12(2): 137-142.

[13] Remya N S, Syama S, Gayathri V, et al. An *in vitro* study on the interaction of hydroxyapatite nanoparticles and bone marrow mesenchymal stem cells for assessing the toxicological behaviour[J]. Colloids and Surfaces. B, Biointerfaces, 2014, 117: 389-397.

[14] Scanu M, Mancuso L, Cao G. Evaluation of the use of human mesenchymal stem cells for acute toxicity tests[J]. Toxicology in Vitro, 2011, 25(8): 1989-1995.

[15] Mancuso L, Cao G. Acute toxicity test of CuO nanoparticles using human mesenchymal stem cells[J]. Toxicology Mechanisms and Methods, 2014, 24(7): 449-454.

[16] Gimble J M, Katz A J, Bunnell B A. Adipose-derived stem cells for regenerative medicine[J]. Circulation Research, 2007, 100(9): 1249-1260.

[17] Abud A P, Zych J, Reus T L, et al. The use of human adipose-derived stem cells based cytotoxicity assay for acute toxicity test[J]. Regulatory Toxicology and Pharmacology, 2015, 73(3): 992-998.

[18] Hackenberg S, Scherzed A, Kessler M, et al. Silver nanoparticles: Evaluation of DNA damage, toxicity and functional impairment in human mesenchymal stem cells[J]. Toxicology Letters, 2011, 201(1): 27-33.

[19] Qasemian Lemraski M, Soodi M, Fakhr Taha M, et al. Study of lead-induced neurotoxicity in neural cells differentiated from adipose tissue-derived stem cells[J]. Toxicology Mechanisms and Methods, 2015, 25(2): 128-135.

[20] Liu S, Yang R, Yin N, et al. The short-chain perfluorinated compounds PFBS, PFHxS, PFBA and PFHxA, disrupt human mesenchymal stem cell self-renewal and adipogenic differentiation[J]. Journal of Environmental Sciences (China), 2020, 88: 187-199.

[21] Liu S, Yang R, Yin N, et al. Environmental and human relevant PFOS and PFOA doses alter human mesenchymal stem cell self-renewal, adipogenesis and osteogenesis[J]. Ecotoxicology and Environmental Safety, 2019, 169: 564-572.

[22] Dong H, Yao X, Liu S, et al. Non-cytotoxic nanomolar concentrations of bisphenol A induce human mesenchymal stem cell adipogenesis and osteogenesis[J]. Ecotoxicology and Environmental Safety, 2018, 164: 448-454.

[23] Sharma S, Venkatesan V, Prakhya B M, et al. Human mesenchymal stem cells as a novel platform for simultaneous evaluation of cytotoxicity and genotoxicity of pharmaceuticals[J]. Mutagenesis, 2015, 30(3): 391-399.

[24] Bose R, Spulber S, Ceccatelli S. The threat posed by environmental contaminants on neurodevelopment: What can we learn from neural stem cells?[J]. International Journal of Molecular Sciences, 2023, 24(5): 4338.

[25] Johe K K, Hazel T G, Muller T, et al. Single factors direct the differentiation of stem cells from the fetal and adult central nervous system[J]. Genes & Development, 1996, 10(24): 3129-3140.

[26] Dou T, Yan M, Wang X, et al. Nrf2/ARE pathway involved in oxidative stress induced by paraquat in human neural progenitor cells[J]. Oxidative Medicine and Cellular Longevity, 2016, 2016: 8923860.

[27] Johansson C B, Momma S, Clarke D L, et al. Identification of a neural stem cell in the adult mammalian central nervous system[J]. Cell, 1999, 96(1): 25-34.

[28] Buzanska L, Sypecka J, Nerini-Molteni S, et al. A human stem cell-based model for identifying adverse effects of organic and inorganic chemicals on the developing nervous system[J]. Stem Cells, 2009, 27(10): 2591-2601.

[29] Koch P, Opitz T, Steinbeck J A, et al. A rosette-type, self-renewing human ES cell-derived neural stem cell with potential for *in vitro* instruction and synaptic integration[J]. Proceedings of the National Academy of Sciences of the United States of America, 2009, 106(9): 3225-3230.
[30] Xu M, Yan C, Tian Y, et al. Effects of low level of methylmercury on proliferation of cortical progenitor cells[J]. Brain Research, 2010, 1359: 272-280.
[31] Wang X, Yan M, Zhao L, et al. Low-dose methylmercury-induced genes regulate mitochondrial biogenesis via miR-25 in immortalized human embryonic neural progenitor cells[J]. International Journal of Molecular Sciences, 2016, 17(12): 2058.
[32] Wang X, Yan M, Zhao L, et al. Low-dose methylmercury-induced apoptosis and mitochondrial DNA mutation in human embryonic neural progenitor cells[J]. Oxidative Medicine and Cellular Longevity, 2016, 2016: 5137042.
[33] Wan Ibrahim W N, Tofighi R, Onishchenko N, et al. Perfluorooctane sulfonate induces neuronal and oligodendrocytic differentiation in neural stem cells and alters the expression of PPAR γ *in vitro* and *in vivo*[J]. Toxicology and Applied Pharmacology, 2013, 269(1): 51-60.
[34] Tamm C, Duckworth J, Hermanson O, et al. High susceptibility of neural stem cells to methylmercury toxicity: Effects on cell survival and neuronal differentiation[J]. Journal of Neurochemistry, 2006, 97(1): 69-78.
[35] Pierozan P, Karlsson O. Differential susceptibility of rat primary neurons and neural stem cells to PFOS and PFOA toxicity[J]. Toxicology Letters, 2021, 349: 61-68.
[36] Hofrichter M, Nimtz L, Tigges J, et al. Comparative performance analysis of human iPSC-derived and primary neural progenitor cells (NPC) grown as neurospheres *in vitro*[J]. Stem Cell Research, 2017, 25: 72-82.
[37] Fujimura M, Usuki F. Low concentrations of methylmercury inhibit neural progenitor cell proliferation associated with up-regulation of glycogen synthase kinase 3β and subsequent degradation of cyclin E in rats[J]. Toxicology and Applied Pharmacology, 2015, 288(1): 19-25.
[38] Edoff K, Raciti M, Moors M, et al. Gestational age and sex influence the susceptibility of human neural progenitor cells to low levels of MeHg[J]. Neurotoxicity Research, 2017, 32(4): 683-693.
[39] Dong X, Yang J, Nie X, et al. Perfluorooctane sulfonate (PFOS) impairs the proliferation of C17.2 neural stem cells via the downregulation of GSK-3β/β-catenin signaling[J]. Journal of Applied Toxicology, 2016, 36(12): 1591-1598.
[40] de Leeuw V C, van Oostrom C T M, Wackers P F K, et al. Neuronal differentiation pathways and compound-induced developmental neurotoxicity in the human neural progenitor cell test (hNPT) revealed by RNA-seq[J]. Chemosphere, 2022, 304: 135298.
[41] Davidsen N, Lauvas A J, Myhre O, et al. Exposure to human relevant mixtures of halogenated persistent organic pollutants (POPs) alters neurodevelopmental processes in human neural stem cells undergoing differentiation[J]. Reproductive Toxicology, 2021, 100: 17-34.
[42] Bose R, Onishchenko N, Edoff K, et al. Inherited effects of low-dose exposure to methylmercury in neural stem cells[J]. Toxicological Sciences, 2012, 130(2): 383-390.
[43] Burke K, Cheng Y, Li B, et al. Methylmercury elicits rapid inhibition of cell proliferation in the developing brain and decreases cell cycle regulator, cyclin E[J]. Neurotoxicology, 2006, 27(6): 970-981.
[44] Ceccatelli S, Bose R, Edoff K, et al. Long-lasting neurotoxic effects of exposure to methylmercury during development[J]. Journal of Internal Medicine, 2013, 273(5): 490-497.
[45] Yuan X, Wang J, Chan H M. Sub-micromolar methylmercury exposure promotes premature differentiation of murine embryonic neural precursor at the expense of their proliferation[J]. Toxics, 2018, 6(4): 61.
[46] Raciti M, Salma J, Spulber S, et al. NRXN1 deletion and exposure to methylmercury increase astrocyte differentiation by different Notch-dependent transcriptional mechanisms[J]. Frontiers in Genetics, 2019, 10: 593.
[47] Stummann T C, Hareng L, Bremer S. Hazard assessment of methylmercury toxicity to neuronal induction in embryogenesis using human embryonic stem cells[J]. Toxicology, 2009, 257(3): 117-126.
[48] Tamm C, Duckworth J K, Hermanson O, et al. Methylmercury inhibits differentiation of rat neural stem cells via Notch signalling[J]. Neuroreport, 2008, 19(3): 339-343.
[49] Tian J Y, Chen W W, Cui J, et al. Effect of lycium bararum polysaccharides on methylmercury-induced abnormal differentiation of hippocampal stem cells[J]. Experimental and Therapeutic Medicine, 2016, 12(2): 683-689.
[50] Zimmer B, Lee G, Balmer N V, et al. Evaluation of developmental toxicants and signaling pathways in a functional test based on the migration of human neural crest cells[J]. Environmental Health Perspectives, 2012, 120(8): 1116-1122.

[51] Pistollato F, de Gyves E M, Carpi D, et al. Assessment of developmental neurotoxicity induced by chemical mixtures using an adverse outcome pathway concept[J]. Environmental Health, 2020, 19(1): 23.
[52] Moors M, Rockel T D, Abel J, et al. Human neurospheres as three-dimensional cellular systems for developmental neurotoxicity testing[J]. Environmental Health Perspectives, 2009, 117(7): 1131-1138.
[53] Moors M, Cline J E, Abel J, et al. ERK-dependent and -independent pathways trigger human neural progenitor cell migration[J]. Toxicology and Applied Pharmacology, 2007, 221(1): 57-67.
[54] Hellwig C, Barenys M, Baumann J, et al. Culture of human neurospheres in 3D scaffolds for developmental neurotoxicity testing[J]. Toxicology in Vitro, 2018, 52: 106-115.
[55] Go S, Kurita H, Hatano M, et al. DNA methyltransferase- and histone deacetylase-mediated epigenetic alterations induced by low-level methylmercury exposure disrupt neuronal development[J]. Archives of Toxicology, 2021, 95(4): 1227-1239.
[56] Tukker A M, Bouwman L M S, van Kleef R, et al. Perfluorooctane sulfonate (PFOS) and perfluorooctanoate (PFOA) acutely affect human $\alpha_1\beta_2\gamma_{2L}$ $GABA_A$ receptor and spontaneous neuronal network function *in vitro*[J]. Scientific Reports, 2020, 10(1): 5311.
[57] Tukker A M, Wijnolts F M J, de Groot A, et al. Human iPSC-derived neuronal models for *in vitro* neurotoxicity assessment[J]. Neurotoxicology, 2018, 67: 215-225.
[58] Dingemans M M, Schutte M G, Wiersma D M, et al. Chronic 14-day exposure to insecticides or methylmercury modulates neuronal activity in primary rat cortical cultures[J]. Neurotoxicology, 2016, 57: 194-202.
[59] Mori N, Yasutake A, Hirayama K. Comparative study of activities in reactive oxygen species production/defense system in mitochondria of rat brain and liver, and their susceptibility to methylmercury toxicity[J]. Archives of Toxicology, 2007, 81(11): 769-776.
[60] Watanabe J, Nakamachi T, Ogawa T, et al. Characterization of antioxidant protection of cultured neural progenitor cells (NPC) against methylmercury (MeHg) toxicity[J]. Journal of Toxicological Sciences, 2009, 34(3): 315-325.
[61] Johnson S C, Pan A, Li L, et al. Neurotoxicity of anesthetics: Mechanisms and meaning from mouse intervention studies[J]. Neurotoxicology and Teratology, 2019, 71: 22-31.
[62] Mortimer K R H, Vernon-Browne H, Zille M, et al. Potential effects of commonly applied drugs on neural stem cell proliferation and viability: A hypothesis-generating systematic review and meta-analysis[J]. Frontiers in Molecular Neuroscience, 2022, 15: 975697.
[63] de Rooij D G, Grootegoed J A. Spermatogonial stem cells[J]. Current Opinion in Cell Biology, 1998, 10(6): 694-701.
[64] Jeon H L, Yi J S, Kim T S, et al. Development of a test method for the evaluation of DNA damage in mouse spermatogonial stem cells[J]. Toxicological Research, 2017, 33(2): 107-118.
[65] Mi Y, Zhang C, Taya K. Quercetin protects spermatogonial cells from 2,4-d-induced oxidative damage in embryonic chickens[J]. Journal of Reproduction and Development, 2007, 53(4): 749-754.
[66] Mi Y, Zhang C, Li C, et al. Quercetin attenuates oxidative damage induced by treatment of embryonic chicken spermatogonial cells with 4-nitro-3-phenylphenol in diesel exhaust particles[J]. Bioscience Biotechnology and Biochemistry, 2010, 74(5): 934-938.
[67] Chien C C, Yen B L, Lee F K, et al. *In vitro* differentiation of human placenta-derived multipotent cells into hepatocyte-like cells[J]. Stem Cells, 2006, 24(7): 1759-1768.
[68] Fukuchi Y, Nakajima H, Sugiyama D, et al. Human placenta-derived cells have mesenchymal stem/progenitor cell potential[J]. Stem Cells, 2004, 22(5): 649-658.
[69] Parolini O, Alviano F, Bagnara G P, et al. Concise review: Isolation and characterization of cells from human term placenta: Outcome of the first international workshop on placenta derived stem cells[J]. Stem Cells, 2008, 26(2): 300-311.
[70] Yen B L, Huang H I, Chien C C, et al. Isolation of multipotent cells from human term placenta[J]. Stem Cells, 2005, 23(1): 3-9.
[71] Malek A, Bersinger N A. Human placental stem cells: Biomedical potential and clinical relevance[J]. Journal of Stem Cells, 2011, 6(2): 75-92.
[72] Lee H J, Cha K E, Hwang S G, et al. *In vitro* screening system for hepatotoxicity: Comparison of bone-marrow-derived mesenchymal stem cells and placenta-derived stem cells[J]. Journal of Cellular Biochemistry, 2011, 112(1): 49-58.
[73] Biernaskie J A, McKenzie I A, Toma J G, et al. Isolation of skin-derived precursors (SKPs) and differentiation and enrichment of their schwann cell progeny[J]. Nature Protocols, 2006, 1(6): 2803-2812.
[74] Jinno H, Morozova O, Jones K L, et al. Convergent genesis of an adult neural crest-like dermal stem cell from distinct developmental origins[J]. Stem Cells, 2010, 28(11): 2027-2040.
[75] Toma J G, Akhavan M, Fernandes K J, et al. Isolation of multipotent adult stem cells from the dermis of mammalian skin[J]. Nature Cell Biology, 2001, 3(9): 778-784.

[76] Gago N, Perez-Lopez V, Sanz-Jaka J P, et al. Age-dependent depletion of human skin-derived progenitor cells[J]. Stem Cells, 2009, 27(5): 1164-1172.
[77] Buranasinsup S, Sila-Asna M, Bunyaratvej N, et al. *In vitro* osteogenesis from human skin-derived precursor cells[J]. Development Growth & Differentiation, 2006, 48(4): 263-269.
[78] Hunt D P, Morris P N, Sterling J, et al. A highly enriched niche of precursor cells with neuronal and glial potential within the hair follicle dermal papilla of adult skin[J]. Stem Cells, 2008, 26(1): 163-172.
[79] Shih D T, Lee D C, Chen S C, et al. Isolation and characterization of neurogenic mesenchymal stem cells in human scalp tissue[J]. Stem Cells, 2005, 23(7): 1012-1020.
[80] de Kock J, Vanhaecke T, Biernaskie J, et al. Characterization and hepatic differentiation of skin-derived precursors from adult foreskin by sequential exposure to hepatogenic cytokines and growth factors reflecting liver development[J]. Toxicology in Vitro, 2009, 23(8): 1522-1527.
[81] Rodrigues R M, de Kock J, Branson S, et al. Human skin-derived stem cells as a novel cell source for *in vitro* hepatotoxicity screening of pharmaceuticals[J]. Stem Cells and Development, 2014, 23(1): 44-55.

2.7 拟胚体在干细胞毒理学中的应用

EBs 是 PSCs 的三维聚集体，其自发分化为胚胎早期发育中的三个胚层，即内胚层、中胚层和外胚层，这个自发分化过程涵盖了整个早期胚胎发育过程中几乎所有的分子事件[1]。这些 EBs 在结构和功能上与胚泡相似，可以反映早期胚胎发育分化过程[2]。这一特性使得 EBs 成为哺乳动物早期发育的体外 3D 模型，可用于预测胚胎在着床前和着床后早期发育阶段的毒性与致畸作用。

胚胎干细胞测试中着重强调了 EBs 在毒理学中的应用，胚胎干细胞测试是基于 mESCs 的 EBs 分化开展的各项评估。本节将重点描述 EBs 在毒理学中的其他应用，从改进胚胎干细胞测试方法开始，重点介绍化合物对 EBs 形态的具体影响。

2.7.1 拟胚体干细胞测试

数个研究团队经过测试后，提出 EBs 的生长动力学可用于预测化学品的胚胎毒性风险[3-5]。Kang 等[4]证明了 EBs 的表面积与心肌细胞搏动之间具有很强的相关性，EBs 尺寸的减小能够直接导致心肌细胞分化的效率降低。这项研究成果推动了胚胎干细胞测试方法的改进，传统胚胎干细胞测试方法中测定跳动心肌细胞数目被测量 EBs 大小尺寸取代，这个改进被称为 EBs 干细胞测试。在随后的 21 种化合物测试比对实验中，mESCs 测试和 EBs 方法准确率相似，分别为 86.9%和 90.5%。然而，EBs 尺寸的大小会影响后续的谱系分化，即使在没有毒性暴露的情况下，EBs 尺寸变化也会导致谱系分化出现差别。例如，初始接种 200 个细胞形成 EBs，在分化中会优先形成外胚层；心肌细胞分化效率最好的状态是初始接种 750 个细胞量的条件；若将接种量增加到 800 个细胞，则会获得发育较好的软骨细胞。这些谱系效应可能是由于不同接种细胞数量下可溶性分子信号有差别，以及相邻细胞与细胞之间的排列密度不同，都会触发不同的细胞内部级联信号变化[6,7]。因此，减少初始细胞接种数量导致了毒性化合物抑制跳动的细胞数目，这是很正常的现象。然而，这种现象的背后，却很难辨别这种干扰是化合物造成的直接细胞毒性，还是化合物干扰了发育分化过程所致。

EBs 的动态生长过程可以通过高内涵成像（high-content imaging，HCI）设备监测[8]。在对 EBs 的预测准确性评估中，研究分两步使用了共计 26 种待测物质，为排除研究中主观因素造成的偏差，研究同时在实验室内部和不同实验室之间开展。由于一些化合物在不同妊娠时期具有不同的胚胎毒性，在该研究中，引入了一个由无毒和有毒类别组成的新预测模型，而不是传统胚胎干细胞测试中评估分成的三类或四类胚胎毒性物质预测模型。新的预测模型实际上是对传统模型的简化，在使用此模型对化合物进行分类时，相同实验室内部和不同实验室之间测试的准确率均超过 80%。此项研究中的 EBs 模型可以在短时间内准确地对各种胚胎毒物进行分类，实验结果简洁准确，实验过程快速，可更快地直观反映出“生长迟缓”和“胚胎死亡率”[8]。因此，EBs 模型对细胞具有直接细胞毒性的化合物最敏感，这种情况往往会短时间内即产生发育障碍，但与此同时也提出了新的问题，即在 EBs 质量没有发生明显改变的情况下，如何检测作用于发育的动态过程而引起毒性的化合物。

2.7.2　基于小鼠拟胚体的毒性测试

自从传统 EST 以及众多改进测试实施以来，很多研究人员都将小鼠 EBs 模型应用于各种毒理学测试中。在一些环境污染物毒性筛查研究中，小鼠 EBs 模型起到重要的作用。例如，Chen 等[9]在 2013 年使用小鼠 EBs 研究环境中典型的内分泌干扰物 BPA 对早期发育造成的不良影响。与对照组相比，培养基中添加 BPA 并不会影响 EBs 的尺寸，也不会造成 EBs 形态发生改变。然而进一步检测分子水平标志物时，发现 25~100μmol/L 浓度的 BPA 影响早期发育的三个胚层形成。随后一项研究中[2]，BPA 给药浓度降低至 10μmol/L（非细胞毒性浓度），在细胞形态、尺寸等方面不受到影响的情况下，研究人员发现 BPA 会优先作用于早期发育过程中的外胚层和神经外胚层，导致标志物表达水平降低，表现为 *Fgf5*、*Sox1*、*Pax6*、*Sox3* 和 *Nestin* 水平的异常下降。另一项更加全面的研究中[10]，使用小鼠 EBs 作为毒性测试模型，结合转录组学分析，较全面地研究了三种双酚类化合物对胚胎发育的潜在影响，包括 BPA、双酚 F（BPF）和双酚 S（BPS）。实验人员在 EBs 分化的不同时期分别收集样本，实验跨度包含了分化第 0 天、第 2 天、第 4 天、第 6 天、第 9 天、第 12 天和第 20 天。基因检测和组学分析均证实了三种双酚类化合物在不同的分化时间点具有相似的毒性行为，特别是对于那些涉及细胞–基质和细胞–细胞黏附、信号传导途径以及心血管疾病/癌症等相关基因的表达影响显著[10]。以上各项研究从不同层面证实了基于 EBs 的发育毒性研究是可以全面反映出早期胚胎发育毒性的。

与双酚类环境污染物的毒性研究类似，2015 年 Xu 等[11]在对阻燃剂 PFOS 的毒性研究中也使用到小鼠 EBs 模型，实验进行长达 6 天的给药暴露。他们观察到多能性标志物的 mRNA 和蛋白质表达量始终保持在较高的水平，同时各个分化谱系的特征标志物表达量迟迟没有升高，这表明 PFOS 可能潜在地造成发育受损或发育延迟的毒性效应[11]。但是美中不足的是，在这项研究中使用了远超过环境赋存浓度的 200mol/L 作为给药剂量，相比于其他研究数据，该研究结论似乎更能直接反映出 PFOS 造成细胞死亡的情况，而不是对分化的直接影响[9]。

另外一种备受关注的环境风险物质 TBBPA 也在小鼠 EBs 模型中被证实了对早期发育过程的影响。实验选择与环境和人体相关浓度等量的 TBBPA，对 EBs 进行为期 28 天的给药处理，揭示出 TBBPA 的作用从神经系统到心脏/骨骼肌系统等广泛的影响，证实了 TBBPA 由于作用于催乳素信号转导通路而发挥内分泌干扰作用[12]。

在基于小鼠 EBs 模型的多项环境毒理研究中，均证实了这种具有多向分化潜能的三维模型具有重要的科学价值，特别是对于传统毒性实验中不能在体外动态监测发育过程的问题，小鼠 EBs 模型对其进行了很好的补充，是体外毒理学的扩展。

2.7.3 基于人拟胚体的毒性测试

目前越来越多的研究人员已开始关注 hPSCs 制备的 EBs 在毒理学中的应用。为了测试其发育毒性，2015 年 Shinde 等[13]在 14 天的分化窗口期内将人 EBs 模型应用到化合物致畸检测中，利用转录组学和免疫细胞化学技术评估 EBs 分化过程的变化。尽管实验中未对总体准确性进行评估，但使用阿糖胞苷（cytosine arabinoside）[14]、沙利度胺[15]、丙戊酸[16]、甲基汞[13]均证实人 EBs 模型的有效性。例如，沙利度胺干扰了与肢体和心脏发育相关的几种基因表达[15]，这与沙利度胺对人类发育毒性的临床观察结果十分吻合。

2021 年 Konala 等[17]利用类似的研究模式，结合形态学表征、细胞分子终点信号等方面，将人 EBs 体外系统进行更为全面的拓展，人 EBs 体外模型在极大程度上有助于实现新药在临床前的安全性评估，可很好地预测新药是否存在潜在致畸风险以及风险发生的窗口期。作为受试药物，实验选择叶酸（folic acid）、地塞米松（dexamethasone）、视黄酸和丙戊酸，结果均与体内实验相似。在另一项营养补充剂的研究中，实验人员通过在 *D*-半乳糖的条件下培养人类 EBs 模型，验证了常见的抗氧化剂白藜芦醇（resveratrol，RSV）在神经损伤中具有潜在的有益作用，RSV 通过促进神经细胞增殖、抑制细胞凋亡和加速胚层分化对神经系统发育产生保护与促进的作用，这项研究提示在孕妇妊娠期以及新生儿发育时期补充一定量的 RSV 是有积极作用的[18]。

在 TBBPA 类环境污染物的研究中，2022 年 Zhao 等[19]利用人源胚胎干细胞 EBs 3D 分化模型评估了 6 种包含 TBBPA 及其类似物的毒性。实验使用接近环境及人体样本检出浓度的摩尔水平给药剂量，转录组学数据显示，6 种化合物给药处理 16 天只会干扰少数基因的表达，并且没有特殊的胚层标志物靶向性，说明 TBBPA 及其类似物在胚胎早期发育过程中没有特定的组织/器官靶点。然而进一步的分析结果显示，与心脏功能相关的基因表达受到化合物的干扰，这说明在早期发育的敏感窗口期，TBBPA 及其类似物可能潜在心脏发育毒性。

上述研究组除针对 TBBPA 及其类似物开展 EBs 分化实验评估外，还全面分析了以 BPA 为代表的双酚类化合物［BPA、BPS、BPF、双酚 Z（BPZ）、双酚 B（BPB）、双酚 E（BPE）和双酚 AF（BPAF）］潜在的发育毒性[20]。实验发现，这 7 种双酚类化合物在接近人体样本检出剂量水平下不会对细胞活力或增殖造成影响，但均会干扰早期发育过程中的脂质代谢相关途径，主要表现为 HOX 和 APO 家族基因的表达失调。综合各项评估数据，这 7 种双酚类化合物中，BPE 的毒性影响最小，未来可能是用于工业生产和日用生活品的 BPA 的合适替代物[20]。

一项使用单细胞转录组测序技术的研究[21]在人源胚胎干细胞 EBs 分化模型上揭示了尼古丁对其早期发育的危害。测序数据显示，尼古丁会造成 EBs 谱系分化紊乱并且严重干扰细胞–细胞之间的信号传导，证实尼古丁对人胚胎的不良影响。更为严重的是，即使低剂量的尼古丁也会造成细胞活力的降低，同时增加活性氧含量，造成细胞内环境的紊乱[21]。

2.7.4　小鼠拟胚体与人拟胚体毒性反应的比较评价

物种特异性是毒理学评价中一个备受关注的问题。为了深入了解科研人员使用实验动物系统进行人类健康风险评估的准确性，我们将在毒性评估中使用相同化合物的研究进行两个模型的横向对比。

以 TBBPA 为例，小鼠 EBs 研究揭示出 TBBPA 潜在的多种发育毒性，其分子机制涉及催乳素信号转导通路[12]。但是在人 EBs 研究中，TBBPA 似乎并没有在小鼠 EBs 模型上产生广泛的影响，但是却对早期的心脏发育产生明显干扰，暗示心脏毒性的风险[19]。另一个例子是双酚类化合物的研究，在小鼠 EBs 模型上[10]显示出更加广泛的发育毒性，而人 EBs 模型的数据并没有小鼠 EBs 模型获得的数据丰富[20]。

此外，在双酚类化合物的作用下，小鼠 EBs 模型显示出 BPA、BPF 和 BPS 具有各个胚层的毒性效应，特别是对外胚层以及神经外胚层的影响[10]，但是在人 EBs 模型上，双酚类化合物似乎主要影响脂质代谢以及补体和凝血级联相关通路[20]。有趣的是，虽然在小鼠 EBs 模型上将 BPF 和 BPS 归类为与 BPA 相似或更具有潜在发育风险的毒性化合物，但是人 EBs 模型上却没有显示出相似的结论。

造成上述情况是否由于物质间的差异？根据研究结果是无法明确给出结论的，因为实验中的条件设置也可能是导致结果差异的原因。虽然小鼠 EBs 研究和人 EBs 研究中使用了相同的化合物浓度，但是对于给药时间点却存在不同。对于分化时间，我们必须考虑到人类的发育比小鼠发育更加漫长、复杂。因此，小鼠和人类分化系统中相同的分化时间点并不能对应到相同的发育阶段。对此，TBBPA 实验中小鼠 EBs 取样时间第 4 天、第 9 天、第 12 天、第 18 天和第 28 天，而人 EBs 取样时间可能需要从第 16 天开始计算[19]。类似地，在 BPA 的研究中，小鼠 EBs[10]取样时间点第 20 天，并不能对应人 EBs 第 21 天取样时间点[20]，这可以解释为何在相同给药浓度条件下，不同模型间数据存在区别。

另外，同时操作过小鼠 EBs 和人 EBs 的研究人员一定知晓这两种模型的培养条件差别，小鼠 EBs 分化是在血清中进行的，而人 EBs 分化不使用血清。血清中复杂的营养成分可能掩盖或者增强了化合物给药后的毒性作用。小鼠和人源胚胎干细胞在原始获取分离建系时即存在差别，小鼠胚胎干细胞更加“幼稚”（naïve）而人源胚胎干细胞却略成熟，这两种细胞的基础培养基差异也突出了这方面的区别[22]。以上各种差别，都可能会造成这两种模型 EBs 分化的不同步，从而影响最终的毒理学评估数据比对。

2.7.5 总结与展望

不论是小鼠 EBs 模型还是人 EBs 模型，均为测试新药和环境污染物对胚胎发育过程的影响提供了强大的技术平台。虽然 EBs 具有同时表征多种细胞类型的独特优势，但是大多数情况下 EBs 实验测定通量较低，并且较难做到同时产生尺寸均一的 EBs 三维球。正是由于这个问题，若单独分离出单个 EBs 进行培养，后续对毒物的筛选会引入较大的偏差，因 EBs 尺寸大小会直接影响多能干细胞的分化进程，与小尺寸 EBs 核内细胞相比，较大尺寸 EBs 核内的细胞更难获得充足的营养，外界物质扩散进入核内的物质量更低，这会导致核内细胞死亡量增加以及分化方向的改变[6,7]。另外一个影响因素是 EBs 三维球之间的黏合问题，在 EBs 形成三维结构的最初 24~48h，EBs 三维球由于表面张力等因素会倾向于相互聚集并黏附在一起，导致 EBs 尺寸增加、形成不规则的三维结构，在后续实验中造成对化合物毒性预测出现偏差[23]。虽然有诸多问题，但 EBs 作为一种新的体外毒理学研究模型，其独特之处仍是其他模型不可替代的，尤其在早期发育毒性预测中，EBs 模型不仅能准确评估出毒性发生的窗口期，还可以帮助判断毒性出现的靶位点。基于此，EBs 的制备方案进展已经可以使得研究人员克服上述制约条件[24,25]。对于人 EBs 模型，未来还需考虑引入血清或血清替代物支持培养，以达到更好地贴合实际生理条件的要求。

参 考 文 献

[1] Weitzer G. Embryonic stem cell-derived embryoid bodies: An *in vitro* model of eutherian pregastrulation development and early gastrulation[J]. Handbook of Experimental Pharmacology, 2006, (174): 21-51.

[2] Brickman J M, Serup P. Properties of embryoid bodies[J]. Wiley Interdisciplinary Reviews: Developmental Biology, 2017, 6(2): e259.

[3] Flamier A, Singh S, Rasmussen T P. A standardized human embryoid body platform for the detection and analysis of teratogens[J]. PLoS One, 2017, 12(2): e0171101.

[4] Kang H Y, Choi Y K, Jo N R, et al. Advanced developmental toxicity test method based on embryoid body's area[J]. Reproductive Toxicology, 2017, 72: 74-85.

[5] Warkus E L L, Marikawa Y. Exposure-based validation of an *in vitro* gastrulation model for developmental toxicity assays[J]. Toxicological Sciences, 2017, 157(1): 235-245.

[6] Moon S H, Ju J, Park S J, et al. Optimizing human embryonic stem cells differentiation efficiency by screening size-tunable homogenous embryoid bodies[J]. Biomaterials, 2014, 35(23): 5987-5997.

[7] Nath S C, Horie M, Nagamori E, et al. Size- and time-dependent growth properties of human induced pluripotent stem cells in the culture of single aggregate[J]. Journal of Bioscience and Bioengineering, 2017, 124(4): 469-475.

[8] Lee J H, Park S Y, Ahn C, et al. Pre-validation study of alternative developmental toxicity test using mouse embryonic stem cell-derived embryoid bodies[J]. Food and Chemical Toxicology, 2019, 123: 50-56.

[9] Chen X, Xu B, Han X, et al. Effect of bisphenol A on pluripotency of mouse embryonic stem cells and differentiation capacity in mouse embryoid bodies[J]. Toxicology in Vitro, 2013, 27(8): 2249-2255.

[10] Yin N, Liang X, Liang S, et al. Embryonic stem cell- and transcriptomics-based *in vitro* analyses reveal that bisphenols A, F and S have similar and very complex potential developmental toxicities[J]. Ecotoxicology and Environmental Safety, 2019, 176: 330-338.

[11] Xu B, Ji X, Chen X, et al. Effect of perfluorooctane sulfonate on pluripotency and differentiation factors in mouse embryoid bodies[J]. Toxicology, 2015, 328: 160-167.

[12] Liang S, Zhou H, Yin N, et al. Embryoid body-based RNA-seq analyses reveal a potential TBBPA multifaceted developmental toxicity[J]. Journal of Hazardous Materials, 2019, 376: 223-232.

[13] Shinde V, Klima S, Sureshkumar P S, et al. Human pluripotent stem cell based developmental toxicity assays for chemical safety screening and systems biology data generation[J]. Journal of Visualized Experiments, 2015, (100): e52333.
[14] Jagtap S, Meganathan K, Gaspar J, et al. Cytosine arabinoside induces ectoderm and inhibits mesoderm expression in human embryonic stem cells during multilineage differentiation[J]. British Journal of Pharmacology, 2011, 162(8): 1743-1756.
[15] Meganathan K, Jagtap S, Wagh V, et al. Identification of thalidomide-specific transcriptomics and proteomics signatures during differentiation of human embryonic stem cells[J]. PLoS One, 2012, 7(8): e44228.
[16] Krug A K, Kolde R, Gaspar J A, et al. Human embryonic stem cell-derived test systems for developmental neurotoxicity: A transcriptomics approach[J]. Archives of Toxicology, 2013, 87(1): 123-143.
[17] Konala V B R, Nandakumar S, Surendran H, et al. Neuronal and cardiac toxicity of pharmacological compounds identified through transcriptomic analysis of human pluripotent stem cell-derived embryoid bodies[J]. Toxicology and Applied Pharmacology, 2021, 433: 115792.
[18] Wang Y, Wei T, Wang Q, et al. Resveratrol's neural protective effects for the injured embryoid body and cerebral organoid[J]. BMC Pharmacology & Toxicology, 2022, 23(1): 47.
[19] Zhao M, Yin N, Yang R, et al. Environmentally relevant exposure to TBBPA and its analogues may not drastically affect human early cardiac development[J]. Environmental Pollution, 2022, 306: 119467.
[20] Liang X, Yang R, Yin N, et al. Evaluation of the effects of low nanomolar bisphenol A-like compounds' levels on early human embryonic development and lipid metabolism with human embryonic stem cell *in vitro* differentiation models[J]. Journal of Hazardous Materials, 2021, 407: 124387.
[21] Guo H, Tian L, Zhang J Z, et al. Single-cell RNA sequencing of human embryonic stem cell differentiation delineates adverse effects of nicotine on embryonic development[J]. Stem Cell Reports, 2019, 12(4): 772-786.
[22] Ginis I, Luo Y, Miura T, et al. Differences between human and mouse embryonic stem cells[J]. Developmental Biology, 2004, 269(2): 360-380.
[23] Dang S M, Kyba M, Perlingeiro R, et al. Efficiency of embryoid body formation and hematopoietic development from embryonic stem cells in different culture systems[J]. Biotechnology and Bioengineering, 2002, 78(4): 442-453.
[24] Cornwall-Scoones J, Zernicka-Goetz M. Unifying synthetic embryology[J]. Developmental Biology, 2021, 474: 1-4.
[25] Pettinato G, Wen X, Zhang N. Engineering strategies for the formation of embryoid bodies from human pluripotent stem cells[J]. Stem Cells and Development, 2015, 24(14): 1595-1609.

第3章　干细胞毒理学实用模型

3.1　脑及神经干细胞毒理学模型

大脑是身体内信息处理、控制和调节的中枢，由数十亿个神经元构成，这些神经元相互通信、相互协作以感知身体和外界环境。作为身体的中心器官，大脑受到了多层神经嵴的保护，以及具有包括血脑屏障和血神经屏障在内的多种独特的防御机制。尽管如此，大脑对外源污染物依然极其敏感，并且很容易受到外周环境的影响。尤其是在发育过程中，大脑的形态和功能都可能受到外源污染物的影响，从而可能对胎儿神经功能造成持续影响。

3.1.1　脑及神经系统的结构和功能

神经系统主要由中枢神经系统和周围神经系统组成。中枢神经系统的组成包括大脑和脊髓，主要由神经外胚层发育而来。神经外胚层的形成在原肠胚形成前不久开始，通过前内脏内胚层（anterior visceral endoderm，AVE）和淋巴结前体的感应信号而诱导神经外胚层的分化。在原肠胚形成过程中，淋巴结及其衍生物保护覆盖的前外胚层细胞并协助它们维持神经外胚层的分化潜能，并与头部区域的咽内胚层（pharyngeal endoderm）一起发出信号，使它们伸长成柱状神经板细胞。神经板的边缘变厚并向胚胎的中线迁移，它们最终在背中线融合形成一个空心神经管。神经管可以再分为四个区域（前脑、中脑、菱形脑和脊髓），是最终形成大脑和脊髓的胚胎结构。在小鼠中，神经形成从小鼠胚胎发育 E8.5 开始（对应于人类胚胎的第 3 周），并在小鼠胚胎发育 E10.5 结束，此时在骶骨上层完成闭合。神经管闭合传播前沿迅速扩散，开放的、升高的神经褶皱就在它的尾部，代表下一个进行闭合的区域。神经管的两个开口端称为前神经孔和后神经孔。原发性神经形成过程在两栖动物、爬行动物、鸟类和哺乳动物等物种中是保守的。神经管神经元在心室区增殖，心室区是与管腔相邻的一层。新生的神经元向外迁移形成两个新层：一个称为地幔层的内部密集层，成为灰质；另一个是由轴突组成的外部边缘区域，成为白质。神经管背脊中的细胞作为神经嵴细胞从管中迁移出去。此外，神经外胚层还有助于产生神经嵴祖细胞，从而产生骨骼、软骨、真皮、心脏、平滑肌、肌腱和韧带等组织。

周围神经系统是中枢神经系统外所有神经结构的统称，包括颅神经、脊神经、感觉受体、肠丛和神经节。周围神经系统可以根据其功能成分进行分类，分为自主神经系统（autonomic nervous system，ANS）、躯体神经系统（somatic nervous system，SNS）和肠神经系统（enteric nervous system，ENS）。自主神经系统由感觉和运动部分组成，它们自发地趋向于稳态。自主神经系统中的感觉神经元通过主要位于内脏器官的自主感觉受体将信息传递到中枢神经系统。自主运动神经元可以细分为交感神经和副交感神经类，它们通常引起相反的作用。这两种神经元类型将信息从中枢神经系统传递到平滑肌、心肌和腺体，导致肌肉收缩并引导腺体活动。交感神经自主运动神经元支持运动或紧急反应，而副交感神经负责调节“休息和消化”活动。躯体神经系统由躯体感觉神经元组成，它们将来自皮肤、骨骼肌、关节和特殊感官的感觉受体的刺激传递到中枢神经系统。肠神经系统跨越胃肠道的整个长度，由超过 100 亿个神经元组成，其中包括感觉和运动成分，其功能是非自愿的和独立于中枢神经系统的。肠神经系统感觉神经元监测胃肠道内的化学和机械修饰，而运动神经元控制胃肠道平滑肌收缩，即食物通过胃肠道的潜在通道。这些神经元还负责调节胃酸分泌和内分泌细胞衍生激素的分泌。周围神经系统主要来源于神经嵴前体细胞，这些细胞在小鼠胚胎发育的 E8 开始迁移，然后经历多个过程，直到 E17 甚至出生后，开始建立周围神经系统。在此期间，发生神经节形成和神经母细胞增殖，轴突生长和节前突触发生，树突形成和靶神经支配。在小鼠周围神经发育过程中，神经嵴细胞产生髓鞘和非髓鞘神经胶质细胞的过程与中枢神经系统中观察到的过程相似，但在专用于施万细胞前体和未成熟施万细胞生成的阶段持续时间方面有所不同。从前体细胞到施万细胞的转变由 E16 完成。来自背侧神经管边缘的细胞向腹侧迁移，在背主动脉附近形成一列交感神经节。在那里，它们开始获得去甲肾上腺素能特性。然后，神经母细胞合并形成最终交感神经节，向嘴部迁移以建立颈上神经节（superior cervical ganglion，SCG），向腹侧迁移以形成椎前神经节，而其余部分成为交感神经链。骶神经嵴细胞离开 E9 和 E9.5 之间的神经管，大约晚 12h 到达后肠，此时细胞发生大量增殖，然后分化成神经胶质细胞或许多不同类型的肠神经元之一。

3.1.2　传统的神经毒理学评价方法

3.1.2.1　动物模型

在神经发育毒理学的研究中，小鼠、斑马鱼、爪蟾等很多脊椎动物都得到了广泛应用。利用小鼠的神经发育毒性研究有较长的历史，经过污染物暴露后，可以结合神经生物学常用的研究方法，包括电生理研究、行为学研究、形态检查以及生化检查等，来评价污染物对后代的神经发育的影响。近年来，斑马鱼由于其较强的繁殖能力，具有同步发育、胚胎透明、性成熟周期短、容易养殖等特点而受到广泛关注。斑马鱼已经被用作许多环境中有毒物质的初筛模型，尤其在水体污染物的毒性研究中发挥了重要作用。但其与人体之间仍有较大差距，在毒性剂量、效应以及机制的研究中仍有待进一步完善，因此，亟须找到适当的用于神经发育毒性研究的模型，以更好地反映污染物对人类神经发育造成的损伤，并需要通过毒性机制研究，寻找解决方法。

3.1.2.2　细胞模型

常用于神经毒性研究的细胞模型包括不同种类的神经元、星形胶质细胞、少突胶质细胞、鼠肾上腺髓质嗜铬细胞瘤（PC12）或不同种类神经细胞的共培养模型等。常通过细胞活性、细胞内活性氧水平以及基因表达水平指标来评价神经发育毒性。不同种细胞中，选择的标志基因有一定的区别，例如神经元中，常选择 *MBP*、*AChE*、*ISL1*、*NKX6-1* 等基因；星形胶质细胞中，常选择 *MANF*、*ALDH1A1*、*BDNF*、*GFAP*、*GLT1* 及 *GFAP* 等基因；少突胶质细胞中，常选择 *APC*、*OSP*、*CNP1* 等基因。通过混合培养和共培养，可以系统地研究污染物对神经系统的影响及不同种细胞相互协同保护作用，可以更好地评价污染物的神经毒性效应。以上细胞系可以较好地用于外源污染物对神经功能影响的研究，但是在神经发育毒性的研究中有一定的局限性。

3.1.3　基于干细胞的神经毒性评价模型的构建和应用

近年来，由于干细胞在神经发育毒性研究中具有简便，结果稳定，且更能反映外源污染物对人体的真实影响等特点，许多研究开始利用干细胞毒理学模型深入挖掘污染物的神经毒性作用机制，目前也已经形成了从细胞培养到分化方案建立，以及实验终点选择的系统性的神经发育毒理学研究方案[1]。

3.1.3.1　基于干细胞的神经分化方法

大脑皮层神经元种类多、数量多、功能丰富，是人体许多高级神经活动的中心。目前对神经系统的了解和研究多来自死后脑组织或动物疾病模型，但上述材料取样范围小，且无法反映人体真实情况。而人源胚胎干细胞或诱导多能干细胞分化的神经元的出现可以规避上述问题，有效地用于神经元发育和功能或相关神经疾病的分子机制的研究，因此也得到了广泛的关注。对神经分化的研究开展较早，目前已经成功构建了包括多巴胺能神经元、谷氨酸能神经元或γ-氨基丁酸神经元在内的许多种不同类型神经元的分化方法。

首先，多巴胺能神经元是一类能够分泌神经递质多巴胺，并激活多巴胺系统的一类神经元。目前研究发现，多巴胺能神经元并非来源于 $PAX6^+$神经上皮祖细胞，而是来自 $FOXA2^+$及 $LMX1A^+$的细胞[2]。多巴胺能神经元分化时常采用的实验方法是，在双重抑制 TGF-β 和 BMP 信号通路，并激活 Wnt 信号通路后，可以发现 *FOXA2*、*LMX1A*、*EN1* 和 *CORIN* 的表达[3]，同时人诱导多能干细胞来源的多巴胺能神经元祖细胞也可以进一步分化为具有电生理特性的功能性多巴胺能神经元[4]。

谷氨酸能神经元也是一种能释放兴奋性递质谷氨酸的神经元，是中枢神经系统中最重要的兴奋性神经元。谷氨酸能神经元主要起源于端脑背侧，而在体外分化过程中，首先要构建 $FOXG1^+$的端脑祖细胞，可以通过加入 FGF2 进行拟胚体培养，或利用共同抑制 BMP 和 TGF-β 信号通路的方式进行。其次上述细胞经历背侧或腹侧前体细胞的命运决定后，会被赋予向皮层神经元分化的潜能，其中背侧命运决定可以通过外源性视黄酸的添加，或阻断 SHH 信号通路的方式进行，而腹侧命运决定可以通过 SHH 信号通路的激活和 Wnt 信号通路的抑制共同完成。最后在去掉 FGF2 并抑制 Notch 信号通路后继续培养，可得到谷氨酸能神经元[5,6]。这些基于多能干细胞的谷氨酸能神经元分化模型，也可以有效地作为阿尔茨海默病的体外研究模型，为治疗阿尔茨海默病的药物筛选做出重要贡献。

相对地，γ-氨基丁酸神经元是能分泌具有抑制作用的 γ-氨基丁酸的一类神经元，也是人体中枢系统中主要的抑制性神经元。该神经元的分化与谷氨酸能神经元类似，区别在于获得端脑祖细胞后，只需在腹侧命运决定的过程中，筛选 $NKX2.1^{+}$的细胞，通过去掉 NGF 或在不同的时间点激活 SHH 信号通路，即可获得 γ-氨基丁酸神经元[5]。

此外，还可以通过细胞因子的诱导，直接从成纤维细胞重编程为神经元以规避诱导多能干细胞增殖过程中的成瘤风险[7]，但这些方法多使用慢病毒载体过表达来传递转录因子，限制了其临床应用。进一步地，也可以将人成纤维细胞重编程为神经干细胞后，再获得具有不同功能的神经元[8]，这一优化方法的提出也为上述问题提供了解决办法。

存在于不同的位置或具有不同功能的神经细胞也采用不同的标志基因，如 *NEUN* 和 *bTUB3* 可作为神经元的标志基因，而 *DCX* 和 *NEUROD1* 用于区分未成熟神经元和 *MAP2* 阳性的成熟神经元。皮层神经元中，深层神经元可以 *CTIP2* 和 *TBR1* 为标志基因进行区分，相对地，*SATB2* 和 *BRN2* 可以作为浅层神经元的标志基因。不同功能的神经元的标志基因也有一定区别，*vGLUT1*（*SCL17A7*）可用于标记谷氨酸能兴奋性神经元，*GABA*、*GAD65* 和 *GAD67*、*vGAT*（*SCL32A3*）则是 γ-氨基丁酸能抑制神经元的标志基因。在胶质细胞中，星形胶质细胞常以 *GFAP* 和 *S100b* 为标志基因，*MBP* 和 *O4* 可用于鉴定成熟的少突胶质细胞，少突胶质细胞的前体可以用 *OLIG2* 和 *SOX10* 进行标记。

图 3-1 汇总了几种不同的神经元在培养过程中不同阶段需要用到的小分子化合物或蛋白质。

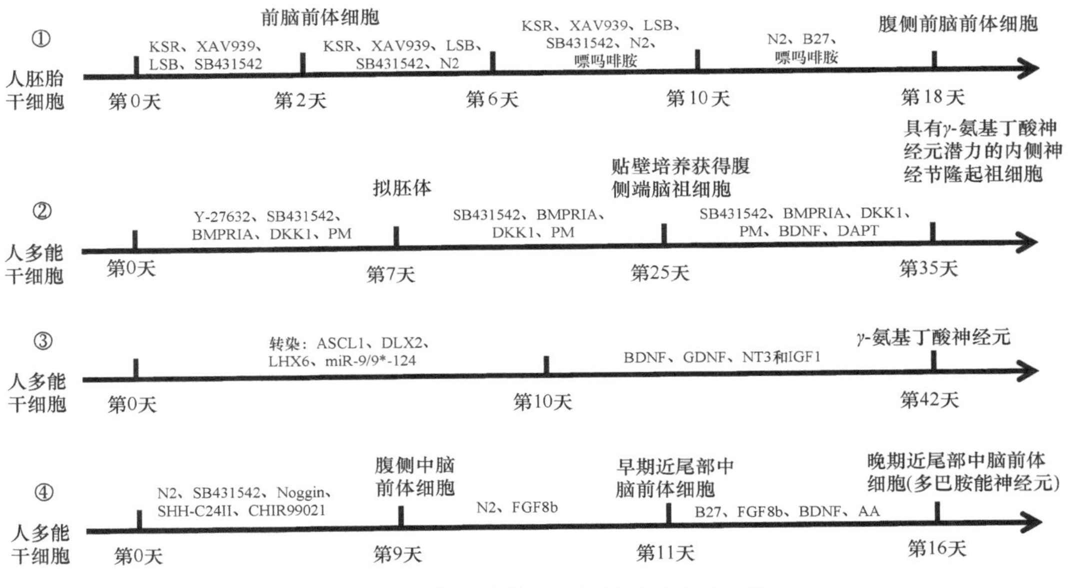

图 3-1　代表性的多能干细胞神经元分化方法

3.1.3.2　基于干细胞的脑类器官的构建方法

2013 年，Lancaster 等[9]首次构建了脑类器官，将基于干细胞的神经系统的研究带到了新的高度。他们构建的全脑类器官具有多层结构和适当轴向极性的初级新皮层结构。10 年来，随着研究的深入，得到的脑类器官的功能也逐渐完善，目前已经获得了包括前脑、中脑、后脑和脊髓类器官等在内的不同脑分区的类器官，这些类器官可以进行超过 100 天的培养，随着时间的增加，类器官中的细胞种类逐渐增多，功能也逐渐完善。

大脑类器官的构建方案目前仍是基于 Lancaster 和 Knoblich[10]的实验方法。首先，在拟胚体形成过程中，双重抑制 TGF-β 和 BMP 信号通路，然后通过添加脑源性神经营养因子（BDNF）、胶质细胞源性神经生长因子（GDNF）、环腺苷酸（cAMP）、神经营养因子 3（NT3）和抗坏血酸（AA）等，进一步促进脑类器官的分化和成熟。随着大脑类器官的逐渐成熟，其细胞种类和功能也逐渐完善。早在培养 7 天时，大脑类器官中就有神经元的产生[11]，在大脑类器官中出现神经前体细胞的时间约为分化的第 30 天，随着时间的延长，大脑类器官发生了显著的星形细胞发生过程，第 35~第 60 天会呈现最多的细胞类型。在培养的第 60~第 100 天，少突胶质细胞逐渐出现，随后神经元髓鞘逐渐形成。最后，具有电生理活性的神经元逐渐产生，表现出功能性突触和树突棘的产生[12]。

背侧前脑类器官以及海马类器官的构建基于 Paşca 等[13]的实验方法。与大多数在旋转条件下培养的大脑类器官相比，背侧前脑和腹侧前脑类器官主要在静态条件下培养。在定向诱导阶段，主要通过联合抑制 SMAD 和 Wnt 信号通路来实现。而在后续的成熟诱导阶段，向培养基中添加了包括 FGF2 和 EGF 在内的生长因子，以促进神经元分化和成熟。背侧前脑类器官的前体主要以 *PAX6*、*GFAP* 和 *VIM* 为标志基因进行鉴定，而成熟后，则通过 *PAX6*、*LHX2* 和 *EMX1&2* 等的表达水平来鉴定。额外使用甲状腺激素 3（T3）、胰岛素样生长因子（IGF）、PERK 抑制剂 GSK2656157、小分子酮康唑、氯马斯汀等，可以刺激髓鞘形成和少突胶质细胞成熟[14]。而背侧前脑类器官上的神经前体细胞大约在第 35 天产生，而其细胞种类在分化第 84 天开始逐渐丰富，出现星形胶质细胞和潜在的少突胶质细胞[15]。在功能上，该类器官中的星形胶质细胞在第 299 天后表现出更成熟的基因表达谱[16]，而在第 180 天后，则表现出振荡的电生理谱，说明了该类器官功能逐渐成熟。

腹侧前脑类器官以及纹状体类器官的构建是通过 SMAD 和 Wnt 信号通路的抑制以及 SHH 通路的激活来进行的，而 Notch 信号通路抑制剂 DAPT，则可以用于腹侧前脑类器官的分化和成熟过程。另外，*NKX2.1*、*LHX6* 和 *DLX2* 等基因，可以作为鉴定腹侧前脑类器官的标志基因。在腹侧前脑类器官中，分化 25 天后出现神经元，在第 80 天左右开始出现星形胶质细胞，在细胞种类和功能上逐渐走向成熟[16]。

丘脑是人体的感觉传导中心，近年来对丘脑类器官的研究也逐渐增加，目前得到的丘脑类器官可以在分化的第 49 天开始产生功能性神经网络。而在丘脑–垂体类器官中，在分化 100 天后，可以观察到更多的激素产生细胞，这些细胞在 200 天左右表现出活性[17]。

上述脑类器官模型在疾病模型构建、药物筛选等工作中都已经发挥了重要作用。但在脑类器官的研究中仍面临缺乏脉管系统、缺乏血脑屏障进而导致类器官存活时间缩短等问题，有力的表征和评价工具的开发也将为深入了解与改进脑类器官的制备方法做出贡献。

图 3-2 汇总了几种典型的脑类器官在培养过程中不同阶段需要用到的小分子化合物或蛋白质。

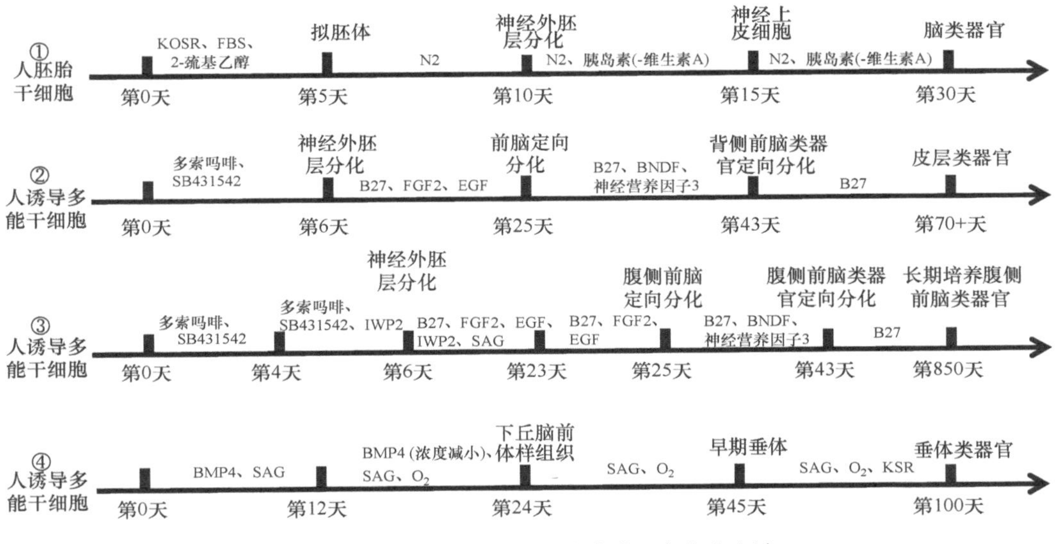

图 3-2　代表性的多能干细胞脑类器官分化方法

3.1.3.3　基于干细胞的神经毒性评价模型的构建

基于胚胎干细胞的神经发育毒理学研究已经有比较长的历史，最初常通过神经细胞数量的变化来评估外源化合物的神经毒性。2010 年，Meamar 等[18]利用胚胎干细胞的神经分化模型，发现迷幻药亚甲二氧甲基苯丙胺（MDMA）能够导致神经元的数量显著减少，说明其有较强的神经发育毒性。Hayess 等[19]诱导小鼠胚胎干细胞进行早期神经分化，利用九种物质进行毒性测试，最后结合数学方法，建立了可以用于预测不同污染物神经发育毒性的毒理学研究模型，基于此建立的 DNT-EST 模型，也证明了胚胎干细胞能较好地反映污染物的神经发育毒性效应。我们也通过小鼠胚胎干细胞诱导的神经分化模型发现，人体暴露浓度的 PFOS 和其替代物氯氟烷基醚磺酸（F-53B）有可能对神经发育造成严重影响，且其产生的毒性效应也有所差异[20]。同时，常用的基于胚胎干细胞的神经分化方法中，得到的神经细胞的显著特征之一就是出现神经“玫瑰花环”状结构，该结构被认为是神经管。Colleoni 等[21]利用人源胚胎干细胞分化得到神经“玫瑰花环”状结构，并利用此方法评估了视黄酸的毒性效应和致畸机制。Miranda 等[22]也通过诱导多能干细胞进行神经元和神经胶质细胞的分化，并结合玫瑰花结数量和形态学评估了抗癫痫药物丙戊酸的毒性效应。

2015 年，James A. Thomson 课题组[23]为利用胚胎干细胞进行污染物的神经发育毒性评价提供了方法学的建议，并提供了系统性的研究思路和方向。他们将人源胚胎干细胞分化的神经祖细胞、内皮细胞、间充质干细胞、小胶质细胞以及巨噬细胞前体结合在聚乙二醇水凝胶上，从而系统地模拟细胞间相互作用，并借此探究了 60 种污染物的毒性数据，利用 RNA 测序进行毒性测试模型的构建和毒性的预测。这一方法的建立体现了干细胞检测在预测毒理学方面的价值，其适用于药物和化学安全性评估。Schulpen 等[24]也开发了一种基于人源胚胎干细胞的神经发育模型进行毒性研究的实验方案，他们利用两种已知会引起神经发育毒性的抗癫痫药物丙戊酸和卡马西平（carbamazepine，CBZ）进行验证，通过检测神经细胞标志基因 *MAP2* 和 *MAPT* 的表达水平，来评价这两种药物对神经发育过程和功能的影响。同时，他们还基于转录组学结果对上述两种药物的作用途径和模式进行了深入分析[25]。近年来，人源胚胎干细胞在神经发育毒理学的研究中也有广泛的应用[26]，Hong 等[27]总结了从人源胚胎干细胞到神经元和星形胶质细胞的分化方法，并以纳米银为例开发了基于上述实验模型的神经毒性测试方法，这一方法对基于胚胎干细胞的神经发育毒性研究过程和实验终点的选择进行了很好的总结，也为基于干细胞如何开展神经发育毒性研究提供了指南。

除胚胎干细胞外，神经干细胞也常常被用于神经发育毒性和神经功能毒性的评价。Malik 等[28]利用 hiPSCs 衍生的神经干细胞对 2000 种化合物的神经毒性进行了检测，以细胞活性为评价标准，发现其中 100 余种具有显著的神经毒性。Tofighi 等[29]总结了大鼠和人胚胎中神经干细胞的培养以及大鼠和小鼠的成体神经干细胞的培养方法，并基于此给出了基于神经干细胞的神经毒性研究方案，为神经干细胞在毒理学中的应用提供了标准化实验流程和方案。Nierode 等[30]为更好地模拟体内细胞微环境，以 3D 培养的方式，基于芯片的微阵列平台进行人神经干细胞的培养，以 IC_{50} 为毒性评价终点，检测了 24 种化合物的急性毒性和抗增殖作用，为基于神经干细胞的神经发育毒性研究提供了一种高通量、高准确性的解决方案。神经干细胞也可以被用于颗粒物的神经发育毒性研究，利用小鼠神经干细胞，发现纳米银的神经毒性与其浓度更加相关，但与其表面包被情况或电荷情况关系不大[31]，但是不同形态的纳米银的毒性差异却比较明显，且棒状和立方体状的纳米银表现出比球体和三角状纳米银更大的毒性[32]。上述研究中展现出的神经干细胞的高通量、敏感性也充分显示了神经干细胞在毒理学研究中的巨大价值和应用潜力。

大脑中的神经系统主要由中枢神经系统和外周神经系统构成，不同种类的神经细胞对污染物的敏感度的不同，对污染物的响应也有一定的差异，因而需要有更好的模型以系统地评估污染物的神经发育毒性。而根据干细胞具有的多向分化的特点，恰好可以将其分化成不同种类的神经细胞，以解决上述问题。有研究首先将胚胎干细胞群体分化为神经祖细胞、神经元和神经嵴细胞的混合培养物，在分化 13 天后出现成熟神经元、星形胶质细胞和少突胶质细胞，通过污染物的全阶段暴露，以评估不同污染物对分化不同阶段、不同类型细胞的影响，初步证明了不同种类和阶段的细胞对污染物的敏感度有所差异[33]。而由目前环境因素导致的先天性神经疾病较多，且很多疾病都可能与外周神经系统的异常相关。先天性唇腭裂便是一种口腔颌面部最常见的先天畸形，造成该现象的因素很多，目前多认为该疾病是由环境和基因共同导致的[34]，而早期面部的形成主要来源于神经嵴细胞，因此目前很多研究也开始关注污染物对神经嵴细胞的影响。Suga 和 Furue[35]针对人诱导多能干细胞来源的神经嵴细胞在毒理学中的应用进行了系统的归纳，总结出了以细胞毒性为实验终点的研究方法。而随着神经嵴细胞、颅基板细胞等不同种类的神经细胞的分化方法的不断成熟，其在神经毒理学中也得到了广泛的应用，并取得了较好的实验结果。我们的研究发现，纳米银可能通过抑制 FGF 信号通路影响颅基板细胞分化，进一步对晶状体以及三叉神经细胞的发育造成严重影响[36]，这一系列结果与他人应用斑马鱼研究所得结果类似，但使用的污染物浓度更低，也进一步说明了干细胞毒理学模型对外源污染物的敏感性更高，更能反映环境浓度下，外源污染物对神经发育的影响。

近年来，随着 3D 培养技术的不断成熟，也使基于干细胞的神经毒理学研究迈上了新的台阶。神经球是最早用于 3D 检测的神经培养系统，神经球中的多能干细胞主要具有向中枢神经系统中的相关神经元转化的趋势，因此常用来研究对中枢神经系统发育的影响。有研究用神经球分化模型分析了甲基汞和氯化汞的神经毒性，发现两者可能会减少神经球中神经元样细胞的迁移距离和数量，从而对神经发育造成损伤[37]。目前也建立了一种用于快速评估神经发育毒性的高通量的 iPSCs 诱导的 2D 和 3D 培养平台[38]，以此为基础进行了不同剂量的 29 种药物的毒性检测和筛选，选取的实验终点包括神经活动调节，以及细胞对谷氨酸刺激的响应，结果发现许多化合物对早期神经组织显示出高毒性，但成熟期细胞的毒性较低。上述研究也可发现，随着 3D 培养技术的不断普及，使用的实验终点也从 2D 培养时期的多种基因表达变化向神经功能变化转变，这也能更全面地展现出污染物对神经发育的影响。随着脑类器官分化模型的建立[9]，人类有机会更好地还原大脑的组织特征。近年来，前脑类器官[39]、片状新皮质类器官[40]等脑部不同区域的类器官不断涌现，这些类器官在干细胞毒理学研究中也能更多地展现出传统 2D 培养中无法反映的问题，更加真实客观地反映污染物对人体的影响，因此干细胞及其诱导的类器官在疾病机制研究、药物筛选和开发以及毒性测试中展现出了极高的应用潜力，为神经发育毒理学的进一步发展及针对性治疗打下坚实基础，也是未来神经发育毒理学发展必然的前进方向。

3.1.3.4　基于神经干细胞的神经毒性评价模型的应用

利用干细胞模型，已经对许多已确定会影响神经发育，但是对毒性机制不明确的污染物开展了毒性效应评价及毒性机制探索。

甲基汞是一种经典的已经被确认有神经毒性的外源污染物，虽然其在机体各组织中的浓度相近，但是受到较大影响的仍为神经系统，可能导致神经细胞的轴突受到严重损伤，造成严重后果，但其主要毒性机制仍有待深入研究。目前，有大量利用干细胞模型来探究甲基汞的神经毒性效应机制的报道，为其毒性效应和机制的研究开辟了新的研究思路。神经干细胞对甲基汞非常敏感，低浓度（25~250nmol/L）的甲基汞即会引起神经干细胞的凋亡[41]，且会抑制神经干细胞进一步分化[42]，因此可以作为甲基汞神经发育毒性的研究模型。Takahashi 等[43]结合小鼠神经干细胞模型发现，甲基汞可能通过影响转录因子 NF-κB 的表达以损伤神经系统。同时，许多研究都表明，甲基汞在神经发育不同阶段和不同的神经谱系中展现出的毒性有一定差异，而人诱导多能干细胞所具有的能够反映不同人群的不同遗传背景以及能够进行神经定向分化的特点，恰好为解决这一问题提供了解决办法，因此，在甲基汞的发育神经毒性研究中展现出了极大的应用潜力[44]。目前，包括神经干细胞、诱导多能干细胞在内的多种干细胞毒理学模型的涌现，均使甲基汞神经发育毒性机制的早日破解及保护方案的提出成为可能。

双酚类化合物是一种每个分子含有两个酚基团的化合物。其在塑料容器如塑料奶瓶、塑料水杯，以及外卖饭盒、罐装食品内壁涂层等容器中有着广泛使用，但近年来研究发现，其具有的雌激素效应会造成严重的发育毒性。目前，也有大量研究开始使用胚胎干细胞模型来评估 BPA 对神经发育的影响，得到的结果充分显示了 BPA 在神经发育过程中的潜在风险。我们在双酚类化合物的神经发育毒性研究中也做了大量系统性工作。首先，基于小鼠胚胎干细胞的神经发育模型，我们在 2015 年便提出环境浓度的 BPA 即有可能影响神经外胚层的分化，进而产生发育神经毒性[45]。进一步地，我们考虑到目前已经出现了多种 BPA 的替代物，如 BPF 和 BPS，其安全隐患同样值得关注。因此我们结合该实验模型对上述三种物质的毒性效应进行分析，发现双酚类化合物的神经毒性比较复杂，且 BPA 的替代物对神经发育的影响很可能比 BPA 更大[46]。而当我们扩大范围，将更多种双酚类化合物纳入评价体系时，我们发现，双酚 AF（BPAF）是一种毒性最强的双酚类化合物[47]。同时在该实验中，我们以人源胚胎干细胞诱导的神经干细胞模型为基础，并创新性地以轴突导向过程以及轴突的长度变化为实验终点，为胚胎干细胞在神经发育毒性研究中的应用提供了新的研究思路。Huang 等[48]的研究同样发现，不超过 1μmol/L 的 BPA 即可能引起人源胚胎干细胞衍生的神经前体细胞和多巴胺能神经元的数量减少，并减少酪氨酸羟化酶和多巴胺的产生。深入研究发现，在这一过程中，BPA 会引起 *IGF-1* 基因上游启动子的甲基化，从而抑制 *IGF-1* 的表达。除对中枢神经系统的影响外，基于大鼠神经干细胞的分化模型的实验结果显示，非细胞毒性剂量的 BPA 或 BPF 也可能通过影响少突胶质细胞的数量和分化状态，延缓大脑神经系统的发育过程，造成发育早期的神经损伤[49]。作为双酚类化合物，TBBPA 也是一种使用最为广泛的阻燃剂，其在环境和人体样本中的高检出率使其发育毒性也受到了广泛关注。有研究以氧化应激水平、线粒体功能损伤为指标，检测到 TBBPA 对神经干细胞的影响大于对其成熟的神经元、星形胶质细胞或成纤维细胞的影响，说明 TBBPA 对发育过程的影响更值得关注[50]。因此，利用干细胞模型，我们不仅为 BPA 的神经发育毒性提供了实验证据，也为其替代物的大量使用敲响了警钟。

参 考 文 献

[1] Hou Z, Zhang J, Schwartz M P, et al. A human pluripotent stem cell platform for assessing developmental neural toxicity screening[J]. Stem Cell Research & Therapy, 2013, 4: S12.

[2] Bonilla S, Hall A C, Pinto L, et al. Identification of midbrain floor plate radial glia-like cells as dopaminergic progenitors[J]. Glia, 2008, 56(8): 809-820.

[3] Kriks S, Shim J W, Piao J, et al. Dopamine neurons derived from human ES cells efficiently engraft in animal models of Parkinson's disease[J]. Nature, 2011, 480(7378): 547-551.

[4] Nolbrant S, Heuer A, Parmar M, et al. Generation of high-purity human ventral midbrain dopaminergic progenitors for *in vitro* maturation and intracerebral transplantation[J]. Nature Protocols, 2017, 12(9): 1962-1979.

[5] Maroof A M, Keros S, Tyson J A, et al. Directed differentiation and functional maturation of cortical interneurons from human embryonic stem cells[J]. Cell Stem Cell, 2013, 12(5): 559-572.

[6] Nicholas C R, Chen J, Tang Y, et al. Functional maturation of hPSC-derived forebrain interneurons requires an extended timeline and mimics human neural development[J]. Cell Stem Cell, 2013, 12(5): 573-586.

[7] Davila J, Chanda S, Ang C E, et al. Acute reduction in oxygen tension enhances the induction of neurons from human fibroblasts[J]. Journal of Neuroscience Methods, 2013, 216(2): 104-109.

[8] Yu K R, Shin J H, Kim J J, et al. Rapid and efficient direct conversion of human adult somatic cells into neural stem cells by HMGA2/let-7b[J]. Cell Reports, 2015, 10(3): 441-452.
[9] Lancaster M A, Renner M, Martin C A, et al. Cerebral organoids model human brain development and microcephaly[J]. Nature, 2013, 501(7467): 373-379.
[10] Lancaster M A, Knoblich J A. Generation of cerebral organoids from human pluripotent stem cells[J]. Nature Protocols, 2014, 9(10): 2329-2340.
[11] Sen D, Voulgaropoulos A, Drobna Z, et al. Human cerebral organoids reveal early spatiotemporal dynamics and pharmacological responses of UBE3A[J]. Stem Cell Reports, 2020, 15(4): 845-854.
[12] Quadrato G, Nguyen T, Macosko E Z, et al. Cell diversity and network dynamics in photosensitive human brain organoids[J]. Nature, 2017, 545(7652): 48-53.
[13] Paşca A M, Sloan S A, Clarke L E, et al. Functional cortical neurons and astrocytes from human pluripotent stem cells in 3D culture[J]. Nature Methods, 2015, 12(7): 671-678.
[14] Madhavan M, Nevin Z S, Shick H E, et al. Induction of myelinating oligodendrocytes in human cortical spheroids[J]. Nature Methods, 2018, 15(9): 700-706.
[15] Mulder L A, Depla J A, Sridhar A, et al. A beginner's guide on the use of brain organoids for neuroscientists: A systematic review[J]. Stem Cell Research & Therapy, 2023, 14(1): 87.
[16] Sloan S A, Darmanis S, Huber N, et al. Human astrocyte maturation captured in 3D cerebral cortical spheroids derived from pluripotent stem cells[J]. Neuron, 2017, 95(4): 779-790.
[17] Kasai T, Suga H, Sakakibara M, et al. Hypothalamic contribution to pituitary functions is recapitulated *in vitro* using 3D-cultured human iPS cells[J]. Cell Reports, 2020, 30(1): 18-24.
[18] Meamar R, Karamali F, Sadeghi H M, et al. Toxicity of ecstasy (MDMA) towards embryonic stem cell-derived cardiac and neural cells[J]. Toxicology in Vitro, 2010, 24(4): 1133-1138.
[19] Hayess K, Riebeling C, Pirow R, et al. The DNT-EST: A predictive embryonic stem cell-based assay for developmental neurotoxicity testing *in vitro*[J]. Toxicology, 2013, 314(1): 135-147.
[20] Yin N, Yang R, Liang S, et al. Evaluation of the early developmental neural toxicity of F-53B, as compared to PFOS, with an *in vitro* mouse stem cell differentiation model[J]. Chemosphere, 2018, 204: 109-118.
[21] Colleoni S, Galli C, Gaspar J A, et al. Development of a neural teratogenicity test based on human embryonic stem cells: Response to retinoic acid exposure[J]. Toxicological Sciences, 2011, 124(2): 370-377.
[22] Miranda C C, Fernandes T G, Pinto S N, et al. A scale out approach towards neural induction of human induced pluripotent stem cells for neurodevelopmental toxicity studies[J]. Toxicology Letters, 2018, 294: 51-60.
[23] Schwartz, M P, Hou, Z, Propson, N E, et al. Human pluripotent stem cell-derived neural constructs for predicting neural toxicity[J]. Proceedings of the National Academy of Sciences of the United States of America, 2015, 112(40): 12516-12521.
[24] Schulpen S H, de Jong E, de la Fonteyne L J, et al. Distinct gene expression responses of two anticonvulsant drugs in a novel human embryonic stem cell based neural differentiation assay protocol[J]. Toxicology in Vitro, 2015, 29(3): 449-457.
[25] Schulpen S H, Pennings J L, Piersma A H. Gene expression regulation and pathway analysis after valproic acid and carbamazepine exposure in a human embryonic stem cell-based neurodevelopmental toxicity assay[J]. Toxicological Sciences, 2015, 146(2): 311-320.
[26] Liang S, Yin N, Faiola F. Human pluripotent stem cells as tools for predicting developmental neural toxicity of chemicals: Strategies, applications, and challenges[J]. Stem Cells and Development, 2019, 28(12): 755-768.
[27] Hong Y, Chan N, Begum A N. Deriving neural cells from pluripotent stem cells for nanotoxicity testing[J]. Methods in Molecular Biology, 2019, 1894: 57-72.
[28] Malik N, Efthymiou A G, Mather K, et al. Compounds with species and cell type specific toxicity identified in a 2000 compound drug screen of neural stem cells and rat mixed cortical neurons[J]. Neurotoxicology, 2014, 45: 192-200.
[29] Tofighi R, Moors M, Bose R, et al. Neural stem cells for developmental neurotoxicity studies[J]. Methods in Molecular Biology, 2011, 758: 67-80.
[30] Nierode G J, Perea B C, McFarland S K, et al. High-throughput toxicity and phenotypic screening of 3D human neural progenitor cell cultures on a microarray chip platform[J]. Stem Cell Reports, 2016, 7(5): 970-982.
[31] Pavicic I, Milic M, Pongrac I M, et al. Neurotoxicity of silver nanoparticles stabilized with different coating agents: *In vitro* response of neuronal precursor cells[J]. Food and Chemical Toxicology, 2020, 136: 110935.

[32] Kumarasamy M, Tran N, Patarroyo J, et al. The effects of silver nanoparticle shape on protein adsorption and neural stem cell viability[J]. ChemistrySelect, 2022, 7(39): e202201917.
[33] de Leeuw V C, Hessel E V S, Pennings J L A, et al. Differential effects of fluoxetine and venlafaxine in the neural embryonic stem cell test (ESTn) revealed by a cell lineage map[J]. Neurotoxicology, 2020, 76: 1-9.
[34] Alvizi L, Nani D, Brito L A, et al. Neural crest E-cadherin loss drives cleft lip/palate by epigenetic modulation via pro-inflammatory gene-environment interaction[J]. Nature Communications, 2023, 14(1): 2868.
[35] Suga M, Furue M K. Neural crest cell models of development and toxicity: Cytotoxicity assay using human pluripotent stem cell-derived cranial neural crest cell model[J]. Methods in Molecular Biology, 2019, 1965: 35-48.
[36] Hu B, Yang R, Cheng Z, et al. Non-cytotoxic silver nanoparticle levels perturb human embryonic stem cell-dependent specification of the cranial placode in part via FGF signaling[J]. Journal of Hazardous Materials, 2020, 393: 122440.
[37] Moors M, Rockel T D, Abel J, et al. Human neurospheres as three-dimensional cellular systems for developmental neurotoxicity testing[J]. Environmental Health Perspectives, 2009, 117(7): 1131-1138.
[38] Slavin I, Dea S, Arunkumar P, et al. Human iPSC-derived 2D and 3D platforms for rapidly assessing developmental, functional, and terminal toxicities in neural cells[J]. International Journal of Molecular Sciences, 2021, 22(4): 1908.
[39] Trevino A E, Sinnott-Armstrong N, Andersen J, et al. Chromatin accessibility dynamics in a model of human forebrain development[J]. Science, 2020, 367(6476): eaay1645.
[40] Qian X, Su Y, Adam C D, et al. Sliced human cortical organoids for modeling distinct cortical layer formation[J]. Cell Stem Cell, 2020, 26(5): 766-781.
[41] Edoff K, Raciti M, Moors M, et al. Gestational age and sex influence the susceptibility of human neural progenitor cells to low levels of MeHg[J]. Neurotoxicity Research, 2017, 32(4): 683-693.
[42] Tamm C, Duckworth J, Hermanson O, et al. High susceptibility of neural stem cells to methylmercury toxicity: Effects on cell survival and neuronal differentiation[J]. Journal of Neurochemistry, 2006, 97(1): 69-78.
[43] Takahashi T, Kim M S, Iwai-Shimada M, et al. Induction of chemokine CCL_3 by NF-κ B reduces methylmercury toxicity in C17.2 mouse neural stem cells[J]. Environmental Toxicology and Pharmacology, 2019, 71: 103216.
[44] Prince L M, Aschner M, Bowman A B. Human-induced pluripotent stems cells as a model to dissect the selective neurotoxicity of methylmercury[J]. Biochimica et Biophysica Acta, General Subjects, 2019, 1863(12): 129300.
[45] Yin N, Yao X, Qin Z, et al. Assessment of bisphenol A (BPA) neurotoxicity *in vitro* with mouse embryonic stem cells[J]. Journal of Environmental Sciences (China), 2015, 36: 181-187.
[46] Yin N, Liang X, Liang S, et al. Embryonic stem cell- and transcriptomics-based *in vitro* analyses reveal that bisphenols A, F and S have similar and very complex potential developmental toxicities[J]. Ecotoxicology and Environmental Safety, 2019, 176: 330-338.
[47] Liang X, Yin N, Liang S, et al. Bisphenol A and several derivatives exert neural toxicity in human neuron-like cells by decreasing neurite length[J]. Food and Chemical Toxicology, 2020, 135: 111015.
[48] Huang B, Ning S, Zhang Q, et al. Bisphenol A represses dopaminergic neuron differentiation from human embryonic stem cells through downregulating the expression of insulin-like growth factor 1[J]. Molecular Neurobiology, 2017, 54 (5): 3633-3647.
[49] Gill S, Kumara V M R. Comparative neurodevelopment effects of bisphenol A and bisphenol F on rat fetal neural stem cell models[J]. Cells, 2021, 10(4): 793.
[50] Cho J H, Lee S, Jeon H, et al. Tetrabromobisphenol A-induced apoptosis in neural stem cells through oxidative stress and mitochondrial dysfunction[J]. Neurotoxicity Research, 2020, 38(1): 74-85.

3.2　肝脏干细胞毒理学模型

3.2.1　肝脏的发育、结构与生理功能

肝脏是人体内最大的器官，在人体的代谢过程中起到了关键作用。肝脏的主要功能

包括解毒功能、生物转化功能、胆汁的产生、糖原存储以及控制血液稳态等，其是代谢的中枢器官。

肝脏起源于腹侧前肠内胚层，首先出现肝憩室（hepatic diverticulum），这是肝脏形成的第一个形态学标志。随后，肝憩室的前部形成肝脏和肝内胆管束，而后部形成胆囊和肝外胆管。在胚胎发育的第 9.5 天（E9.5），成肝细胞（hepatoblasts）从肝憩室的前部分层，并侵入相邻的间充质横隔（septum transversum mesenchyme，STM）形成肝芽。STM 的形成有助于肝的成纤维细胞和星状细胞的发育。在胚胎发育的第 9.5~第 15 天（E9.5~E15），肝芽发生显著生长，并在造血细胞“入侵”后，成为胎儿造血的主要部位。成肝细胞是产生肝细胞和胆管上皮细胞（biliary epithelial cells，BECs）的双前体细胞，这是两种主要的肝细胞类型。肝脏中，最主要的细胞种类是肝实质细胞，约占肝脏细胞总数量的 70%，胆管上皮细胞排列在肝内胆管的管腔中。其余 30%成人肝脏由非实质细胞组成，包括库普弗细胞、基质细胞和中胚层来源的星状细胞。肝脏的生长过程中还有神经支配建立的过程，其存在大量的血管以保证和不同类型细胞之间的相互作用，最终发展成为具有复杂结构和功能的器官。在体外模型中，胆管细胞和肝细胞分别每 60 天和 150 天完成一次周期性更新。虽然这比其他内胚层起源器官的周转速度慢，但肝脏在受伤后表现出显著的再生能力。

成熟的肝脏可以被划分为六边形的小叶，包括三部分，即中心小叶、门静脉周围区以及中间带状区。肝脏窦状隙是干细胞索之间的通道，窦状隙包含的三种细胞分别为窦内皮细胞、库普弗细胞以及 Ito 细胞（贮脂细胞或星状细胞）。窦状隙内的窦内皮细胞间有大量孔隙，这些孔隙允许相对分子质量在 250000 以下的分子通过。而库普弗细胞则是巨噬细胞，用于吸收和降解外源物质，或充当抗原递呈细胞。Ito 细胞用于胶原的合成以及维生素 A 的存储。

3.2.2　传统的肝脏毒性评价方法

3.2.2.1　动物模型

肝脏在功能和结构上的复杂性使其很容易受到外源污染物的影响。包括小鼠、斑马鱼及青鳉鱼在内的许多模式动物都被用于肝脏的发育毒性和功能毒性的研究中。目前发现，外源污染物对肝脏功能造成的损害主要有以下几方面：产生脂质蓄积、蛋白质合成出现障碍、出现脂质过氧化、钙内稳态失调、出现免疫反应、胆汁滞留等问题。

动物模型虽然可以用于污染物对肝脏的功能影响的研究，但其仍存在以下弊端。首先，动物和人类在代谢方面存在显著物种差异，在动物中获得的数据，如正常的药物代谢酶的表达水平，不能完全反映人体的真实情况；其次，动物实验存在周期长、成本高以及潜在的伦理问题等；最后，动物模型不易体现污染物对肝脏发育的影响。因此，需要综合考虑体内和体外研究模型，以更准确地评估污染物对肝脏功能和发育的影响。

3.2.2.2　细胞模型

目前，也有很多体外细胞研究模型被用于肝脏发育毒性的研究中。包括原代肝细胞、

Huh7、Fa2N、HepG2、Hep3B 以及 HepaRG 细胞等。其中原代肝细胞被认为是肝脏毒性研究的金标准[1]，但在体外培养时，这些细胞系会经历肝细胞表型的去分化，同时可能丧失肝脏特异性功能，包括生物转化能力[2]，而且 CYP450 酶的表达水平在不同供体间存在较大差异，使其使用范围受到影响[3]。HepaRG、HepG2 和 Huh7 细胞均为肝癌细胞，其中 HepaRG 细胞是终末分化的肝脏细胞，其来源于人肝祖细胞系，具有许多原代肝细胞的特征，可以复制人原代肝细胞对胆汁酸积累的反应，同时在胆汁酸摄取以及蛋白质的转运等基因的 mRNA 表达水平上与原代肝细胞相当。因此，当人类原代肝细胞不易获得时，HepaRG 细胞可以作为适当的替代品[4-6]，但 HepaRG 细胞有可能转化为胆管上皮样细胞，这使得其应用受到一定的限制[7-9]。肝癌细胞系存在易获得、生命周期更长等优势，因此也常被用于肝脏的功能毒性研究中，但是肝癌细胞中的氧化物代谢酶的表达水平低，在对肝细胞功能的模拟上有一定差距。在利用细胞模型开展肝脏毒性测试时，有两个问题需要注意：首先，肝脏细胞需要有丰富的代谢酶活性；其次，需要有正常的细胞极性[10]。因此，上述细胞模型在模拟外源污染物对人肝脏发育和功能的影响时，仍有一定的差距。

3.2.3　基于干细胞的肝脏毒性评价模型的构建和应用

3.2.3.1　体外定向分化为肝细胞的方法

考虑到胚胎干细胞或诱导多能干细胞作为替代的细胞系，在稳定性和应用潜力上的优势，越来越多的研究开始关注多能干细胞来源的肝脏细胞的制备和应用。早在 2001 年，Hamazaki 等[11]就成功将小鼠胚胎干细胞诱导向肝细胞分化。Ishizaka 等[12]在向胚胎干细胞转染了肝细胞核因子-3（HNF3）后，在血清和 FGF2 中经过 4 个月的培养，可以获得功能较完善的具有肝细胞样结构的细胞。但血清的使用存在批次差异，为避免这一问题，Cai 等[13]也在无血清培养基中开发出了一种可以高效诱导 hESCs 分化为具有成熟肝细胞特征的细胞。为了提高胚胎干细胞来源的肝脏细胞的功能，研究人员也做出了大量的努力。考虑到吲哚菁绿（indocyanine green，ICG）只被肝细胞清除，在临床上被用作评估肝功能，因此 Yamada 等[14]将胚胎干细胞向拟胚体分化后进行 ICG 染色，并移植到小鼠的门静脉，发现 ICG 阳性的细胞具有干细胞的功能和特性，可以作为鉴定体外拟胚体来源的肝细胞的标志物。Baharvand 等[15]也利用外源生长因子刺激，构建了功能相对完备的肝脏细胞，为肝病的治疗提供了可能的细胞来源。而 Li 等[16]首次构建了临床级 hESCs 细胞系（Q-CTS-hESC-2）来源的合格的临床级功能性肝细胞，也为未来开展干细胞治疗打下坚实基础。综合上述研究发现，BMP4[17]以及 Activin A（激活素 A）和 Wnt3a 信号通路的激活[18]对肝脏分化非常重要。目前发现，在肝脏细胞的诱导过程中，下面几种细胞因子不可或缺：肝细胞生长因子（HGF）、磷酸肌醇 3-激酶（phosphoinositide 3-kinase，PI-3K）以及 Wnt3a 等内胚层诱导因子[19]；成纤维细胞生长因子（FGF）、骨形成蛋白（BMP）以及抑瘤素 M（OSM）等肝细胞诱导因子[13]。可以利用下述小分子进行诱导，替代上述细胞因子的使用，以降低成本：视黄酸、二甲基亚砜（DMSO）或 Wnt/β-catenin 信号通路的抑制剂，IWR-1 可以促进肝脏细胞分化，而 Notch 信号通路抑制剂、化合物 E、TGF-β 信号通路抑制剂、SB431542 的联合使用，也可以减少胆管细胞数量，获得更加纯净的肝实质细胞。

近年来，诱导多能干细胞的出现，为多能干细胞源的肝脏细胞投入临床转化和应用开拓了道路。诱导多能干细胞来源的肝细胞已经被证明具有正常的功能和增殖能力，可以快速和稳定地用于再生衰竭的肝脏方面的临床研究。在体外开展诱导多能干细胞的肝细胞分化将成为一种有效的肝病治疗方法[20]。基于诱导多能干细胞的肝脏分化潜力首先在小鼠模型上得到了证实，多项研究均发现，小鼠诱导多能干细胞保留了胎儿肝脏发育的全部潜力[21,22]。而在人源模型上，首先找到了诱导多能干细胞向内胚层细胞分化的解决方法。Sullivan 等[23]模拟生理条件，将男性和女性的诱导多能干细胞系诱导成为肝脏内胚层，效率可以达到 70%~90%。分化的细胞展现了肝脏的形态，并表达肝脏标志物白蛋白和 E-钙黏蛋白以及 α-胎儿蛋白等，证明了定形内胚层谱系分化的成功。进一步诱导产生的肝细胞会分泌血浆蛋白、纤维蛋白原、纤连蛋白、转甲状腺素等，这些都是其功能的基本特征。Green 等[24]在获得了定形内胚层后，添加 TGF-β 和 BMP 信号通路的双重抑制剂后，得到了高度富集的前肠内胚层细胞群，进而可以沿着背腹轴和前后轴继续进行发育。进一步，研究人员又找到了多种从诱导多能干细胞到功能性肝细胞的分化途径。Chen 等[19]发现，激活素 A（Activin A）和 Wnt3a 能够使内胚层标记基因 *Foxa2* 的表达水平提高 40%，且得到的肝细胞表现出 CYP3A4 的酶活性，且具有分泌尿素、摄取低密度脂蛋白和储存糖原的能力。Hannan 等[25]通过 25 天的分化获得了同质化程度较高的肝脏细胞，且在分化过程中，不同阶段的细胞中的基因表达水平与体内肝脏发育过程中描述的基因表达的时序类似。Kondo 等[26]开发了一种利用三步方案和较少数量的分化因子的人诱导多能干细胞向肝细胞样细胞的分化方法，基于该方法获得的肝细胞样细胞具有较高的药物代谢活性，可以较好地用于临床药物开发相关研究工作。近年来，Pan 等[27]开发了一种利用小分子诱导功能性肝实质细胞的方法，该方法稳定性高、成本较低，为未来临床级别的肝脏细胞分化方法奠定了基础。目前，对多能干细胞来源的肝脏细胞的部分分化方法的总结如图 3-3 所示。

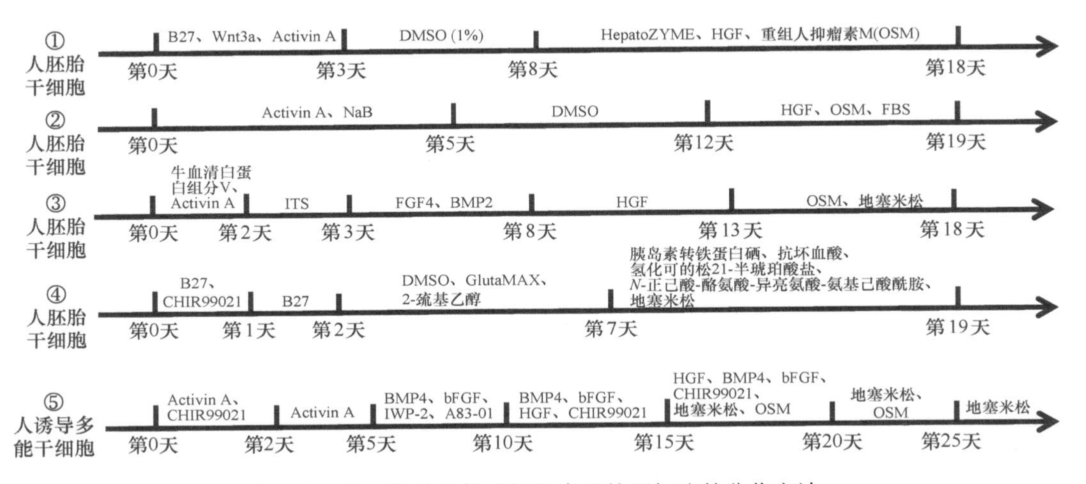

图 3-3　代表性的多能干细胞来源的肝细胞的分化方法

3.2.3.2　体外构建肝脏类器官的方法

肝脏细胞的高度极化状态是肝脏能维持其功能的重要影响因素，这一过程是在发育的过程中逐渐获得的，但 2D 培养方法无法很好地体现肝脏的极化状态，同时相对于传统的 2D 培养，3D 培养获得肝脏类器官能够展示出更清晰的肝脏组织内部结构，能够更好地模拟体内的微环境且具有更高的代谢活性[28]，因此近年来，关于肝脏类器官的构建和应用逐渐成为研究热点。

早在 2001 年，Michalopoulos 等[29]就尝试了在胶原包被的培养瓶中培养成年大鼠的肝细胞和其他细胞组分，可以获得类似肝的组织，但是存活周期较短。2013 年，Huch 等[30]首次在体外获得了 $Lgr5^+$肝细胞构建的类器官，该类器官可以保持长期扩增和持续分化的能力。Takebe 等[31]则首次报道了基于诱导多能干细胞的肝类器官构建方法。他们在获得了肝脏祖细胞后，将其与人间充质干细胞和人脐静脉内皮细胞在基质胶环境下共培养，可以获得类似人的肝芽组织。在移植后，顺利获得了具有功能的人类肝脏组织，为诱导多能细胞在肝病治疗和肝脏移植中的应用展示了广阔的前景。

目前已经可以通过许多技术构建肝类器官，具体的培养方法包括：共培养技术、基质胶培养法、微流控技术和其他形式的器官微环境培养技术等。首先，将肝类器官与包括免疫细胞、基质细胞和成纤维细胞等在内的不同细胞种类共培养，可以实现模拟肝脏在体内生长过程的目的，也可以更有效地用于疾病模型的开发和构建。而随着基质胶（Matrigel）对类器官生成有效性的验证，该凝胶已经被大量应用于肝类器官的构建[32]。此外，发现了以聚乙二醇水凝胶为基质的肝类器官合成模型，可以稳定培养肝类器官超过 14 天[33]。基于上述方法开发的肝脏类器官在疾病模型的构建、药物筛选以及再生医学中都发挥了重要作用。对于部分有代表性的培养方法及其用到的小分子或蛋白试剂和培养条件等[34-38]如图 3-4 所示。

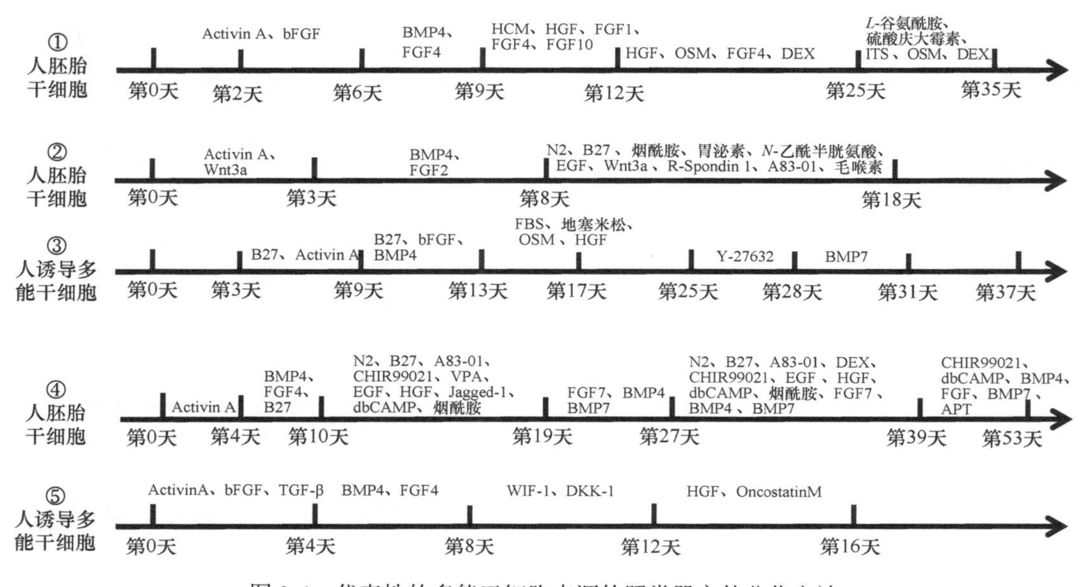

图 3-4　代表性的多能干细胞来源的肝类器官的分化方法

3.2.3.3　基于干细胞的肝脏毒性测试

干细胞技术的发展和肝脏分化方法的不断成熟，为解决动物模型和其他细胞模型在肝脏毒性测试中存在的问题提供了重要的解决办法。近年来，大量学者开始利用干细胞诱导的肝脏细胞开展肝脏功能和发育毒性测试，早期研究中，干细胞来源的肝脏细胞常用于肝脏功能毒性的研究。肝脏对异源物的处理主要是通过生物转化进行的，其中，存在于肝细胞微粒体的细胞色素 P450 单加氧酶系在生物转化的第一相反应中发挥着重要作用。而在干细胞来源的肝脏细胞中，这些酶的表达水平较高，能较好地反映肝脏的功能特点，因此在外源物对肝脏功能影响的研究中有较多的应用。目前也有研究表明，相较于成人的肝脏细胞，基于干细胞的肝脏细胞和胎儿的肝脏更加类似，因此该模型可能更适用于发育毒性的研究[39]。

在利用胚胎干细胞衍生的肝细胞样细胞进行毒性研究时，常选择酶活或部分标志基因的表达水平的变化来反映污染物对肝脏发育过程的影响。例如，Kang 等[40]利用小鼠胚胎干细胞分化而来的肝祖细胞和肝细胞样细胞，以肝脏分化过程［天冬氨酸转氨酶（AST）、乳酸脱氢酶（LDH）和碱性磷酸酶（ALP）］的酶活性变化以及评价肝脏功能［角蛋白（CK18）和 GATA 结合蛋白 4（GATA-4）］的标志基因的表达水平为实验终点，评估了四氯化碳（CCl_4）、5-氟尿嘧啶（5-FU）和对氨基苯胂酸（Ars）等物质的毒性。他们的研究发现，基于上述实验终点，胚胎干细胞来源的不同种类的肝脏细胞可以提供的毒性信息不尽相同，反映出的污染物毒性作用模式也不完全相同。我们在利用胚胎干细胞诱导的肝脏模型进行的毒性测试的研究中也做了大量工作，我们构建了一种基于胚胎干细胞的肝脏发育毒性测试模型，鉴定出一组 17 种可用于评价污染物的肝脏毒性效应的生物标志物[41]。同时，该模型相较于其他细胞模型显示出了灵敏度更高的特点，因此更适用于环境浓度下污染物的肝脏发育毒性研究，凸显了实际应用价值。基于该模型，我们评估了低浓度双酚类化合物对人早期胚胎发育和脂质代谢的影响，发现双酚类化合物最有可能影响早期细胞命运决定阶段，进而对肝脏发育和脂质代谢都产生了不可逆的影响[42]。我们也用该模型研究了纳米颗粒物的肝脏发育毒性效应，并发现纳米银会影响肝细胞样细胞的发育和功能[43]。在该模型上，我们也深入研究了 TBBPA 及其两种替代品，四溴双酚 S（TBBPS）和四氯双酚 A（TCBPA）的肝脏发育毒性机制[44]，同时发现，TBBPA 的替代品对胎儿肝脏发育的影响可能更加严重[45]。

而肝脏的细胞种类丰富，污染物对每种细胞的影响均可能有差异，因此，随着分化方法的改进和成熟，利用干细胞可以获得的细胞种类也逐渐增加，干细胞在肝脏发育毒性的评价中也有更广泛的应用。例如，Coll 等[46]利用人多能干细胞获得了肝星状细胞，可以模拟肝纤维化过程，并可以用于药物筛选或污染物毒性测试中。

随着诱导多能干细胞的产生，其能反映不同人群代谢能力差异的特点，也使其在毒理学研究中受到了更多青睐，基于诱导多能干细胞的肝毒性测试方法目前也得到了普及和大量应用。早在 2013 年，就已经构建出了一种基于诱导多能干细胞的肝毒性研究模型，该模型具有代谢活跃、功能维持稳定等优点，且能反映出不同人群代谢能力的差异[47]。

诱导多能干细胞衍生的肝细胞系在各种药物及污染物的毒性研究中都显示出了良好的应用前景。首先，在包括中草药在内的药物毒性筛选中，显示出了较高的灵敏度[48,49]。例如，Holmgren 等[50]发现，基于诱导多能干细胞衍生的肝细胞样细胞在四种肝毒性药物（胺碘酮、黄曲霉毒素 B1、曲格列酮和西美拉加群）的暴露下，相较于 HepG2 细胞，显示出了更显著的毒性效应。而通过一组 47 种药物的肝脏毒性测试，也发现了诱导多能干细胞衍生的肝细胞样细胞在药物毒性评估系统的稳健性。结果显示，与原代肝细胞相比，该细胞系的敏感性为 65%~70%，而特异性达 100%[51]。同时，诱导多能干细胞衍生的肝细胞系也可用于评估个体间药物毒性的差异，Choudhury 等[52]基于该模型研究发现，肝损伤的患者对一种具有酪氨酸激酶抑制剂功能的药物——帕唑帕尼（PZ）更加敏感。该团队还建立了第一个基于患者特异性肝细胞的特异性药物肝毒性测试平台。

该模型在纳米毒理学中也有较多应用。Gao 等[53]结合基因组学结果发现，纳米银可以引起该细胞中出现浓度依赖性基因表达的变化，且金属硫蛋白（MT）和 HSP 家族的成员是主要的上调基因，说明纳米银可能会诱导肝细胞中出现氧化应激，从而引发细胞保护反应。该团队结合蛋白组和转录组分析方法，证实了纳米银可能诱导的对代谢过程的影响、产生的氧化应激和炎症效应，并发现纳米银的暴露与癌症的潜在关联[54]。

在技术上，为了增加实验的通量，Sirenko 等[55]开发了一种具有多种参数的高内涵系统，不同参数代表不同的实验终点，具体包括细胞活力、细胞核形状、平均细胞面积、线粒体膜电位、磷脂积累、细胞骨架完整性和细胞凋亡等。该团队以诱导多能干细胞衍生的肝细胞模型为基础，利用该系统检测了 240 种不同化合物的肝毒性，最终发现对诱导多能干细胞衍生的肝细胞进行高内涵自动筛选的方法是可行的，其可以提供有关毒性机制的信息，并且有助于化学品的安全性评价。

但目前考虑到诱导多能干细胞不能完全成熟为成体细胞，因此这些未成熟的细胞仍有不受控制的生长风险，同时。重编程过程中发生的遗传改变和分化诱导的异质性也是该模型最大的局限性[56]。

目前，也有少部分研究使用间充质干细胞来源的肝脏细胞开展肝脏毒性研究工作。Kwon 等[57]利用人脂肪来源的间充质干细胞进行肝脏细胞分化，并结合细胞色素 P450 酶活性、白蛋白分泌和糖原储存等功能的变化，表征污染物或药物的肝脏毒性效应，结果发现，对乙酰氨基酚相较于胂酸会对肝脏发育产生更严重的损伤。Perera 等[58]比较了对乙酰氨基酚和乙醇对 HepG2 细胞以及间充质干细胞来源的肝脏细胞的影响，发现后者对两种物质的响应更加敏感，说明相较于其他细胞系，来源于间充质干细胞的功能性肝细胞样细胞可能是研究药物代谢和毒性的更好选择。

随着现代生物技术的进步，用于肝脏毒性研究的体外实验方法逐渐增加，肝类器官的诞生也为肝脏发育毒性研究提供了有力的工具，这些方法的出现也为新的毒性测试方法的产生提供了机遇和挑战[59]，目前的各项研究都发现，相较于 2D 培养方法，3D 培养的类器官对外源物质更加敏感，通量更高，也能获取更多的功能毒性信息。在未来，肝脏球体及类器官的培养可能成为转化药理学和毒理学中的新的金标准[60]。例如 2016 年，Sirenko 等[61]开发了一种利用共聚焦成像和三维图像分析方法，共同对

iPSCs 来源的 3D 培养的肝脏细胞的表型进行鉴定的实验方法，该方法以球体大小和形状、细胞数量和空间分布、细胞核的表征、细胞凋亡以及线粒体活力和潜能为实验终点，可以综合分析外源污染物对肝脏细胞的影响。基于该方法，他们测试了 48 种污染物的肝脏毒性，并证明 3D 培养更适用于体外肝脏毒性评价。Shinozawa 等[62]也报道了一种使用肝脏 3D 类器官进行高通量毒性筛选的开发和验证的方法。他们将从人诱导多能干细胞分化的前肠细胞嵌入 Matrigel，制造了具有人肝细胞样特性的人肝类器官。在确认类器官形成后，将其重新接种到 384 孔板上进行高通量实时成像。他们以胆汁酸转运活性和细胞活性为实验终点，评估了 238 种药物，包括 32 种阴性对照和 206 种已知可引起药物性肝损伤的化合物。结果显示高预测性，敏感性的比例为 88.7%，特异性的比例为 88.9%，充分体现了肝类器官在毒性研究中的作用和价值。同时，基于肝类器官也可以有效地构建疾病模型，在药物作用机制和药物安全性评价中发挥了重要作用。

参 考 文 献

[1] Gomez-Lechon M J, Tolosa L, Conde I, et al. Competency of different cell models to predict human hepatotoxic drugs[J]. Expert Opinion on Drug Metabolism and Toxicology, 2014, 10(11): 1553-1568.
[2] Elaut G, Henkens T, Papeleu P, et al. Molecular mechanisms underlying the dedifferentiation process of isolated hepatocytes and their cultures[J]. Current Drug Metabolism, 2006, 7(6): 629-660.
[3] den Braver-Sewradj S P, den Braver M W, Vermeulen N P, et al. Inter-donor variability of phase I/phase II metabolism of three reference drugs in cryopreserved primary human hepatocytes in suspension and monolayer[J]. Toxicology in Vitro, 2016, 33: 71-79.
[4] Andersson T B, Kanebratt K P, Kenna J G. The HepaRG cell line: A unique *in vitro* tool for understanding drug metabolism and toxicology in human[J]. Expert Opinion on Drug Metabolism and Toxicology, 2012, 8(7): 909-920.
[5] Aninat C, Piton A, Glaise D, et al. Expression of cytochromes P450, conjugating enzymes and nuclear receptors in human hepatoma HepaRG cells[J]. Drug Metabolism and Disposition, 2006, 34(1): 75-83.
[6] Susukida T, Sekine S, Nozaki M, et al. Establishment of a drug-induced, bile acid-dependent hepatotoxicity model using HepaRG cells[J]. Journal of Pharmaceutical Sciences, 2016, 105(4): 1550-1560.
[7] Cerec V, Glaise D, Garnier D, et al. Transdifferentiation of hepatocyte-like cells from the human hepatoma HepaRG cell line through bipotent progenitor[J]. Hepatology, 2007, 45(4): 957-967.
[8] Guillouzo A, Corlu A, Aninat C, et al. The human hepatoma HepaRG cells: A highly differentiated model for studies of liver metabolism and toxicity of xenobiotics[J]. Chemico-Biological Interactions, 2007, 168(1): 66-73.
[9] Kostadinova R, Boess F, Applegate D, et al. A long-term three dimensional liver co-culture system for improved prediction of clinically relevant drug-induced hepatotoxicity[J]. Toxicology and Applied Pharmacology, 2013, 268(1): 1-16.
[10] Han W, Wu Q, Zhang X, et al. Innovation for hepatotoxicity *in vitro* research models: A review[J]. Journal of Applied Toxicology, 2019, 39(1): 146-162.
[11] Hamazaki T, Iiboshi Y, Oka M, et al. Hepatic maturation in differentiating embryonic stem cells *in vitro*[J]. Federation of European Biochemical Societies Letters, 2001, 497(1): 15-19.
[12] Ishizaka S, Shiroi A, Kanda S, et al. Development of hepatocytes from ES cells after transfection with the HNF-3β gene[J]. Federation of American Societies for Experimental Biology Journal, 2002, 16(11): 1444-1446.
[13] Cai J, Zhao Y, Liu Y, et al. Directed differentiation of human embryonic stem cells into functional hepatic cells[J]. Hepatology, 2007, 45(5): 1229-1239.
[14] Yamada T, Yoshikawa M, Kanda S, et al. *In vitro* differentiation of embryonic stem cells into hepatocyte-like cells identified by cellular uptake of indocyanine green[J]. Stem Cells, 2002, 20(2): 146-154.

[15] Baharvand H, Hashemi S M, Kazemi Ashtiani S, et al. Differentiation of human embryonic stem cells into hepatocytes in 2D and 3D culture systems *in vitro*[J]. International Journal of Developmental Biology, 2006, 50(7): 645-652.
[16] Li Z, Wu J, Wang L, et al. Generation of qualified clinical-grade functional hepatocytes from human embryonic stem cells in chemically defined conditions[J]. Cell Death and Disease, 2019, 10(10): 763.
[17] Gouon-Evans V, Boussemart L, Gadue P, et al. BMP-4 is required for hepatic specification of mouse embryonic stem cell-derived definitive endoderm[J]. Nature Biotechnology, 2006, 24(11): 1402-1411.
[18] Hay D C, Fletcher J, Payne C, et al. Highly efficient differentiation of hESCs to functional hepatic endoderm requires Activin A and Wnt3a signaling[J]. Proceedings of the National Academy of Sciences of the United States of America, 2008, 105(34): 12301-12306.
[19] Chen Y F, Tseng C Y, Wang H W, et al. Rapid generation of mature hepatocyte-like cells from human induced pluripotent stem cells by an efficient three-step protocol[J]. Hepatology, 2012, 55(4): 1193-1203.
[20] Espejel S, Roll G R, McLaughlin K J, et al. Induced pluripotent stem cell-derived hepatocytes have the functional and proliferative capabilities needed for liver regeneration in mice[J]. Journal of Clinical Investigation, 2010, 120(9): 3120-3126.
[21] Iwamuro M, Komaki T, Kubota Y, et al. Hepatic differentiation of mouse iPS cells *in vitro*[J]. Cell Transplantation, 2010, 19(6): 841-847.
[22] Si-Tayeb K, Noto F K, Nagaoka M, et al. Highly efficient generation of human hepatocyte-like cells from induced pluripotent stem cells[J]. Hepatology, 2010, 51(1): 297-305.
[23] Sullivan G J, Hay D C, Park I H, et al. Generation of functional human hepatic endoderm from human induced pluripotent stem cells[J]. Hepatology, 2010, 51(1): 329-335.
[24] Green M D, Chen A, Nostro M C, et al. Generation of anterior foregut endoderm from human embryonic and induced pluripotent stem cells[J]. Nature Biotechnology, 2011, 29(3): 267-272.
[25] Hannan N R, Segeritz C P, Touboul T, et al. Production of hepatocyte-like cells from human pluripotent stem cells[J]. Nature Protocols, 2013, 8(2): 430-437.
[26] Kondo Y, Iwao T, Nakamura K, et al. An efficient method for differentiation of human induced pluripotent stem cells into hepatocyte-like cells retaining drug metabolizing activity[J]. Drug Metabolism and Pharmacokinetics, 2014, 29(3): 237-243.
[27] Pan T, Wang N, Zhang J, et al. Efficiently generate functional hepatic cells from human pluripotent stem cells by complete small-molecule strategy[J]. Stem Cell Research & Therapy, 2022, 13(1): 159.
[28] Natale A, Vanmol K, Arslan A, et al. Technological advancements for the development of stem cell-based models for hepatotoxicity testing[J]. Archives of Toxicology, 2019, 93(7): 1789-1805.
[29] Michalopoulos G K, Bowen W C, Mule K, et al. Histological organization in hepatocyte organoid cultures[J]. American Journal of Pathology, 2001, 159(5): 1877-1887.
[30] Huch M, Dorrell C, Boj S F, et al. *In vitro* expansion of single $Lgr5^+$ liver stem cells induced by Wnt-driven regeneration[J]. Nature, 2013, 494(7436): 247-250.
[31] Takebe T, Sekine K, Enomura M, et al. Vascularized and functional human liver from an iPSC-derived organ bud transplant[J]. Nature, 2013, 499(7459): 481-484.
[32] Guan Y, Xu D, Garfin P M, et al. Human hepatic organoids for the analysis of human genetic diseases[J]. JCI Insight, 2017, 2(17): e94954.
[33] Sorrentino G, Rezakhani S, Yildiz E, et al. Mechano-modulatory synthetic niches for liver organoid derivation[J]. Nature Communications, 2020, 11(1): 3416.
[34] Takayama K, Kawabata K, Nagamoto Y, et al. 3D spheroid culture of hESC/hiPSC-derived hepatocyte-like cells for drug toxicity testing[J]. Biomaterials, 2013, 34(7): 1781-1789.
[35] Wang S, Wang X, Tan Z, et al. Human ESC-derived expandable hepatic organoids enable therapeutic liver repopulation and pathophysiological modeling of alcoholic liver injury[J]. Cell Research, 2019, 29(12): 1009-1026.
[36] Mun S J, Ryu J S, Lee M O, et al. Generation of expandable human pluripotent stem cell-derived hepatocyte-like liver organoids[J]. Journal of Hepatology, 2019, 71(5): 970-985.
[37] Pettinato G, Perelman L T, Fisher R A. Development of a scalable three-dimensional culture of human induced pluripotent stem cells-derived liver organoids[J]. Methods in Molecular Biology, 2022, 2455: 131-147.
[38] Bin Ramli M N, Lim Y S, Koe C T, et al. Human pluripotent stem cell-derived organoids as models of liver disease[J]. Gastroenterology, 2020, 159(4): 1471-1486.e1412.
[39] Baxter M, Withey S, Harrison S, et al. Phenotypic and functional analyses show stem cell-derived hepatocyte-like cells better mimic fetal rather than adult hepatocytes[J]. Journal of Hepatology, 2015, 62(3): 581-589.

[40] Kang S J, Jeong S H, Kim E J, et al. Evaluation of hepatotoxicity of chemicals using hepatic progenitor and hepatocyte-like cells derived from mouse embryonic stem cells: Effect of chemicals on ESC-derived hepatocyte differentiation[J]. Cell Biology and Toxicology, 2013, 29(1): 1-11.
[41] Liang S, Liang S, Yin N, et al. Establishment of a human embryonic stem cell-based liver differentiation model for hepatotoxicity evaluations[J]. Ecotoxicology and Environmental Safety, 2019, 174: 353-362.
[42] Liang X, Yang R, Yin N, et al. Evaluation of the effects of low nanomolar bisphenol A-like compounds' levels on early human embryonic development and lipid metabolism with human embryonic stem cell *in vitro* differentiation models[J]. Journal of Hazardous Materials, 2021, 407: 124387.
[43] Hu B, Yin N, Yang R, et al. Silver nanoparticles (AgNPs) and $AgNO_3$ perturb the specification of human hepatocyte-like cells and cardiomyocytes[J]. Science of the Total Environment, 2020, 725: 138433.
[44] Yang R, Liu S, Liang X, et al. TBBPA, TBBPS, and TCBPA disrupt hESC hepatic differentiation and promote the proliferation of differentiated cells partly via up-regulation of the FGF10 signaling pathway[J]. Journal of Hazardous Materials, 2021, 401: 123341.
[45] Li S, Yang R, Yin N, et al. Developmental toxicity assessments for TBBPA and its commonly used analogs with a human embryonic stem cell liver differentiation model[J]. Chemosphere, 2023, 310: 136924.
[46] Coll M, Perea L, Boon R, et al. Generation of hepatic stellate cells from human pluripotent stem cells enables *in vitro* modeling of liver fibrosis[J]. Cell Stem Cell, 2018, 23(1): 101-113.
[47] Medine C N, Lucendo-Villarin B, Storck C, et al. Developing high-fidelity hepatotoxicity models from pluripotent stem cells[J]. Stem Cells Translational Medicine, 2013, 2(7): 505-509.
[48] Kim J H, Wang M, Lee J, et al. Prediction of hepatotoxicity for drugs using human pluripotent stem cell-derived hepatocytes[J]. Cell Biology and Toxicology, 2018, 34(1): 51-64.
[49] Baxter M A, Rowe C, Alder J, et al. Generating hepatic cell lineages from pluripotent stem cells for drug toxicity screening[J]. Stem Cell Research, 2010, 5(1): 4-22.
[50] Holmgren G, Sjogren A K, Barragan I, et al. Long-term chronic toxicity testing using human pluripotent stem cell-derived hepatocytes[J]. Drug Metabolism and Disposition, 2014, 42(9): 1401-1406.
[51] Ware B R, Berger D R, Khetani S R. Prediction of drug-induced liver injury in micropatterned co-cultures containing iPSC-derived human hepatocytes[J]. Toxicological Sciences, 2015, 145(2): 252-262.
[52] Choudhury Y, Toh Y C, Xing J, et al. Patient-specific hepatocyte-like cells derived from induced pluripotent stem cells model pazopanib-mediated hepatotoxicity[J]. Scientific Reports, 2017, 7: 41238.
[53] Gao X, Li R, Sprando R L, et al. Concentration-dependent toxicogenomic changes of silver nanoparticles in hepatocyte-like cells derived from human induced pluripotent stem cells[J]. Cell Biology and Toxicology, 2021, 37(2): 245-259.
[54] Gao X, Li R, Yourick J J, et al. Transcriptomic and proteomic responses of silver nanoparticles in hepatocyte-like cells derived from human induced pluripotent stem cells[J]. Toxicology in Vitro, 2022, 79: 105274.
[55] Sirenko O, Hesley J, Rusyn I, et al. High-content assays for hepatotoxicity using induced pluripotent stem cell-derived cells[J]. Assay and Drug Development Technologies, 2014, 12(1): 43-54.
[56] Ferrer M, Corneo B, Davis J, et al. A multiplex high-throughput gene expression assay to simultaneously detect disease and functional markers in induced pluripotent stem cell-derived retinal pigment epithelium[J]. Stem Cells Translational Medicine, 2014, 3(8): 911-922.
[57] Kwon M J, Kang S J, Park Y I, et al. Hepatic differentiation of human adipose tissue-derived mesenchymal stem cells and adverse effects of arsanilic acid and acetaminophen during *in vitro* hepatic developmental stage[J]. Cell Biology and Toxicology, 2015, 31(3): 149-159.
[58] Perera D, Soysa P, Wijeratne S. A comparison of mesenchymal stem cell-derived hepatocyte-like cells and HepG2 cells for use in drug-induced liver injury studies[J]. Alternatives to Laboratory Animals, 2022, 50(2): 146-155.
[59] Soldatow V Y, Lecluyse E L, Griffith L G, et al. *In vitro* models for liver toxicity testing[J]. Toxicological Research, 2013, 2(1): 23-39.
[60] Ingelman-Sundberg M, Lauschke V M. 3D human liver spheroids for translational pharmacology and toxicology[J]. Basic & Clinical Pharmacology & Toxicology, 2022, 130: 5-15.
[61] Sirenko O, Hancock M K, Hesley J, et al. Phenotypic characterization of toxic compound effects on liver spheroids derived from iPSC using confocal imaging and three-dimensional image analysis[J]. Assay and Drug Development Technologies, 2016, 14(7): 381-394.
[62] Shinozawa T, Kimura M, Cai Y, et al. High-fidelity drug-induced liver injury screen using human pluripotent stem cell-derived organoids[J]. Gastroenterology, 2021, 160(3): 831-846.

3.3　心血管系统干细胞毒理学模型

3.3.1　心脏及循环系统的结构与生理功能

循环系统是人体的一个重要生理系统，它负责输送血液和营养物质，维持全身的生理平衡，保持细胞和组织的正常生理活动。它通过输送氧气和营养物质，为细胞提供能量和养分，同时将代谢产物和废物带走，维持体内稳态。循环系统还参与免疫防御，通过白细胞和抗体等机制保护身体免受病原体的侵袭。循环系统由心脏、血管和血液组成。其中心脏是循环系统的核心，位于胸腔中，紧贴胸骨的后侧。它是一个肌肉组织构成的中空器官，呈锥形，大小约等于一个拳头。心脏由四个腔室组成：左心房、左心室、右心房和右心室。心脏通过收缩和舒张的运动，将血液从体内的组织和器官中汇集到心脏，再将血液泵送到全身，以保持组织和器官的正常功能。血管是循环系统的管道，将血液从心脏输送到全身各个组织和器官，并将含有废物和代谢产物的血液带回心脏。血管分为动脉、静脉和毛细血管三种类型。动脉是从心脏流出的管道，将氧气和养分丰富的血液输送到全身各个组织与器官。静脉是将含有二氧化碳和废物的血液从组织与器官带回心脏的管道。毛细血管是动脉和静脉之间的连接部分，它们极其细小，使得血液能够与组织和器官的细胞发生充分的交换及相互作用。血液是循环系统中的液体介质，由血浆和血细胞组成。血浆是血液中的液体成分，主要由水、蛋白质、矿物质和其他营养物质构成。血细胞包括红细胞（携带氧气）、白细胞（免疫防御）和血小板（参与凝血）。血液通过循环系统，将氧气、养分和激素等输送到全身各个组织与器官，同时将代谢产物和废物带回心脏与其他排泄器官进行处理及排出。

目前的研究显示，环境污染物 $PM_{2.5}$、微塑料能随人体呼吸或饮食进入血液循环，抵达心脏、肝、肾等器官，引起心血管组织损伤、功能障碍，导致心血管疾病的发生。此外，重金属、有机氯农药、多氯联苯、二噁英等也可以通过不同的途径进入人体，干扰内分泌系统、损伤血管内皮细胞、增加血压和血脂等，增加心血管疾病的风险。

3.3.2　传统的心脏及循环系统毒性评价方法

3.3.2.1　动物模型

心脏及循环系统毒性研究中常用的动物模型有大鼠、小鼠和家兔。在心脏和循环系统毒性检测中，常通过心电图（ECG）评估化学品对心率、QRS 间期和 QT 间期等心脏电生理功能的影响，使用超声心动图评估动物心脏结构和功能的变化，借助解剖学手段，检测心脏的质量，心室壁厚度等指标。也会通过测定动物血液中的肌酸激酶（CK）、乳酸脱氢酶（LDH）、心肌肌钙蛋白 T（cTnT）等早期心肌损伤标志物，评估心脏毒性。还会通过血压测定和对血液血红蛋白（Hb）含量、白细胞数量、血小板数量等生化指标的检测来确定化学品对循环系统的影响。基于动物模型，可以在循环系统层面评估化学品对心脏功能的影响。不过，使用动物模型需要较高的成本和复杂的实验操作，可能涉及动物伦理和福利等问题，此外动物模型与人类心脏之间存在种属差异，研究结果并不一定适用于人类。

3.3.2.2　细胞模型

传统的细胞模型也是在循环系统毒性研究中的重要工具，其中包括原代心肌细胞、与心脏组织相关的细胞系（如源自大鼠胚胎心脏组织的 H9c2 细胞），以及构成血管内膜的血管内皮细胞。相关细胞在毒理学检测中有着较为广泛的应用，不过大部分相关实验中，主要关注的还是化学品对细胞存活率、细胞凋亡、细胞周期和氧化应激反应的影响，也有一部分使用能够跳动的原代心肌细胞进行研究的文章会使用膜片钳等手段，从电生理的角度揭示化学品对心肌细胞的毒性。这些细胞模型在体外条件下进行，可以更快地获得结果，节省时间和资源，但其在生理上与真实组织和器官之间存在很大的差异，并且基于原代细胞的研究由于相关细胞无法大批量扩增而限制了实验的通量。总体上来说，还是需要有更先进的体外模型去更好地模拟心脏的功能以及血管循环系统，才能替代动物实验在心脏和循环系统毒性研究中的作用。

3.3.3　基于干细胞的心血管系统模型构建方法

人多能干细胞，包括胚胎干细胞和诱导多能干细胞，是具有自我更新能力和多向分化潜能的细胞。这些特性使得它们成为潜在的心脏毒性评价模型的候选细胞来源。在研究中，可以在适当的培养条件下扩增人多能干细胞，随后诱导其分化为心脏和循环系统中的目标细胞。成年人的心脏含有约 30%的收缩型心肌细胞，其余非心肌细胞部分包括心外膜细胞、内皮细胞、血管间质细胞、成纤维细胞等。而血管一般包括内皮细胞和平滑肌细胞。针对上述细胞，目前均有较为成熟的诱导分化方案。

3.3.3.1　心肌细胞诱导分化方法

目前诱导 hPSCs 在体外分化为心肌细胞（CMs）的基本原则是模拟体内心脏发育过程。hPSCs 的分化调控机制已经在 hESCs 和 hiPSCs 中得到证实。通过空间–时间上的信号通路调控，如 BMP、Activin A、Wnt 等，hPSCs 被分化为 CMs。

心肌分化一般包括三个阶段。第一阶段一般通过激活 BMP4、Activin A 或 Wnt 通路，诱导 hPSCs 分化为中胚层细胞。其中 BMP 信号通路调控 GATA4、SRF 和 MEF2C 等转录因子的表达。Activin A 和 BMP4 可诱导 hPSCs 形成 $KDR^{+}PDGFR\alpha^{+}$的心脏中胚层细胞。Activin A 和 BMP4 与 Matrigel 联合使用，可提高分化效率（高达 98%）。Wnt 在分化过程中起着双向作用，取决于分化的时间点。在第一阶段，通过经典（β-catenin/GSK3）和非经典 Wnt 通路（MAPK），诱导 hPSCs 形成中胚层细胞。第二阶段，Wnt 拮抗剂如 DKK1 和 IWP 可以诱导受到 Wnt/β-catenin 信号调控的 *NKX2.5*、*ISL1* 和 *BAF60C* 等心脏分化关键基因的表达，从而将中胚层前体细胞向心脏前体细胞诱导。而心脏前体细胞一般会在基础培养条件下自发分化为能够自发跳动的心肌细胞，这些细胞一般会高表达心肌相关标志基因和蛋白 NKX2.5、TNNT2、MYH6、MYL7 等。多种心肌细胞分化模型已被开发出来。Zhang 等[1]建立了使用 BMP4 和 Activin A 促进心肌细胞分化的方案：细胞接种在 Matrigel 后的 3~4 天，用 Matrigel 再次覆盖细胞。两天后，加入 Activin A 激活 Activin A 通路，并标记为分化的第 0 天。培养一天后，向诱导培养基中加入 BMP4 和 bFGF 激活 BMP 和 FGF 通路，在分化的第 5 天撤去所有诱导因子，持续培养至获得成熟的心肌细胞［图 3-5（a)］。Lian 等[2]开发了仅使用小分子促进 hPSCs 向心脏分化的方案：在分化第 0~第 1 天向分化培养基中加入 CHIR99021 以激活 Wnt 信号通路。分化的第 3 天加入 IWP 以抑制 Wnt 通路，并在分化的第 5 天将其从诱导培养基中移除。所得细胞继续培养至第 7 天，并用含有胰岛素的基础诱导培养基持续培养至获得成熟心肌细胞［图 3-5（b)］。Hudson 等[3]在分化的第 0 天通过使用 Activin A 和 BMP4 激活 Activin A 和 BMP 通路促进原条分化，随后在分化的第 3 天撤去 Activin A 和 BMP4 并加入 IWP-4 或 IWR-1 抑制 Wnt 信号通路，并持续诱导至第 15 天后，更换基础诱导培养基至获得成熟的心肌细胞［图 3-5（c)］。

Wnt 通路有高效、廉价的小分子激活剂和抑制剂，因此调控 Wnt 通路是目前最常用的心脏分化诱导方法。并且基于调控 Wnt 通路的诱导分化方案，Burridge 等[4]2014 年还开发了成分完全确定的心脏分化诱导方法。

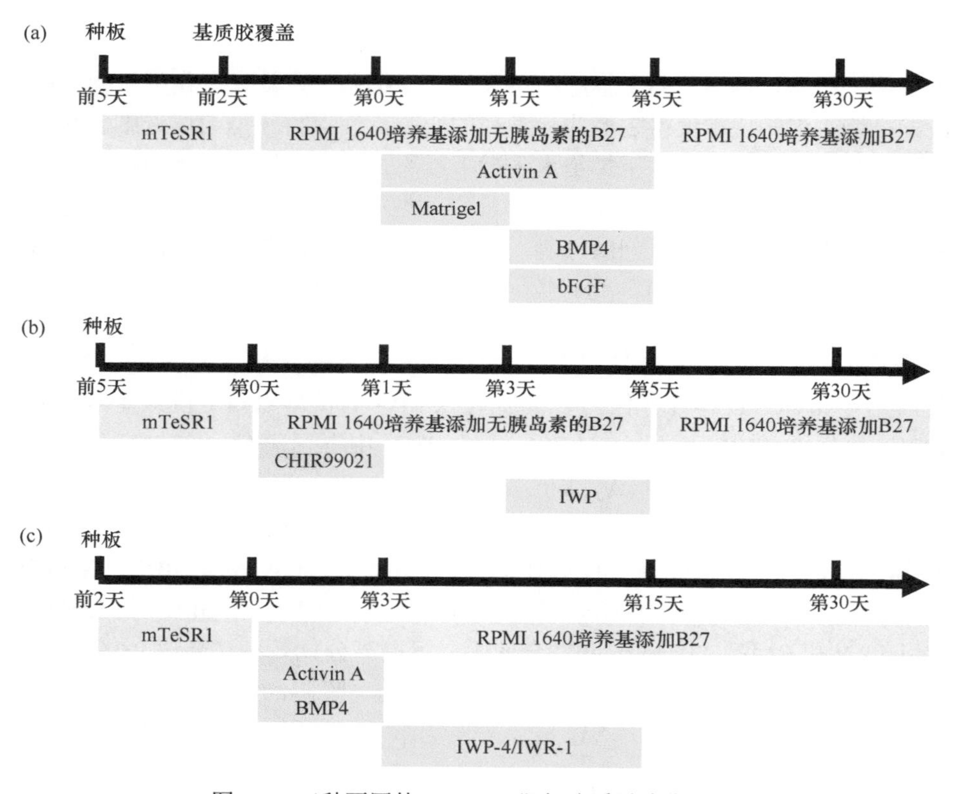

图 3-5　三种不同的 hESCs 心肌细胞诱导分化方法

3.3.3.2　心外膜细胞诱导分化方法

心外膜在心脏发育和心脏修复过程中有着重要作用，能够分化为不同类型的细胞并且能够提供旁分泌因子。早期心外膜分化方案较为复杂（图 3-6），需要调控 FGF2、BMP4 和 PI3K 通路诱导多能干细胞分化为侧板中胚层，随后再激活 BMP4、Wnt 和 RA 通路，诱导出高表达 WT1、TBX18 和 TCF21 的心外膜细胞[5]。

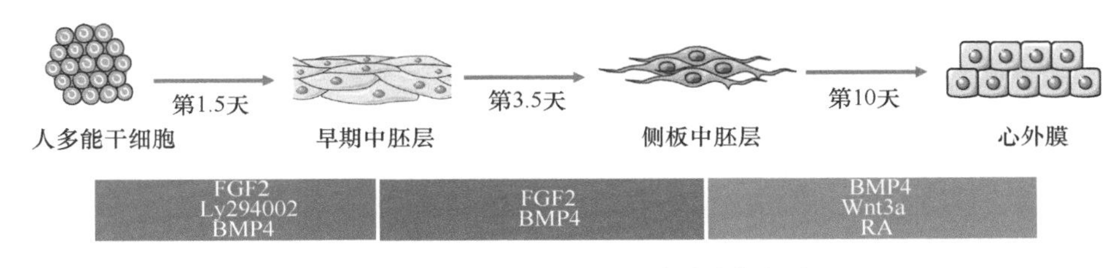

图 3-6　hPSCs 心外膜细胞诱导分化方法

不过 Bao 等[6]的研究发现，仅通过调控 Wnt 通路即可高效诱导人多能干细胞分化为心外膜细胞。具体来说，当心脏分化进行到心脏前体细胞阶段时，对心脏前体细胞进行传代操作，维持培养之后再次激活 Wnt 通路，即可诱导相关细胞分化为心外膜细胞。并且通过 RNA 测序，发现人多能干细胞来源的心外膜细胞在体外和体内与原代心外膜细胞相似。此外，该心外膜细胞还可以在含有 TGF-β 通路小分子抑制剂的培养基中长期扩增，并且能够通过调控 TGF-β1 和 FGF2 通路分化成平滑肌细胞或成纤维细胞（图 3-7）。

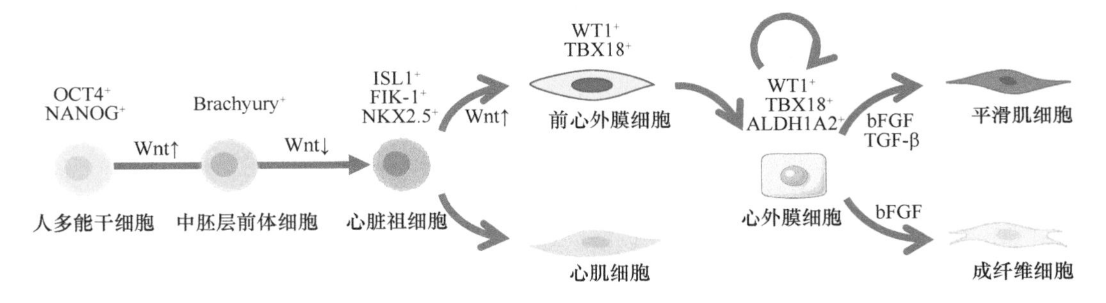

图 3-7　仅调控 Wnt 通路的 hPSCs 心外膜诱导分化方法

3.3.3.3　心内膜细胞诱导分化方法

心脏发育的最早阶段之一是形成原始心管，它的内层是一种特殊的内皮细胞，被称为心内膜细胞，外层是心肌细胞。心内膜细胞在心脏发育中发挥着关键作用，它们负责诱导第一个功能性心肌细胞群梁状心肌的形成。除了促进梁状心肌的分化外，胚胎心内膜还是心脏中其他几种细胞类型的祖细胞的来源，包括构成冠状血管一部分的内皮细胞以及瓣膜内皮细胞（VECs）。目前有一些研究建立起了心内膜细胞的诱导方法，如 Mikryukov 等[7]建立的方法，在低氧条件下（5% O_2），使用 hPSCs 制作拟胚体，并且通过调控 BMP4、Activin A 和 FGF2 通路，使之分化为中胚层，在分化的第 3 天，将 EBs

消化为单细胞培养在含有 FGF2 的培养基中，在第 5~第 9 天，在含有 FGF2 的培养基中补充 BMP10，诱导细胞向心内膜细胞分化。最后获得的心内膜细胞可以通过 NKX2.5 和 CD34 进行筛选（图 3-8）。

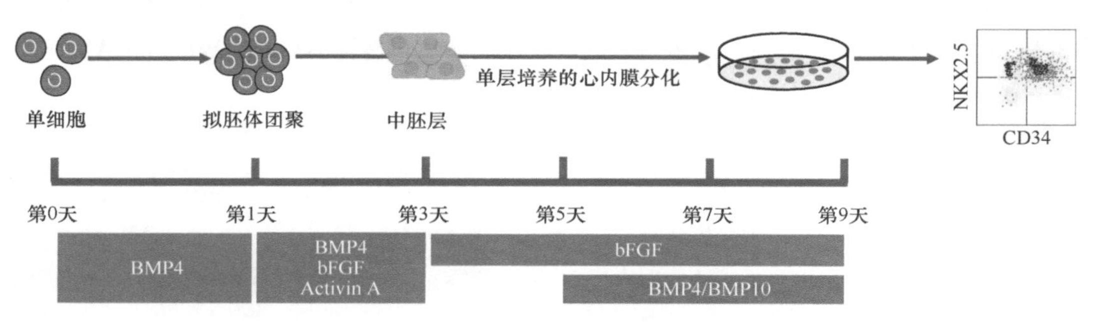

图 3-8 hESCs 心内膜细胞诱导分化方法

3.3.3.4 心脏成纤维细胞诱导分化方法

心脏成纤维细胞主要位于心脏的间质空间中，主要具有维护和重塑心脏细胞外基质、参与修复、调节心肌细胞活动、调节炎症和免疫反应等功能。心脏成纤维细胞可由心外膜细胞分化而来。例如，2020 年 Giacomelli 等[8]首先在含有 BMP4、Activin A 和 CHIR99021 的培养基中培养人源胚胎干细胞，通过激活 BMP、Activin A 和 Wnt 通路，从而诱导人亚全能性干细胞分化为心脏中胚层，随后在含有 BMP4、XAV939、视黄酸的培养基中培养 3 天，激活 BMP 通路、RA 通路并且抑制 Wnt 通路，再在仅含有 BMP4 和视黄酸的培养基中培养 3 天，获得心外膜细胞。心外膜细胞接下来在含有 TGF-β 通路抑制剂 SB431542 的培养基中培养 3 天，让细胞扩增。随后重新种板，使用含有 FGF2 的培养基培养心外膜细胞 8 天，诱导其分化为心脏成纤维细胞。获得的心脏成纤维细胞可以在商业化培养基 FGM3 中扩大培养（图 3-9）。

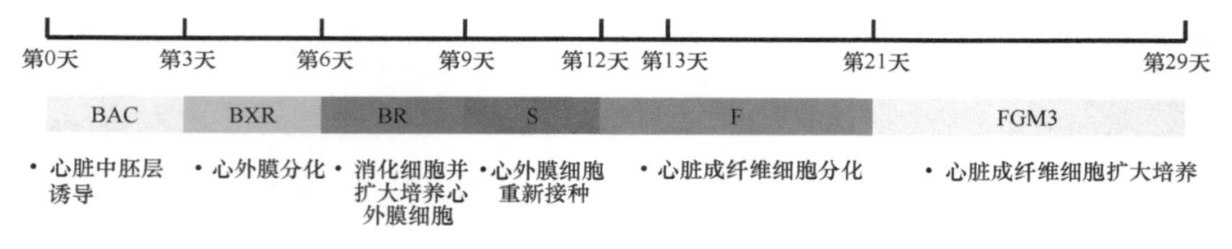

图 3-9 hESCs 心脏成纤维细胞诱导分化方法

3.3.3.5 血管内皮细胞诱导分化方法

内皮细胞（endothelial cells，ECs）是一类特化的薄层细胞，直接与全身的血液流动、循环系统和血液接触。因此，ECs 的功能涉及血管相关的营养物质交换、免疫细胞黏附和迁移以及细胞间通讯。如果 ECs 受损或功能异常，很容易导致动脉粥样硬化和其他常见心血管疾病。胚胎发育过程中，最初的血管来自卵黄囊的胚外中胚层。前体细胞分化形成一个实心细胞团，称为“血岛”，这些血岛将融合形成一个称为血管丛的原始管道网络。细胞团的外层逐渐变平，形成最原始的内皮细胞，而内层细胞形成原始造血干细胞。这些分化的血岛继续融合形成血管丛，进一步重塑形成动脉或静脉。此外，心脏冠状动脉的内皮来源于静脉窦。室间隔的冠状动脉内皮细胞来源于内膜前体细胞[9]。

hPSCs 需要通过调控 Wnt 信号通路将其分化为中胚层前体细胞，然后通过 VEGF 信号通路诱导产生内皮细胞谱系。VEGF 是 hPSCs 分化为内皮细胞的关键生长因子。VEGF/VEGF 受体（VEGFR）信号通过上调 ETV2 的表达来促进血管内皮分化。同时使用 BMP4、FGF2 和 VEGF 协同作用，通过调节 ETS 家族转录因子 ETV2、ERG 和 FLI1，可以上调丝裂原激活蛋白激酶（MAPK）和 PI3K 信号通路，从 hPSCs 分化的中胚层前体细胞中诱导早期血管前体细胞。

ETV2 是血管内皮细胞发育必不可少的调控因子。它在卵黄囊中的造血和内皮前体细胞中表达。ETV2 在 BMP、Notch 和 Wnt 信号通路的下游起调节血液与血管前体细胞分化的作用。相关研究显示，ETV2 不仅可以结合到 *FLK1* 和 *CDH5* 的启动子或增强子上，还可以结合到其他在血管内皮细胞或造血细胞中发挥重要作用的基因的启动子区，包括 *GATA2*、*MEIS1*、*DLL4*、*NOTCH1*、*NRP1/2*、*FLT4*、*FLI1*、*RHOJ* 和 *MAPK* 等，调节其表达。

目前 hPSCs 分化为血管内皮细胞的方法主要是通过调控 Wnt 或 BMP4 先诱导相关细胞分化为中胚层谱系，再进一步通过 VEGF 诱导血管内皮分化。

例如，Patsch 等[10]2015 年的方法［图 3-10（a）］：在分化的第 0 天使用 CHIR99021 或 CP21R7 以及 BMP4 进行为期 3 天的诱导，随后使用 VEGF 和毛喉素（forskolin）促进内皮细胞分化。在分化第 6 天，消化诱导所得内皮细胞，并分选出 $CD144^+$内皮细胞，并于含有 VEGF-A 的培养基中扩大培养。

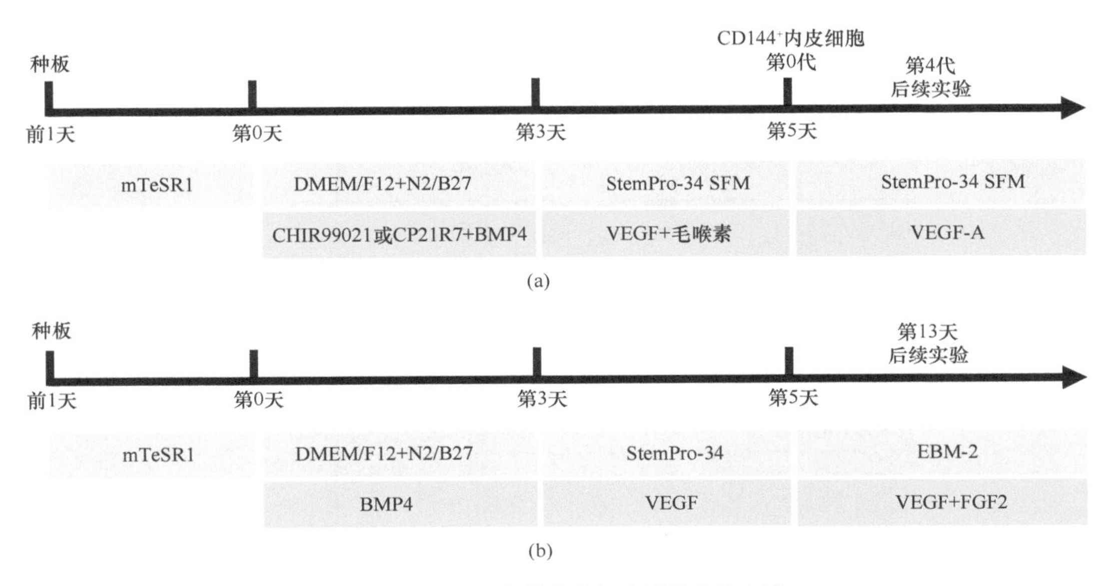

图 3-10　hPSCs 血管内皮细胞诱导分化方法

又如，Sahara 等[11]2014 年的方法［图 3-10（b）］：人多能干细胞被消化为单细胞后接种在培养皿中，在分化的第 0 天在分化培养基中加入 BMP4 进行为期 4 天的诱导，随后用含有 VEGF 的培养基促进内皮细胞分化。直至分化的第 6 天，使用流式细胞术分选出 $VEC^{+}CD31^{+}$的细胞群，并在含有 FGF2 和 VEGF 的培养基中进行维持培养。

3.3.3.6　血管平滑肌细胞诱导分化方法

平滑肌细胞在心血管系统中起到调控血流和血压的重要作用。平滑肌细胞具有收缩能力，可以控制血管的扩张和收缩，起到调控血流分布的作用。在胚胎发育过程中，平滑肌细胞起源于神经外胚层（NE）、侧板中胚层（LM）和轴旁中胚层（PM）。在发育完成之后神经外胚层谱系的平滑肌最终分布于升主动脉、主动脉弓和肺动脉。侧板中胚层谱系的平滑肌细胞主要位于降主动脉。轴旁中胚层谱系的平滑肌细胞最终位于静脉极。2014 年 Cheung 等[12]的研究中（图 3-11），首先，用 FGF2 和 SB（SB431542）诱导人亚全能性干细胞分化 7 天得到神经外胚层谱系，或使用 FGF2、LY294002 和 BMP4 来诱导人亚全能干细胞分化 1.5 天，得到早期中胚层。其次，分别通过添加 FGF2 和高浓度的 BMP4 诱导产生侧板中胚层，或者添加 FGF2 和高浓度的 LY（LY294002）诱导产生轴旁中胚层。最后，使用 PDGF-BB 和 TGF-β1 可以进一步诱导神经外胚层、侧板中胚层或轴旁中胚层分化出特定谱系的血管平滑肌细胞。

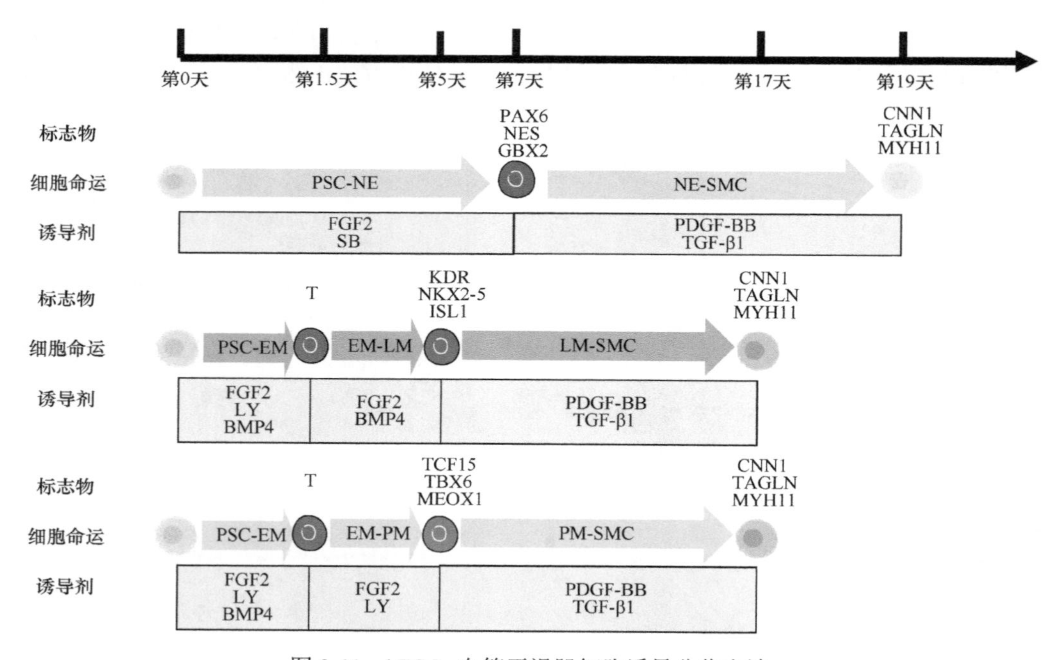

图 3-11　hESCs 血管平滑肌细胞诱导分化方法

3.3.3.7　心脏类器官构建方法

在心脏和循环系统中，间质细胞、血管细胞和组织特异性细胞之间的相互作用对维持组织稳态至关重要。间质细胞除了为组织特异性细胞提供营养、生长因子、细胞外基质和激素外，还会与组织特异性细胞产生三维生物物理相互作用，这对维持组织特异性细胞的生理状态和功能至关重要。因此，近年来，越来越多的研究通过尝试构建心脏和循环系统的类器官，来更好地模拟心脏和循环系统功能。

心脏和循环系统类器官是指能够模拟或再现心脏和循环系统的特征与功能的三维人工生物学构造。目前的心脏和循环系统类器官主要通过培养单一或不同种类的干细胞，利用其分化以及自组装能力，形成具有一定三维结构及生理功能的心脏和循环系统类器官。相比于二维单一细胞培养模型，含有多种细胞的类器官能够更加真实地模拟组织、器官的结构和功能。同时，目前有研究显示，对于心脏和循环系统来说，二维诱导产生的细胞，尤其是心肌细胞，往往各项生理指标都难以达到体内成熟心肌细胞的状态，而含有多种细胞类型的三维培养体系不仅能够更好地再现体内组织生理学特征，还能够促进心肌细胞的肌节结构、肌力反应、电生理学和线粒体呼吸特征向成熟细胞转变。例如，2020 年 Giacomelli 等[8]首先使用 BMP4、Activin A 和 Wnt 激活剂诱导出心脏中胚层，又基于心脏中胚层，使用 Wnt 抑制剂诱导出心肌细胞。使用 VEGF 和 Wnt 抑制剂诱导心脏中胚层分化出心脏内皮细胞，并且基于细胞表面标志物 CD34 进行进一步的分离纯化以提高纯度。此外，还基于 3.3.3.4 节的方法，诱导出人心脏成纤维细胞。最后将上述三种细胞按照 70%心肌细胞、15%内皮细胞和 15%心脏成纤维细胞的比例进行组合，形成大量包含约 5000 个细胞的细胞团，进一步在含有 VEGF 和 FGF2 的培养基中培养，诱导相关细胞团自组装成为心脏类器官并且进一步分化成熟。通过心肌结构分析、电生理、基因表达、蛋白表达等检测手段，确认了上述方法构建出的心脏类器官更为成熟，并且其中心脏成纤维细胞以及其表面蛋白 CX43 对促进心肌细胞的成熟至关重要。

3.3.4　基于亚全能性干细胞模型的心血管系统毒性评估

前文中提到，早在 1997 年，Spielmann 等就在基于 mESCs 的胚胎发育毒性检测方法中引入了 EBs 分化实验，在 EBs 分化过程中给药处理，随后根据分化末期跳动 EBs 的数量来评估化合物对分化实验效率的影响，该实验中就已经涉及基于亚全能性干细胞的心脏发育性评估。由于心脏是人体重要的泵血器官，有着维持生命的重要功能，因此关于化学品对其发育和功能的影响在研究中备受关注。

3.3.4.1　基于 PSCs-CMs 的心肌功能毒性评估

现阶段，基于亚全能性干细胞的单层心肌细胞诱导分化方法在各种模型构建方法中最为成熟。尽管这些平面培养的细胞缺少部分在心脏组织内的特性，但是其仍具有产生动作电位、传导电信号和收缩的功能。因此，该系统提供了一种易操作的研究手段。因为心肌细胞具有搏动的功能，所以除了检测细胞活力、活性氧产生和线粒体膜电位等基础细胞生理指征之外，还可以通过细胞的阻抗、膜电位和钙流等指征的周期性变化，实时监控化学品对人体心肌细胞功能的影响，预测相关化学品在人体中产生毒性的最小剂量。目前该系统已经广泛用于化学品的心肌毒性检测，涉及多种药物[13,14]、日用品添加剂[15]以及环境污染物等[16,17]。其中部分研究发现基于 hPSCs-CMs 模型得出的药物最低毒性浓度，恰好与临床用药时推荐的最大剂量相吻合，说明相关模型在评估化学品心肌毒性的准确性，能够为化学品的安全使用提供参考。此外，由于目前的体细胞重编程技术已经非常成熟，可以通过重编程血细胞，甚至是尿液中提取的细胞来获得 iPSCs，因此，也可以利用特定人群的 iPSCs 来建立个性化定制的心肌毒性检测模型或药物测试模型，从而推进针对特殊人群的个性化毒理学以及个性化医疗的发展。例如，2019 年 Zhao 等[18]从短 QT 综合征患者中提取细胞制备了 iPSCs-CMs，测试了多种药物预防肾上腺素导致心律失常的能力，发现依巴胺、阿义马林和美西律可以作为预防短 QT 综合征患者心动过速猝死的候选药物。

3.3.4.2　基于 PSCs-CMs 的高通量心肌毒性评估

由于 hPSCs 具有几乎无限的增殖能力，因此相比于原代细胞，hPSCs 分化而来的心肌细胞更容易大量获取，这一特征使得高通量化的心肌毒性检测成为可能。2011 年，Guo 等[19]使用 iPSCs 诱导分化出的心肌细胞建立了一套高效的心肌毒性快速筛查系统。使用带微电极阵列的 96 孔板，通过测试阻抗记录心肌细胞的节律性收缩，从而实现了化学品心肌毒性的大规模检测，该方法在后来的研究中也常被用到。而经过多年的探索，2018 年，Sharma 等[20]在研究中建立了一套较为简便的高通量心肌毒性研究方案。该方案主要包括两个毒性检测终点，其一是基于 calcein-AM 等活细胞染料的细胞毒性检测，其二是基于绿色荧光麦胚凝聚素（wheat germ agglutinin，WGA）细胞边界染色、Hoechst 细胞核染色和 Vala Sciences KI 等高通量成像平台观测的心肌搏动分析，可以反映化学品对心肌细胞的基础细胞毒性和功能毒性。同时，Sharma 等[20]还提出了“心脏安全指数”（CSI），该指数可使用细胞毒性检测结果的 LD_{50}、心肌搏动分析的原始数据以及药物的 C_{max} 值进行计算，并且作为评估化学品潜在心脏毒性的度量标准。

3.3.4.3　基于 PSCs 的心脏发育毒性评估

目前的研究往往集中在研究化学品的心肌毒性，但是对其心脏发育毒性研究仍很不足。实际上，根据世界卫生组织的数据，每年都会有 1%的新生儿患有先天性心脏畸形。当先天性心脏畸形比较严重时，有可能造成新生儿死亡[21,22]。目前的流行病学研究显示怀孕期间酒精、药物和二噁英类环境污染物的暴露会增加新生儿罹患先天性心脏病的风险[23]。但是考虑到流行病学研究的预测性不足，许多化学品在造成严重的后果之前其发育毒性都无法被发现，因此还需要高效、精准的体外心脏发育毒性研究模型，来对新化学品的心脏发育毒性进行预测。而模拟人体发育过程的人亚全能性干细胞心脏分化模型，则是进行心脏发育毒性检测的理想模型。

基于人亚全能性干细胞的单层心脏分化模型已被证明可以用于心脏发育毒性研究，例如 2019 年 Fu 等[24]使用相关模型研究了 2, 3, 7, 8-四氯二苯并对二噁英（TCDD）对人类心脏发育的影响。发现在 hESCs 阶段 TCDD 通过激活 AHR 从而抑制中胚层关键基因的表达，进而干扰 hESCs 心脏分化。2020 年 Yang 等[25]使用 hESCs 心脏分化模型研究了 F-53B 和 PFOS 的心脏发育毒性，结合转录组学分析，发现二者通过异常激活 Wnt 通路抑制 hESCs 向心肌细胞的分化，同时促进其向心外膜细胞分化。从相关研究中可以看出，基于 hPSCs 的体外心脏发育毒性研究模型不仅能够发现化学品的心脏发育毒性，还有利于揭示其毒性机制。除单层分化模型外，也有研究在尝试使用心脏类器官模型进行心脏发育毒性研究。2021 年 Hoang 等[26]在含有不同形状微孔的模具中构建了中心具有收缩心肌细胞、周围分布着基质细胞的有序心脏类器官，使用该模型，以心脏类器官的结构发育状况及跳动频率为指标，量化了琥珀酸多西拉敏、阿莫西林、利福平、碳酸锂、苯妥英钠、多西环素、全反式视黄酸、B-顺式视黄酸和沙利度胺的心脏发育毒性。

此外，也有研究通过对多能干细胞进行基因编辑，来搭建高通量的心脏发育毒性研究平台，例如 2020 年 Leigh 等[27]使用 TALEN 技术给 mESCs 的心室特异性基因 *Myl2* 添加了绿色荧光蛋白标记，又随机将带有红色荧光蛋白标记的窦房结特异性基因（*Smyhc3*）整合到该细胞的基因组中，形成了一个双荧光报告系统，可以借助高通量荧光成像系统，通过观察心脏分化过程中两种荧光的分布和比例，高通量地研究化学品对心脏分化过程的影响。

3.3.4.4 结合器官芯片技术的心脏毒性评估

除了心脏类器官，目前能够比二维细胞培养模型更好地模拟心脏功能的模型还有心脏器官芯片。心脏器官芯片结合了细胞生物学、发育生物学、生物材料、微流控、微加工、3D 打印技术等多个领域的理论基础和技术手段，可以在体外高度仿真地模拟体内微生理环境，并且比较容易实现对心肌细胞跳动频率的实时监控。为了能够很好地模拟体内心脏微环境的条件，并且提供更好的实时检测手段，目前的研究做了大量的尝试。例如，2017 年 Ellis 等[28]建立了一个三通道心脏器官芯片，其中间通道用于培养包被在基质中的人亚全能性干细胞分化而来的心肌细胞（iCM），两侧通道则用于灌流培养基，并且为了很好地模拟含有血管的人体微环境，两侧通道不仅被设计得可以与中间通道进行物质交换，还培养了组成血管的主要细胞——内皮细胞（iEC）。该模型为模拟体内包含血管的心肌细胞微环境提供了思路（图 3-12）。

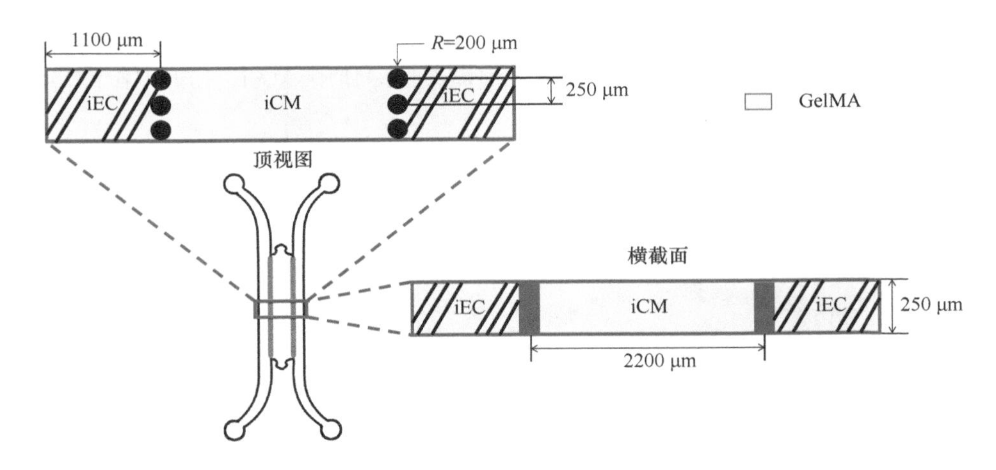

图 3-12 含有血管细胞和心肌细胞的三通道心脏器官芯片

2017 年 Maoz 等[29]设计了一款集成了微电极的器官芯片，该芯片包括上下两层通道，中间使用微孔聚对苯二甲酸乙二醇酯（PET）膜隔开，允许上下两层通道的物质交换，进行细胞培养时，上层通道用于培养内皮细胞，下层通道用于培养心肌细胞，并且在细胞培养通道上还同时配备了可以测量内皮细胞屏障完整性的跨上皮电阻（transepithelial electric resistance，TEER）电极以及测量心肌细胞场电位的微电极阵列 MEA。该模型被证实可以在同一芯片中同时检测在受到炎症刺激性因子肿瘤坏死因子 α（TNF-α）或心脏靶向药物异丙肾上腺素的胁迫时血管通透性和心脏功能发生的动态变化。这种集成了电信号传感能力的器官芯片为化学品毒性筛查提供了重要的潜在方法（图 3-13）。

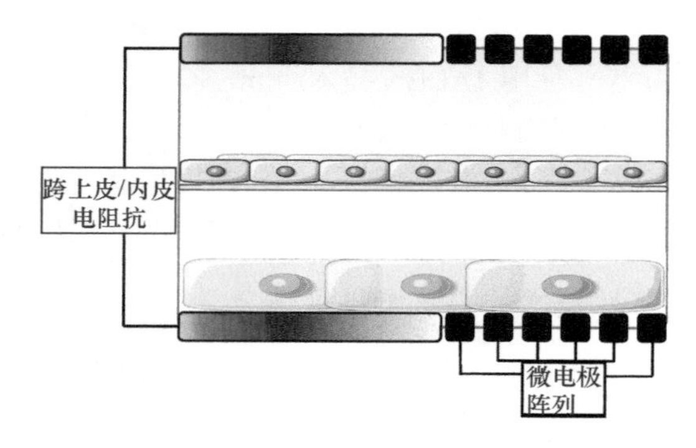

图 3-13　集成了 TEER 和 MEA 的心脏器官芯片

2020 年 Weng 等[30]在研究中建立了一种含有五个通道的心脏类器官芯片，包括两侧的液流通道和中间的三个细胞培养通道。该芯片还包括三对能够给心肌细胞提供电刺激的电极。三个细胞培养通道中依次培养的是包被在纤维蛋白凝胶中的肿瘤细胞球、由人亚全能干细胞分化而来的内皮细胞以及由包被在纤维蛋白凝胶中的人亚全能干细胞分化而来的心肌细胞，同时该心肌细胞含有 GCaMP6 荧光标记，方便通过光密度测定心肌搏动频率。在进行实验时，培养基从中央的内皮细胞通道流过，并且通过各通道间的微孔向两侧扩散。可以通过荧光强度，在无外界电刺激的情况下测定化学品对心肌自发跳动频率的影响，以及在固定频率的电刺激下，测试化学品对心肌最大跳动频率的影响。同时，可以通过测定肿瘤球的面积，测试化学品的抗癌作用。该芯片可以用于同时评估药物的心肌毒性和抗肿瘤效果（图 3-14）。

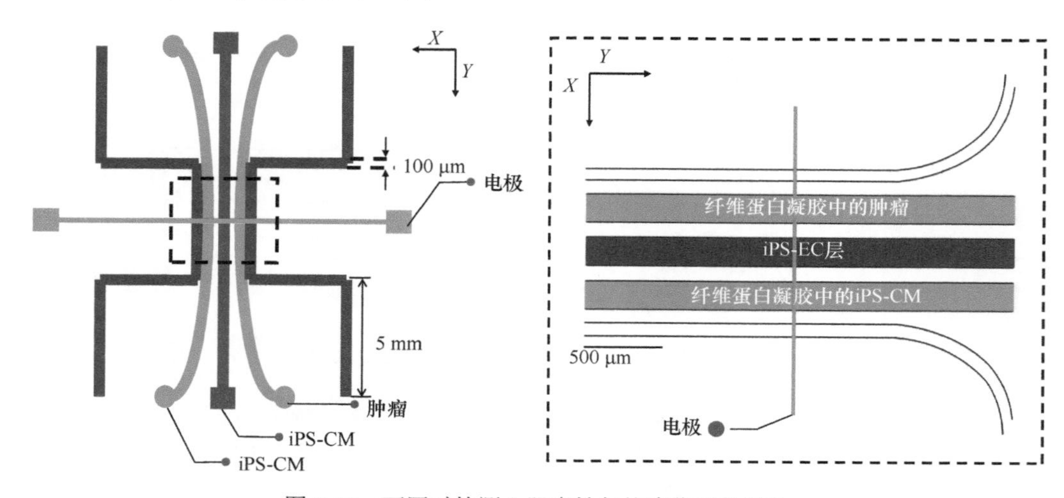

图 3-14　可同时检测心肌毒性与抗癌作用的芯片

2020 年，Veldhuizen 等[31]在研究中建立了一种共培养心肌细胞和成纤维细胞的心脏芯片，该芯片包含两侧的培养基通道以及中间的细胞培养室。在细胞培养时，以 4∶1 的比例混合由人亚全能性干细胞分化而来的心肌细胞与心脏成纤维细胞，并且与胶原蛋白和 Matrigel 混合，注入芯片的组织培养室进行共培养。同时该研究还模拟体内发育过程中的物理结构，在组织培养室中设置了微柱，摸索出了适宜心脏器官芯片中心肌细胞成熟的微柱间距和构型。该研究为构建更加贴合体内真实情况的含基质心脏器官芯片（图 3-15）提供了参考。

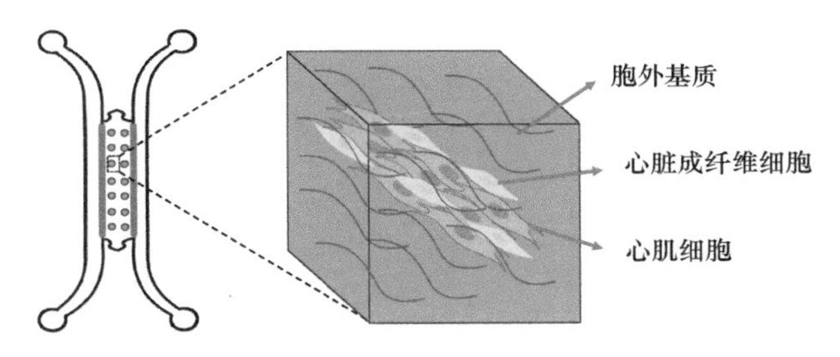

图 3-15　更贴合体内真实情况的含基质心脏器官芯片

3.3.4.5　基于 PSCs 的血管毒性评估

内皮细胞是血管内膜的一层细胞，覆盖在血管内壁上，形成内皮层。它们在血液和周围组织之间起到屏障作用，同时参与血管舒缩、凝血和炎症等生理过程，是血管的重要组成部分，也是相关研究关注的重点。2016 年 Belair 等[32]将 iPSC-ECs 封装在聚乙二醇（PEG）水凝胶球中，证明了该水凝胶能够支持 iPSC-ECs 产生类似血管形成过程的出芽生长行为。使用该模型研究美国环境保护署 ToxCast 库中的 38 种潜在血管破坏化合物，通过测定 iPSC-ECs 的出芽情况，确定了六种抑制 iPSC-ECs 出芽生长的化合物，以及五种在单一浓度下对 iPSC-ECs 具有明显细胞毒性的化合物。2017 年 Vazao 等[33]将人多能干细胞分化为胚胎内皮细胞，并在动脉血流条件下诱导其成熟，形成管网状结构，使用这些细胞建立了高通量血管毒性研究平台。使用该平台对 1280 种化合物的血管内皮毒性进行筛查，通过检测相关化学品对细胞活力和单位面积内皮管长度的影响，鉴定出了两种针对人胚胎内皮细胞的毒性物质。其中一种是氟奋乃静（一种抗精神病药物），它抑制钙调蛋白激酶Ⅱ。另一种化合物是吡咯吡嘧啶（一种抗炎药物），它抑制血管内皮生长因子受体 2（VEGFR2），降低内皮细胞的存活率，引发炎症反应，并破坏已形成的血管网络。

3.3.4.6　结合血管器官芯片的毒性评估

在动物体中，血管遍布各个组织和器官，作为血液与组织物质交换的场所，在维持体内新陈代谢和组织微环境的稳定方面扮演着重要角色。构建血管生理学和形态学芯片对于研究血管网络复杂的生理、病理和药理机制具有重要意义。目前有一些研究探索了如何在体外构建器官芯片，以模拟体内血管的功能，研究血管生成、修复和血栓形成等生理或病理过程。例如，2016 年 Kim 等[34]开发了一种具有 6 个通道的血管芯片，其中最外侧两通道中培养成纤维细胞，次外层两通道灌注培养基，内层两通道之一灌注人脐静脉内皮细胞–

纤维蛋白凝胶混合物，另一通道仅灌注凝胶，在适宜的情况下，血管会从接种了内皮细胞的通道向未接种内皮细胞的中间通道生长。该芯片可以用于研究外界因素对血管生成过程的影响。2018 年 Qiu 等[35]基于可渗透的水凝胶网络，开发了一种具有内皮细胞的可灌注微血管芯片，该芯片能够在一个月以上的时间内维持类似于体内环境的血管内膜刚度以及内皮屏障自我愈合能力，可以用于在生理流动条件下高时空分辨率地监测内皮通透性和微血管阻塞情况。2017 年 Costa 等[36]根据计算机体层成像血管造影（CTA）数据，应用立体光刻（SLA）三维打印技术制作出了直径为 400μm、最小分辨率为 25μm 的三维血管芯片，并且在芯片内培养了血管内皮细胞，以模拟体内血管精微几何结构与功能（图 3-16）。通过研究，发现在血管狭窄的情况下更容易引发血栓的形成。该研究显示基于立体光刻三维打印技术制造的三维血管模型，在血栓形成相关研究中具有很大的应用潜力。

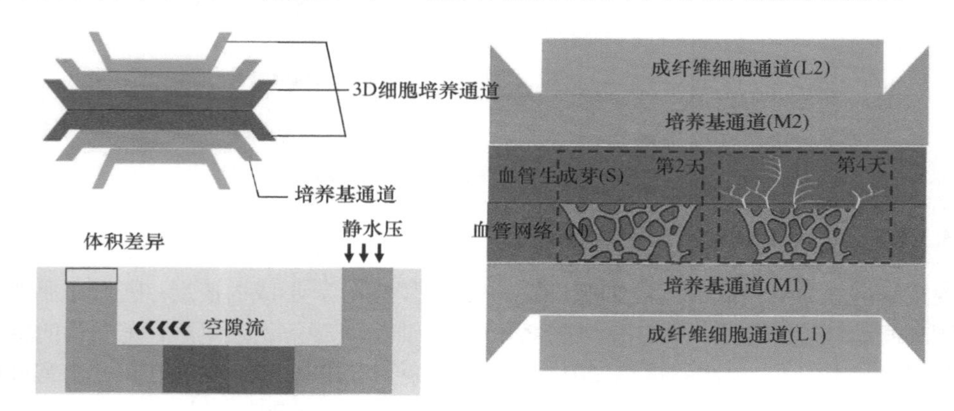

图 3-16　能够模拟血管形成过程的芯片

参 考 文 献

[1] Zhang J, Klos M, Wilson G F, et al. Extracellular matrix promotes highly efficient cardiac differentiation of human pluripotent stem cells[J]. Circulation Research, 2012, 111(9): 1125-1136.

[2] Lian X, Hsiao C, Wilson G, et al. Robust cardiomyocyte differentiation from human pluripotent stem cells via temporal modulation of canonical Wnt signaling[J]. Proceedings of the National Academy of Sciences of the United States of America, 2012, 109(27): e1848-e1857.

[3] Hudson J, Titmarsh D, Hidalgo A, et al. Primitive cardiac cells from human embryonic stem cells[J]. Stem Cells and Development, 2012, 21(9): 1513-1523.

[4] Burridge P W, Matsa E, Shukla P, et al. Chemically defined generation of human cardiomyocytes[J]. Nature Methods, 2014, 11(8): 855-860.

[5] Iyer D, Gambardella L, Bernard W G, et al. Robust derivation of epicardium and its differentiated smooth muscle cell progeny from human pluripotent stem cells[J]. Development, 2015, 142(8): 1528-1541.

[6] Bao X, Lian X, Hacker T A, et al. Long-term self-renewing human epicardial cells generated from pluripotent stem cells under defined xeno-free conditions[J]. Nature Biomedical Engineering, 2016, 1: 0003.

[7] Mikryukov A A, Mazine A, Wei B, et al. BMP10 signaling promotes the development of endocardial cells from human pluripotent stem cell-derived cardiovascular progenitors[J]. Cell Stem Cell, 2021, 28(1): 96-111.

[8] Giacomelli E, Meraviglia V, Campostrini G, et al. Human-iPSC-derived cardiac stromal cells enhance maturation in 3D cardiac microtissues and reveal non-cardiomyocyte contributions to heart disease[J]. Cell Stem Cell, 2020, 26(6): 862-879.

[9] Gao Y, Pu J. Differentiation and application of human pluripotent stem cells derived cardiovascular cells for treatment of heart diseases: Promises and challenges[J]. Frontiers in Cell and Developmental Biology, 2021, 9: 658088.

[10] Patsch C, Challet-Meylan L, Thoma E C, et al. Generation of vascular endothelial and smooth muscle cells from human pluripotent stem cells[J]. Nature Cell Biology, 2015, 17(8): 994-1003.
[11] Sahara M, Hansson E M, Wernet O, et al. Manipulation of a VEGF-Notch signaling circuit drives formation of functional vascular endothelial progenitors from human pluripotent stem cells[J]. Cell Research, 2014, 24(7): 820-841.
[12] Cheung C, Bernardo A S, Pedersen R A, et al. Directed differentiation of embryonic origin-specific vascular smooth muscle subtypes from human pluripotent stem cells[J]. Nature Protocols, 2014, 9(4): 929-938.
[13] Bozza W P, Takeda K, Alterovitz W L, et al. Anthracycline-induced cardiotoxicity: Molecular insights obtained from human-induced pluripotent stem cell-derived cardiomyocytes (hiPSC-CMs)[J]. American Association of Pharmaceutical Scientists Journal, 2021, 23(2): 44.
[14] Stillitano F, Hansen J, Kong C W, et al. Modeling susceptibility to drug-induced long QT with a panel of subject-specific induced pluripotent stem cells[J]. Elife, 2017, 6: e19406.
[15] Chaudhari U, Nemade H, Sureshkumar P, et al. Functional cardiotoxicity assessment of cosmetic compounds using human-induced pluripotent stem cell-derived cardiomyocytes[J]. Archives of Toxicology, 2018, 92(1): 371-381.
[16] Cai C, Huang J, Lin Y, et al. Particulate matter 2.5 induced arrhythmogenesis mediated by TRPC3 in human induced pluripotent stem cell-derived cardiomyocytes[J]. Archives of Toxicology, 2019, 93(4): 1009-1020.
[17] Hyun S A, Lee C Y, Ko M Y, et al. Cardiac toxicity from bisphenol A exposure in human-induced pluripotent stem cell-derived cardiomyocytes[J]. Toxicology and Applied Pharmacology, 2021, 428: 115696.
[18] Zhao Z, Li X, El-Battrawy I, et al. Drug testing in human-induced pluripotent stem cell-derived cardiomyocytes from a patient with short QT syndrome type 1[J]. Clinical Pharmacology & Therapeutics, 2019, 106(3): 642-651.
[19] Guo L, Abrams R M, Babiarz J E, et al. Estimating the risk of drug-induced proarrhythmia using human induced pluripotent stem cell-derived cardiomyocytes[J]. Toxicological Sciences, 2011, 123(1): 281-289.
[20] Sharma A, McKeithan W L, Serrano R, et al. Use of human induced pluripotent stem cell-derived cardiomyocytes to assess drug cardiotoxicity[J]. Nature Protocols, 2018, 13(12): 3018-3041.
[21] van der Linde D, Konings E E, Slager M A, et al. Birth prevalence of congenital heart disease worldwide: A systematic review and meta-analysis[J]. Journal of the American College of Cardiology, 2011, 58(21): 2241-2247.
[22] Hoffman J I E, Kaplan S. The incidence of congenital heart disease[J]. Journal of the American College of Cardiology, 2002, 39(12): 1890-1900.
[23] Kuciene R, Dulskiene V. Selected environmental risk factors and congenital heart defects[J]. Medicina, 2008, 44(11): 827-832.
[24] Fu H, Wang L, Wang J, et al. Dioxin and AHR impairs mesoderm gene expression and cardiac differentiation in human embryonic stem cells[J]. Science of the Total Environment, 2019, 651(Pt 1): 1038-1046.
[25] Yang R, Liu S, Liang X, et al. F-53B and PFOS treatments skew human embryonic stem cell *in vitro* cardiac differentiation towards epicardial cells by partly disrupting the Wnt signaling pathway[J]. Environmental Pollution, 2020, 261: 114153.
[26] Hoang P, Kowalczewski A, Sun S, et al. Engineering spatial-organized cardiac organoids for developmental toxicity testing[J]. Stem Cell Reports, 2021, 16(5): 1228-1244.
[27] Leigh R S, Ruskoaho H J, Kaynak B L. A novel dual reporter embryonic stem cell line for toxicological assessment of teratogen-induced perturbation of anterior-posterior patterning of the heart[J]. Archives of Toxicology, 2020, 94(2): 631-645.
[28] Ellis B W, Acun A, Can U I, et al. Human iPSC-derived myocardium-on-chip with capillary-like flow for personalized medicine[J]. Biomicrofluidics, 2017, 11(2): 024105.
[29] Maoz B M, Herland A, Henry O Y F, et al. Organs-on-chips with combined multi-electrode array and transepithelial electrical resistance measurement capabilities[J]. Lab on a Chip, 2017, 17(13): 2294-2302.
[30] Weng K C, Kurokawa Y K, Hajek B S, et al. Human induced pluripotent stem-cardiac-endothelial-tumor-on-a-chip to assess anticancer efficacy and cardiotoxicity[J]. Tissue Engineering Part C: Methods, 2020, 26(1): 44-55.
[31] Veldhuizen J, Cutts J, Brafman D A, et al. Engineering anisotropic human stem cell-derived three-dimensional cardiac tissue on-a-chip[J]. Biomaterials, 2020, 256: 120195.
[32] Belair D G, Schwartz M P, Knudsen T, et al. Human iPSC-derived endothelial cell sprouting assay in synthetic hydrogel arrays[J]. Acta Biomaterialia, 2016, 39: 12-24.

[33] Vazao H, Rosa S, Barata T, et al. High-throughput identification of small molecules that affect human embryonic vascular development[J]. Proceedings of the National Academy of Sciences of the United States of America, 2017, 114(15): E3022-E3031.
[34] Kim S, Chung M, Ahn J, et al. Interstitial flow regulates the angiogenic response and phenotype of endothelial cells in a 3D culture model[J]. Lab on a Chip, 2016, 16(21): 4189-4199.
[35] Qiu Y, Ahn B, Sakurai Y, et al. Microvasculature-on-a-chip for the long-term study of endothelial barrier dysfunction and microvascular obstruction in disease[J]. Nature Biomedical Engineering, 2018, 2: 453-463.
[36] Costa P F, Albers H J, Linssen J E A, et al. Mimicking arterial thrombosis in a 3D-printed microfluidic *in vitro* vascular model based on computed tomography angiography data[J]. Lab on a Chip, 2017, 17(16): 2785-2792.

3.4 胰腺干细胞毒理学模型

3.4.1 胰腺的结构与功能

人的胰腺是由外分泌和内分泌组织构成的腺体器官，在人体的消化和代谢调节等方面发挥着关键作用。胰腺的结构可根据相对位置从右向左，大致分为胰头、胰颈、胰体和胰尾。胰腺的表面覆盖着结缔组织，内部则为胰腺实质，由腺泡、导管、胰岛和血管等组成。

人的胰腺可根据功能分为外分泌和内分泌两部分。其中，外分泌胰腺由腺泡细胞和导管细胞组成，是消化系统的一部分。进食可刺激外分泌胰腺，使腺泡细胞分泌呈碱性的富含消化酶的胰液。导管细胞排列在腺泡细胞周围，以实现消化酶从胰腺到十二指肠的运输。胰液中主要有三种消化酶：胰蛋白酶催化蛋白质分解为氨基酸，胰淀粉酶催化碳水化合物分解为葡萄糖，胰脂肪酶催化脂肪分解为脂肪酸和甘油。

内分泌胰腺的功能单位是胰岛，是分散在外分泌细胞中的内分泌细胞簇。胰岛由五种内分泌细胞组成，每种细胞主要合成一种激素：α 细胞，分泌胰高血糖素（glucagon）；β 细胞，分泌胰岛素（insulin）；δ 细胞，分泌生长抑素（somatostatin）；胰多肽（PP）细胞，分泌胰多肽；ε 细胞，分泌胃生长激素释放素（ghrelin）。这些激素共同作用，调控机体的葡萄糖稳态，因而内分泌胰腺是内分泌系统的一部分。其中，α 细胞对低血糖水平做出反应，分泌胰高血糖素以促进糖原分解产生葡萄糖。在高血糖状态下，β 细胞分泌胰岛素以促进细胞对葡萄糖的摄取和代谢。δ 细胞、PP 细胞和 ε 细胞发挥分泌调节作用，参与介导 α 细胞和 β 细胞[1]。

3.4.2 胰腺的发生和重要调节因子

胰腺起源于前肠内胚层（foregut endoderm）的后端[2,3]。在人胚胎发育过程中，4 孕周左右，前肠管部分细胞外翻形成背侧和腹侧两个胰芽，出现表达转录因子（TF）PDX1（pancreatic and duodenal homeobox 1）的细胞。6~7 孕周，经延伸生长的两个胰芽融合形成早期胚胎胰腺，并表达 PDX1、SOX9 和 GATA4 等标志转录因子。随后，胚胎胰腺经历分支形态发生（branching morphogenesis）。在此期间，胰腺上皮祖细胞自我复制并逐渐分化形成尖端（tip）和茎部（stalk）。尖端为胚胎胰腺前体细胞，共表达 PDX1、SOX9 和 GATA4，后续发育成胰管；茎部的细胞GATA4表达量较低，后续发育成胰叶。胰管是胰腺的外分泌部分，最终发育成外分泌腺体的导管系统。胰叶是内分泌部分，其中包含胰岛。

胰岛β细胞是人胰腺发育过程中首要出现的内分泌细胞类型，出现在7孕周左右，并在10孕周左右形成较为成熟的血管化结构。12孕周左右，分散在外分泌细胞中的胰岛结构变得明显，且其中已含有α细胞、β细胞、δ细胞和PP细胞。一些间接实验证据表明，在人胎儿出生前5~12周，胚胎胰腺停止分化胰岛β细胞，而已存在的β细胞通过细胞增殖或凋亡的方式调整β细胞的数量。

PDX1的表达在胚胎发育早期标志着胰腺的形成和胰腺上皮祖细胞的出现，并被认为能调控胰芽分化形成内分泌区和外分泌区。PDX1蛋白通过与不同DNA结合，调控内分泌区分化成胰岛细胞，尤其对β细胞的形成有重要促进作用。

SOX9的表达起初局限在胚胎胰腺前体细胞中。随着分化，仅在导管细胞仍表达SOX9。类似地，GATA4起初表达于胰腺前体细胞，促进腺泡细胞的命运决定，发育后期仅在已分化的腺泡细胞内表达。NKX2.2在早期胰腺发生中没有表达，但在内分泌细胞的分化中具有重要的调节作用。从约10孕周起，仅有β细胞表达NKX2.2。

胰腺发育的其他重要调节因子还包括PTF1A、GATA6和NEUROG3等。但由于大多数研究来源于小鼠胚胎发育模型，因此其在人胰腺发育中的具体功能还有待进一步的研究。

3.4.3　环境污染物和颗粒物胰腺毒性评估的传统方法

流行病学研究已经确立了多种环境污染物和颗粒物与糖尿病发病的关联，评估这些物质的胰腺毒性是环境科学和环境健康效应研究的重要方向。环境污染物和颗粒物胰腺毒性评估的传统方法主要为动物实验与体外细胞实验。除一项较为早期的PFOA毒性评估用到了雄性食蟹猴外[4]，环境污染物和颗粒物胰腺毒性评估的最常见动物模型为大鼠、小鼠和斑马鱼。这类评估通常将实验动物暴露于环境污染物和颗粒物，然后观察胰岛形态学变化和胰岛β细胞数量，检查胰岛素分泌和胰腺炎症反应等。体外细胞实验则主要评估胰岛β细胞暴露于环境污染物或颗粒物后的细胞活力或凋亡，以及氧化应激或炎症反应等参数。除了原代β细胞和胰岛培养外，多种永生化细胞系也已用于胰腺毒性评估，如Min6小鼠胰岛素瘤细胞[5-7]、β-TC-6小鼠胰岛素瘤细胞[8]、INS-1大鼠胰岛素瘤细胞[9-11]、RIN-m5F大鼠胰岛素瘤细胞[12]和EndoC-βH1永生化人β细胞[9]。此外，最新研究也使用了αTC1-9小鼠胰岛素瘤α细胞来评估各种内分泌干扰物对胰高血糖素分泌的影响[13]。

概括地说，环境污染物和颗粒物往往能够引起细胞氧化应激反应。由于胰岛β细胞所含的抗氧化物质较少，因此其对氧化应激的调节能力较差[14-16]。暴露于环境污染物和颗粒物的胰岛β细胞胞内氧化物质堆积，从而损伤细胞的结构和功能。环境污染物和颗粒物所引起的炎症反应也可能导致类似的细胞损伤。此外，许多环境污染物和一些颗粒物被定义为内分泌干扰物，即可以模仿激素的功能，从而干扰人体正常的生长、发育、生殖等生物学和生理学过程的化学物质。这些污染物干扰内分泌系统，潜在影响胰岛β细胞分泌胰岛素和机体对胰岛素的敏感性，从而增加发生糖尿病的风险[17]。现有的毒理学数据表明，内分泌干扰物的胰腺毒性主要表现为对胰岛β细胞造成损伤，即直接降低细胞数量，或导致胰岛素合成水平下降。另外，内分泌干扰物导致的细胞炎症也可能增加胰腺组织炎症的风险，潜在导致组织坏死。

内分泌干扰物数目庞大，现有的胰腺毒性评估仅涉及一小部分较为常见和广泛存在的内分泌干扰物，其中研究较多的有以 BPA 为代表的双酚类化合物。BPA 是一种被广泛用于塑料容器、食品包装和树脂等消费品中的双酚类化合物，与人体内的天然雌激素雌二醇（estradiol）在结构上非常类似，是一种已知的内分泌干扰物，也是被广泛研究的一种内分泌干扰物。尽管 BPA 在水体和土壤中极易被生物降解，半衰期为 4~5 天，但 BPA 的产量居高不下，因此人所能接触到的 BPA 含量居高不下。研究表明，长期暴露于较高浓度的 BPA 可能与生殖系统问题、神经发育缺陷、激素失调、心血管疾病、肥胖、糖尿病和一些癌症的发生有关。BPA 既能表现出雌激素样活性，又具有雄激素样活性，能够干扰甲状腺功能，影响甲状腺激素的合成和释放。

BPA 胰腺毒性的评估是环境毒理学的研究热点之一。目前已知 BPA 干扰小鼠的胰岛 β 细胞的功能[18,19]，导致细胞炎症反应增加、细胞凋亡，胰岛 β 细胞对葡萄糖的响应减弱，胰岛素分泌不足，且这种毒性效应可能呈现出非单调性、隔代性和性别相关性[20,21]。研究发现，低剂量［100μg/（kg·d）］BPA 暴露相比于高剂量［1mg/（kg·d）］BPA 暴露，对成年小鼠胰岛素分泌的抑制更为明显[20]。此外，胚胎发育阶段的 BPA 暴露，可能增加个体在后续生命周期出现胰岛 β 细胞功能紊乱的风险[22,23]。例如，胚胎发育期间暴露于低剂量 BPA 的大鼠及其后代胰岛 β 细胞功能紊乱、胰岛素分泌过剩[24,25]。除 BPA 外，其他常见的内分泌干扰物，如塑化剂邻苯二甲酸二辛酯[26,27]和重金属等[28-31]，均有类似的胰腺毒性。例如，长期通过饮用水接触低浓度氯化镉，导致金属在大鼠和小鼠的胰腺内蓄积，且其血糖升高[32,33]。暴露于较低浓度氯化镉的 Min6 小鼠胰岛素瘤细胞胰岛素分泌不足，炎症因子合成增加[7]。

斑马鱼是生物学研究的模式生物，也是生态毒理学常用的水生模式生物。由于斑马鱼在实验室条件下易养殖，且在发育期间斑马鱼胚胎呈透明状，胰腺较为明显可见，因此斑马鱼是评估环境污染物或颗粒物胰腺毒性的重要动物模型。该类研究常用到荧光蛋白报告 *pdx1* 或 *ins* 的转基因斑马鱼，以便直接观察胰腺（*pdx1* 荧光报告基因）或胰岛 β 细胞（*ins* 荧光报告基因），评估胚胎发育过程中污染物暴露对斑马鱼胰腺的形态学的影响[34-46]。

尽管已有数据已经表明许多环境污染物和颗粒物具有潜在的胰腺毒性（或胰岛 β 细胞毒性），但关于毒性机制的探讨还比较泛泛。例如，目前已知环境污染物和颗粒物的胰腺发育毒性主要表现在调节信号通路、改变氧化应激水平、干扰细胞钙稳态等，最终导致胰腺 β 细胞增殖、分化和胰岛素分泌受到抑制，但总体来说，这方面的研究还不够深入，以报告环境污染物和颗粒物具有胰腺毒性为主，而少有对其毒性机制的深度探究。基于以上，目前学界迫切需要探究以内分泌干扰物为典型的各类环境污染物和颗粒物导致 2 型糖尿病发病的可能性和潜在机制。

动物模型和传统体外模型的方法在评估环境污染物和颗粒物的胰腺毒性的过程中发挥了重要作用。然而，每种模型也都存在一些局限性，如动物模型与人的物种差异、体外细胞模型过于简化以及与体内环境下细胞暴露于污染物不同。随着技术的发展，越来越多的新方法和新技术被应用于环境毒性评估，价值综合多种模型，污染物和颗粒物的胰腺毒性评估能够实现较高的预测能力与可靠性。

3.4.4　基于多能干细胞胰腺分化的毒理学模型

3.4.4.1　基于多能干细胞的胰腺分化方法

基于多能干细胞胰腺分化的毒理学模型集中于获得胰腺祖细胞、内分泌祖细胞和能够响应葡萄糖刺激并分泌胰岛素的类胰岛 β 细胞。

胰岛素分泌异常与糖尿病发病直接相关。糖尿病是一种以血糖水平升高为特征的代谢性疾病，主要分为 1 型糖尿病和 2 型糖尿病。1 型糖尿病是一种自身免疫疾病，表现为免疫系统攻击并破坏自身的胰岛 β 细胞。2 型糖尿病约占所有糖尿病病例的 90%，是一种慢性代谢疾病，表现为胰岛素分泌不足或细胞对胰岛素产生抵抗，从而引起高血糖[1]。全基因组关联分析（genome-wide association study，GWAS）表明，胰岛 β 细胞在 2 型糖尿病发病中发挥关键作用[47]。因此，体外分化所获得的能够响应葡萄糖刺激并分泌胰岛素的类胰岛 β 细胞，具有用于糖尿病移植或相关药物开发的巨大潜力，基于多能干细胞的胰腺分化模型也多以获得功能成熟的类胰岛 β 细胞为首要攻关目标。

近年来，D’Amour 等[48,49]、Kroon 等[50]、Pagliuca 等[51]、Rezania 等[52]和 Trott 等[53]提出了体外分化人多能干细胞获得类胰岛 β 细胞的方案，且获得的细胞均能够分泌胰岛素。概括地说，如图 3-17 所示，这些方案主要有六个分化阶段：限定性内胚层期、原始消化管期、前肠后端胰腺前体期、胰腺内胚层祖细胞期、内分泌细胞期和类胰岛 β 细胞期。

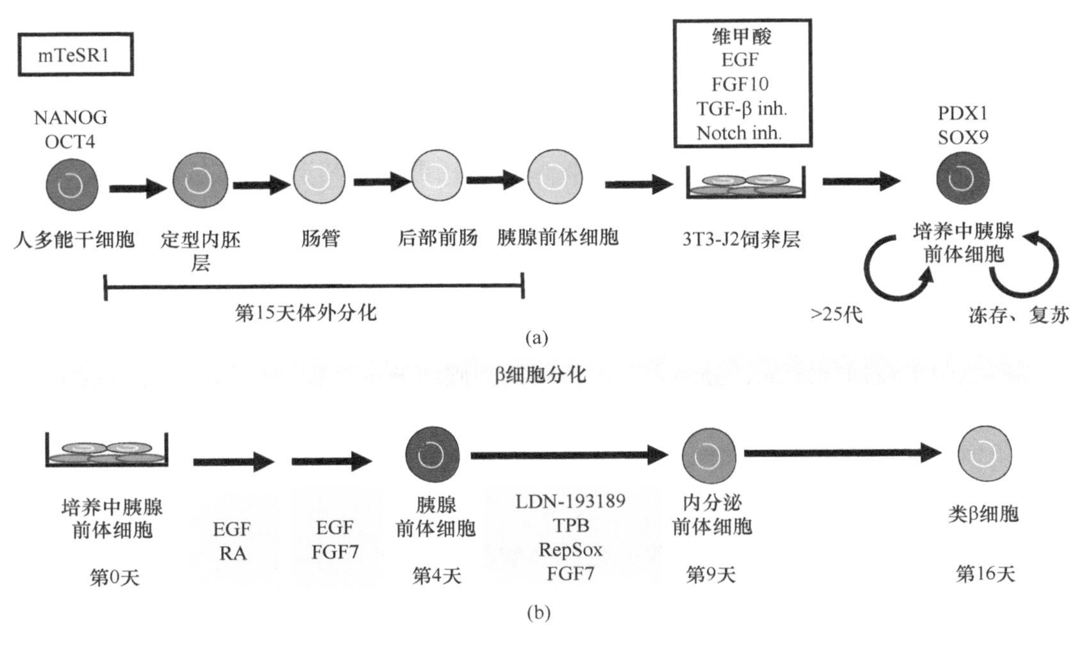

图 3-17　胰腺细胞分化方法

第一阶段限定性内胚层期，多能干细胞向限定性内胚层分化。激活人多能干细胞的Nodal通路和Wnt/β-catenin通路，如使用Wnt3a（或CHIR99021）和高浓度的Activin A（100ng/mL），细胞下调表达多能性标志基因（*OCT4*、*NANOG*等），上调表达*SOX17*、*FOXA2*和*CXCR4*等内胚层标志基因，从而成为限定性内胚层细胞。确保限定性内胚层的高效分化是影响后续诱导的关键因素，因此在实验中需要格外关注。

第二阶段原始消化管期，BMP通路发挥重要作用。具体来说，这一阶段抑制BMP通路，能够有效抑制限定性内胚层细胞分化成为肝细胞。加之在Wnt/β-catenin、FGF和视黄酸等通路的共同作用下，细胞上调*HNF1B*等标志基因。随后在FGF和视黄酸通路的调控下，这些细胞开始表达胰腺标志基因*PDX1*，从而成为胰腺上皮前体细胞。体外诱导模型中，除FGF和视黄酸外，通常加入BMP和Hedgehog通路抑制剂以及维生素C，以提高胰腺细胞分化效率。转录因子PDX1是最常用于指征胰腺细胞的转录因子，除此之外，*RFX6*、*SOX9*、*GATA4*和*GATA6*等也可以共同标记胰腺上皮前体细胞。

这类胰腺祖细胞是一类具有多向分化能力的干细胞，在适当的诱导条件下，理论上可以分化成各类胰腺内分泌细胞和外分泌细胞。而实际研究中，由于胰岛β细胞具有最重要的临床意义，因此胰腺β细胞分化的研究最广泛和深入。在获得$PDX1^+$胰腺上皮前体细胞后，利用TGFβR1抑制剂和甲状腺激素瞬时上调NGN3的表达，可获得分泌激素的胰腺内分泌前体细胞。此外，研究发现，Notch信号在胰腺发育中调控胰腺祖细胞向内分泌或外分泌细胞的命运决定[54]。Notch信号活跃于胰腺祖细胞，而当Notch信号受到抑制时，胰腺上皮前体细胞向$NGN3^+$内分泌前体细胞分化。体外诱导模型也加入Hedgehog通路的抑制剂，以进一步提高内分泌前体细胞的分化效率。

一般认为，共同表达PDX1、NGN3、NKX2.2和NKX6.1等转录因子的诱导细胞，是较为成熟且可以继续体外分化成能够分泌激素的内分泌样细胞的内分泌前体细胞。这类细胞在2D细胞培养时，在形态学上已经有自发聚集的现象，形成细胞簇，并于基质细胞表面隆起，呈现岛样结构，并最终分化成为类胰岛β细胞，在葡萄糖的刺激下分泌胰岛素。需要注意的是，尽管NKX2.2和NKX6.1共同表达于内分泌前体细胞，但NKX2.2位于调节通路上游，介导NKX6.1的上调。体外诱导模型常通过加入尼克酰胺（nicotinamide，又称烟酰胺或维生素B_3）来降低类胰岛β细胞的氧化胁迫，提高胰岛素分泌细胞的分化效率。

概括地说，现有的多能干细胞胰腺分化方法已经建立起较为高效、稳定和可操作性强的胰腺上皮前体细胞、分泌内分泌激素的胰腺内分泌样细胞和类胰岛β细胞体外诱导模型。这些具有一定功能性的胰腺细胞均可应用于环境污染物和颗粒物的胰腺毒性评价，尤其是类胰岛β细胞，能够用于测试环境污染物和颗粒物与糖尿病发病的关联性。

3.4.4.2 基于多能干细胞胰腺分化的胰腺毒性评价

目前利用多能干细胞分化模型评估环境污染物和颗粒物胰腺毒性的研究还比较少。已知的成果有：包括PFOS和PFOA在内的几种典型PFAS显著下调人多能干细胞胰腺诱导过程中转录因子 PDX1 和 SOX9 的表达，从而干扰胰腺祖细胞的分化，进而影响内分泌前体细胞的生成[55,56]。PFAS 是一类分子中氢原子均被氟原子替代，从而具有高度的化学稳定性和耐久性的有机物。这类被广泛应用于防水涂层、消防泡沫和防油剂等工业品的化合物已被证实具有生物累积性，并且与内分泌干扰、癌症发生、胚胎发育和免疫系统功能紊乱等不良影响相关。PFOS 和 PFOA 是应用最多、分布最广、环境浓度与人体含量最高的两种代表性 PFAS，且均被认为是持久性有机污染物和内分泌干扰物。PFOS 及其盐类已于 2009 年被列入《斯德哥尔摩公约》附件 B 中，而被限制生产和使用，其人体半衰期长达 3~5 年[57]。

根据流行病学的研究，暴露 PFOS 和 PFOA 均有可能导致糖尿病的发病、糖代谢紊乱和胰岛素分泌紊乱[58-61]。动物实验表明，胰腺是 PFAS 的潜在靶器官。暴露于 PFOS 的斑马鱼胚胎出现胰岛发育畸形、胰岛 β 细胞发育受损和胰岛素分泌减少等缺陷[38,42,44]。PFOA 能够在 C57BL/6 小鼠的胰腺蓄积，导致胰腺的氧化胁迫，干扰动物体糖代谢[62]。此外，PFOS 和 PFOA 暴露导致实验动物（成年大鼠、新生小鼠或成年小鼠）对胰岛素产生抵抗[63-65]。以上研究结果表明，PFAS 的暴露与 1 型糖尿病和 2 型糖尿病的发病均有相关性，因此，PFAS 胰腺毒性的研究既要关注其在胰腺（或胰岛 β 细胞）发育过程中的毒性，又要关注其对具有胰岛素分泌功能的成熟胰岛 β 细胞的毒性。Liu 等[55,56]的研究重点是 PFAS 在胰腺发育早期过程中的环境健康效应，其结果表明，PFAS 下调几个重要的胰腺标志基因的表达，从而影响胰腺早期发生过程和内分泌前体细胞的形成。具体来说，PFOS 和 PFOA 具有较为明显的对胰腺前体细胞分化的干扰效应；它们的短链同系物中，全氟己基磺酸的毒性比其他三种 PFAS（全氟丁烷磺酸盐、全氟己酸和全氟丁酸）更强。具体毒性体现在 50nmol/L 的 PFOS 和 PFOA 显著下调了多个胰腺前体细胞重要的转录因子如 PDX1、SOX9 和 HNF4a 的基因表达。由于 SOX9 在前体细胞群中往往具有重要的维持细胞自我更新和调控细胞进一步分化的功能，因此为了厘清 PFAS 是否对前体细胞自我更新有影响，Liu 等[55,56]对诱导获得的胰腺前体细胞做 7 天的 PFAS 暴露实验，结果表明在实验条件下，PFAS 没有对胰腺前体细胞重要的转录因子产生显著影响。但如果在胰腺前体细胞向内分泌前体细胞分化的过程中加入 PFAS，则细胞高表达 SOX9，而内分泌细胞标志转录因子如 NGN3 的表达受到抑制。基于已有内分泌细胞分化的通路研究，SOX9 的高水平表达可能是 NGN3 被抑制的原因，而 Notch/HES 通路可能是调控 SOX9 和 NGN3 的信号通路。由此可见，Liu 等[55,56]的两项研究表明 PFOS 和 PFOA 作为最常用和典型的 PFAS，对胰腺发生和内分泌细胞的分化有显著的干扰，而它们的短链同系物尽管在早期没有显示出明显的毒性，但在后续内分泌细胞分化时显示出更加明显的干扰作用。然而这些研究尚且未能回答 PFAS 是否直接影响成熟胰岛 β 细胞的功能，后续有必要对典型 PFAS 的胰腺发育毒性进行更加细致的探讨，一方面是利用分化模型来获得类胰岛 β 细胞，用于直接检测 PFAS 对胰岛素分泌的影响；另一方面后续仍需要有相关实验阐明包括 PFAS 在内的环境污染物和颗粒物导致 2 型糖尿病发病风险升高的潜在机制。

另一基于人多能干细胞分化模型的研究关注 TCDD 的胰腺毒性[11]。TCDD 是典型的二噁英类化合物，由四个氯原子取代二苯并对二噁英分子上的氢原子，是人为制造和焚烧氯化有机物时产生的持久性有机污染物和内分泌干扰物。已有实验表明，暴露于TCDD的斑马鱼胚胎出现严重的多器官上皮细胞空泡化，从而导致包括胰腺在内的多个器官出现发育缺陷和功能失调[66]。经TCDD预处理的人多能干细胞表现出胰腺标志基因的DNA过甲基化，导致这些基因不能被转录翻译成蛋白质，从而干扰细胞向胰腺细胞分化[11]。DNA的甲基化是一种表观遗传修饰，通常是CpG（胞嘧啶–磷酸二酯键–鸟嘌呤）二核苷酸位点被添加甲基基团，改变转录因子与DNA的识别或阻碍转录因子与DNA结合等，从而影响基因表达的调控。表观遗传学的深入研究已经揭示了表观遗传的动态调控在多能干细胞的分化过程中扮演着非常重要的角色。多能干细胞向胰腺细胞分化的这一过程中，与细胞多能性相关基因沉默，而胰腺标志基因被转录激活。研究表明，胰腺对DNA甲基化十分敏感，异常的DNA甲基化可能导致胰腺功能紊乱和病变[67,68]。此外，DNA甲基转移酶在胰腺发育的不同阶段有不同的功能[67]。Kubi等[11]的研究结果表明，TCDD促使多个重要的胰腺分化相关的基因沉默，从而导致胰腺的发育被干扰。后续的研究仍需要针对不同的胰腺发育窗口，细致地研究以TCDD为代表的环境污染物和颗粒物，其胰腺毒性在表观遗传水平上的毒理机制。

参 考 文 献

[1] 高英茂, 李和. 组织学与胚胎学[M]. 2版. 北京: 人民卫生出版社, 2010.

[2] Jennings R E, Berry A A, Strutt J P, et al. Human pancreas development[J]. Development, 2015, 142(18): 3126-3137.

[3] Flasse L, Schewin C, Grapin-Botton A. Pancreas morphogenesis: Branching in and then out[J]. Current Topics in Developmental Biology, 2021, 143: 75-110.

[4] Butenhoff J. Toxicity of ammonium perfluorooctanoate in male cynomolgus monkeys after oral dosing for 6 months[J]. Toxicological Sciences, 2002, 69(1): 244-257.

[5] Hong K U, Reynolds S D, Watkins S, et al. *In vivo* differentiation potential of tracheal basal cells: Evidence for multipotent and unipotent subpopulations[J]. American Journal of Physiology-Lung Cellular and Molecular Physiology, 2004, 286(4): L643-L649.

[6] Wan H T, Cheung L Y, Chan T F, et al. Characterization of PFOS toxicity on *in-vivo* and *ex-vivo* mouse pancreatic islets[J]. Environmental Pollution, 2021, 289: 117857.

[7] Hong H, Xu Y, Xu J, et al. Cadmium exposure impairs pancreatic β-cell function and exaggerates diabetes by disrupting lipid metabolism[J]. Environment International, 2021, 149: 106406.

[8] Qin W, Ren X, Zhao L, et al. Exposure to perfluorooctane sulfonate reduced cell viability and insulin release capacity of β cells[J]. Journal of Environmental Sciences (China), 2022, 115: 162-172.

[9] Babiloni-Chust I, dos Santos R S, Medina-Gali R M, et al. G protein-coupled estrogen receptor activation by bisphenol-A disrupts protection from apoptosis conferred by estrogen receptors ERα and ERβ in pancreatic β cells[J]. Environment International, 2022, 164: 107250.

[10] Lin Y, Sun X, Qiu L, et al. Exposure to bisphenol A induces dysfunction of insulin secretion and apoptosis through the damage of mitochondria in rat insulinoma (INS-1) cells[J]. Cell Death and Disease, 2013, 4(1): e460.

[11] Kubi J A, Chen A C H, Fong S W, et al. Effects of 2,3,7,8-tetrachlorodibenzo-*p*-dioxin (TCDD) on the differentiation of embryonic stem cells towards pancreatic lineage and pancreatic β cell function[J]. Environment International, 2019, 130: 104885.

[12] Huang C F, Yang C Y, Tsai J R, et al. Low-dose tributyltin exposure induces an oxidative stress-triggered JNK-related pancreatic β-cell apoptosis and a reversible hypoinsulinemic hyperglycemia in mice[J]. Scientific Reports, 2018, 8(1): 5734.

[13] Al-Abdulla R, Ferrero H, Boronat-Belda T, et al. Exploring the effects of metabolism-disrupting chemicals on pancreatic α-cell viability, gene expression and function: A screening testing approach[J]. International Journal of Molecular Sciences, 2023, 24(2): 1044.

[14] Kulkarni A A, Conteh A M, Sorrell C A, et al. An *in vivo* zebrafish model for interrogating ROS-mediated pancreatic β-cell injury, response, and prevention[J]. Oxidative Medicine and Cellular Longevity, 2018, 2018: 1324739.
[15] Hou N, Torii S, Saito N, et al. Reactive oxygen species-mediated pancreatic β-cell death is regulated by interactions between stress-activated protein kinases, p38 and c-Jun N-terminal kinase, and mitogen-activated protein kinase phosphatases[J]. Endocrinology, 2008, 149(4): 1654-1665.
[16] Robertson R P, Harmon J S. Pancreatic islet β-cell and oxidative stress: The importance of glutathione peroxidase[J]. Federation of European Biochemical Societies Letters, 2007, 581(19): 3743-3748.
[17] Yilmaz B, Terekeci H, Sandal S, et al. Endocrine disrupting chemicals: Exposure, effects on human health, mechanism of action, models for testing and strategies for prevention[J]. Reviews in Endocrine and Metabolic Disorders, 2019, 21(1): 127-147.
[18] Quesada I, Fuentes E, Viso-León M C, et al. Low doses of the endocrine disruptor bisphenol-A and the native hormone 17β-estradiol rapidly activate the transcription factor CREB[J]. Federation of American Societies for Experimental Biology Journal, 2002, 16(12): 1671-1673.
[19] Alonso-Magdalena P, Morimoto S, Ripoll C, et al. The estrogenic effect of bisphenol A disrupts pancreatic β-cell function *in vivo* and induces insulin resistance[J]. Environmental Health Perspectives, 2006, 114(1): 106-112.
[20] Alonso-Magdalena P, Ropero A B, Carrera M P, et al. Pancreatic insulin content regulation by the estrogen receptor ERα[J]. PLoS One, 2008, 3(4): e2069.
[21] Villar-Pazos S, Martinez-Pinna J, Castellano-Muñoz M, et al. Molecular mechanisms involved in the non-monotonic effect of bisphenol-A on Ca^{2+} entry in mouse pancreatic β-cells[J]. Scientific Reports, 2017, 7(1): 11770.
[22] Boronat-Belda T, Ferrero H, Al-Abdulla R, et al. Bisphenol-A exposure during pregnancy alters pancreatic β-cell division and mass in male mice offspring: A role for ERβ[J]. Food and Chemical Toxicology, 2020, 145: 111681.
[23] Oliveira K M, Figueiredo L S, Araujo T R, et al. Prolonged bisphenol-A exposure decreases endocrine pancreatic proliferation in response to obesogenic diet in ovariectomized mice[J]. Steroids, 2020, 160: 108658.
[24] Manukyan L, Dunder L, Lind P M, et al. Developmental exposure to a very low dose of bisphenol A induces persistent islet insulin hypersecretion in fischer 344 rat offspring[J]. Environmental Research, 2019, 172: 127-136.
[25] Mao Z, Xia W, Chang H, et al. Paternal BPA exposure in early life alters Igf2 epigenetic status in sperm and induces pancreatic impairment in rat offspring[J]. Toxicology Letters, 2015, 238(3): 30-38.
[26] Lin Y, Wei J, Li Y, et al. Developmental exposure to di(2-ethylhexyl) phthalate impairs endocrine pancreas and leads to long-term adverse effects on glucose homeostasis in the rat[J]. American Journal of Physiology-Endocrinology and Metabolism, 2011, 301(3): e527-e538.
[27] Rajesh P, Balasubramanian K. Gestational exposure to di(2-ethylhexyl) phthalate (DEHP) impairs pancreatic β-cell function in F1 rat offspring[J]. Toxicology Letters, 2015, 232(1): 46-57.
[28] Edwards J R, Prozialeck W C. Cadmium, diabetes and chronic kidney disease[J]. Toxicology and Applied Pharmacology, 2009, 238(3): 289-293.
[29] Nesatyy V J, Ammann A A, Rutishauser B V, et al. Effect of cadmium on the interaction of 17β-estradiol with the rainbow trout estrogen receptor[J]. Environmental Science & Technology, 2006, 40(4): 1358-1363.
[30] Stoica A, Katzenellenbogen B S, Martin M B. Activation of estrogen receptor-α by the heavy metal cadmium[J]. Molecular Endocrinology, 2000, 14(4): 545-553.
[31] Bimonte V M, Besharat Z M, Antonioni A, et al. The endocrine disruptor cadmium: A new player in the pathophysiology of metabolic diseases[J]. Journal of Endocrinological Investigation, 2021, 44(7): 1363-1377.
[32] Fitzgerald R, Olsen A, Nguyen J, et al. Pancreatic islets accumulate cadmium in a rodent model of cadmium-induced hyperglycemia[J]. International Journal of Molecular Sciences, 2020, 22(1): 360.
[33] Treviño S, Waalkes M P, Flores Hernández J A, et al. Chronic cadmium exposure in rats produces pancreatic impairment and insulin resistance in multiple peripheral tissues[J]. Archives of Biochemistry and Biophysics, 2015, 583: 27-35.
[34] Sant K E, Jacobs H M, Xu J, et al. Assessment of toxicological perturbations and variants of pancreatic islet development in the zebrafish model[J]. Toxics, 2016, 4(3): 20.
[35] Roy M A, Gridley C K, Li S, et al. Nrf2a dependent and independent effects of early life exposure to 3,3′-dichlorobiphenyl (PCB-11) in zebrafish (*Danio rerio*)[J]. Aquatic Toxicology, 2022, 249: 106219.

[36] Timme-Laragy A R, Sant K E, Rousseau M E, et al. Deviant development of pancreatic β cells from embryonic exposure to PCB-126 in zebrafish[J]. Comparative Biochemistry and Physiology Part C: Toxicology & Pharmacology, 2015, 178: 25-32.
[37] Brown S E, Sant K E, Fleischman S M, et al. Pancreatic β cells are a sensitive target of embryonic exposure to butylparaben in zebrafish (*Danio rerio*)[J]. Birth Defects Research, 2018, 110(11): 933-948.
[38] Sant K E, Venezia O L, Sinno P P, et al. Perfluorobutanesulfonic acid disrupts pancreatic organogenesis and regulation of lipid metabolism in the zebrafish, *Danio rerio*[J]. Toxicological Sciences, 2019, 167(1): 258-268.
[39] Annunziato K M, Doherty J, Lee J, et al. Chemical characterization of a legacy aqueous film-forming foam sample and developmental toxicity in zebrafish (*Danio rerio*)[J]. Environmental Health Perspectives, 2020, 128(9): 97006.
[40] Wilson P W, Cho C, Allsing N, et al. Tris(4-chlorophenyl)methane and tris(4-chlorophenyl)methanol disrupt pancreatic organogenesis and gene expression in zebrafish embryos[J]. Birth Defects Research, 2023, 115(4): 458-473.
[41] Marques E S, Severance E G, Min B, et al. Developmental impacts of Nrf2 activation by dimethyl fumarate (DMF) in the developing zebrafish (*Danio rerio*) embryo[J]. Free Radical Biology & Medicine, 2023, 194: 284-297.
[42]Sant K E, Annunziato K, Conlin S, et al. Developmental exposures to perfluorooctanesulfonic acid (PFOS) impact embryonic nutrition, pancreatic morphology, and adiposity in the zebrafish, *Danio rerio*[J]. Environmental Pollution, 2021, 275: 116644.
[43] Jacobs H M, Sant K E, Basnet A, et al. Embryonic exposure to Mono(2-ethylhexyl) phthalate (MEHP) disrupts pancreatic organogenesis in zebrafish (*Danio rerio*)[J]. Chemosphere, 2018, 195: 498-507.
[44] Sant K E, Jacobs H M, Borofski K A, et al. Embryonic exposures to perfluorooctanesulfonic acid (PFOS) disrupt pancreatic organogenesis in the zebrafish, *Danio rerio*[J]. Environmental Pollution, 2017, 220(Pt B): 807-817.
[45] Venezia O, Islam S, Cho C, et al. Modulation of PPAR signaling disrupts pancreas development in the zebrafish, *Danio rerio*[J]. Toxicology and Applied Pharmacology, 2021, 426: 115653.
[46] Li L, Bonneton F, Tohme M, et al. *In vivo* screening using transgenic zebrafish embryos reveals new effects of HDAC inhibitors trichostatin A and valproic acid on organogenesis[J]. PLoS One, 2016, 11(2): e0149497.
[47] DIAGRAM Consortium, AGEN-T2D Consortium, SATzD Consortium, et al. Genome-wide trans-ancestry meta-analysis provides insight into the genetic architecture of type 2 diabetes susceptibility[J]. Nature Genetics, 2014, 46(3): 234-244.
[48] D'Amour K A, Agulnick A D, Eliazer S, et al. Efficient differentiation of human embryonic stem cells to definitive endoderm[J]. Nature Biotechnology, 2005, 23(12): 1534-1541.
[49] D'Amour K A, Bang A G, Eliazer S, et al. Production of pancreatic hormone-expressing endocrine cells from human embryonic stem cells[J]. Nature Biotechnology, 2006, 24(11): 1392-1401.
[50] Kroon E, Martinson L A, Kadoya K, et al. Pancreatic endoderm derived from human embryonic stem cells generates glucose-responsive insulin-secreting cells *in vivo*[J]. Nature Biotechnology, 2008, 26(4): 443-452.
[51] Pagliuca F W, Millman J R, Gürtler M, et al. Generation of functional human pancreatic β cells *in vitro*[J]. Cell, 2014, 159(2): 428-439.
[52] Rezania A, Bruin J E, Arora P, et al. Reversal of diabetes with insulin-producing cells derived *in vitro* from human pluripotent stem cells[J]. Nature Biotechnology, 2014, 32(11): 1121-1133.
[53] Trott J, Tan E K, Ong S, et al. Long-term culture of self-renewing pancreatic progenitors derived from human pluripotent stem cells[J]. Stem Cell Reports, 2017, 8(6): 1675-1688.
[54] Murtaugh L C, Stanger B Z, Kwan K M, et al. Notch signaling controls multiple steps of pancreatic differentiation[J]. Proceedings of the National Academy of Sciences of the United States of America, 2003, 100(25): 14920-14925.
[55] Liu S, Yin N, Faiola F. PFOA and PFOS disrupt the generation of human pancreatic progenitor cells[J]. Environmental Science & Technology Letters, 2018, 5(5): 237-242.
[56] Liu S, Yang R, Yin N, et al. Effects of per- and poly-fluorinated alkyl substances on pancreatic and endocrine differentiation of human pluripotent stem cells[J]. Chemosphere, 2020, 254: 126709.
[57] Ameduri B, Hori H. Recycling and the end of life assessment of fluoropolymers: Recent developments, challenges and future trends[J]. Chemical Society Reviews, 2023, 52(13): 4208-4247.
[58] Conway B, Innes K E, Long D. Perfluoroalkyl substances and β cell deficient diabetes[J]. Journal of Diabetes and Its Complications, 2016, 30(6): 993-998.

[59] Domazet S L, Grøntved A, Timmermann A G, et al. Longitudinal associations of exposure to perfluoroalkylated substances in childhood and adolescence and indicators of adiposity and glucose metabolism 6 and 12 years later: The European youth heart study[J]. Diabetes Care, 2016, 39(10): 1745-1751.
[60] Karnes C, Winquist A, Steenland K. Incidence of type II diabetes in a cohort with substantial exposure to perfluorooctanoic acid[J]. Environmental Research, 2014, 128: 78-83.
[61] Lind L, Zethelius B, Salihovic S, et al. Circulating levels of perfluoroalkyl substances and prevalent diabetes in the elderly[J]. Diabetologia, 2013, 57(3): 473-479.
[62] Kamendulis L M, Wu Q, Sandusky G E, et al. Perfluorooctanoic acid exposure triggers oxidative stress in the mouse pancreas[J]. Toxicology Reports, 2014, 1: 513-521.
[63] Yan S, Zhang H, Zheng F, et al. Perfluorooctanoic acid exposure for 28 days affects glucose homeostasis and induces insulin hypersensitivity in mice[J]. Scientific Reports, 2015, 5: 11029.
[64] Wan H T, Zhao Y G, Leung P Y, et al. Perinatal exposure to perfluorooctane sulfonate affects glucose metabolism in adult offspring[J]. PLoS One, 2014, 9(1): e87137.
[65] Lv Z, Li G, Li Y, et al. Glucose and lipid homeostasis in adult rat is impaired by early-life exposure to perfluorooctane sulfonate[J]. Environmental Toxicology, 2011, 28(9): 532-542.
[66] Henry T R, Spitsbergen J M, Hornung M W, et al. Early life stage toxicity of 2,3,7,8-tetrachlorodibenzo-*p*-dioxin in zebrafish (*Danio rerio*)[J]. Toxicology and Applied Pharmacology, 1997, 142(1): 56-68.
[67] Anderson R M, Bosch J A, Goll M G, et al. Loss of Dnmt1 catalytic activity reveals multiple roles for DNA methylation during pancreas development and regeneration[J]. Developmental Biology, 2009, 334(1): 213-223.
[68] Mudbhary R, Sadler K C. Epigenetics, development, and cancer: Zebrafish make their mark[J]. Birth Defects Research Part C: Embryo Today, 2011, 93(2): 194-203.

3.5　皮肤干细胞毒理学模型

3.5.1　皮肤的结构与功能

皮肤是人体最大的器官，由多个层次和组织构成，具有保护、感知、调节和排泄等功能。表皮（epidermis）作为皮肤最外层，是人体直接与外界环境接触的组织，组成人体最重要的外部屏障。表皮由基底层（basal layer）、颗粒层（granular layer）、透明层（clear layer）和角质层（stratum corneum）等多层不同类型的细胞构成。其中，基底层主要由角质形成细胞（keratinocyte）组成，这类细胞是皮肤的主要细胞类型，也是皮肤中的干细胞，能够通过自我更新和复制，不断补充表皮中的受损细胞，维持有效的皮肤屏障。颗粒层包含颗粒细胞（granular cell），这种细胞逐渐转化为角质细胞，并合成角蛋白。透明层主要存在于如手掌和脚底等特定部位，由透明细胞（clear cell）组成。顾名思义，这些细胞在显微镜下呈现出透明的外观，几乎不含细胞核和细胞器。角质层是表皮的最外层，由死亡的角质细胞（corneocyte）组成。这些角质细胞经过角质化过程，失去了细胞核和细胞内的大部分细胞器，形成了一层硬化的细胞外骨架，作为屏障防止水分流失和外物质侵入机体，起到保护作用。人出生后，死亡的角质细胞不断脱落，基底层的角质形成细胞向外层迁移并分化，补充到角质层结构中。表皮层还含有能够产生黑色素的黑色素细胞（melanocyte）和参与免疫反应的朗格汉斯细胞（Langerhans cell）。

真皮（dermis）位于表皮下方，含有丰富的纤维组织，主要包括胶原蛋白（collagen）和弹力纤维（elastic fiber），赋予皮肤支撑、强度和弹性。真皮分为网状真皮和乳头状真皮两层。乳头状真皮层密集分布着成纤维细胞，在毛囊形成中起着至关重要的作用。真皮层还含有丰富的血管网络，分布着毛囊（hair follicle）、汗腺（sweat gland）以及神经末梢和一些成纤维细胞、巨噬细胞等。毛囊负责毛发生长；汗腺负责分泌汗液，参与体温调节和排泄；神经末梢负责感知触摸、温度和压力等刺激。真皮层下方是主要由脂肪组织构成的皮下组织（subcutaneous tissue），这层脂肪存在于外层皮肤和肌肉之间，发挥着隔热、储能和保护内脏器官的重要作用。

总的来说，皮肤对人体有重要的保护作用，防止微生物和其他外部病原进入体内，同时也防止人体的体液流失。皮肤具有较强的自我更新能力，在外部环境导致皮肤损伤的情况下能够及时修复，保持结构的完整性[1]。

3.5.2　皮肤的发育和重要调节因子

人的皮肤发育是一个复杂的过程[2]。皮肤的胚胎发育起始于原肠胚形成（gastrulation）之后，发生于约 3 孕周的胚胎。皮肤中的表皮来源于外胚层，其发育与真皮层细胞和下层间充质的发育紧密协调，主要分为表皮的发生和表皮细胞的命运决定、表皮细胞分层、终末端分化和皮肤附件结构（如毛囊和汗腺等）的生长几个发育阶段。约 6 孕周起，由外胚层部分细胞所形成的原始胚胎表皮逐渐分化形成不同的表皮层次，基底层和颗粒层逐渐明显。约 8 孕周起，表皮层和真皮层开始形成分界，真皮层中逐渐开始形成毛囊和汗腺。人的皮肤发育在出生后继续进行，皮肤表面的角质层逐渐成熟并起到屏障保护作用，毛囊和汗腺趋向功能上的成熟。直到成年期，皮肤发育至较为稳定的结构，但在外界刺激或损伤以及环境因素的影响下，仍可能发生变化。

表皮的发生：外胚层发育成神经系统和皮肤上皮细胞，这两个分支的分化受到 Wnt、FGF 和 BMP 等信号通路的调控。具体来说，Wnt 通路通过抑制 FGF 信号的激活程度，从而促使 BMP 的表达，抑制外胚层细胞向神经细胞的分化，诱导其向表皮前体细胞的分化。这些表皮前体细胞在表皮发生阶段，是一层单层的、具有多能性的上皮细胞。

表皮细胞的命运决定：单层的多能上皮细胞最初表达角蛋白 KRT8 和 KRT18。随后，KRT8 和 KRT18 下调，KRT5 和 KRT14 上调。这一变化标志着表皮细胞命运决定的发生。角蛋白是角质形成细胞的主要结构蛋白，是一类高度硬化的蛋白质，对于角质层形成坚固的屏障具有重要作用。角蛋白的种类十分丰富，在不同的皮肤发育阶段，不同种类的角蛋白按照一定的比例和组成存在。概括地说，角蛋白的表达受到转录因子 P63（P53 转录因子家族成员）、Wnt 信号通路和其下游 *GRHL3* 基因等调控[3]。

表皮细胞分层和终末端分化：表达 KRT5 和 KRT14 的表皮前体细胞随后成为表皮基底层细胞，具有分化成表皮中所有上皮细胞的潜能。胚胎皮肤的基底层形成伴随着基底膜的发育。基底层由基底细胞产生，从结构上将表皮和真皮分开，并为表皮基底细胞提供生长因子和附着粘连的结构。胚胎发育期间，皮肤的基底细胞必须脱离基底层，形成一个过渡的、由颗粒细胞构成的中间层。这些细胞在如 Notch 信号通路的调控下继续分化、成熟和迁移，并在高浓度细胞外钙离子的刺激下，形成表皮的颗粒层和角质层。当表达 KRT5 和 KRT14 的表皮前体细胞进行终末端分化时，细胞迁移到基底层上层，并表达 KRT10。负责皮肤色素沉着的黑色素细胞位于基底层，起源于神经嵴细胞。

皮肤附件结构（如毛囊和汗腺等）的生长：胚胎发育期间，存在于表皮层的具有多能性的基底细胞内陷到真皮层结构中，最终形成毛囊和汗腺。毛囊发育大致分为：毛基板（hair placode）形成、毛囊器官发生和细胞分化。Wnt、FGF 和 BMP 等信号通路通过调控 P63 和 P53 转录因子以及 SOX 转录因子，从而影响毛囊和汗腺的形成。

总体而言，皮肤的发育是一个复杂的过程，涉及多个细胞类型和组织之间的相互作用。这个过程从胚胎期开始，并持续到婴儿和儿童阶段，最终形成成熟的皮肤结构。

3.5.3　环境污染物和颗粒物皮肤毒性评估的传统方法

皮肤器官的环境毒理学研究主要探讨空气中的环境污染物和颗粒物对皮肤健康的影响。皮肤作为身体最外层的保护屏障，直接暴露于空气，大气污染物直接接触皮肤表面，从而造成潜在的负面效应。流行病学研究表明，空气污染可能是导致特应性皮炎（atopic dermatitis）的因素之一[4]。特应性皮炎又称湿疹，是一种常见的慢性过敏性皮肤疾病，通常表现为皮肤干燥、瘙痒、红肿、皮疹等症状[5]。目前已有一定证据显示，由于空气污染物导致氧化应激，造成对皮肤屏障的损害，并引发免疫失调，会增加皮肤对过敏原的敏感性。颗粒物（$PM_{2.5}$ 和 PM_{10}），含有一氧化碳、硫化物、氮氧化物和多环芳烃（PAHs）等多种有害物质的汽车尾气、工业废气以及臭氧等空气污染物能够刺激皮肤，引起炎症反应和过敏反应[6]。而在所有人群中，婴儿和儿童，由于其皮肤还在发育过程中，因此最容易受到空气污染物的影响，从而出现皮肤过早老化[7,8]和皮肤炎症[9-12]，损伤皮肤的抗菌、免疫和物理屏障功能。

尽管大气污染物对皮肤的毒性机制尚不完全明晰，但目前的研究证据已经提出以下三种潜在的作用机制。

（1）细胞内产生自由基：基于 SKH-1 无毛小鼠的研究表明，长期暴露于臭氧，会导致皮肤角质层细胞内产生大量自由基，消耗内源抗氧化物质，使得角质层产生损伤[13-15]。暴露于臭氧或 $PM_{2.5}$ 的人表皮角质形成细胞则出现明显的 DNA 断裂或线粒体损伤，这些观察均说明细胞内潜在蓄积了过多的自由基[16,17]。

（2）炎症反应导致皮肤屏障受损：人表皮角质形成细胞在暴露汽车尾气颗粒后，炎症反应剧烈，白细胞介素-8 和白细胞介素-1β 分泌增加，激活 NF-κB 这种调节促炎（pro-inflammatory）细胞因子表达的转录因子[18,19]。$PM_{2.5}$ 这种大气中直径小于或等于 2.5μm 的颗粒物，结构成分复杂，毒性机制尚不完全清晰。近年来基于人角质形成细胞系的体外毒性检测表明，$PM_{2.5}$ 激活细胞促炎因子的表达，在一些情况下导致细胞凋亡[20,21]。过剩的促炎因子可在一定程度上破坏皮肤屏障，增加过敏性皮炎的风险[22,23]。

（3）激活 AhR 通路：AhR 是一种存在于细胞质中的转录因子，在各类皮肤细胞中广泛存在，具有调节细胞增殖、炎症反应和黑色素生成等过程的功能。与配体结合的 AhR 从细胞质转移进细胞核，并与基因的异生素反应元件（xenobiotic response element）序列结合，如细胞色素 P450 解毒酶。研究表明，TCDD 暴露后的人源黑色素细胞，AhR 被激活，黑色素含量显著上调[24]。$PM_{2.5}$ 也可以激活 AhR 通路，导致人角质形成细胞色素沉着过度[25]。

需要注意的是，以上三种毒性机制可能相互作用，共同介导环境污染物或颗粒物对皮肤的毒性[26,27]。此外，毒理研究发现，许多纳米颗粒物能够直接穿过皮肤的表皮层，作用于真皮细胞[28-30]，且一般来说，颗粒物粒径小、暴露时间长、颗粒物表面带负电荷，能够增强其渗透表皮层到达真皮层的程度[31-33]。而当表皮层受到损伤时，真皮层会直接暴露于环境中，此时空气污染物会更容易进入人体[34,35]，随着存在于真皮层的毛细血管，进一步被运输至局部淋巴结等组织。

纳米颗粒物穿过皮肤屏障的途径可能有：细胞间渗透、毛囊渗透和细胞内渗透三种[36]。其中，细胞间渗透是最主要的途径，因为纳米颗粒物通常表面疏水，而细胞间组织含有丰富的脂质。实验表明，表面亲水性修饰的纳米金颗粒不能深入皮肤深层，但表面疏水性修饰的纳米金颗粒则可以在皮肤更深层被检出[37]。

角质形成细胞的 2D 培养是最简单的体外皮肤细胞毒理模型，如 HaCaT 永生化人表皮角质细胞系。HaCaT 细胞表达角质形成细胞的所有主要表面标记物，并在功能上与原代角质形成细胞一致。许多学者利用这一模型评估多种纳米颗粒物的毒性，结果表明多种纳米颗粒物能够进入角质形成细胞，并对细胞造成不同程度的氧化胁迫、DNA 损伤或细胞活力下降等毒性[38-42]。HaCaT 细胞和人皮肤成纤维细胞共培养体系，还可以评估纳米颗粒物对细胞黏附的影响[43]。此外，原代人表皮角质形成细胞和人真皮成纤维细胞也可以直接分离后用于体外毒性检测[44,45]。但原代细胞寿命较短，既无法在实验室长期培养并扩增，又无法评估长期暴露的毒性，或实现高通量毒性筛查，因此具有明显的局限性。

单层的皮肤细胞既不能体现人体皮肤的复杂性和相互作用，又不能体现皮肤的屏障功能。因此发展更能够模拟真实皮肤形态和功能的 3D 培养，是体外皮肤细胞模型的发展方向。一般来说，3D 皮肤细胞模型由以下元素组成：生长于胶原基质上的成纤维细胞层，以模拟真皮层；其上是暴露于气–液界面的表皮成角质细胞，以模拟表皮层[46]。

2009 年，欧盟禁止在化妆品安全性评估中使用动物实验；2013 年，欧盟禁止进口和销售涉及动物实验的化妆品。OECD 制定了皮肤刺激性测试的动物实验替代方法，全名为“化学品测试指南：体外皮肤刺激性重建人体表皮实验方法”[47]。具体来说，OECD 439 使用一种能够模拟人体表皮的结构和功能的“重建人体表皮模型”的体外实验系统。具体测试方法是将被测物质涂抹在这种模型表面上，待被测物质与皮肤模型表面接触一定时间，然后观察皮肤是否出现如红肿、损伤等刺激反应，以评估被测物质的皮肤刺激潜力。此外，这些政策的提出极大地促进了体外 3D 皮肤组织模型的发展，以适应更广泛的应用场景[48]。其中比较经典的有 Episkin™ 模型、EpiDerm™ 模型和 Epikutis®3D 表皮模型，这些模型将分离的正常人表皮细胞接种在特定的生物基质和结构材料上进行气–液界面培养，获得具有 3D 结构的人表皮组织模型。Episkin™ 模型已经被用于评估多种纳米颗粒物短期和长期暴露的毒性[42,49]，以及研究纳米金颗粒对表皮层的渗透[28]。也有报道利用 EpiDerm™ 模型评估金刚石纳米颗粒和纳米金属颗粒物对皮肤结构的影响[50,51]。

然而，这些体外 3D 人皮肤组织模型只能在一定程度上模拟皮肤结构和皮肤屏障功能[46]，且往往需要大量的原代人角质形成细胞以构建体系，受限于原代细胞有限的体外培养寿命，因此是毒理学研究的掣肘。尽管如 HaCaT 细胞系的永生化人类角质形成细胞系已经被比较广泛地应用于环境污染物毒理评估，但 HaCaT 细胞不适用于构建 3D 皮肤组织模型[52]，因此很难被广泛应用于研究以空气污染物为典型的环境污染物对皮肤屏障的影响。

3.5.4　基于多能干细胞皮肤分化的毒理学模型

3.5.4.1　基于多能干细胞的皮肤分化方法

2009 年，Guenou 等[53]报告人源胚胎干细胞在成纤维滋养层细胞的支持下，可以在 BMP4 和抗坏血酸的培养基环境中自发分化成表达 *KRT14*、*KRT5*、*LAMA5*、*ITGA6* 和 *ITGB4* 等标志基因的角质形成细胞样细胞。随后，基于人多能干细胞分化模型，角质形成细胞样细胞[54]和黑色素细胞样细胞[55]等细胞均可实现体外定向诱导。这些细胞既可以直接用于污染物毒性评估，又可以用于构建 3D 皮肤组织模型，然后再进行污染物暴露实验。

角质形成细胞样细胞的分化：Itoh 等[54]率先提出基于人多能干细胞的角质形成细胞定向分化方法。用全反式视黄酸和 BMP4 处理人多能干细胞，全反式视黄酸与视黄酸受体和类视黄醇 X 受体结合，促进外胚层命运决定；BMP4 激活 SMAD 信号通路，抑制向神经细胞分化。经此处理后的上皮细胞表达角质形成细胞标志基因 *KRT14*，并可用 *ITGA6* 和 *ITGB4* 通过流式细胞术进行富集筛选。将富集后的 KRT14$^+$细胞接种至Ⅰ型胶原蛋白上，可获得具有一定人皮肤结构特征的 3D 结构，且这一结构中的角质形成细胞样细胞能够实现一定程度的终末端分化，因此可用于相关研究。也可将富集后的 KRT14$^+$细胞与人多能干细胞诱导获得的成纤维细胞进行共培养，以模拟皮肤结构中的表皮层和真皮层[56]。

在多能干细胞完成外胚层细胞命运决定后，可使用含有表皮生长因子、成纤维细胞生长因子、霍乱毒素（cholera toxin）、TGF-β 通路抑制剂和 ROCK 通路抑制剂等成分的培养基，促进其向角质形成细胞样细胞（P63$^+$KRT14$^+$）的分化。此外，在诱导过程中，使用Ⅰ型胶原蛋白、Ⅳ型胶原蛋白和纤连蛋白作为细胞的基质胶，也有助于细胞分化和黏附。

黑色素细胞的分化如图 3-18 所示：黑色素细胞产生黑色素，为皮肤提供颜色并保护皮肤免受紫外线伤害。Ohta 等[55]首先报告用悬浮培养的方式将人多能干细胞诱导成拟胚体，拟胚体中已经有神经嵴细胞。随后将拟胚体接种至纤连蛋白基质胶上进行 2D 培养，在含有 Wnt、FGF、霍乱毒素、地塞米松、干细胞因子（SCF）蛋白和抗坏血酸等成分的分化培养基中持续诱导，细胞表达 *SILV*、*TYRP1*、*MITF* 和 *S100* 等黑色素细胞标志基因，呈现成熟黑色素细胞的色素沉着特征。

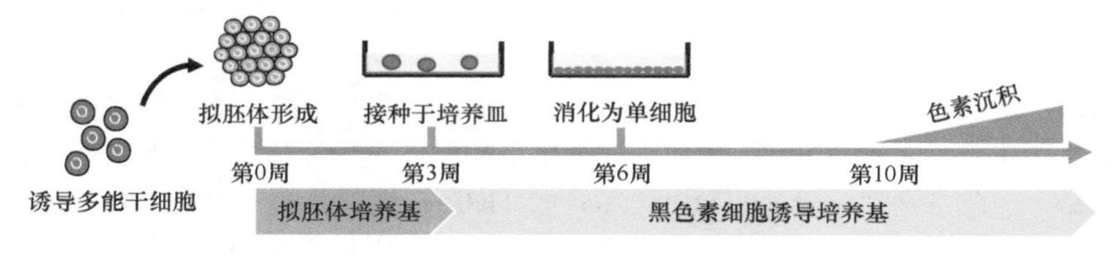

图 3-18　黑色素细胞分化方法

考虑到皮肤结构的复杂性，Lee 等[57]提出了皮肤复杂结构类器官的诱导方法，该方法可获得具有明显表皮、真皮和毛囊结构，以及感觉神经元和施万细胞的皮肤类器官。首先用悬浮培养的方式将人多能干细胞诱导成拟胚体，然后在 BMP4 和低剂量 FGF 的条件下，抑制 TGF-β 通路以抑制神经分化，从而获得较为均一的上皮细胞囊腔结构，即表皮结构。随后加大 FGF 剂量以充分激活下游通路，同时抑制 BMP 通路，以诱导神经嵴细胞形成，从而产生真皮层。经 4 周左右的分化，类器官形成明显的“头尾”部分，继续延长培养，类器官出现明显分层：$KRT5^{+}KRT15^{+}$基底细胞层、KRT5 低表达中间层和 $KRT15^{+}$周皮样分层（图 3-19）。这一目前为止诱导结构最复杂、细胞种类最完全的皮肤类器官分化方案适用于研究环境污染物与颗粒物对皮肤发育过程及皮肤结构的影响，是一种重要的体外皮肤模型。它不仅可以降低实验动物的需求，还可以提高测试效率，获得基于人源细胞的实验数据和结论，推动环境污染物和颗粒物对皮肤健康效应的研究。

3.5.4.2　基于多能干细胞皮肤分化的皮肤毒性评价

皮肤干细胞毒理学模型对研究空气污染的环境健康效应具有重要意义。目前已知的基于皮肤干细胞模型进行毒性检测的研究主要是，程战文等[58]利用人源胚胎干细胞向角质形成细胞分化的模型，评估了超细碳颗粒物在环境相关浓度下的皮肤毒性。超细碳颗粒物目前主要作为增强剂，应用于轮胎和其他橡胶制品，或油漆和油墨等染色材料。根据国际癌症研究机构（IARC）发布的研究报告，超细碳颗粒物被列为 2B 类致癌物，对人类可能具有潜在的致癌风险。该研究发现，1~10μg /mL 的超细碳颗粒物干扰角质形成细胞的分化过程，上调炎症和银屑病相关基因，如 *IL-1β*、*IL-6*、*CXCL1*、*CXCL2*、*CXCL3*、*CCL20*、*CXCL8*、*S100A7* 和 *S100A9*。此外，超细碳颗粒物的暴露尽管对原代分离的人黑色素细胞没有明显的细胞毒性，但显著促进相关功能基因如 *MITF*、*TYR*、*SILV*、*PAX3* 和 *c-KIT* 的表达[58]。黑色素细胞是皮肤表皮层中数量较少的细胞，能够发展为恶性肿瘤——黑色素瘤。因此关注各类环境因子对黑色素细胞的影响，具有切实的现实意义。另一相关研究利用从人皮肤组织中分离出具有一定分化潜能的原代角质形成细胞，测得超细颗粒物的暴露对这些原代细胞造成了氧化胁迫，并干扰了如 *KRT15*、*TP63* 和 *SOX9* 等角质形成细胞标志基因的正常表达[59]。由于超细颗粒物的超小粒径（<100nm），这些颗粒物能够透过肺泡上皮细胞，进入人体血液循环，导致明显的氧化应激和严重的炎症反应[60,61]。因此，关注空气污染物中的超细颗粒物对包括皮肤在内的人体器官的健康效应，将有助于评估空气污染物的风险性。

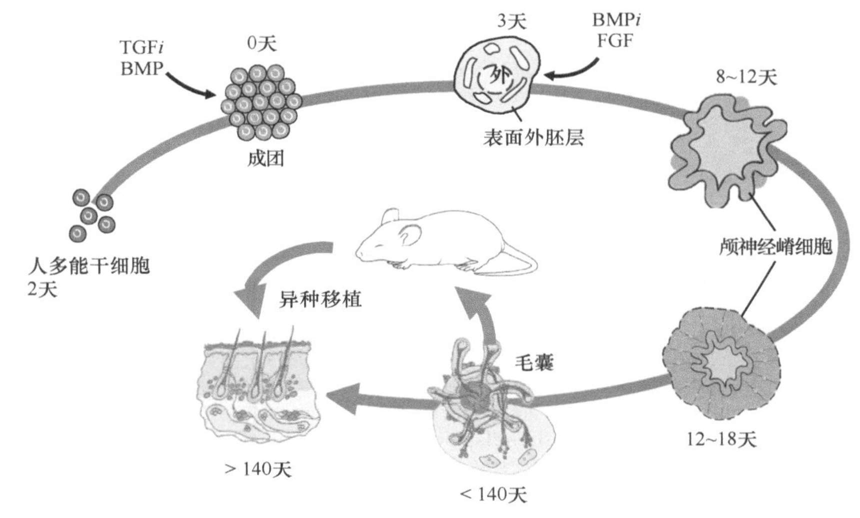

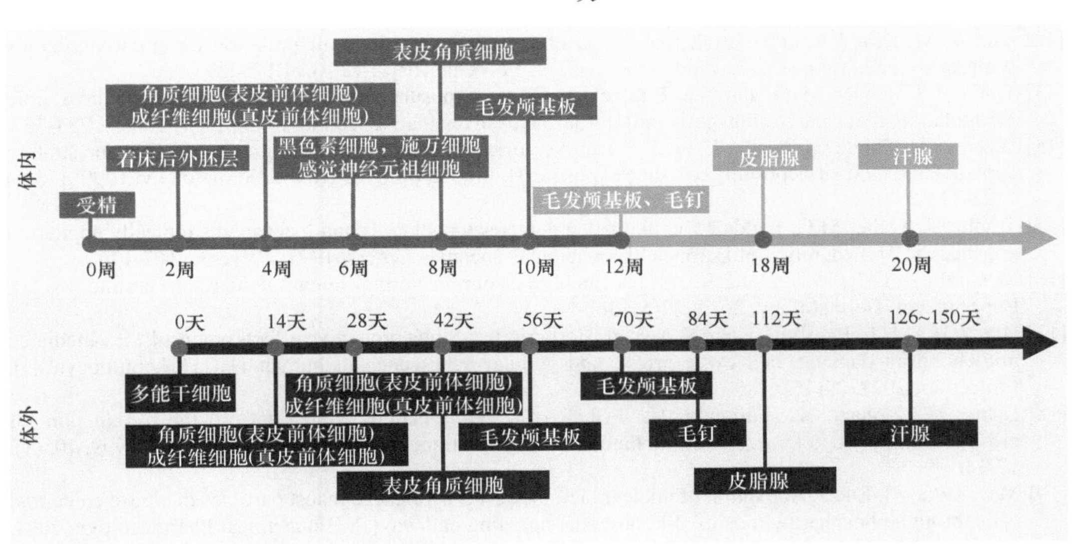

图 3-19　皮肤复杂结构类器官的诱导方法

总体而言，空气污染物中的颗粒物和纳米颗粒物对皮肤细胞的毒理学作用机制尚未完全阐明。基于体外细胞实验的毒性评估，大多是在 2D 单一细胞培养模型上进行的。这样的实验设计没有充分考虑颗粒物在皮肤结构中的渗透。由于绝大多数纳米颗粒物在皮肤没有损伤的情况下无法渗透到有细胞活力的表皮层，而停留或蓄积在角质层或毛囊中，因此角质形成细胞和真皮成纤维细胞往往不直接暴露于颗粒物。皮肤干细胞毒理学模型未来一个重要的研究方向是利用更加贴合人皮肤结构的 3D 组织模型，评估以空气污染物和纳米材料为典型的污染物皮肤毒性。

参 考 文 献

[1] 高英茂, 李和. 组织学与胚胎学[M]. 2 版. 北京: 人民卫生出版社, 2010.

[2] Hu M S, Borrelli M R, Hong W X, et al. Embryonic skin development and repair[J]. Organogenesis, 2018, 14(1): 46-63.

[3] Eyermann C E, Chen X, Somuncu O S, et al. ΔNp63 regulates homeostasis, stemness, and suppression of inflammation in the adult epidermis[J]. Journal of Investigative Dermatology, 2023, 143(5): S240.

[4] Lai A, Owens K, Patel S, et al. The impact of air pollution on atopic dermatitis[J]. Current Allergy and Asthma Reports, 2023, 23(8): 435-442.

[5] Facheris P, Jeffery J, Del Duca E, et al. The translational revolution in atopic dermatitis: The paradigm shift from pathogenesis to treatment[J]. Cellular and Molecular Immunology, 2023, 20(5): 448-474.

[6] Bocheva G, Slominski R M, Slominski A T. Environmental air pollutants affecting skin functions with systemic implications[J]. International Journal of Molecular Sciences, 2023, 24(13): 10502.

[7] Vierkötter A, Schikowski T, Ranft U, et al. Airborne particle exposure and extrinsic skin aging[J]. Journal of Investigative Dermatology, 2010, 130(12): 2719-2726.

[8] Krutmann J, Liu W, Li L, et al. Pollution and skin: From epidemiological and mechanistic studies to clinical implications[J]. Journal of Dermatological Science, 2014, 76(3): 163-168.

[9] Li W, Han J, Choi H K, et al. Smoking and risk of incident psoriasis among women and men in the United States: A combined analysis[J]. American Journal of Epidemiology, 2012, 175(5): 402-413.

[10] Lee Y L, Su H J, Sheu H M, et al. Traffic-related air pollution, climate, and prevalence of eczema in Taiwanese school children[J]. Journal of Investigative Dermatology, 2008, 128(10): 2412-2420.

[11] Kim E-H, Kim S, Lee J H, et al. Indoor air pollution aggravates symptoms of atopic dermatitis in children[J]. PLoS One, 2015, 10(3): e0119501.

[12] Kim Y M, Kim J, Han Y, et al. Short-term effects of weather and air pollution on atopic dermatitis symptoms in children: A panel study in Korea[J]. PLoS One, 2017, 12(4): e0175229.

[13] Thiele J J, Traber M G, Polefka T G, et al. Ozone-exposure depletes vitamin E and induces lipid peroxidation in murine stratum corneum[J]. Journal of Investigative Dermatology, 1997, 108(5): 753-757.

[14] Weber S U, Thiele J J, Packer L, et al. Vitamin C, uric acid, and glutathione gradients in murine stratum corneum and their susceptibility to ozone exposure[J]. Journal of Investigative Dermatology, 1999, 113(6): 1128-1132.

[15] Thiele J J, Traber M G, Podda M, et al. Ozone depletes tocopherols and tocotrienols topically applied to murine skin[J]. Federation of European Biochemical Societies Letters, 1997, 401(2-3): 167-170.

[16] McCarthy J T, Pelle E, Dong K, et al. Effects of ozone in normal human epidermal keratinocytes[J]. Experimental Dermatology, 2013, 22(5): 360-361.

[17] Herath H M U L, Piao M J, Kang K A, et al. Hesperidin exhibits protective effects against $PM_{2.5}$-mediated mitochondrial damage, cell cycle arrest, and cellular senescence in human HaCaT keratinocytes[J]. Molecules, 2022, 27(15): 4800.

[18] Ushio H, Nohara K, Fujimaki H. Effect of environmental pollutants on the production of pro-inflammatory cytokines by normal human dermal keratinocytes[J]. Toxicology Letters, 1999, 105(1): 17-24.

[19] Ma C, Wang J, Luo J. Activation of nuclear factor kappa B by diesel exhaust particles in mouse epidermal cells through phosphatidylinositol 3-kinase/Akt signaling pathway[J]. Biochemical Pharmacology, 2004, 67(10): 1975-1983.

[20] Dong L, Hu R, Yang D, et al. Fine particulate matter ($PM_{2.5}$) upregulates expression of inflammasome NLRP1 via ROS/NF-κB signaling in HaCaT cells[J]. International Journal of Medical Sciences, 2020, 17(14): 2200-2206.

[21] Noh H H, Shin S H, Roh Y J, et al. Particulate matter increases *Cutibacterium* acnes-induced inflammation in human epidermal keratinocytes via the TLR4/NF-κB pathway[J]. PLoS One, 2022, 17(8): e0268595.

[22] Kim B E, Kim J, Goleva E, et al. Particulate matter causes skin barrier dysfunction[J]. JCI Insight, 2021, 6(5): e145185.

[23] Hieda D S, Anastacio da Costa Carvalho L, Vaz de Mello B, et al. Air particulate matter induces skin barrier dysfunction and water transport alteration on a reconstructed human epidermis model[J]. Journal of Investigative Dermatology, 2020, 140(12): 2343-2352.

[24] Luecke S, Backlund M, Jux B, et al. The aryl hydrocarbon receptor (AHR), a novel regulator of human melanogenesis[J]. Pigment Cell and Melanoma Research, 2010, 23(6): 828-833.

[25] Shi Y, Zeng Z, Liu J, et al. Particulate matter promotes hyperpigmentation via AHR/MAPK signaling activation and by increasing α-MSH paracrine levels in keratinocytes[J]. Environmental Pollution, 2021, 278: 116850.
[26] Cervellati F, Benedusi M, Manarini F, et al. Proinflammatory properties and oxidative effects of atmospheric particle components in human keratinocytes[J]. Chemosphere, 2020, 240: 124746.
[27] von Koschembahr A, Youssef A, Béal D, et al. Toxicity and DNA repair in normal human keratinocytes co-exposed to benzo[*a*]pyrene and sunlight[J]. Toxicology in Vitro, 2020, 63: 104744.
[28] Hao F, Jin X, Liu Q S, et al. Epidermal penetration of gold nanoparticles and its underlying mechanism based on human reconstructed 3D EpiSkin model[J]. ACS Applied Materials & Interfaces, 2017, 9(49): 42577-42588.
[29] Rancan F, Gao Q, Graf C, et al. Skin penetration and cellular uptake of amorphous silica nanoparticles with variable size, surface functionalization, and colloidal stability[J]. American Chemical Society Nano, 2012, 6(8): 6829-6842.
[30] Holmes A M, Song Z, Moghimi H R, et al. Relative penetration of zinc oxide and zinc ions into human skin after application of different zinc oxide formulations[J]. American Chemical Society Nano, 2016, 10(2): 1810-1819.
[31] Kohli A K, Alpar H O. Potential use of nanoparticles for transcutaneous vaccine delivery: Effect of particle size and charge[J]. International Journal of Pharmaceutics, 2004, 275(1-2): 13-17.
[32] Sonavane G, Tomoda K, Sano A, et al. *In vitro* permeation of gold nanoparticles through rat skin and rat intestine: Effect of particle size[J]. Colloids and Surfaces. B, Biointerfaces, 2008, 65(1): 1-10.
[33] Wu J, Liu W, Xue C, et al. Toxicity and penetration of TiO_2 nanoparticles in hairless mice and porcine skin after subchronic dermal exposure[J]. Toxicology Letters, 2009, 191(1): 1-8.
[34] Larese F F, D'Agostin F, Crosera M, et al. Human skin penetration of silver nanoparticles through intact and damaged skin[J]. Toxicology, 2009, 255(1-2): 33-37.
[35] Larese Filon F, Mauro M, Adami G, et al. Nanoparticles skin absorption: New aspects for a safety profile evaluation[J]. Regulatory Toxicology and Pharmacology, 2015, 72(2): 310-322.
[36] Liang X, Xu Z, Grice J, et al. Penetration of nanoparticles into human skin[J]. Current Pharmaceutical Design, 2013, 19(35): 6353-6366.
[37] Wang M, Lai X, Shao L, et al. Evaluation of immunoresponses and cytotoxicity from skin exposure to metallic nanoparticles[J]. International Journal of Nanomedicine, 2018, 13: 4445-4459.
[38] Carrola J, Bastos V, Jarak I, et al. Metabolomics of silver nanoparticles toxicity in HaCaT cells: Structure-activity relationships and role of ionic silver and oxidative stress[J]. Nanotoxicology, 2016, 10(8): 1105-1117.
[39] Gopinath P M, Twayana K S, Ravanan P, et al. Prospects on the nano-plastic particles internalization and induction of cellular response in human keratinocytes[J]. Particle and FibreToxicology, 2021, 18(1): 35.
[40] Pucelik B, Sułek A, Borkowski M, et al. Synthesis and characterization of size- and charge-tunable silver nanoparticles for selective anticancer and antibacterial treatment[J]. ACS Applied Materials & Interfaces, 2022, 14(13): 14981-14996.
[41] Brassolatti P, de Almeida Rodolpho J M, Franco de Godoy K, et al. Functionalized titanium nanoparticles induce oxidative stress and cell death in human skin cells[J]. International Journal of Nanomedicine, 2022, 17: 1495-1509.
[42] Liang Y, Simaiti A, Xu M, et al. Antagonistic skin toxicity of co-exposure to physical sunscreen ingredients zinc oxide and titanium dioxide nanoparticles[J]. Nanomaterials, 2022, 12(16): 2769.
[43] Tan J, Zhao C, Zhou J, et al. Co-culturing epidermal keratinocytes and dermal fibroblasts on nano-structured titanium surfaces[J]. Materials Science & Engineering. C, Materials for Biological Applications, 2017, 78: 288-295.
[44] Zhang L W, Zeng L, Barron A R, et al. Biological interactions of functionalized single-wall carbon nanotubes in human epidermal keratinocytes[J]. International Journal of Toxicology, 2007, 26(2): 103-113.
[45] Auffan M, Rose J, Orsiere T, et al. CeO_2 nanoparticles induce DNA damage towards human dermal fibroblasts *in vitro*[J]. Nanotoxicology, 2009, 3(2): 161-171.
[46] Netzlaff F, Lehr C M, Wertz P W, et al. The human epidermis models EpiSkin, SkinEthic and EpiDerm: An evaluation of morphology and their suitability for testing phototoxicity, irritancy, corrosivity, and substance transport[J]. European Journal of Pharmaceutics and Biopharmaceutics, 2005, 60(2): 167-178.
[47] OECD. Test no. 439: *In vitro* skin irritation: Reconstructed human epidermis test method[C]// OECD Guidelines for the Testing of Chemicals, Section 4. Paris: OECD Publishing, 2021.
[48] Kandarova H, Willoughby J A, de Jong W H, et al. Pre-validation of an *in vitro* skin irritation test for medical devices using the reconstructed human tissue model Epiderm™[J]. Toxicology in Vitro, 2018, 50: 407-417.

[49] Kim H, Choi J, Lee H, et al. Skin corrosion and irritation test of nanoparticles using reconstructed three-dimensional human skin model, EpiDerm^{TM}[J]. Toxicological Research, 2016, 32(4): 311-316.
[50] Fraczek W, Kregielewski K, Wierzbicki M, et al. A comprehensive assessment of the biocompatibility and safety of diamond nanoparticles on reconstructed human epidermis[J]. Materials, 2023, 16(16): 5600.
[51] Bengalli R, Colantuoni A, Perelshtein I, et al. *In vitro* skin toxicity of CuO and ZnO nanoparticles: Application in the safety assessment of antimicrobial coated textiles[J]. NanoImpact, 2021, 21: 100282.
[52] Khurana P, Kolundzic N, Flohr C, et al. Human pluripotent stem cells: An alternative for 3D *in vitro* modelling of skin disease[J]. Experimental Dermatology, 2021, 30(11): 1572-1587.
[53] Guenou H, Nissan X, Larcher F, et al. Human embryonic stem-cell derivatives for full reconstruction of the pluristratified epidermis: A preclinical study[J]. Lancet, 2009, 374(9703): 1745-1753.
[54] Itoh M, Kiuru M, Cairo M S, et al. Generation of keratinocytes from normal and recessive dystrophic epidermolysis bullosa-induced pluripotent stem cells[J]. Proceedings of the National Academy of Sciences of the United States of America, 2011, 108(21): 8797-8802.
[55] Ohta S, Imaizumi Y, Okada Y, et al. Generation of human melanocytes from induced pluripotent stem cells[J]. PLoS One, 2011, 6(1): e16182.
[56] Itoh M, Umegaki-Arao N, Guo Z, et al. Generation of 3D skin equivalents fully reconstituted from human induced pluripotent stem cells (iPSCs)[J]. PLoS One, 2013, 8(10): e77673.
[57] Lee J, Rabbani C C, Gao H, et al. Hair-bearing human skin generated entirely from pluripotent stem cells[J]. Nature, 2020, 582(7812): 399-404.
[58] 程战文, 殷诺雅, Faiola F. 干细胞毒理学在大气污染健康风险评估中的应用[J]. 中国科学: 化学, 2018, (48): 1269.
[59] Labarrade F, Meyrignac C, Plaza C, et al. The impact of airborne ultrafine particulate matter on human keratinocyte stem cells[J]. International Journal of Cosmetic Science, 2023, 45(2): 214-223.
[60] Brown D M, Wilson M R, MacNee W, et al. Size-dependent proinflammatory effects of ultrafine polystyrene particles: A role for surface area and oxidative stress in the enhanced activity of ultrafines[J]. Toxicology and Applied Pharmacology, 2001, 175(3): 191-199.
[61] Li N, Sioutas C, Cho A, et al. Ultrafine particulate pollutants induce oxidative stress and mitochondrial damage[J]. Environmental Health Perspectives, 2003, 111(4): 455-460.

3.6 肺干细胞毒理学模型

3.6.1 肺的结构与功能

肺是人体呼吸系统的重要器官。宏观上来说，根据其主要功能，肺的上皮结构可以分为导气区和呼吸区。导气区包括主支呼吸道、支呼吸道和末梢细支呼吸道；呼吸区由呼吸性细支呼吸道、肺泡导管和肺泡组成。呼吸道是一个管状结构，连接喉部和支呼吸道。人的呼吸道内部有纤毛和黏液，具有清除吸入颗粒物和微生物的功能。呼吸道分为左右两支，分别进入左右两侧肺，左右两支再继续分支进入肺的不同叶，这些分支被称为支呼吸道。人的支呼吸道中也有丰富的纤毛和黏液，同样具有清除吸入颗粒物和微生物的功能。空气通过导气区进入呼吸区，在肺泡中进行气体交换：空气中的氧气透过肺泡上皮细胞进入血管，血液中的二氧化碳透过肺泡被释放。肺泡由许多小囊泡组成，被包埋在血管网中。肺的分支和肺泡结构提供了大量的表面积，同时肺泡和血管密切接触，这些特征适应于氧气和二氧化碳的高效迅速交换。

除上皮结构外，肺还有丰富的间质结构，由纤维组织和血管构成，富含充满胶原蛋白、弹性蛋白等蛋白的基质，具有支持肺泡结构、为气体交换提供界面的功能。肺由外层胸膜（pleura）和内层胸膜包围，外层胸膜附着在胸腔内壁，而内层胸膜紧密贴附在肺表面。这两层胸膜之间有一层液体，称为胸膜腔，有助于减少肺的摩擦。

人肺的主要细胞组成包括：上皮细胞、间充质细胞、内皮细胞、间皮细胞和免疫细胞。上皮细胞可以根据它们的位置进一步分为呼吸道上皮细胞和肺泡上皮细胞。呼吸道上皮细胞主要包括基底细胞、分泌细胞、纤毛细胞和杯状细胞，还有少量的神经内分泌细胞[1]和离子细胞[2,3]。基底细胞（P63$^+$KRT5$^+$）是人呼吸道上皮细胞中的干细胞，可以自我复制和产生其他呼吸道上皮细胞类型[4,5]。分泌细胞（SCGB1A1$^+$SCGB3A2$^+$）主要分布于细支呼吸道和末梢细支呼吸道，合成多种分泌蛋白，以调节呼吸道黏液分泌和免疫调节等。纤毛细胞（FOXJ1$^+$）的典型形态学特征是其顶端表面的富含乙酰化微管蛋白（acetylated tubulin）的活动纤毛（motile cilia），这种结构能够清除呼吸道中吸入的颗粒和病原体，帮助保持呼吸道的通畅和清洁。杯状细胞（MUC5AC$^+$MUC5B$^+$）是一种高度极化、分泌多种黏蛋白的上皮细胞，其与纤毛细胞协同作用，以实现黏液运动（又称纤毛清除作用）。

肺泡上皮细胞分为Ⅰ型肺泡上皮细胞和Ⅱ型肺泡上皮细胞两种。Ⅰ型肺泡上皮细胞（PDPN$^+$HOPX$^+$AGER$^+$AQP5$^+$）呈薄而扁平的鳞状，占据每个肺泡表面积的 95%，负责与周围毛细血管进行气体交换。Ⅱ型肺泡上皮细胞（pro-SPC$^+$LAMP3$^+$ABCA3$^+$）在肺泡中数量最多，呈立方状，含有分泌细胞器和板层小体（lamellar body），可分泌多种表面活性物质，这些蛋白和脂质有助于降低肺泡表面张力，防止肺泡塌陷。在小鼠中，Ⅱ型肺泡上皮细胞是肺泡上皮细胞中的干细胞，可以自我更新和分化成Ⅰ型肺泡上皮细胞[6,7]。

3.6.2　肺的发生和重要调节因子

肺来源于内胚层，其发育始于人胚胎发育的第 4 周左右，分为胚胎期（embryonic stage）、假腺期（pseudoglandular stage）、小管期（canalicular stage）、囊泡期（saccular stage）和肺泡期（alveolar stage）五个阶段。在胚胎期（4~7 孕周），前肠袋（foregut）形成两个原始肺芽（lung bud），位于胎心两侧。约第 5 周，由 NKX2.1$^+$细胞组成的原始肺芽分化形成主支呼吸道，形成左右侧肺的整体结构。肺上皮来源于内胚层，而上皮细胞周围的间充质组织则来源于中胚层[8]。

在假腺期（8~16 孕周），主支呼吸道经历分支形态发生以产生树状呼吸道结构，形成肺的主要支呼吸道和肺叶；在随后的发育中，呼吸道的末端和支呼吸道继续分支，末端形成肺泡。假腺体阶段的上皮结构末梢，存在着 SOX9$^+$ID2$^+$肺上皮前体细胞，这种细胞在发育后期分化为呼吸道和肺泡谱系的肺上皮细胞[9-11]。在假腺期结束时，树状呼吸道结构完成主要的分支形态发生，位于结构终末端的上皮前体细胞分化产生呼吸道上皮细胞。

小管期（16~24 孕周），SOX9$^+$ID2$^+$肺上皮前体细胞下调 SOX9 表达，肺泡发育启动。这一阶段的主要变化是在形态学上，呼吸道终末端扩大，出现Ⅱ型肺泡上皮细胞，周围间充质变薄，以为后续的肺泡发生做好空间上的准备[12]。

在囊泡期（24~36 孕周），支呼吸道扩张形成囊泡，上皮结构的末端细胞形成由Ⅰ型肺泡上皮细胞和Ⅱ型肺泡上皮细胞组成的原始肺泡。Ⅱ型肺泡上皮细胞内含有丰富的板层小体（生产表面活性蛋白的细胞器），并能分泌出成熟的肺泡表面活性蛋白，如 B 型和 C 型表面活性蛋白。两个囊泡之间出现由毛细血管网络和成纤维细胞组成的初级隔膜（primary septum）[13]。

肺泡期是肺泡形成过程的统称，始于约 36 孕周，完成于青少年时期。在此过程中，原始肺泡经过分支、延伸和扩张，实现气体交换界面表面积的增加，形成成熟的肺泡结构。肺泡期的另一重要发育事件是包绕在肺泡上的毛细血管网络逐渐致密排布，以与肺泡上皮细胞紧密协同，实现气体交换。

现有关于肺部发育的分子调控机制大多基于小鼠模型，相比之下，基于人源模型的研究仍然乏善可陈，但对比人肺上皮前体细胞和小鼠肺上皮前体细胞的转录组，两者之间的同源性基因表达超过 90%，说明两者之间尽管存在差别，但具有高度保守的基因表达[14]。概括地说，NKX2.1 是肺部发生的关键转录因子，前肠内胚层中表达 NKX2.1 的细胞会在后续发育成肺芽[15]，而 *Nkx2.1* 基因敲除小鼠无法发育产生肺部[16]。SOX9 是调控肺上皮前体细胞的重要转录因子。小鼠肺上皮前体细胞为 $SOX9^+ID2^+SOX2^-$的细胞，在肺发育到假腺期，随着分支形态发生，这类前体细胞通过下调 SOX9 和上调 SOX2 来实现呼吸道谱系分化[9,17]。相比之下，人肺上皮前体细胞则为 $SOX9^+ID2^+SOX2^+$，SOX2 在假腺期一直与 SOX9 共表达[10,11,18]。尽管人肺上皮前体细胞也通过下调 SOX9 的方式启动呼吸道谱系分化，但 SOX2 在前体细胞和呼吸道谱系分化中的作用尚不完全明确。这类上皮前体细胞是肺部所有上皮细胞的祖细胞，在不同的发育阶段分化出不同的上皮细胞类型，共同构成肺部上皮树状结构[9]。

来源于间充质的信号对肺部上皮分化具有关键调控作用，决定上皮前体细胞向呼吸道或肺泡细胞的分化，维持肺泡上皮细胞的命运。例如，BMP 信号通路调控肺近端–远端（proximal-distal）排布和肺泡上皮细胞的分化[19,20]；FGF 作为趋化因子，调控上皮前体细胞的增殖，并维持 SOX9 的表达[21,22]；Notch 通路调控假腺期肺的分支形态发生[23]；糖皮质激素信号可以促进肺泡上皮细胞的分化[14]。此外，Wnt/β-catenin 信号通路在肺发育过程中发挥重要作用，在不同阶段具有不同的下游调控机制。在肺芽形成过程中，Wnt 信号通过调节特定基因的表达，帮助定义肺芽的分化，从而确保肺的发生。随后，Wnt/β-catenin 信号通路维持肺上皮前体细胞的命运，且可以促进部分前体细胞向呼吸道上皮谱系分化，在肺泡发育阶段则促进Ⅱ型肺泡上皮细胞分化。下调该通路则有助于Ⅰ型肺泡上皮细胞的产生。需要注意的是，Wnt/β-catenin 信号通路的调控是一个复杂的过程，它与其他信号通路和转录因子相互交织，共同调控着肺的发生和发育。

3.6.3　环境污染物和颗粒物肺部毒性评估的传统方法

肺作为负责呼吸的器官，是空气污染的直接作用对象，空气中的病原体、大气颗粒物以及附着在颗粒物表面的有机物、小分子无机物和重金属等，通过吸入（inhalation）进入人体。根据目前的研究，这些外来物质在进入肺部后，可能造成炎症反应，导致免疫细胞的聚集和炎症因子的释放；刺激细胞产生过多自由基，导致细胞氧化应激，造成细胞膜和 DNA 损伤。大气污染物也可能干扰免疫系统的正常功能，降低肺部对感染和疾病的抵抗力[24,25]。因此，长期暴露于空气污染物可能导致肺功能下降，使肺部无法有效地进行气体交换，从而导致呼吸困难，肺部疾病（如哮喘、慢性阻塞性肺病等）和肺癌的发病风险增加。

大气颗粒物是空气污染物的重要组成部分。根据其空气动力学直径，微米级的大气颗粒物在呼吸道即可以通过黏膜纤毛作用清除；而纳米级的颗粒物，尤其在 100nm 以下直径的颗粒物，无法在呼吸道被清除，且其直径越小，越容易随着呼吸而扩散到整个肺部，作用于肺泡上皮细胞[26]，并有可能穿透气血屏障进入体循环，进而影响其他器官[27]。

近年来，由 $PM_{2.5}$ 所引发的空气污染问题成为环境毒理学的研究热点。$PM_{2.5}$ 是指环境空气中空气动力学直径小于等于 2.5μm、大于 0.1μm 的颗粒物，来自多种源头，如工业排放、交通排放、建筑施工、农业活动和自然过程（如风扬尘、火灾等）等。由于其细小的粒径，$PM_{2.5}$ 能够较长时间悬浮于空气中，容易被人体吸入，并深入肺部，对健康产生较大影响[28]。流行病学研究已经提供了丰富证据，确立了 $PM_{2.5}$ 暴露与哮喘、慢性阻塞性肺病、特发性肺纤维化等肺部疾病和肺癌发生的关联性。例如，Zanobetti 和 Schwartz[29]分析了 1995~2006 年美国全国的数据，发现随着 $PM_{2.5}$ 在大气中的含量升高，心血管和肺部疾病致死率升高；Turner 等[30]通过 26 年的追踪研究，证实了 $PM_{2.5}$ 的长期暴露能够导致人患上肺癌而死亡。

国内学者也进行了大量的人群流行病学研究，关注重点之一即室外空气污染和室内空气污染与肺病肺癌发生的相关性。室外空气污染的研究，Cao 和 Chen[31]追踪考察了 1998~2009 年，天津、沈阳、太原和日照的 39054 人，证实了长期暴露于大气颗粒物的人群肺癌死亡率升高，佐证了基于欧美国家和地区人群的研究，填补了我国在此方面数据的空白。Fu 等[32]对中国 31 个省（自治区、直辖市）2008 年的 $PM_{2.5}$ 水平和肺癌患者死亡率作出地区分布图，发现在 $PM_{2.5}$ 污染严重的地区，肺癌患者死亡率显著高于 $PM_{2.5}$ 污染轻的地区。室内空气污染的研究，则多关注厨房油烟污染，例如 Zhong 等[33]调查了 601 个无吸烟史的女性，发现厨房油烟的暴露会增加女性患肺癌的概率。

$PM_{2.5}$ 经吸入进入人体，人体中最初受到影响的是直接与吸入空气接触的呼吸道上皮细胞和实现气体交换的肺泡上皮细胞。已知在成年小鼠中，II 型肺泡上皮细胞是成体干细胞，具有自我更新并向 I 型肺泡上皮细胞分化的能力[6,9]。这种能力直接影响肺的稳态和受到损伤后的再生能力，因此，评估空气污染物对 II 型肺泡上皮细胞的毒性，对阐明空气污染的环境健康效应具有重要意义。目前，人源 II 型肺泡上皮细胞的稀缺性限制了空气污染物毒性评价体外模型的广泛应用。II 型肺泡上皮细胞在第 26 孕周左右开始发育，因此从流产胎儿中分离人胚胎 II 型肺泡上皮的可能性很小。此外，由于肺泡细胞活检具有深度侵入性和危险性，因此成体人源 II 型肺泡上皮细胞很少用于毒理学研究。相比之下，原代呼吸道上皮细胞更易获得，因此有研究利用原代支呼吸道上皮细胞的气–液界面培养模型，检测香烟烟雾的毒性。结果表明，香烟烟雾的暴露促使细胞产生氧化应激，激活异物代谢和炎症通路[34]。

毒理学研究应用较为广泛的模型是小鼠动物模型和人源癌细胞系模型如 A549、HBE16 和 BEAS-2B 等。小鼠动物模型通常采用呼吸道内滴注的方式使小鼠的呼吸道和肺部暴露于环境污染物与颗粒物。目前已知经此途径暴露 $PM_{2.5}$ 后，小鼠肺部产生大量炎症因子，氧化应激通路被激活，中性粒细胞转移至呼吸道和肺部，并促使小鼠肺纤维化[35-37]。根据 He 等[38]的研究，小鼠暴露于吸附着病原体的 $PM_{2.5}$ 后，肺部炎症反应加剧，肺部灌注液中白细胞介素等促炎因子的含量显著增加，说明 $PM_{2.5}$ 不但促进炎症，还对肺部的正常免疫反应有所干扰。类似的结论在 Marques 等[39]的研究中也有所验证，通过模拟 $PM_{2.5}$ 经呼吸进入体内，他们发现转移至肺部的大量中性粒细胞和巨噬细胞处于氧化应激的状态，与细胞氧化剂解毒和过氧化氢分解代谢相关的基因显著下调，由免疫细胞介导的 II 型肺泡上皮细胞再生过程被抑制，从而可能导致肺部组织损伤。Déméautis 等[40]的研究发现，长期暴露于 $PM_{2.5}$ 中二次有机气溶胶的小鼠出现明显的肺泡结构损伤，其潜在毒理机制为大量转移至肺部的巨噬细胞分泌了过量的基质金属蛋白酶（matrix metalloproteinases），破坏了肺泡上皮细胞所处的胞外基质环境。

基于小鼠动物模型的环境污染物和颗粒物肺部毒性的研究，能够检测到肺部在毒物暴露后的免疫反应。基于人源细胞的毒理学研究则着重探讨以 $PM_{2.5}$ 为典型的环境污染物和颗粒物对肺部不同上皮细胞的损伤与作用机制，以及 $PM_{2.5}$ 这一成分十分复杂的大气颗粒物的不同组分对上皮细胞的毒性和机制。常见的支呼吸道上皮永生化细胞系有 BEAS-2B、16HBE 和 Calu-3，常见的 II 型肺泡上皮永生化细胞系有 A549 和 NCI-H441。BEAS-2B 细胞与呼吸道基底上皮细胞相似，但其分化能力有限且不形成紧密连接（tight junction）[41]；16HBE 细胞以极化（polarised）细胞层的形式生长[42]；Calu-3 细胞则为带有微绒毛和分泌囊泡的呼吸道上皮细胞[43]；A549 细胞分泌 II 型肺泡上皮细胞特异的表面活性蛋白，但不形成紧密连接[44]；NCI-H441 细胞是极化的细胞单层[45]。除了这些永生化细胞系，原代呼吸道和肺部上皮细胞也可用于毒理学研究。通常认为，尽管原代分离的上皮细胞寿命有限，但在有限的时间里这些细胞能够更好地保持与体内细胞相似的功能特性。从人呼吸道和支呼吸道分离培养呼吸道基底上皮细胞的方法相对成熟[46,47]，可以作为环境污染物和颗粒物毒性评估的模型。

基于目前的体外研究，已知 $PM_{2.5}$ 对肺部上皮细胞的毒性表现为炎症反应、氧化应激和 DNA 损伤、线粒体损伤、细胞凋亡、细胞自噬和上皮–间质转化（epithelial-mesenchymal transition）。例如，BEAS-2B 细胞、Calu-3 细胞核原代支呼吸道基底细胞在暴露 $PM_{2.5}$ 后，促炎因子和炎症反应相关基因显著上调[48-50]。Nrf2/NF-κB 通路介导 $PM_{2.5}$ 暴露引起的 BEAS-2B 细胞谷胱甘肽状态失衡，脂质过氧化物丙二醛和超氧化物歧化酶过剩，从而导致细胞产生氧化应激[51,52]。16HBE 细胞暴露于 $PM_{2.5}$ 后，则出现了染色质损伤、DNA 链断裂、DNA 修复基因 *RAD51* 表达下调[53]。而细胞抗氧化能力失衡后，过剩的活性氧会扰动线粒体的正常代谢和稳态过程，导致线粒体产生更多的活性氧，从而放大氧化应激的细胞效应。电子显微镜成像发现，小粒径颗粒物在线粒体内沉积，导致线粒体结构受损，线粒体膜电位和电子传递链活性发生改变[54,55]。氧化应激所导致的线粒体损伤，通过 Bcl2 家族介导细胞凋亡。A549 细胞在暴露于 $PM_{2.5}$ 后，Bax

表达上调，Bcl2 表达下调，说明细胞凋亡过程的启动。细胞自噬是由溶酶体（lysosome）发挥主要功能的，清除和回收细胞内部受损的或不需要的细胞成分的过程。$PM_{2.5}$ 可能会导致上皮细胞自噬过程异常增强，潜在导致细胞功能失调、炎症增加，最终导致细胞死亡[56,57]。上皮–间质转化是上皮细胞失去极性和细胞黏附特性，获得间充质表型的形态发生过程，这种转化过程在胚胎发育、器官形成和创伤修复等正常生理情况下是必要的。由于这种转化过程导致上皮细胞失去典型的紧密连接和极性，同时获得了间质细胞的特征，如增强的运动能力、细胞外基质附着和浸润能力等，因此在癌症中可能被异常激活，从而促进癌细胞的侵袭和转移。BEAS-2B 和 A549 细胞暴露于 $PM_{2.5}$ 后，E-钙黏蛋白表达量降低，波形蛋白（vimentin）表达量升高，说明细胞发生了上皮–间质转化[58,59]。

考虑到呼吸道和肺部上皮细胞直接接触吸入体内的空气，因此其体外培养常常用到气–液界面体系，以更好地模拟细胞真实的生长环境。传统的二维细胞培养系统中，细胞贴壁培养，完全浸没于培养基，这一体系往往无法完全模拟体内存在的上皮细胞黏附和细胞连接结构[60]，因此可能提供假阴性结果。而气–液界面体系作为比较复杂的 3D 模型，能更好地模拟呼吸道上皮细胞在体内的生理条件，因此是更贴合实际、更有效地评估大气污染物和颗粒物对呼吸道上皮细胞的模型。呼吸道基底细胞在气–液界面体系中能够分化出极化的黏液分泌细胞和纤毛细胞，其形态和功能与原位呼吸道上皮相似，且能够在一定程度上模拟呼吸道上皮细胞的电生理过程和纤毛运动，因而非常适合用作大气颗粒物的暴露，以及评估这些污染物对呼吸道的健康效应。相关研究有 Amatngalim 等[61]直接将气–液界面体系的原代支呼吸道基底细胞暴露于混有香烟烟雾的空气；Lenz 等[60]提出将气–液界面体系的细胞暴露于雾化后的纳米颗粒物，而不是干燥的空气，以更加贴合实际的大气气溶胶暴露环境。此外，为了更好地辨析 $PM_{2.5}$ 中不同组分的毒性，Montgomery 等[62]将采集的 $PM_{2.5}$ 样品根据油溶性和水溶性提取之后，再进行气–液界面细胞暴露，发现油溶性成分中包含苯并芘等多环芳烃，相比于水溶性的金属组分，对促进基底细胞炎症的影响更大。

3.6.4　基于多能干细胞肺分化的毒理学模型

根据肺的发育，多能干细胞的分化大致分为限定性内胚层阶段、前肠内胚层分化阶段、肺上皮前体细胞诱导阶段和随后的呼吸道上皮细胞分化或肺泡上皮细胞分化两个分支阶段[63]。限定性内胚层的分化需要将多能干细胞的 Wnt/β-catenin 和 Activin A/Nodal 通路激活，下调多能性转录因子，上调内胚层转录因子，如 SOX17 和 FOXA2。随后，通过抑制 BMP 和 TGF-β 通路在限定性内胚层细胞的表达，获得前肠内胚层细胞，这些细胞在 Wnt/β-catenin、FGF 和视黄酸通路的促进下能够开始表达 NKX2.1 和 SOX9，从而成为肺上皮前体细胞。肺上皮前体细胞在不同诱导条件下能够分化呼吸道基底细胞或 II 型肺泡上皮细胞。

3.6.4.1 基于多能干细胞的呼吸道上皮分化方法

随着多能干细胞分化方案的不断发展和优化，Hawkins 等[64,65]已经提出了能够高效诱导获得基底细胞的实验方法。该方法使用 NKX2.1 和 TP63 荧光标记的多能干细胞，在诱导获得 NKX2.1^{+}TP63^{-}肺上皮前体细胞后，可通过流式细胞术纯化目标细胞，然后在由 FGF2、FGF10、地塞米松、环磷酸腺苷（cAMP）、3-异丁基-1-甲基黄嘌呤（3-isobutyl-1-methylxanthine，IBMX，磷酸二酯酶抑制剂）和 ROCK 通路抑制剂组成的条件培养基作用下，TP63 表达上调。根据对比诱导获得的 NKX2.1^{+}TP63^{+}细胞和原代基底细胞的基因表达特征，NKX2.1^{+}TP63^{+}细胞与原代细胞高度相似。此外，诱导获得的基底细胞样细胞能够在体外条件下长期传代培养，并在气–液界面体系中分化出分泌细胞、纤毛细胞和杯状细胞，且具有电生理功能、纤毛运动和黏液清除作用（图 3-20）。

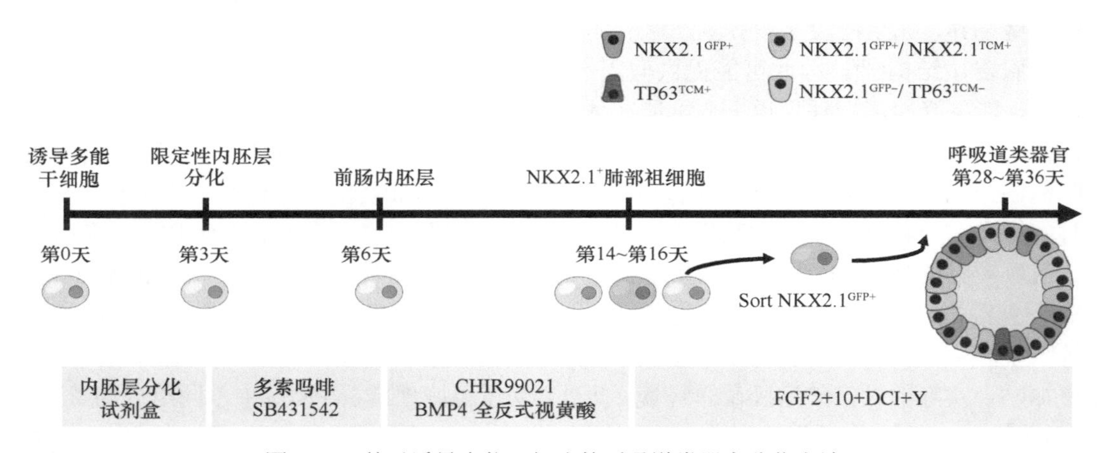

图 3-20 基于诱导多能干细胞的呼吸道类器官分化方法

3.6.4.2 基于多能干细胞的肺泡上皮分化方法

为诱导Ⅱ型肺泡上皮细胞（pro-SPC^{+}），在获得 NKX2.1^{+}肺上皮前体细胞后，用包含地塞米松、环磷酸腺苷（cAMP）和磷酸二酯酶抑制剂的培养基，通过激活 FGF 信号通路，可以获得分泌表面活性蛋白的Ⅱ型肺泡上皮细胞样细胞（图 3-21）。这类细胞也能够分泌Ⅱ型肺泡上皮细胞特异的二棕榈酰磷脂酰胆碱（dipalmitoylphosphatidylcholine，DPPC），说明诱导细胞在功能上与体内的Ⅱ型肺泡上皮细胞具有高度的功能相似性[66]。

3.6.4.3 基于多能干细胞分化的肺部毒性评价

尽管基于小鼠动物模型和细胞系的毒理研究已经为环境污染物和颗粒物的肺部毒性评估提供了重要的实验依据。但通过比较人多能干细胞分化获得的Ⅱ型肺泡上皮细胞样细胞、BEAS-2B 人支呼吸道上皮细胞和商品化的原代人肺泡上皮细胞对重金属镉毒性评价的效力，Heo 等[67]发现分化获得的Ⅱ型肺泡上皮细胞样细胞在毒性反应上与原代细胞更加类似，而 BEAS-2B 人支呼吸道上皮细胞的毒性反应则显著区别于原代肺泡上皮细胞。因此，使用多功能干细胞肺分化模型，能更加全面和深入地理解肺部毒性。

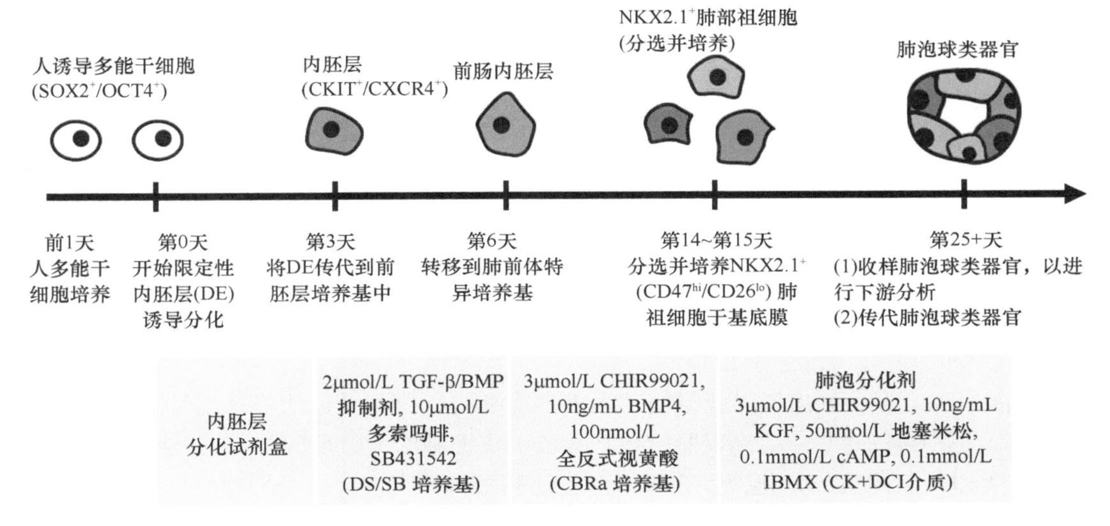

图 3-21　基于诱导多能干细胞的肺泡球类器官分化方法

研究表明，大气颗粒物的主要成分——炭黑颗粒，存在于人胎盘中，并且在母体侧和胎儿侧均有检出，说明环境颗粒物可以穿过胎盘屏障，从母体被输送至胎儿，导致潜在的发育毒性[68]。因此，研究环境颗粒物对胎肺发育的影响，具有重要的现实意义。最新研究已经利用人多能干细胞诱导获得的II型肺泡上皮细胞样细胞评估了多种环境污染物和颗粒物的毒性。例如 Liu 等[69]评估了苯并芘、纳米炭黑和纳米二氧化硅对肺上皮前体细胞（$NKX2.1^+SOX2^+$）和II型肺泡上皮细胞样细胞（pro-SPC^+）分化的毒性。结果表明，苯并芘对肺上皮前体细胞和II型肺泡上皮细胞样细胞的分化有比较明显的细胞水平的毒性，可能会干扰细胞发育过程。纳米炭黑和纳米二氧化硅尽管没有显著的细胞毒性，但均可以进入II型肺泡上皮细胞样细胞，因而有潜在的长期效应，如上调激活化学致癌（chemical carcinogenesis）相关通路，或干扰II型肺泡上皮细胞特异的二棕榈酰磷脂酰胆碱的分泌。

类似的研究利用II型肺泡上皮细胞分化模型评估 $PM_{2.5}$ 对肺泡发育的毒性，发现上皮细胞的 MAPK/ERK 信号通路异常上调，导致细胞出现上皮–间质转化[70]；$PM_{2.5}$ 也可能改变如 *NKX2.1*、*SOX2* 和 *SOX9* 等肺上皮前体细胞标志基因的表达，其发育毒性可能与 Wnt/β-catenin 通路部分相关[71]。

值得注意的是，以上的研究均将三维肺泡类器官模型应用到了空气污染物毒性评估中。所谓类器官，指的是由一种或多种细胞自行组织形成，在细胞类型、结构和功能等方面模拟体内相应组织或器官的细胞结构，是复杂的组织或器官的简化微缩模型。总体而言，与传统二维细胞贴壁培养相比，三维培养的肺上皮类器官具有以下 3 个主要优势[72]：①细胞形态呈三维模式。在肺上皮类器官模型中，细胞在 3D 空间中生长，单个细胞的形态学特征和相互作用的多个细胞之间的形态学结构特征，以及细胞的生理特性，都与体内环境更相似。例如，II 型肺泡上皮类器官中的细胞呈现立方状和极性，顶端朝向内腔，这些形态学结构特征与体内肺泡结构中的 II 型肺泡上皮细胞一致，但在贴壁培养下，II 型肺泡上皮细胞并无明显的以上特征。②保有细胞间相互作用和细胞与细胞外基质的相互作用。由于其形态学结构特征上的优势，类器官模型中的细胞维持了更加贴合体内相应结构的细胞间相互作用。极化的肺泡上皮细胞也维持了与体内结构相一致的细胞与细胞外基质的相互作用，支持了细胞与间质的微环境的建立和维持。③三维培养的肺部上皮类器官保有更多肺部上皮细胞的功能特性。例如，II 型肺泡上皮类器官中的细胞具有丰富的板层小体样内含物，分泌 B 型和 C 型表面活性蛋白，因此非常适用于评估空气污染物对肺泡上皮细胞功能性的影响。比较三维肺泡类器官和传统二维贴壁细胞模型的毒性评估研究也表明类器官模型对污染物更为敏感，更能体现污染物对肺泡上皮细胞功能性的干扰[73,74]，因而具有广泛的应用前景。

Djidrovski 等[75]利用诱导获得的呼吸道上皮细胞，检测了包括苯并芘和铈纳米颗粒在内的 5 种物质的毒性，结果表明诱导呼吸道上皮细胞的毒性反应与原代呼吸道上皮细胞十分类似，因此这一分化模型在环境污染物和颗粒物毒性评估领域也有良好的前景。呼吸道上皮细胞也可以实现三维类器官培养，例如 Winkler 等[76]将原代分离的呼吸道上皮细胞培养成类器官，然后用于检测微塑料纤维的毒性。结果表明，微塑料纤维能够进入上皮细胞，导致潜在的长期健康效应，而呼吸道中的分泌细胞对微塑料纤维的反应最为显著，其标志基因 *SCGB1A1* 的表达下调。

参 考 文 献

[1] Ouadah Y, Rojas E R, Riordan D P, et al. Rare pulmonary neuroendocrine cells are stem cells regulated by Rb, P53, and Notch[J]. Cell, 2019, 179(2): 403-416.
[2] Montoro D T, Haber A L, Biton M, et al. A revised airway epithelial hierarchy includes CFTR-expressing ionocytes[J]. Nature, 2018, 560(7718): 319-324.
[3] Plasschaert L W, Žilionis R, Choo-Wing R, et al. A single-cell atlas of the airway epithelium reveals the CFTR-rich pulmonary ionocyte[J]. Nature, 2018, 560(7718): 377-381.
[4] Rock J R, Onaitis M W, Rawlins E L, et al. Basal cells as stem cells of the mouse trachea and human airway epithelium[J]. Proceedings of the National Academy of Sciences of the United States of America, 2009, 106(31): 12771-12775.
[5] Teixeira V H, Nadarajan P, Graham T A, et al. Stochastic homeostasis in human airway epithelium is achieved by neutral competition of basal cell progenitors[J]. Elife, 2013, 2: e00966.
[6] Desai T J, Brownfield D G, Krasnow M A. Alveolar progenitor and stem cells in lung development, renewal and cancer[J]. Nature, 2014, 507(7491): 190-194.
[7] Barkauskas C E, Cronce M J, Rackley C R, et al. Type 2 alveolar cells are stem cells in adult lung[J]. Journal of Clinical Investigation, 2013, 123(7): 3025-3036.
[8] Rackley C R, Stripp B R. Building and maintaining the epithelium of the lung[J]. The Journal of Clinical Investigation, 2012, 122(8): 2724-2730.
[9] Rawlins E L, Clark C P, Xue Y, et al. The $Id2^+$ distal tip lung epithelium contains individual multipotent embryonic progenitor cells[J]. Development, 2009, 136(22): 3741-3745.
[10] Nikolić M Z, Caritg O, Jeng Q, et al. Human embryonic lung epithelial tips are multipotent progenitors that can be expanded *in vitro* as long-term self-renewing organoids[J]. Elife, 2017, 6: e26575.
[11] Miller A J, Hill D R, Nagy M S, et al. *In vitro* induction and *in vivo* engraftment of lung bud tip progenitor cells derived from human pluripotent stem cells[J]. Stem Cell Reports, 2018, 10(1): 101-119.
[12] Alanis D M, Chang D R, Akiyama H, et al. Two nested developmental waves demarcate a compartment boundary in the mouse lung[J]. Nature Communications, 2014, 5(1): 3923.

[13] Schittny J C. Development of the lung[J]. Cell & Tissue Research, 2017, 367(3): 427-444.
[14] Laresgoiti U, Nikolić M Z, Rao C, et al. Lung epithelial tip progenitors integrate glucocorticoid- and STAT3-mediated signals to control progeny fate[J]. Development, 2016, 143(20): 3686-3699.
[15] Ikeda K, Clark J C, Shaw-White J R, et al. Gene structure and expression of human thyroid transcription factor-1 in respiratory epithelial cells[J]. Journal of Biological Chemistry, 1995, 270(14): 8108-8114.
[16] Minoo P, Su G, Drum H, et al. Defects in tracheoesophageal and lung morphogenesis in NKX2.1(–/–) mouse embryos[J]. Developmental Biology, 1999, 209(1): 60-71.
[17] Alanis D M, Chang D R, Akiyama H, et al. Two nested developmental waves demarcate a compartment boundary in the mouse lung[J]. Nature Communications, 2014, 5(1): 3923.
[18] Danopoulos S, Thornton M E, Grubbs B H, et al. Discordant roles for FGF ligands in lung branching morphogenesis between human and mouse[J]. Journal of Pathology, 2019, 247(2): 254-265.
[19] Weaver M, Dunn N R, Hogan B L. BMP4 and FGF10 play opposing roles during lung bud morphogenesis[J]. Development, 2000, 127(12): 2695-2704.
[20] Chung M I, Bujnis M, Barkauskas C E, et al. Niche-mediated BMP/SMAD signaling regulates lung alveolar stem cell proliferation and differentiation[J]. Development, 2018, 145(9): dev163014.
[21] Bellusci S, Grindley J, Emoto H, et al. Fibroblast growth factor 10 (FGF10) and branching morphogenesis in the embryonic mouse lung[J]. Development, 1997, 124(23): 4867-4878.
[22] Chang D R, Martinez Alanis D, Miller R K, et al. Lung epithelial branching program antagonizes alveolar differentiation[J]. Proceedings of the National Academy of Sciences of the United States of America, 2013, 110(45): 18042-18051.
[23] Morrisey E E, Hogan B L M. Preparing for the first breath: Genetic and cellular mechanisms in lung development[J]. Developmental Cell, 2010, 18(1): 8-23.
[24] Leikauf G D, Kim S H, Jang A S. Mechanisms of ultrafine particle-induced respiratory health effects[J]. Experimental & Molecular Medicine, 2020, 52(3): 329-337.
[25] Lee Y G, Lee P H, Choi S M, et al. Effects of air pollutants on airway diseases[J]. International Journal of Environmental Research and Public Health, 2021, 18(18): 9905.
[26] Li D, Li Y, Li G, et al. Fluorescent reconstitution on deposition of $PM_{2.5}$ in lung and extrapulmonary organs[J]. Proceedings of the National Academy of Sciences of the United States of America, 2019, 116(7): 2488-2493.
[27] Nemmar A, Hoet P H, Vanquickenborne B, et al. Passage of inhaled particles into the blood circulation in humans[J]. Circulation, 2002, 105(4): 411-414.
[28] Thangavel P, Park D, Lee Y C. Recent insights into particulate matter ($PM_{2.5}$)-mediated toxicity in humans: An overview[J]. International Journal of Environmental Research and Public Health, 2022, 19(12): 7511.
[29] Zanobetti A, Schwartz J. The effect of fine and coarse particulate air pollution on mortality: A national analysis[J]. Environmental Health Perspectives, 2009, 117(6): 898-903.
[30] Turner M C, Krewski D, Pope C A, et al. Long-term ambient fine particulate matter air pollution and lung cancer in a large cohort of never-smokers[J]. American Journal of Respiratory and Critical Care Medicine, 2011, 184(12): 1374-1381.
[31] Cao M, Chen W. Epidemiology of lung cancer in China[J]. Thoracic Cancer, 2019, 10(1): 3-7.
[32] Fu J, Jiang D, Lin G, et al. An ecological analysis of $PM_{2.5}$ concentrations and lung cancer mortality rates in China[J]. BMJ Open, 2015, 5(11): e009452.
[33] Zhong L, Goldberg M S, Gao Y T, et al. Lung cancer and indoor air pollution arising from Chinese-style cooking among nonsmoking women living in Shanghai, China[J]. Epidemiology, 1999, 10(5): 488-494.
[34] van der Does A M, Mahbub R M, Ninaber D K, et al. Early transcriptional responses of bronchial epithelial cells to whole cigarette smoke mirror those of *in-vivo* exposed human bronchial mucosa[J]. Respiratory Research, 2022, 23(1): 227.
[35] Zhao C, Pu W, Wazir J, et al. Long-term exposure to $PM_{2.5}$ aggravates pulmonary fibrosis and acute lung injury by disrupting Nrf2-mediated antioxidant function[J]. Environmental Pollution, 2022, 313: 120017.
[36] Yang L, Liu G, Li X, et al. Small GTPase RAB6 deficiency promotes alveolar progenitor cell renewal and attenuates $PM_{2.5}$-induced lung injury and fibrosis[J]. Cell Death and Disease, 2020, 11(10): 827.
[37] Park E J, Roh J, Kim Y, et al. $PM_{2.5}$ collected in a residential area induced Th1-type inflammatory responses with oxidative stress in mice[J]. Environmental Research, 2011, 111(3): 348-355.
[38] He M, Ichinose T, Yoshida S, et al. Urban particulate matter in Beijing, China, enhances allergen-induced murine lung eosinophilia[J]. Inhalation Toxicology, 2010, 22(9): 709-718.
[39] Marques E S, Severance E G, Min B, et al. Developmental impacts of Nrf2 activation by dimethyl fumarate (DMF) in the developing zebrafish (*Danio rerio*) embryo[J]. Free Radical Biology & Medicine, 2023, 194: 284-297.

[40] Déméautis T, Bouyssi A, Chapalain A, et al. Chronic exposure to secondary organic aerosols causes lung tissue damage[J]. Environmental Science & Technology, 2023, 57(15): 6085-6094.
[41] Stewart C E, Torr E E, Mohd Jamili N H, et al. Evaluation of differentiated human bronchial epithelial cell culture systems for asthma research[J]. Journal of Allergy, 2012, 2012: 943982.
[42] Forbes B, Shah A, Martin G P, et al. The human bronchial epithelial cell line 16HBE14o- as a model system of the airways for studying drug transport[J]. International Journal of Pharmaceutics, 2003, 257(1-2): 161-167.
[43] Kreft M E, Jerman U D, Lasič E, et al. The characterization of the human cell line Calu-3 under different culture conditions and its use as an optimized *in vitro* model to investigate bronchial epithelial function[J]. European Journal of Pharmaceutical Sciences, 2015, 69: 1-9.
[44] Rothen-Rutishauser B, Blank F, Mühlfeld C, et al. *In vitro* models of the human epithelial airway barrier to study the toxic potential of particulate matter[J]. Expert Opinion on Drug Metabolism and Toxicology, 2008, 4(8): 1075-1089.
[45] Salomon J J, Muchitsch V E, Gausterer J C, et al. The cell line NCl-H441 is a useful *in vitro* model for transport studies of human distal lung epithelial barrier[J]. Molecular Pharmaceutics, 2014, 11(3): 995-1006.
[46] Gray T E, Guzman K, Davis C W, et al. Mucociliary differentiation of serially passaged normal human tracheobronchial epithelial cells[J]. American Journal of Respiratory Cell and Molecular Biology, 1996, 14(1): 104-112.
[47] Mou H, Vinarsky V, Tata P R, et al. Dual SMAD signaling inhibition enables long-term expansion of diverse epithelial basal cells[J]. Cell Stem Cell, 2016, 19(2): 217-231.
[48] Grilli A, Bengalli R, Longhin E, et al. Transcriptional profiling of human bronchial epithelial cell BEAS-2B exposed to diesel and biomass ultrafine particles[J]. BMC Genomics, 2018, 19(1): 302.
[49] Song C, Liu L, Chen J, et al. Evidence for the critical role of the PI3K signaling pathway in particulate matter-induced dysregulation of the inflammatory mediators COX-2/PGE(z) and the associated epithelial barrier protein filaggrin in the bronchial epithelium[J]. Cell Biology and Toxicology, 2020, 36(4): 301-313.
[50] He R W, Gerlofs-Nijland M E, Boere J, et al. Comparative toxicity of ultrafine particles around a major airport in human bronchial epithelial (Calu-3) cell model at the air-liquid interface[J]. Toxicology in Vitro, 2020, 68: 104950.
[51] Yang L, Liu G, Lin Z, et al. Pro-inflammatory response and oxidative stress induced by specific components in ambient particulate matter in human bronchial epithelial cells[J]. Environmental Toxicology, 2016, 31(8): 923-936.
[52] Lawal A O. Air particulate matter induced oxidative stress and inflammation in cardiovascular disease and atherosclerosis: The role of Nrf2 and AhR-mediated pathways[J]. Toxicology Letters, 2017, 270: 88-95.
[53] Liu J, Zhou J, Zhou J, et al. Fine particulate matter exposure induces DNA damage by downregulating Rad51 expression in human bronchial epithelial BEAS-2B cells *in vitro*[J]. Toxicology, 2020, 444: 152581.
[54] Jin X, Xue B, Zhou Q, et al. Mitochondrial damage mediated by ROS incurs bronchial epithelial cell apoptosis upon ambient $PM_{2.5}$ exposure[J]. Journal of Toxicological Sciences, 2018, 43(2): 101-111.
[55] Li N, Sioutas C, Cho A, et al. Ultrafine particulate pollutants induce oxidative stress and mitochondrial damage[J]. Environmental Health Perspectives, 2003, 111(4): 455-460.
[56] Deng X, Zhang F, Wang L, et al. Airborne fine particulate matter induces multiple cell death pathways in human lung epithelial cells[J]. Apoptosis, 2014, 19(7): 1099-1112.
[57] Zhu X M, Wang Q, Xing W W, et al. $PM_{2.5}$ induces autophagy-mediated cell death via NOS2 signaling in human bronchial epithelium cells[J]. International Journal of Biological Sciences, 2018, 14(5): 557-564.
[58] Chi Y, Huang Q, Lin Y, et al. Epithelial-mesenchymal transition effect of fine particulate matter from the Yangtze River delta region in China on human bronchial epithelial cells[J]. Journal of Environmental Sciences (China), 2018, 66: 155-164.
[59] Wang Y, Zhong Y, Hou T, et al. $PM_{2.5}$ induces EMT and promotes CSC properties by activating Notch pathway *in vivo* and *vitro*[J]. Ecotoxicology and Environmental Safety, 2019, 178: 159-167.
[60] Lenz A G, Karg E, Brendel E, et al. Inflammatory and oxidative stress responses of an alveolar epithelial cell line to airborne zinc oxide nanoparticles at the air-liquid interface: A comparison with conventional, submerged cell-culture conditions[J]. BioMed Research International, 2013, 2013: 652632.
[61] Amatngalim G D, van Wijck Y, de Mooij-Eijk Y, et al. Basal cells contribute to innate immunity of the airway epithelium through production of the antimicrobial protein RNase 7[J]. Journal of Immunology, 2015, 194(7): 3340-3350.

[62] Montgomery M T, Sajuthi S P, Cho S H, et al. Genome-wide analysis reveals mucociliary remodeling of the nasal airway epithelium induced by urban $PM_{2.5}$[J]. American Journal of Respiratory Cell and Molecular Biology, 2020, 63(2): 172-184.
[63] Hawkins F, Kotton D N. Embryonic and induced pluripotent stem cells for lung regeneration[J]. Annals of the American Thoracic Society, 2015, 12: S50-S53.
[64] Hawkins F J, Suzuki S, Beermann M L, et al. Derivation of airway basal stem cells from human pluripotent stem cells[J]. Cell Stem Cell, 2021, 28(1): 79-95.
[65] Wang R, Hume A J, Beermann M L, et al. Human airway lineages derived from pluripotent stem cells reveal the epithelial responses to SARS-CoV-2 infection[J]. American Journal of Physiology-Lung Cellular and Molecular Physiology, 2022, 322(3): 1462-l478.
[66] Alysandratos K D, Garcia-de-Alba C, Yao C, et al. Culture impact on the transcriptomic programs of primary and iPSC-derived human alveolar type 2 cells[J]. JCI Insight, 2023, 8(1): e158937.
[67] Heo H-R, Kim J, Kim W J, et al. Human pluripotent stem cell-derived alveolar epithelial cells are alternatives for *in vitro* pulmotoxicity assessment[J]. Scientific Reports, 2019, 9(1): 505.
[68] Bové H, Bongaerts E, Slenders E, et al. Ambient black carbon particles reach the fetal side of human placenta[J]. Nature Communications, 2019, 10(1): 3866.
[69] Liu S, Yang R, Chen Y, et al. Development of human lung induction models for air pollutants' toxicity assessment[J]. Environmental Science & Technology, 2021, 55(4): 2440-2451.
[70] Kim J H, Kim J, Kim W J, et al. Diesel particulate matter 2.5 induces epithelial-to-mesenchymal transition and upregulation of SARS-CoV-2 receptor during human pluripotent stem cell-derived alveolar organoid development[J]. International Journal of Environmental Research and Public Health, 2020, 17(22): 8410.
[71] Wang R, Kang N, Zhang W, et al. The developmental toxicity of $PM_{2.5}$ on the early stages of fetal lung with human lung bud tip progenitor organoids[J]. Environmental Pollution, 2023, 330: 121764.
[72] Hughes T, Dijkstra K K, Rawlins E L, et al. Open questions in human lung organoid research[J]. Frontiers in Pharmacology, 2022, 13: 1083017.
[73] Abo K M, Sainz de Aja J, Lindstrom-Vautrin J, et al. Air-liquid interface culture promotes maturation and allows environmental exposure of pluripotent stem cell-derived alveolar epithelium[J]. JCI Insight, 2022, 7(6): e155589.
[74] Lee J, Baek H, Jang J, et al. Establishment of a human induced pluripotent stem cell derived alveolar organoid for toxicity assessment[J]. Toxicology in Vitro, 2023, 89: 105585.
[75] Djidrovski I, Georgiou M, Tasinato E, et al. Direct transcriptomic comparison of xenobiotic metabolism and toxicity pathway induction of airway epithelium models at an air-liquid interface generated from induced pluripotent stem cells and primary bronchial epithelial cells[J]. Cell Biology and Toxicology, 2023, 39(1): 1-18.
[76] Winkler A S, Cherubini A, Rusconi F, et al. Human airway organoids and microplastic fibers: A new exposure model for emerging contaminants[J]. Environment International, 2022, 163: 107200.

3.7　脂肪干细胞毒理学模型

近年来，人们对污染物导致肥胖的关注日益增多。在现代工业化、城市化进程中，环境污染问题日益严峻，而与此同时，肥胖也愈发成为全球性的健康挑战。越来越多的研究表明，环境中存在的污染物可能与肥胖之间存在着紧密的联系。各种污染物，如塑料微粒、重金属、农药残留等，都可能对人体产生潜在的不良影响。这些污染物通过食物链、水源以及呼吸等途径进入身体，干扰内分泌系统、代谢过程和能量平衡，从而引起脂肪的积累，诱发肥胖形成。

因此，了解污染物和肥胖的潜在关系已经成为众多科研机构和公众关注的焦点，越来越多的研究人员希望揭示污染物诱发肥胖的潜在机制，并寻求解决方案来减轻其危害。近年来，由于干细胞，尤其是间充质干细胞有着较好的分化成脂肪的能力，在污染物对脂肪的影响的研究中发挥出越来越重要的作用。

3.7.1 传统的污染物的脂肪毒性研究方法概述

传统的污染物的脂肪毒性研究主要可以通过动物模型或细胞模型展开。常用的实验动物包括大鼠、小鼠、斑马鱼、青鳉鱼等。但由于物种差异，动物模型的研究结果不一定可以直接推广到人类。不同物种的代谢和生理机制存在差异，因此对于某些外源污染物引起肥胖效应的研究结果，尤其在高剂量暴露情况下，需要进一步考虑其与人类的相关性。

而可以用于污染物的脂肪毒性研究的细胞系包括 3T3-L1 细胞系、HepG2 细胞系、3T3-F442A 细胞系以及原代脂肪细胞，或其他来源于动物或人体组织的细胞系，如大鼠脂肪前体细胞、人类脂肪成纤维细胞等。而相对于上述细胞系，包括间充质干细胞、胚胎干细胞以及诱导多能干细胞系在内的几种干细胞系，具有与体内环境更为接近、具有多向分化潜能、具有免疫调节功能等特点，因此能更好地了解污染物对脂肪细胞的影响及其相关生物学过程，在毒理学研究中得到了广泛的应用。

3.7.2 基于干细胞的污染物的脂肪毒性评价模型的构建和应用

3.7.2.1 基于干细胞的脂肪细胞分化方法

1）基于间充质干细胞的脂肪细胞分化方法

间充质干细胞由于具有多向分化的潜能、低免疫原性以及获取相对容易等优点，常被用于脂肪细胞的分化及相关研究，目前已成为最常用的研究外源化合物对脂肪生成的影响的细胞系。间充质干细胞的成脂分化过程较简单，分化方法也比较经典，常采用的方法为鸡尾酒法，即向培养基中加入胰岛素、地塞米松和 IBMX 等，经过 4 天左右，即可观察到间充质干细胞会逐渐变为囊泡状脂滴丰富的细胞，会发现脂肪标志基因，*PPARG* 和 *CEBPA* 的表达水平显著升高，一些脂肪功能如脂肪酸合成、脂滴形成和甘油三酯的水平都有显著增加。进一步地，为更好地利用间充质干细胞开展成脂研究，也有研究人员开发了一种用白色脂肪组织中分离的脂肪间充质细胞建立的功能性脂肪类器官模型[1]。该模型先通过悬滴技术进行 3D 培养，后使用脂肪生成激素混合物诱导，在分化的第 18 天，通过特定亲脂性染料对类器官进行染色，可以观察到大量的多眼和单眼脂肪沉积，说明间充质干细胞被高效分化为成熟脂肪细胞，且该模型能够准确定量脂肪分化过程中的分子标志物的表达，是一个可靠且高效的白色脂肪组织类器官模型。

2）基于胚胎干细胞或诱导多能干细胞的脂肪细胞分化方法

人们对脂肪组织来源的关注由来已久，但由于脂肪组织的复杂性，近年来才逐渐出现了一系列基于胚胎干细胞或诱导多能干细胞的不同种类的脂肪细胞的分化方法，上述模型在毒理学研究中尚未得到广泛应用。

目前研究发现有 3 种脂肪组织，分别为白色脂肪组织（white adipocyte tissue）、棕色脂肪组织（brown adipocyte tissue）和米色脂肪组织（brite adipocyte tissue），其中白

色脂肪组织主要以甘油三酯的形式参与能量储存和动员。相反，棕色脂肪组织燃烧脂肪，参与了冷暴露期间的非颤抖性产热[2]，是一个关键的产热器官，成人锁骨上和椎旁区域存在功能性棕色脂肪组织[3]。而米色脂肪组织是一类新发现的脂肪组织，在静息时会表现出白色脂肪组织的特征，但在冷刺激等情况下，具有棕色化的能力，可以促进产热和能量消耗。3 种脂肪组织的功能特性和分布均有较大差异，其来源也有一定的差异。在人类的成长发育过程中，最初的“脂肪小叶”于怀孕 14~16 周在头部形成。随后，这些小叶逐渐出现在躯干和四肢中，到 28 周时，几乎可以在所有的内脏和皮下位置发现这些白色脂肪组织。而棕色脂肪组织被认为在胚胎发生过程中先于白色脂肪组织的发育，在啮齿类动物和人类出生时都可以很容易地识别，尤其在受交感神经系统支配的区域。棕色脂肪组织还被认为在婴儿期后退化，直到成年人类完全消失[4]。根据其来源的不同，分化方法也有一定的差异[5]。其中米色脂肪组织主要来源于白色脂肪组织的棕色化，与环境因素相关，因而目前主要关注棕色脂肪组织和白色脂肪组织的诱导分化。

早在 1999 年，对胚胎干细胞向脂肪细胞分化的关键分子事件就已经得到广泛关注[6]，研究认为，视黄酸（RA）可能是调控脂肪细胞生成的关键因素，低浓度 RA 刺激终末脂肪细胞分化，而高浓度 RA 则抑制这一过程。随着从脂肪细胞祖细胞向成熟脂肪细胞的末端的分化过程研究逐渐清晰，越来越多的研究开始转向关注脂肪细胞的早期发育，并对不同种类脂肪细胞的来源的差异给予了关注[5]。而随着人诱导多能干细胞的发现，且 Taura 等[7]证明人诱导多能干细胞具有与人源胚胎干细胞相当的致脂潜力，目前也有很多研究人员使用人诱导多能干细胞开展脂肪分化的研究工作。

人类基于对脂肪细胞发育过程各关键分子事件的了解，开发出了多种基于胚胎干细胞的脂肪细胞分化方法，获得的脂肪细胞的功能也逐渐完善。Nishio 等[8]利用造血因子的混合物构建了一种分化为功能性棕色脂肪细胞的实验方法，这一方法证明了 BMP 信号通路在人类棕色脂肪细胞的发育过程中发挥着关键作用，但是该方法并没有对棕色脂肪细胞进行纯化。接下来，Ahfeldt 等[9]将人诱导多能干细胞诱导的成纤维细胞纯化后，使其分化为白色脂肪细胞或棕色脂肪细胞，但上述通过强制表达脂肪相关基因而获得的脂肪细胞与真实的脂肪细胞相比仍有一定差距。Mohsen-Kanson 等[10]发现，PAX3 在诱导多能干细胞分化为白色脂肪细胞中发挥了关键的作用。Zhang 等[11]的研究进一步发现，需要首先经过近轴中胚层的阶段，才能进一步获得更纯净的、功能相对完善的棕色脂肪细胞。这一研究为棕色脂肪细胞的起源和分化提供了实验依据，得到广泛认可。而外源因子的添加会出现成本高，或改变分化倾向等问题，从而影响模型的构建，因此，Oka 等[12]开发了一种无外源因子的经典棕色脂肪细胞分化方法。

但有许多研究也发现，基于人源胚胎干细胞或诱导多能干细胞的脂肪细胞，其成脂能力较低，导致未来临床上的应用受限[13]。研究发现，TGF-β 信号在成脂的过程中具有关键作用。TGF-β 途径通过 SMAD 2/3 激活成为关键的抗脂肪致脂因子。Su 等[14]发现，在人诱导多能干细胞中，FOXF1 中胚层祖细胞向脂肪细胞分化过程中，TGF-β 配体和受体的表达增加。Wankhade 等[15]则发现，TGF-β 对 PGE2/Cox-2 的负调节参与了棕色脂肪祖细胞的诱导过程。目前也有方法使用来自诱导多能干细胞在获得间充质干细胞后，再开展脂肪细胞的分化，如 Song 等[16]在获得间充质干细胞后，发现 bFGF 可以促进间充质细胞向脂肪分化，也是一种获得棕色脂肪细胞的较好的实验方法。以上研究为如何从胚胎干细胞或诱导多能干细胞获得纯净的、可以用于临床的脂肪细胞的研究提供了大量的实验证据。目前，对胚胎干细胞来源的脂肪细胞的部分分化方法的总结如图 3-22 所示。

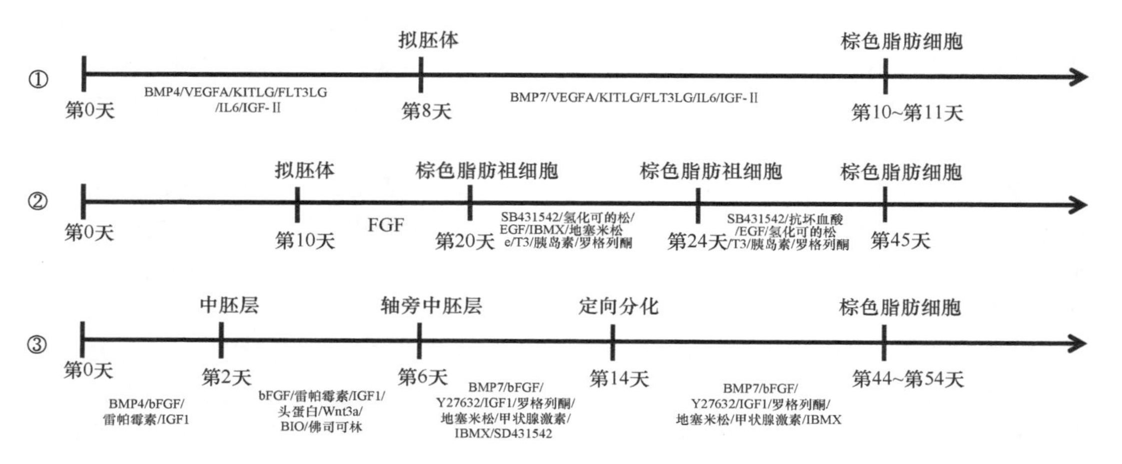

图 3-22　代表性的胚胎干细胞来源的脂肪细胞的分化方法

3.7.2.2　基于干细胞的污染物的脂肪毒性研究进展

目前利用间充质干细胞的成脂分化模型已经研究了包括环境颗粒物、二噁英、PFAS 等许多不同种类的污染物的脂肪毒性效应，对这些污染物是否会引起肥胖及其机制进行了深入探究，下面将就不同种类污染物的毒性效应分别进行阐述。

1）颗粒物

环境颗粒物包括纳米颗粒物以及空气中的微小固体或液体颗粒，包括细尘、烟雾、汽车尾气排放物等。流行病学研究发现，高颗粒物污染地区居住的人群更容易患上肥胖症，动物实验也发现，颗粒物的暴露增加会导致脂代谢紊乱，胎儿暴露于颗粒物中也可能增加其在成年时出现肥胖的风险。目前已有许多应用干细胞检测颗粒物引起脂质代谢异常的原因和机制的实例。在研究纳米银对成脂分化过程的影响时发现，纳米银暴露引起 hMSCs 诱导的脂肪细胞出现脂滴的更多积累和脂肪生成相关基因上调的现象，因而促进了 hMSCs 的成脂分化[17]。铋（bismuth，Bi）基纳米材料具有良好的生物相容性以及优异的光电特性，因而在肿瘤治疗以及药物递送等生物医学领域发挥了重要作用。但目前也有报道发现，无细胞毒性浓度的铋基纳米颗粒（BiNPs）可能刺激间充质干细胞的增殖，而通过脂滴积累和特异性脂肪生成生物标志物的 mRNA 表达水平检测发现，BiNPs 可能降低了脂肪干细胞的脂肪生成分化效率[18]。

一些非金属纳米颗粒物同样可能具有脂肪毒性。在研究二氧化硅纳米颗粒对棕色脂肪细胞分化的影响时发现，暴露于二氧化硅纳米颗粒会显著抑制棕色脂肪细胞的分化，棕色脂肪细胞特异性基因以及线粒体含量显著降低，且发现二氧化硅纳米颗粒会调节

p38 磷酸化，且根据其颗粒大小不同而影响棕色脂肪细胞生成[19]。另有研究探究了二氧化硅纳米颗粒的体外摄取过程及其对 hMSCs 成脂分化的影响。通过分析脂滴的形成和积累、甘油三酯（TG）含量和成脂标志基因的表达，检测 hMSCs 的成脂分化潜力。结果表明，二氧化硅纳米粒子虽然不影响细胞活力，但显著抑制了 hMSCs 向脂肪细胞的分化过程[20]。一些羧化单壁碳纳米管和羧化多壁碳纳米管被发现，可能会通过调节 SMAD 依赖性 BMP 信号通路，来抑制间充质干细胞的增殖及成脂分化[21]。

一些环境颗粒物的暴露也可能引起肥胖的发生。研究发现，暴露于低浓度的化石燃料（煤炭、石油、天然气和柴油）不完全燃烧产生的 $PM_{2.5}$，以及柴油废气颗粒中的亲脂性有机化学物质会诱导炎症相关基因，如增加了趋化因子 CXLC8/白细胞介素-8 以及基质金属蛋白酶 1 的分泌，同时芳烃受体调节基因细胞色素 P450 1A1（CYP1A1）和 CYP1B1 以及纤溶酶原激活物抑制剂-2 明显上调。说明这一类污染物有可能通过改变脂肪细胞中与代谢性疾病有关的基因表达水平，从而导致代谢失调，引起代谢性疾病的发生[22]。

2）二噁英

二噁英是一种有毒的环境污染物，属于多氯联苯类化合物，主要通过工业过程、废弃物焚烧和某些农药的使用等途径释放到环境中。二噁英被认为是内分泌干扰物，可以干扰和干预体内激素系统的正常功能，从而影响能量代谢和脂肪细胞的生长与分化。Kakutani 等[23]发现，TCDD 抑制脂滴和脂肪细胞相关 mRNA 的水平，进一步抑制间充质干细胞的成脂分化过程。Li 等[24]利用人骨髓来源的间充质干细胞的成脂分化模型发现，二噁英会诱导炎症反应，且在分化过程中，脂肪细胞的标志基因表达水平会逐渐下降。van den Dungen 等[25]研究了在脂肪分化过程中全基因组甲基化状态，发现二噁英暴露会影响脂肪生成和其他基因的 DNA 甲基化模式，但没有伴随的基因表达变化，最终同样表现为减少脂质积聚。进一步研究发现，低浓度的二噁英能够显著降低细胞活力，同时降低脂肪细胞分化[26]。

上述研究表明，低浓度的二噁英即可能通过干扰脂肪细胞的代谢功能、损害脂肪细胞功能以及促进炎症反应等方面造成脂肪堆积、代谢紊乱等现象，从而对人体健康造成危害。

3）PFAS

PFAS 是一类广泛存在于环境中的人工合成有机化合物，包括 PFOA 和 PFOS 等，被广泛应用于工业生产和消费品制造过程中，如涂料、防水材料、阻燃剂等。研究发现，PFAS 会与激素（如甲状腺激素和雌激素）受体结合，从而影响能量代谢和脂肪分解。PFAS 还可能干扰胰岛素信号通路，导致胰岛素抵抗和脂肪细胞的增殖。Liu 等[27]发现，人体相关剂量的 PFOS 和 PFOA 即会影响间充质干细胞的成脂过程，促进了脂肪的生成，同时影响了 CD90 的表达水平，揭示了 PFAS 对人类的新的潜在的长期影响。而 Gao 等[28]通过其开发的实时动态监测系统，从间充质干细胞的活性、活性氧的产生以及脂肪分化相关标志基因的 mRNA 的表达水平的变化等方面，对浓度低至

0.1mmol/L 的 PFOS 的脂肪毒性进行了长期的评估，得到了 PFAS 会促进间充质干细胞成脂分化的新证据。

4）多环芳烃

多环芳烃是一类有机化合物，由若干融合的芳香环构成，它广泛存在于环境中，包括空气、土壤、水体和食品等。多环芳烃可能干扰体内激素系统的正常功能，或引起炎症反应和氧化应激，从而危害人体健康。Podechard 等[29]发现，在人间充质的脂质分化模型中，多环芳烃如苯并[a]芘（benzo[a]pyrene，B[a]P）的暴露可显著防止脂质囊泡的形成、细胞脂质积累以及脂肪酸结合蛋白-4 和甘油醛-3-磷酸脱氢酶等成脂标志物的上调，同时发现，苯并[a]芘可能以 AhR 依赖的方式抑制脂肪生成过程。

5）溴代阻燃剂

溴代阻燃剂是一类广泛应用于家具、电子产品、建筑材料等中的化学物质，其主要作用是减缓或抑制火焰蔓延。常见的溴代阻燃剂包括 PBDEs、TBBPA 等。长期暴露于高水平的溴代阻燃剂可能引起肥胖、代谢综合征和糖尿病等相关健康问题。对于溴代阻燃剂引起的肥胖问题得到了广泛的关注，也有很多研究人员利用间充质干细胞的成脂分化模型来探究其导致肥胖的具体分子机制。Kamstra 等[30]在 2014 年就已经发现，2,2′,4,4′-四溴联苯醚可能通过激活关键转录因子 PPARγ 以及启动子去甲基化，破坏葡萄糖稳态和 IGF1 信号传导，从而促进脂肪分化过程。Wen 等[31]就 PBDEs 导致肥胖的具体机制进行了探究，结果发现，PBDEs 可以有效抑制 Hedgehog 信号通路的传导过程，这是一种保守的脂肪细胞谱系定向分化的负调控信号，因此其可能激发脂肪分化过程，引起肥胖。在对两种多氯联苯（PCB-77 和 PCB-153）以及两个溴代阻燃剂（PBB-153 和 2,2′,4,4′-四溴联苯醚）的脂肪毒性检测过程中发现，所有污染物都促进了人类间充质干细胞中甘油三酯的积累或脂肪前体细胞的增殖，而将污染物混合在一起后发现，不同的污染物可以发挥一定的协同效应，其毒性效应明显大于单独的污染物，因此也说明，在更真实、更复杂的污染物混合物暴露环境下，环境污染物的毒性效应可能远比我们认知的更加严重[32]。

近年来，随着用量的逐渐增加，对于另一种溴代阻燃剂，TBBPA 的环境毒性效应的研究也越来越多。Woeller 等[33]发现，低剂量 TBBPA 可以诱导 miR-103 和 miR-107 的表达，进而降低 Thy1 水平，从而促进人类和小鼠细胞的脂肪生成。Kakutani 等[23]也发现，TBBPA 可能通过 PPARγ 依赖性机制增加脂滴的数量，并上调脂肪细胞相关 mRNA aP2 和脂蛋白脂肪酶（LPL）的表达，从而促进脂肪细胞的分化过程。

上述结果对于溴代阻燃剂导致肥胖的分子机制都做出了较好的解读，间充质干细胞的成脂分化模型在其中也发挥了关键作用。

6）BPA 及其类似物

BPA 在生活中普遍存在，它广泛应用于婴儿奶瓶、罐头、饭盒等塑料容器。其结构类似一种雌性激素——雌二醇。研究已经证明，BPA 能够通过作用于雌激素受体而影响人体健康，目前研究表明，BPA 与肥胖症、糖尿病、神经紊乱等疾病密切相关。目前，关于 BPA 导致肥胖的研究较多，基于间充质干细胞的成脂分化模型，也为该研究提供了大量的线索。

Dong 等[34]前期的研究发现，使用无细胞毒性浓度的 BPA，虽然不会影响细胞活性，也不会对其增殖能力造成影响，但是依然会刺激人间充质干细胞的成脂分化，这也充分反映了间充质干细胞对外源化合物的敏感性。而 Ohlstein 等[35]发现，较高浓度的 BPA 可能通过雌激素受体介导的途径显著增强间充质干细胞的成脂分化效应。Salehpour 等[26]发现，BPA 的暴露会引起 DNA 损伤，BPA 可能通过增强 *PPARA*、*CEBPA*、*CEBPB*、*SREBP1c*、*FASN* 等基因的表达水平，增强人间充质干细胞的成脂效应，同时他们的结果也表明，1μmol/L 的 BPA 诱导脂肪分化，而 BPA 的浓度达到 10μmol/L 时，反而可能影响成脂分化过程。

而随着 BPA 的结构类似物用量的逐渐增加，对于这一类物质的脂肪毒性效应的研究也逐渐成为新的研究热点。BPA 的结构类似物包括 BPF、BPS、BPB、BPC 以及 BPAF 等十余种。Reina-Pérez 等[36]的研究发现，结合油红 O 染色，脂质生成过程中相关基因的表达水平等结果发现，BPS 和 BPF 均有致肥胖的潜力，但由于双酚类物质对不同核受体的亲和力不同，它们致肥胖的途径也不完全相同，详细机制仍有待研究。Norgren 等[37]构建了一个以脂肪细胞数量、大小和脂质含量的高含量分析读数为检测终点的间充质细胞脂肪分化模型，定量比较了 8 种双酚类化合物对成脂分化过程的影响，发现这些双酚类化合物均会诱导肥胖的产生，且多种化合物混合时，可以在较低的浓度下诱导脂肪生成，达到与人类相关的暴露浓度。基于小鼠脂肪组织来源的成脂分化模型也发现，暴露于 BPS、BPF、BPA 增强了脂滴的形成并增加脂肪生成标志基因的表达水平，且活性氧在双酚类化合物暴露过程中大量产生，考虑到活性氧在调节脂肪细胞分化中起信号分子的作用，Singh 等[38]认为双酚类化合物可能通过活性氧，从而诱导的脂肪生成增强。Cohen 等[39]利用人类女性脂肪来源的干细胞，以脂泡的积聚和数量的量化，以及发育中的脂肪细胞的数量为实验终点，比较了 BPA、BPAF 和四甲基双酚 F（TMBPF）对成脂过程的影响。结果发现，环境相关的低剂量 BPA、BPAF 和 TMBPF 能显著促进成脂分化和脂质在细胞中的积累，而相对地，高剂量的双酚类化合物可能干扰成脂分化过程，同时发现，TMBPF 具有非雌激素、抗脂肪作用。以上结果都表明，无论是 BPA 还是其结构类似物，都可能促进间充质干细胞的成脂分化效应，虽然其毒性机制有一定的差异，但是这种引起肥胖的潜在风险不能忽视。

7）多氯联苯

多氯联苯是一类有机污染物，曾经广泛应用于工业和商业产品中，如电子设备、润滑油和塑料制品等。尽管已经限制了多氯联苯的使用和生产，然而它们仍然存在于环境中，并可以通过食物链进入人体。而长期暴露于高水平的多氯联苯可能与肥胖发生和发展有关。Behan-Bush 等[40]发现两种多氯联苯即 Aroclor1016、Aroclor1254 以及一种新表征的非 Aroclor 混合物，在浓度大于 20μmol/L 时，有明显的细胞毒性，而在 1~10μmol/L 时，骨髓间充质干细胞的膨胀速率减慢，形态发生变化，且脂肪生成过程受损，免疫抑制能力下降。

8）微塑料

微塑料是指粒径在 5mm 以下的塑料颗粒，在环境中广泛存在，如海洋、土壤、空气及食物中。目前，对于微塑料是否会引起肥胖仍有一定争议。但基于间充质干细胞的成脂分化模型表明，微塑料导致肥胖的问题不可忽视。Im 等[41]发现，微塑料可以使人骨髓间充质干细胞中的 S 期细胞的比例显著增加，促进细胞增殖，对其成脂分化过程也有显著的促进作用。Najahi 等[42]在研究一种环境微塑料——聚对苯二甲酸乙二醇酯（MPs-PET）时发现，该污染物能够改变人间充质干细胞的分化潜能，使 PPARγ 表达水平升高，LPL 表达水平降低，从而促进其向成脂方向转化，导致肥胖。

上述研究表明，间充质干细胞的成脂分化模型可以有效地用于研究环境污染物对脂肪细胞功能的直接影响，有助于了解环境污染物与肥胖、代谢综合征及其他相关疾病之间的关联。同时，该模型也有助于进一步揭示环境污染物引起肥胖和相关代谢疾病的潜在分子机制。在未来，随着胚胎干细胞或诱导多能干细胞的成脂分化方法日益增多，且得到细胞的功能逐渐完善，这一模型也可能为环境毒理学研究提供更多的线索。

参考文献

[1] Mandl M, Viertler H P, Hatzmann F M, et al. An organoid model derived from human adipose stem/progenitor cells to study adipose tissue physiology[J]. Adipocyte, 2022, 11(1): 164-174.

[2] Enerback S, Jacobsson A, Simpson E M, et al. Mice lacking mitochondrial uncoupling protein are cold-sensitive but not obese[J]. Nature, 1997, 387(6628): 90-94.

[3] Cypess A M, Lehman S, Williams G, et al. Identification and importance of brown adipose tissue in adult humans[J]. New England Journal of Medicine, 2009, 360(15): 1509-1517.

[4] Poissonnet C M, Burdi A R, Bookstein F L. Growth and development of human adipose tissue during early gestation[J]. Early Human Development, 1983, 8(1): 1-11.

[5] Billon N, Dani C. Developmental origins of the adipocyte lineage: New insights from genetics and genomics studies[J]. Stem Cell Reviews and Reports, 2012, 8(1): 55-66.

[6] Dani C. Embryonic stem cell-derived adipogenesis[J]. Cells Tissues Organs, 1999, 165(3-4): 173-180.

[7] Taura D, Noguchi M, Sone M, et al. Adipogenic differentiation of human induced pluripotent stem cells: Comparison with that of human embryonic stem cells[J]. Federation of European Biochemical Societies Letters, 2009, 583(6): 1029-1033.

[8] Nishio M, Yoneshiro T, Nakahara M, et al. Production of functional classical brown adipocytes from human pluripotent stem cells using specific hemopoietin cocktail without gene transfer[J]. Cell Metabolism, 2012, 16(3): 394-406.

[9] Ahfeldt T, Schinzel R T, Lee Y K, et al. Programming human pluripotent stem cells into white and brown adipocytes[J]. Nature Cell Biology, 2012, 14(2): 209-219.

[10] Mohsen-Kanson T, Hafner A L, Wdziekonski B, et al. Differentiation of human induced pluripotent stem cells into brown and white adipocytes: Role of PAX3[J]. Stem Cells, 2014, 32(6): 1459-1467.

[11] Zhang L, Avery J, Yin A, et al. Generation of functional brown adipocytes from human pluripotent stem cells via progression through a paraxial mesoderm state[J]. Cell Stem Cell, 2020, 27(5): 784-797.

[12] Oka M, Kobayashi N, Matsumura K, et al. Exogenous cytokine-free differentiation of human pluripotent stem cells into classical brown adipocytes[J]. Cells, 2019, 8(4): 373.

[13] Chen Y S, Pelekanos R A, Ellis R L, et al. Small molecule mesengenic induction of human induced pluripotent stem cells to generate mesenchymal stem/stromal cells[J]. Stem Cells Translational Medicine, 2012, 1(2): 83-95.

[14] Su S, Guntur A R, Nguyen D C, et al. A renewable source of human beige adipocytes for development of therapies to treat metabolic syndrome[J]. Cell Reports, 2018, 25(11): 3215-3228.

[15] Wankhade U D, Lee J H, Dagur P K, et al. TGF-β receptor 1 regulates progenitors that promote browning of white fat[J]. Molecular Metabolism, 2018, 16: 160-171.
[16] Song X, Li Y, Chen X, et al. BFGF promotes adipocyte differentiation in human mesenchymal stem cells derived from embryonic stem cells[J]. Genetics and Molecular Biology, 2014, 37(1): 127-134.
[17] He W, Elkhooly T A, Liu X, et al. Silver nanoparticle based coatings enhance adipogenesis compared to osteogenesis in human mesenchymal stem cells through oxidative stress[J]. Journal of Materials Chemistry.B, 2016, 4(8): 1466-1479.
[18] Ribeiro A L, Bassai L W, Robert A W, et al. Bismuth-based nanoparticles impair adipogenic differentiation of human adipose-derived mesenchymal stem cells[J]. Toxicology in Vitro, 2021, 77: 105248.
[19] Son M J, Kim W K, Kwak M, et al. Silica nanoparticles inhibit brown adipocyte differentiation via regulation of p38 phosphorylation[J]. Nanotechnology, 2015, 26(43): 435101.
[20] Yang X, Liu X, Li Y, et al. The negative effect of silica nanoparticles on adipogenic differentiation of human mesenchymal stem cells[J]. Materials Science & Engineering. C, Materials for Biological Applications, 2017, 81: 341-348.
[21] Liu D, Yi C, Zhang D, et al. Inhibition of proliferation and differentiation of mesenchymal stem cells by carboxylated carbon nanotubes[J]. American Chemical Society Nano, 2010, 4(4): 2185-2195.
[22] Brinchmann B C, Holme J A, Frerker N, et al. Effects of organic chemicals from diesel exhaust particles on adipocytes differentiated from human mesenchymal stem cells[J]. Basic & Clinical Pharmacology & Toxicology, 2023, 132(1): 83-97.
[23] Kakutani H, Yuzuriha T, Akiyama E, et al. Complex toxicity as disruption of adipocyte or osteoblast differentiation in human mesenchymal stem cells under the mixed condition of TBBPA and TCDD[J]. Toxicology Reports, 2018, 5: 737-743.
[24] Li W, Vogel C F A, Fujiyoshi P, et al. Development of a human adipocyte model derived from human mesenchymal stem cells (hMSC) as a tool for toxicological studies on the action of TCDD[J]. Biological Chemistry, 2008, 389(2): 169-177.
[25] van den Dungen M W, Murk A J, Kok D E, et al. Persistent organic pollutants alter DNA methylation during human adipocyte differentiation[J]. Toxicology in Vitro, 2017, 40: 79-87.
[26] Salehpour A, Shidfar F, Hedayati M, et al. Bisphenol A enhances adipogenic signaling pathways in human mesenchymal stem cells[J]. Genes and Environment, 2020, 42: 13.
[27] Liu S, Yang R, Yin N, et al. Environmental and human relevant PFOS and PFOA doses alter human mesenchymal stem cell self-renewal, adipogenesis and osteogenesis[J]. Ecotoxicology and Environmental Safety, 2019, 169: 564-572.
[28] Gao Y, Guo X, Wang S, et al. Perfluorooctane sulfonate enhances mRNA expression of PPARγ and ap2 in human mesenchymal stem cells monitored by long-retained intracellular nanosensor[J]. Environmental Pollution, 2020, 263(Pt B): 114571.
[29] Podechard N, Fardel O, Corolleur M, et al. Inhibition of human mesenchymal stem cell-derived adipogenesis by the environmental contaminant benzo(*a*)pyrene[J]. Toxicology in Vitro, 2009, 23(6): 1139-1144.
[30] Kamstra J H, Hruba E, Blumberg B, et al. Transcriptional and epigenetic mechanisms underlying enhanced *in vitro* adipocyte differentiation by the brominated flame retardant BDE-47[J]. Environmental Science & Technology, 2014, 48(7): 4110-4119.
[31] Wen Q, Xie X, Ren Q, et al. Polybrominated diphenyl ether congener 99 (PBDE 99) promotes adipocyte lineage commitment of C3H10T$_{1/2}$ mesenchymal stem cells[J]. Chemosphere, 2022, 290: 133312.
[32] Bérubé R, LeFauve M K, Heldman S, et al. Adipogenic and endocrine disrupting mixture effects of organic and inorganic pollutant mixtures[J]. Science of the Total Environment, 2023, 876: 162587.
[33] Woeller C F, Flores E, Pollock S J, et al. Editor's highlight: Thy1 (CD90) expression is reduced by the environmental chemical tetrabromobisphenol-A to promote adipogenesis through induction of microRNA-103[J]. Toxicological Sciences, 2017, 157(2): 305-319.
[34] Dong H, Yao X, Liu S, et al. Non-cytotoxic nanomolar concentrations of bisphenol A induce human mesenchymal stem cell adipogenesis and osteogenesis[J]. Ecotoxicology and Environmental Safety, 2018, 164: 448-454.
[35] Ohlstein J F, Strong A L, McLachlan J A, et al. Bisphenol A enhances adipogenic differentiation of human adipose stromal/stem cells[J]. Journal of Molecular Endocrinology, 2014, 53(3): 345-353.
[36] Reina-Pérez I, Olivas-Martínez A, Mustieles V, et al. Bisphenol F and bisphenol S promote lipid accumulation and adipogenesis in human adipose-derived stem cells[J]. Food and Chemical Toxicology, 2021, 152: 112216.

[37] Norgren K, Tuck A, Vieira Silva A, et al. High throughput screening of bisphenols and their mixtures under conditions of low-intensity adipogenesis of human mesenchymal stem cells (hMSCs)[J]. Food and Chemical Toxicology, 2022, 161: 112842.
[38] Singh R D, Wager J L, Scheidl T B, et al. Potentiation of adipogenesis by reactive oxygen species is a unifying mechanism in the pro-adipogenic properties of bisphenol A and its new structural analogues[J]. Antioxidants & Redox Signaling, 2022, 40(1-3): 1-15.
[39] Cohen I C, Cohenour E R, Harnett K G, et al. BPA, BPAF and TMBPF alter adipogenesis and fat accumulation in human mesenchymal stem cells, with implications for obesity[J]. International Journal of Molecular Sciences, 2021, 22(10): 5363.
[40] Behan-Bush R M, Liszewski J N, Schrodt M V, et al. Toxicity impacts on human adipose mesenchymal stem/stromal cells acutely exposed to aroclor and non-aroclor mixtures of polychlorinated biphenyl[J]. Environmental Science & Technology, 2023, 57(4): 1731-1742.
[41] Im G B, Kim Y G, Jo I S, et al. Effect of polystyrene nanoplastics and their degraded forms on stem cell fate[J]. Journal of Hazardous Materials, 2022, 430: 128411.
[42] Najahi H, Alessio N, Squillaro T, et al. Environmental microplastics (EMPs) exposure alter the differentiation potential of mesenchymal stromal cells[J]. Environmental Research, 2022, 214(Pt 4): 114088.

3.8　肾脏干细胞毒理学模型

3.8.1　肾脏的结构与生理功能

肾脏是维持机体内稳态的重要器官，其生理功能包括：生成尿液，排泄代谢终产物、毒物和过剩物质，调节水、电解质、酸碱平衡等；此外，肾脏也是一种内分泌器官，能够产生肾素、内皮素、促红细胞生成素等[1]。肾脏主要由肾皮质和肾髓质两大部分组成，包含肾小体、肾小管、肾间质、血管和神经等结构单元，其中肾小体和肾小管组成的肾单位是肾脏制造尿液的主要场所，每个肾脏包含约 100 万个肾单位。肾小体由肾小球和肾小囊组成，经肾小球过滤的体液在肾小管进行加工、处理、重吸收，形成终尿。肾小管是肾单位中的一个重要结构，由近端肾小管（renal proximal tubule，RPT）、髓袢（medullary loop）、远端肾小管（renal distal tubule，RDT）和集合小管（collecting tubule）组成[1,2]。RPT 首先接收过滤液，重吸收滤出液中大部分的水、无机盐、氨基酸、葡萄糖等；髓袢是连接 RPT 和 RDT 的一段 U 形管，滤出液中的部分水、钠、氯等在髓袢中被重吸收，髓袢与相邻的直血管形成的逆流倍增效应在肾脏稀释浓缩功能方面具有重要作用；RDT 主要重吸收钠、钙等离子；集合管是多种激素的作用部位，负责水、钠的重吸收和钾的分泌，最终滤出液在集合管中经过进一步重吸收形成终尿，输送到肾盂和膀胱[1]。

肾脏约占身体质量的 0.5%，但流经它的血液占心脏输出量的 20%～25%，药物或毒物可随血流到达肾脏，由于特殊的解剖结构及生理功能，肾脏极易受到药物或毒物的损害。重金属、抗生素、放射造影剂、抗癌药、BPA、二噁英等一些上市药物和环境污染物都具有肾毒性，可能导致急性或慢性肾损伤，严重危害人类健康。因此，如何尽早、高效、准确地发现或预测新型化学品的肾毒性特征是目前面临的一大挑战。

3.8.2　传统的肾毒性评价方法

3.8.2.1　动物模型

大鼠、小鼠、斑马鱼、家兔等动物模型常用于评价药物或化学物质的肾毒性效应，包括急性肾毒性、慢性肾损伤等。常用的毒性评价方法包括：通过病理切片观察肾脏结构变化；通过测定尿液中的脲酶、尿蛋白等含量或血清中的尿素氮、肌酐、尿酸等指标评价肾脏功能；通过测定肾脏组织中超氧化物歧化酶、丙二醛、谷胱甘肽过氧化物酶等评估是否引起氧化损伤等。动物模型能够反映物质对肾脏结构及肾脏中多种细胞相互作用的毒性效应，在肾脏毒理学研究中具有重要的地位，但因存在周期长、成本高、动物伦理等缺点，不能满足日益增长的新兴药物或化合物的肾毒性评价需求。此外，因物种差异因素的存在，如动物肾脏发育周期、肾脏功能蛋白的种类与表达水平等与人具有明显不同，动物实验的结果不能完全外推至人体，许多在动物实验中无肾毒性的药物或化合物在临床试验或后期应用中被发现能引起肾脏损伤，除了物种差异因素外，动物年龄、给药周期和给药浓度也会导致与人体反应不同的结果。因此，越来越多的动物替代实验方法被开发和应用，结合计算毒理、3D 打印、高通量测序等技术，使用人源细胞、器官等体外模型或将成为未来肾脏毒理研究的核心技术和主要发展方向之一。

3.8.2.2 细胞模型

体外细胞模型是主要的基于非动物的毒理测试方法，常用的人源细胞模型有：原代分离细胞、成人肾癌细胞系 A498、肾小管上皮细胞系（HK-2、HKC、RPTEC/TERT1、ciPETC）、人胚肾细胞系 HEK293、足细胞系 CIHP-1 等。常用的毒性评价指标有：细胞活力、凋亡、坏死等基础毒性指标；KIM-1、HO-1、TIMP-1、NGAL 等肾脏损伤相关标记基因/蛋白的表达；炎性因子 IL-6、IL-8、IL-18 的表达水平；对葡聚糖、白蛋白等物质的内吞功能等。利用体外细胞模型评价物质的肾毒性效应具有周期短、成本低、高通量等优点，但原代细胞来源有限，而永生化的细胞系存在基因突变等问题，例如近端肾小管细胞系 HK-2 不表达 *OAT1*、*OAT3*、*OCT2* 等转运蛋白基因[3]；*OAT1*、*OAT3* 的表达在 ciPTEC 培养体系中逐渐降低[4]；RPTEC/TERT1 中的 OAT 转运功能不足等[5]。综上，因缺失正常生理状态下细胞间的相互作用、特定功能的转运蛋白、代谢酶等，以永生化细胞系为基础的体外模型在肾毒性评价中存在有一定的局限性。

3.8.3 基于人多能干细胞的肾毒性评价模型

hPSCs 包括人诱导多能干细胞和人源胚胎干细胞，属于亚全能干细胞，拥有正常的核型，可无限增殖，具有发育成机体几乎所有细胞与器官的潜能，包括组成肾脏器官的各种细胞，是肾脏干细胞毒理学研究中的核心技术与重要材料，不仅能够测试细胞活力、细胞凋亡、活性氧水平等基础毒性指标，也能够测试特定细胞的功能毒性和肾发育毒性。

3.8.3.1 hPSCs 体外定向分化为肾相关细胞的方法

肾脏起源于中胚层，由中间中胚层（intermediate mesoderm，IM）细胞发育而来[6]，在人类胚胎发育过程中经过了前肾（pronephros）、中肾（mesonephros）和后肾（metanephros）的发育，前肾于胚胎发育第 4 周退化，之后中肾开始发育，中肾在胚胎期具有部分功能，但随着后肾的形成，中肾于胚胎 8 周左右退化，保留的部分形成输尿管芽，最终发育为集合管和肾盂，后肾则发育为成体永久肾脏的其他功能细胞。近年来，随着 hPSCs 体外分化基础研究的发展，目前已建立了多个 hPSCs 向肾脏中间态细胞或终末功能细胞分化的研究体系，包括肾集合管、肾前体细胞、近端肾小管细胞（proximal tubule cells，PTCs）、肾足细胞等。这些分化方法的成功建立在对肾脏胚胎发育分子机制的研究基础上，分化过程模拟人胚胎期肾脏的发育进程，基本包括以下 3 个阶段。

第一阶段：将 hPSCs 分化为中间中胚层细胞[7-10]。在胚胎发育过程中，肾脏器官主要起源于中间中胚层，在体外将 hPSCs 定向分化为肾脏相关细胞时，获得高纯度的中间中胚层细胞是非常关键的一步。在这一阶段可通过调控 Wnt、BMP、RA、FGF 等信号通路达到定向分化的目的，常用的诱导剂包括 FGF2、FGF9、BMP7、BMP4、Activin A、Wnt3a、CHIR99021、TTNPB、AM580 等，其中 TTNPB 和 AM580、Wnt3a 和 CHIR99021 可相互替代，因此尽管分化过程遵循相同的信号调控原则，但不同的分化方法采用的诱导剂不完全相同。随着分化的进行，hPSCs 的标志基因 *OCT4*、*NANOG*、*SOX2* 的表达逐渐降低，而中胚层及中间中胚层的标志基因 *T*、*MIXL1*、*OSR1*、*PAX2*、*WT1*、*SALL1* 等的表达逐渐升高，外胚层（*PAX6*、*SOX1* 等）和内胚层（*FOXA2*、*SOX17* 等）的相关基因则不表达。

第二阶段：中间中胚层细胞分化为后肾间质细胞。在胚胎发育过程中，中间中胚层具有前后极性（A-P 轴），分为前中间中胚层（anterior intermediate mesoderm，AIM）和后中间中胚层（posterior intermediate mesoderm，PIM），这两部分共同发育形成完整的肾脏器官。其中，AIM 进一步发育形成中肾管（也称 Wolff 氏管），经过输尿管芽最终形成肾盂、集合管等；而 PIM 则发育为后肾间质（metanephric mesenchyme，MM），MM 中包含多种肾前体细胞（renal progenitor cells，NPCs），负责生成肾小球、肾近端小管、肾远端小管和髓袢等末端功能细胞[11,12]，在体内，MM 细胞分泌的 GDNF 因子对 Wolff 氏管向输尿管芽及集合管细胞的发育具有重要的调控作用。在体外培养过程中，这一阶段可通过调控 Wnt 信号通路或 RA 信号通路实现 AIM 和 PIM 细胞的分化[13]。

第三阶段：后肾间质细胞进一步分化为各种肾功能细胞。其中一部分 $SIX2^{+}$细胞称为“后肾帽状间质细胞”，又称肾前体细胞，在体内负责分泌 GDNF 因子促进输尿管芽及集合管细胞的发育。当 *SIX2* 表达下调，通过调控 Wnt 和 NOTCH 信号通路，促使肾前体细胞发生间质–上皮转化，开始分化为组成肾单位的各种细胞[14]。

组成肾单位的细胞包括足细胞、近端肾小管细胞（PTCs）、髓袢、远端肾小管细胞（DTCs）等。其中足细胞又称肾足细胞或肾小球脏层上皮细胞，是肾小球内一类终末分化细胞，也是肾小球过滤屏障的重要组成部分，足细胞损伤是引起肾功能不足或慢性肾病的重要原因之一。目前已建立了多个由 hPSCs 向足细胞定向分化的方法（表 3-1），由近端肾小管细胞直接分化为足细胞的时间较短，仅需 7～8 天；PSCs 经过中胚层、中间中胚层、肾前体细胞等分阶段诱导为足细胞的方法一般用时较长，需 12～21 天。常用的诱导剂包括 RA、Activin A、BMP7、CHIR99021、VEGF 等。通常从特征标志物的表达、蛋白摄取能力及对特定物质的响应等方面对分化获得的足细胞进行功能鉴定，具体为：表达 PODXL、WT1、SYNPO、NPHS1、ACTN4、NPHS2、CDH3 等特征基因/蛋白（图 3-23），能够摄取白蛋白，对血管紧张素Ⅱ、阿霉素等刺激响应敏感。具体分化方法及标志物鉴定见表 3-1 和图 3-23。

近端肾小管细胞：近端肾小管细胞是一类立方形上皮细胞，是近端肾小管的主要功能单元，对肾小球过滤液进行重吸收，同时转运和排泄药物或有毒化学物质。hPSCs经中间中胚层和后肾间质分化过程，通过添加EGF、FGF9等定向分化获得近端肾小管细胞。通常从特征标志物的表达及特定物质的响应、吸收或转运等方面对分化获得的近端肾小管细胞进行功能鉴定，具体为：表达LRP2、AQP1、OCT2、OAT1、OAT3、MRP2、PTH1R、CD13、GGT等特征基因/蛋白，能够吸收摄取或转运白蛋白（由LRP2受体介导）、葡萄糖（由SGLT2介导）、有机阳离子（由OCT2介导）和阴离子（由OAT1、OAT3介导），响应甲状旁腺激素（由PTH1R受体介导），具有ABCB1（异源物质转运载体）载体活性等。具体分化方法及标志物鉴定见表3-1和图3-23。

表3-1　hPSCs定向分化为PTCs和肾足细胞的方法

细胞类型	分化过程	细胞鉴定	参考文献
PTCs	含BMP2和BMP7的REGM培养基分化，分化时间受起始细胞种类影响，以iPSCs进行分化需8天，而以人源胚胎干细胞进行分化需20天	表达*AQP1*、*CD13*、*GGT*、*CYP27B1*、*Na⁺K⁺ ATPase*、*GLUT5*等，响应甲状旁腺激素，具有GGT酶活性	[15,16]
PTCs	含CHIR99021、TTNBP的培养基诱导中间中胚层，含FGF9、EGF、皮质醇的培养基分阶段诱导获得PTCs，共需14天	表达*LRP2*、*AQP1*、*PTH1R*等，不表达*NPHS2*、*UMOD*、*SLC12A1*、*SLC12A3*、*CALB1*、*AQP2*、*SLC26A4*、*SLC26A7*等其他肾脏细胞的标志基因；响应甲状旁腺激素，摄取白蛋白，具有ABCB1载体活性	[17]
PTCs	含Activin A、RA、BMP4的STEMdiff™ APEL™2中培养4天获得中间中胚层，含GDNF的STEMdiff™ APEL™2中培养4天获得肾前体细胞，含ITS、EGF、hydrocortisone、DMSO的低糖培养基中分化12天获得PTCs	表达*AQP1*、*LRP2*、*SGLT2*、*Na⁺K⁺ATPase*、*OCT2*、*OAT1*、*OAT3*、*MRP2*等，摄取葡萄糖和白蛋白，具有转运有机阳离子和阴离子的载体活性（OCT2、OAT1、OAT3）	[18]
足细胞	含Activin A、BMP7、RA的DMEM/F12培养基悬浮诱导3天，明胶包被板中贴壁培养7～8天	表达*PODXL*、*WT1*、*SYNPO*、*NPHS1*，响应血管紧张素Ⅱ，内吞白蛋白	[19]
足细胞	含CP21R7、BMP4、B27、N2的DMEM/F12中培养3天，获得中间中胚层，换含RA、BMP7、FGF9的STEMdiff APEL™2中培养2天获得肾前体细胞，重新布板后在含RA的DMEM/F12中培养7天，获得足细胞	表达*WT1*、*SYNPO*、*CDH3*、*NPHS1*、*ACTN4*、*CD2AP*、*VEGF-A*、*MAFB*、*NPHS1*，响应血管紧张素Ⅱ刺激，内吞白蛋白	[20]
足细胞	含CHIR99021的DMEM/F12诱导2天获得中胚层，含BMP7、CHIR99021、B27的DMEM/F12诱导14天获得中间中胚层，含BMP7、Activin A、VEGF、CHIR99021、B27、RA的DMEM/F12诱导4～5天获得足细胞	表达*PODXL*、*WT1*、*NPHS1*，具有过滤功能	[21]
足细胞	含BMP7、Activin A和RA的DMEM/F12中诱导10天，在无生长因子的培养基中继续培养10天	表达*NPHS1*、*NPHS2*、*WT1*，内吞白蛋白，对阿霉素敏感	[22]
足细胞	含CHIR99021的DMEM/F12中诱导2天获得中间中胚层，含B27的hESFM商品化培养基中继续培养14天，中间多次重新布板	表达*PAX2*、*WT1*、*CDH3*、*ZO-1*、*CD2AP*、*NPHS1*、*NPHS2*、*SYNPO*，内吞白蛋白，响应TGF-β	[23]
足细胞	含Activin A、CHIR99021的培养基诱导2天获得中胚层，含BMP7和CHIR99021的培养基继续培养14天获得中间中胚层，含Activin A、RA、VEGF、BMP7和CHIR99021的培养基诱导5天获得足细胞	表达*WT1*、*NPHS1*、*NPHS2*	[24]
足细胞	含Activin A和低浓度CHIR99021的培养基诱导2天后换含高浓度CHIR99021的培养基继续诱导3天获得中间中胚层，含FGF9培养基诱导2天获得肾前体细胞，含Activin A、BMP7、VEGF、RA、CHIR99021的培养基诱导5天获得足细胞	表达*SYNPO*、*PODXL*、*MAFB*、*NPHS1*，内吞白蛋白	[25]

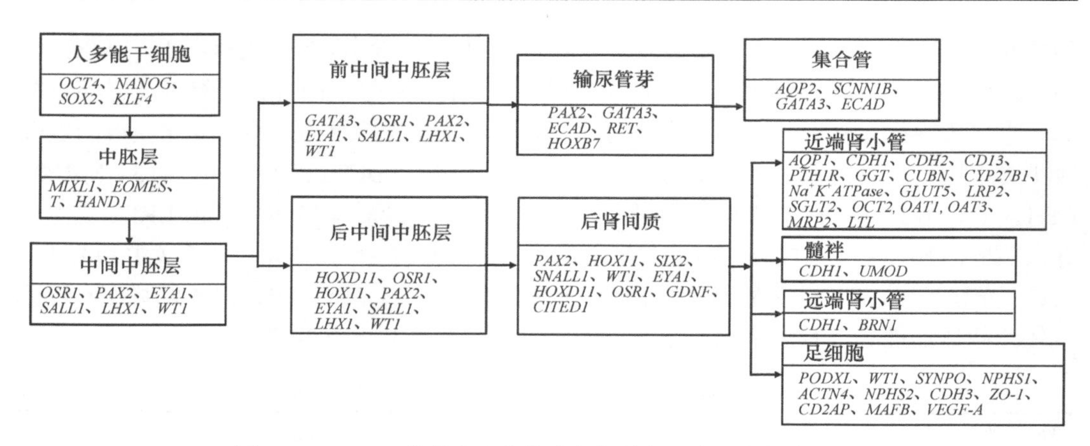

图 3-23　hPSCs 体外定向分化为肾相关细胞常用的标志基因

远端肾小管细胞和髓袢：远端肾小管细胞和髓袢是肾小管的重要组成部分，由中间中胚层经后肾间质发育而来。体内谱系示踪实验表明在初生肾单位中 Lgr5$^+$前体细胞负责发育为髓袢和远端肾小管细胞[26]。在体外，hPSCs 可经后肾间质阶段分化获得近端肾小管细胞、远端肾小管细胞和髓袢细胞的混合群体，但由于对肾前体细胞向不同肾小管细胞分化的调控机制认识有限，目前还未成功建立向远端肾小管细胞和髓袢定向分化的体外方法。

3.8.3.2　体外构建肾类器官的方法

将 hPSCs 注射到动物体内可形成畸胎瘤，在畸胎瘤中包含了肾小管和肾小球等不同类型的肾脏组织，在体内证实了 hPSCs 能够自发形成肾类器官的潜在能力[27]；而体外将 hPSCs 定向分化为各种肾前体细胞和肾功能细胞的研究则进一步使构建功能完善的肾脏类器官成为可能。目前，大部分肾脏类器官是指由 hPSCs 在体外诱导、模拟早期胚胎分化过程形成的包含多种肾功能细胞的具有一定肾脏结构和功能的三维细胞团。如前文所述，hPSCs 分化到 IM 后通过调控 Wnt 或 RA 信号通路可定向分化为 AIM 或 PIM，但完整的肾脏器官是由 AIM 和 PIM 共同发育形成的，因此，通过 hPSCs 构建肾脏的类器官时需要同时分化获得 AIM 和 PIM 两种 IM 细胞。AIM 来源的 Wolff 氏管细胞和 PIM 来源的后肾间质细胞之间的相互调控作用是肾脏器官形成的一个重要节点，肾间质细胞分泌的 GDNF 细胞因子调控 Wolff 氏管形成输尿管芽及其树状分支形态的发生，输尿管芽则通过分泌 Wnt11、FGF9 等细胞因子调控后肾间质细胞的维持与分化，最终形成完整的肾单位[11]。

自 2014 年起，由 Taguchi、Takasato、Morizane、Freedman 等[10,12,28-31]相继发表了基于 hPSCs 在体外构建肾脏类器官的一系列成果，开拓了体外构建肾脏类器官的先河，是目前应用最多的构建方案。如图 3-24 所示，尽管不同课题组采用的培养和构建方案之间存在较大差异，但这几种方法均基于体内胚胎期肾脏发育的基本过程，并获得了具有一定结构和功能的肾脏类器官。Taguchi 等[29,30]和 Takasato 等[10,12]的方案构建了包含集合管的肾类器官，而 Morizane 等[28]和 Freedman 等[31]的方案则旨在构建肾单位类器官。

早期发表的这4种方案为肾类器官的发展和应用奠定了基础，但这些方法构建的类器官还处于胚胎期阶段，在结构与功能方面还有待进一步提高；此外，不同课题组构建类器官的培养方案存在较大差异，相同方法不同批次获得的肾类器官也存在一定的差异，这种异质性在一定程度上限制了其推广应用。近年来，随着单细胞测序、3D 生物打印、新型生物材料及自动化培养装置等技术的发展，人们在早期构建方案的基础上进行了改进与提高。根据构建技术，可将目前肾类器官的分化方案分为基于单层分化的构建方法、基于拟胚体/球状体的构建方法、基于3D打印/微流控技术的构建方法。

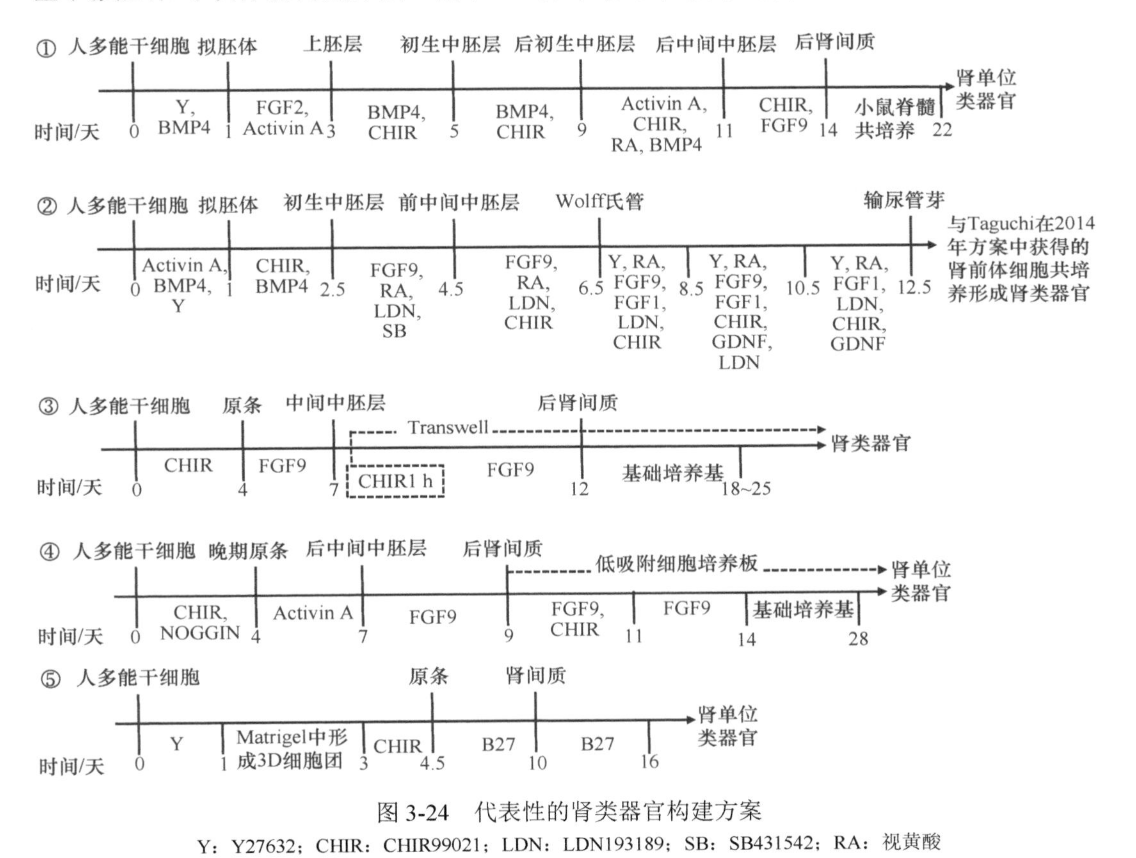

图3-24　代表性的肾类器官构建方案

Y：Y27632；CHIR：CHIR99021；LDN：LDN193189；SB：SB431542；RA：视黄酸

1）基于单层分化的构建方法

单层细胞培养是hPSCs体外定向分化实验中常用的实验技术，在诱导过程中便于观察细胞状态和更换诱导培养基等。因此，一些研究者在构建类器官时，选择首先通过单层细胞培养的方式定向诱导获得分化到一定阶段的细胞，在此基础上收集分化的细胞，通过使用胞外基质胶、穿透培养小室（Transwell）等创造3D培养环境，进行进一步的诱导和细胞自组织，最终获得类器官。基于单层分化的肾类器官或肾单位类器官具体构建技术可参考 Takasato 等[10,12]和 Morizane 等[28]发表的分化方案。

Takasato 等[10]开发了“一体分化”获得肾脏类器官的方法，通过分阶段地添加诱导因子，实现hPSCs直接诱导形成同时包含集合管分支上皮和肾单位相关结构的类器官。

因IM大多由极化的后部原条（posterior primitive streak）分化而来，因此为提高IM的诱导，Takasato等[10]使用GFP标记MIXL1的hPSCs进行IM诱导条件的摸索，发现单独高浓度CHIR99021（＞7μmol/L）处理2天可获得90%以上的GFP阳性细胞；在此基础上，通过添加FGF9诱导4天形成MM（$LHX^{+}PAX2^{+}$）；FGF9继续诱导6天后收集单细胞，3D培养可自发形成包含集合管、MM、肾小管细胞群体的类器官。为进一步完善肾类器官的结构和功能，Takasato等[12]于2015年发表了改进的新方案。新方案在2014版旧方案的基础上通过延长CHIR99021的处理时间获得了更多的PIM，使最终形成的类器官中包含更多的肾单位结构。具体步骤为：①在含有CHIR99021的APEL培养基中分化4天，继而用FGF9诱导3天，获得IM；②将细胞消化后离心以细胞团的形式种在Transwell小室，CHIR99021瞬时处理1h后FGF9处理5天，获得MM；③用不含诱导因子的APEL培养基继续培养6～13天，获得肾类器官。该方法获得的类器官每个约含有500个肾单位，相当于孕早期的肾脏；免疫荧光染色显示类器官含有集合管、远端肾小管、近端肾小管、肾小球相关细胞；观察到了上皮细胞组成的网络结构和PTCs的刷状缘结构，并证实了PTCs的内吞功能和对顺铂的敏感性等功能。

Morizane等[28]于2015年发表了他们研究组开发的由高纯度MM自发形成肾单位类器官的方案，该方案不需要与小鼠脊髓共培养，也不包含集合管相关细胞。具体步骤为：①用含NOGGIN蛋白和高浓度CHIR99021或仅含高浓度CHIR99021的培养基诱导4天获得晚期原条；②用含Activin A的培养基诱导3天获得PIM；③用含FGF9的培养基诱导2天获得MM；④将细胞转移至低吸附培养板中悬浮培养，用含FGF9和CHIR99021的培养基诱导2天，换只含FGF9的培养基继续培养3天，之后用不含诱导因子的培养基培养14天，获得类器官。该类器官具有足细胞、近端肾小管、髓袢、远端肾小管等多种肾单位上皮细胞，并具有一定的肾单位结构形态，其中肾小管细胞对庆大霉素和顺铂响应敏感，与体内反应相似。

2）基于拟胚体/球状体的构建方法

拟胚体是hPSCs在一定条件下形成的与体内早期胚胎发育高度相似的球状结构，自发分化条件下可形成外、中、内3个胚层。拟胚体分化技术广泛应用于hPSCs体外定向分化及类器官构建研究中，能够模拟早期发育过程中细胞自我更新和空间谱系分化等的关键分子事件，同时形成3D分化结构。此外，与拟胚体技术相似，一些研究人员在类器官构建起始阶段通过将hPSCs种植在胞外基质胶中形成球状体，获得3D分化结构。基于拟胚体/球状体的具体构建技术可参考Taguchi等和Freedman等发表的分化方案。

Taguchi等[29]起始阶段采用拟胚体的方式进行诱导分化，分为5个步骤：①拟胚体的获得。hPSCs单细胞在低吸附的V形96孔板中用含Y27632和BMP4的培养基培养1天，获得拟胚体。②中胚层诱导。将拟胚体转移至低吸附的U形96孔板中，用含Activin A和FGF2的培养基诱导2天获得上胚层（epiblast），继而换含BMP4和高浓度CHIR99021的培养基分化2天获得初生中胚层（nascent mesoderm，NM），继续培养4天获得后初生中胚层（posterior nascent mesoderm，PNM）。③PIM诱导。含Activin A、BMP4、CHIR99021、RA的培养基诱导2天获得PIM。④MM诱导。PIM在含低浓度CHIR99021

和 FGF9 的培养基中分化 3 天获得 MM。⑤类器官构建。将诱导的 MM 细胞团与小鼠胚胎脊髓共培养 8 天，免疫荧光染色可观察到肾小球、近端肾小管、远端肾小管的细胞与结构。在 Taguchi 等 2014 版方法的基础上，Taguchi 和 Nishinakamura[30]于 2017 年发表了包含集合管“树状”分支结构的肾类器官构建方法，在新的方案中，Taguchi 和 Nishinakamura 从 hPSCs 分别诱导获得输尿管芽细胞和肾前体细胞后，将两种细胞共培养获得肾脏类器官，具体步骤为：①输尿管芽细胞的获得。hPSCs 单细胞在低吸附的 V 形 96 孔板中用含 Y27632、Activin A、BMP4 的培养基培养 1 天，获得拟胚体；将拟胚体转移至低吸附的 U 形 96 孔板中，用含 BMP4 和高浓度 CHIR99021 的培养基诱导 1.5 天获得 NM；NM 在含 FGF9、RA、LDN193189、SB431542 培养基诱导 2 天获得 AIM；AIM 在含 FGF9、RA、LDN193189、CHIR99021 的培养基中诱导 2 天获得 Wolff 氏管细胞前体；通过流式细胞术筛选 $CXCR4^{+}KIT^{+}$的细胞，在低吸附的 V 形 96 孔板中，用含 Y27632、RA、FGF9、FGF1、CHIR99021、LDN193189 和 10%基质胶的培养基培养 2 天形成细胞团；换含 Y27632、RA、FGF9、FGF1、CHIR99021、LDN193189、GDNF 和 10%基质胶的培养基继续诱导 2 天，换含有 Y27632、RA、FGF1、CHIR99021、LDN193189、GDNF 和 10%基质胶的培养基诱导 2 天，获得输尿管芽细胞。②肾前体细胞的获得。参考 Taguchi 等 2014 版方法并进行了改进，hPSCs 单细胞在低吸附的 V 形 96 孔板中用含 Y27632 和 Activin A、FGF2 的培养基培养 1 天，获得拟胚体；将拟胚体转移至低吸附的 U 形 96 孔板中，用含 Y27632 和 CHIR99021 的培养基诱导 6 天，换含 Activin A、CHIR99021、BMP4、RA 和 Y27632 的培养基诱导 3 天，在含低浓度 CHIR99021、FGF9、LDN193189、BMS493 和 Y27632 的培养基中继续诱导 3 天。③肾脏类器官的构建。将①和②中获得的输尿管芽细胞与肾前体细胞共培养，可获得具有一定结构的类器官，但未观察到输尿管上皮细胞形成的典型分支形态。

Freedman 等[31]起始阶段采用球状体的方式进行诱导分化，该方案中仅使用了 CHIR99021 一种诱导因子，获得的类器官含 PTCs、足细胞、内皮细胞等，能够累积葡聚糖，对庆大霉素和顺铂敏感。具体步骤为：①hPSCs 单细胞种板，1 天后转移至 Matrigel 中培养两天形成 3D 球形细胞团；②用含 CHIR99021 的培养基处理 1.5 天获得原条；③用含 B27 的培养基培养至 10 天获得间质细胞，至 16 天获得自发形成的肾单位类器官。与此相似，Przepiorski 等[32]采用拟胚体的方法，仅用了 CHIR99021 一种诱导分子，处理 3 天后，用含 KOSR 的培养基代替 FGF9 等生长因子，在 14 天可获得包含足细胞、肾小管细胞、集合管细胞的 3D 组织，该方法虽然能够快速获得大量的肾类器官，但随着培养时间的延长，类器官肾单位结构和细胞类型发生了改变，这也表明仅含 KOSR 的培养基可能无法满足肾类器官的维持培养。

3）基于 3D 生物打印/微流控技术的构建方法

模拟体内器官相似的三维结构与生长微环境是成功构建与培养类器官的两大重要因素，其中，3D 生物打印作为一种新兴技术，可将细胞与生物材料制作成具有复杂三维结构的组织或器官模型，具有稳定性高、重复性好、一体化成型等优势；而微流控技术能够通过模拟化学梯度或生物力学力量等精准控制细胞微环境，是目前最有望再现人体复杂生理系统特征的工具模型。3D 生物打印技术与微流控技术的应用极大地促进了类器官技术的发展，实现了类器官从手工构建向自动化生产的转变，并使构建的肾类器官在结构与功能上更加丰富和完善。例如，Lawlor 等[33]基于 Takasato 等[10,12]的研究方案，将 hPSCs 经过 7 天诱导获得中间中胚层细胞，收集细胞制备悬液（生物墨水），利用 3D 生物打印技术将含细胞的生物墨水挤压成均匀大小的液滴并快速种植在 Transwell 小室继续诱导分化，该方案实现了构建肾脏类器官的自动化，能够获得与人工构建相似的类器官结构与细胞类型，并极大地提高了肾类器官的产量和稳定性与近端小管的成熟度，使规模化制备肾脏类器官成为可能；Homan 等[34]基于 Morizane 等[28]的研究方案，利用 3D 打印技术制造微流控芯片，将经 hPSCs 诱导获得的肾类器官置于微流控芯片中进一步培养，该培养条件提高了肾类器官中内皮前体细胞的成熟和血管化，并使构建的类器官含有更多相对成熟的足细胞和肾小管相关细胞。

3.8.3.3 肾发育毒性测试模型

人实质性肾脏从妊娠后第 5 周开始发育，到 35 周时，每个肾脏基本已发育形成约 100 万个肾单位，但直到出生 2 岁左右，肾脏功能才完全发育至成人水平[35,36]。因此，在肾脏发育完全成熟之前，机体肾器官处于对外来物质相对敏感的窗口期，极易受到药物或毒物的损害，产生肾发育毒性，可能导致发育不全或增生、多囊肾病或其他肾毒性特征，包括形成的肾单位数量减少、异常的过滤或重吸收功能及增加慢性肾病的风险等。流行病学研究显示孕妇服用抗癫痫药物会显著增加胎儿肾脏发育异常的风险[37]；孕妇尿液中镉、砷、汞等重金属含量与出生后的儿童体内肾损伤相关标志物的水平有显著的正相关性[38,39]；在围产期或出生后 2 年内大气细颗粒物 $PM_{2.5}$ 暴露可能导致异常的肾小球过滤率（estimated glomerular filtration rate，eGFR）[40]；包含 10942 个儿童与青少年的人群队列研究显示 NO_2 与大气细颗粒污染物 $PM_{2.5}$ 暴露可能导致慢性肾损伤，并降低了估算的肾小球过滤率[41]。二噁英、PFAS 等一些环境有机污染物暴露也可能引起婴儿或儿童肾功能异常[42]。因此，及时发现和评价新增或新兴物质的肾发育毒性十分必要，基于 hPSCs 的肾发育毒性评价模型避免了物种差异引起的偏差，是目前最有望精确反映人体真实数据的发育评估模型。

基于目前已有的 hPSCs 肾脏功能细胞或类器官诱导分化方法，在分化过程中暴露人体相关浓度的待测物质，通过分析分化过程中的关键节点及分化终点细胞样品的毒性标记物，可有效评估待测物质引起肾发育毒性的风险。然而，与神经发育毒性相比，目前基于 hPSCs 的肾脏发育毒性研究还处于理论阶段，尚未有比较成熟的应用模型，未来需要通过测试大量已知可引起或不引起肾脏发育毒性的物质来筛选毒性终点，并建立有效的实验模型。

3.8.3.4 肾器官功能毒性测试模型

近端肾小管接收经肾小球浓缩的过滤液，并对其中的物质进行进一步的过滤、转运和代谢。由于含有丰富的转运与生物代谢酶系，使 PTCs 对外源毒物的损害非常敏感，是肾毒性损伤中的主要靶点之一。利用 hPSCs 分化获得 PTCs 的研究方法相对成熟，为筛选和评价毒物的 PTCs 靶向毒性提供了可靠的细胞模型。Zink 等研究团队[15,16,43,44]建立了基于 hPSCs 分化获得功能性 PTCs 的研究方法，并通过一系列已知有 PTCs 毒性、无 PTCs 毒性的化合物进行毒性终点的筛选和模型的验证，结果表明：尽管 iPSCs 和人源胚胎干细胞向 PTCs 分化的周期不同，但获得的 PTCs 均能有效地用于评价物质的急性肾损伤风险；在该体系中，相比于 *KIM-1*、*VIM*、*NGAL*、*IL-18* 4 种常见的 PTCs 损伤标志物，炎性因子 IL-6 和 IL-8 的表达更能准确地区分和预测待测物质对 PTCs 的毒性特征。

此外，因肾脏是一个由多细胞构成的复杂器官，相比于 2D 培养系统，3D 类器官在肾毒性评价中能模拟体内的微环境，包含细胞与胞外基质及不同细胞之间的相互作用，更能反映器官的整体毒性。自 2014 年起，随着人肾脏类器官体外构建技术的建立与发展，其在毒理研究领域中的应用日益增多。例如，利用 Takasato 等[10,12]建立的肾类器官方法，Gu 等[45]评价了三萜皂苷的毒性效应，以马兜铃酸为阳性对照，在类器官培养体系中分别通过短期（2 天）暴露高浓度（30μmol/L、60μmol/L、120μmol/L）和长期（7 天）暴露低浓度（10μmol/L）的三萜皂苷，评价其肾毒性效应，结果表明：高浓度马兜铃酸处理显著增加了细胞膜的通透性，促进了 PTCs 的纤维化并降低了肾素的分泌水平；与在小鼠体内引起的急性肾损伤效应相似，马兜铃酸处理引起类器官中 KIM-1、β2-M、CysC 等急性肾损伤相关标志物的升高[45]，该方法证实了应用肾类器官评价马兜铃酸等中草药等物质急性肾损伤的可行性。此外，Lawrence 等[46]在该方法的基础上鉴定了氧化损伤的响应基因 *HO-1*，并构建了含有 *HO-1* 报告基因的类器官，可用于高效筛选肾毒性物质。利用 Morizane 等建立的肾类器官方法，Bajaj 等[47]通过“概念验证”（proof-of-concept）实验，以肾小管损伤标志物 *KIM-1*、*HO-1* 及肾小球损伤标志物 *NPHS1/WT1* 为毒性终点，测试了 4 种肾小管毒物（庆大霉素、桔霉素、顺铂、利福平）、2 种肾小球毒物（嘌呤霉素、阿霉素）以及 2 种无肾毒性物质（阿卡波糖、利巴韦林）共 8 种化合物的毒性效应，类器官暴露药物 24h 后检测。结果表明该类器官模型能够筛选无肾毒性和有肾毒性的物质，并能区分对肾小管和肾小球的靶向毒性。利用 Freedman 等[31]建立的肾类器官方法，Kim 等[48]评价了免疫抑制剂药物他克莫司的肾毒性效应与机制，他克莫司处理肾类器官 24h 可显著影响类器官的大小、细胞活力及肾小管细胞极性，并揭示了细胞自噬在他克莫司引起的肾毒性中的作用。

由 hPSCs 衍生的肾脏相关功能细胞及 3D 类器官模型为研究物质的肾毒性提供了一个相对准确、高效的评价方法，与动物模型、永生细胞系或原代细胞测试模型相比，具有显著的优势，例如具有正常的核型和细胞代谢反应；能够避免物种差异引入的偏差；3D 类器官模型由不同的功能细胞组成，进一步模拟了体内的生理环境等。然而，目前建立的方法在肾毒性测试中也存在一些局限性，人肾脏由 20 多种细胞组成，然而已建立的 hPSCs 体外定向分化为肾相关细胞的种类有限，此外，尽管构建的肾脏类器官中包含有肾小球、肾小管等肾主要细胞类型，但类器官的体积、功能及结构与成体肾脏相比都还具有很大差距，缺乏血管、神经及泌尿过滤功能等。尽管多个实验室建立了肾类器官的分化方法，其被应用于评价物质的肾毒性，但目前的研究大多选择使用高浓度药物短期暴露进行毒性评价，远高于大部分环境污染物在人体的实际暴露浓度，这些实验对肾毒性评价模型验证及急性肾毒性的分子标志物筛选具有重要价值，但对于低浓度物质长期暴露引起的慢性肾毒性效应的评价研究则不一定适用。此外，不同研究使用的分化方法不同，获得的肾类器官或特定细胞在标志物的表达水平、成熟度及细胞组成与组织结构等方面具有很大差异，这也可能导致不同实验室对相同物质的毒性评价研究结果不一致。因此，针对不同类型的肾毒性评价需求建立标准化的实验模型，规范使用的分化方法、给药浓度、给药时间、毒性终点等参数，以满足日益增多的新兴物质肾毒性评价需求。

参 考 文 献

[1] 林果为, 王吉耀, 葛均波, 等. 实用内科学(下册)[M]. 15 版. 北京: 人民卫生出版社, 2017: 1918-1920.

[2] 李广然, 钟先阳. 肾脏的解剖结构和生理功能[J]. 新医学, 2005, 36(7): 379-380.

[3] Jenkinson S E, Chung G W, van Loon E, et al. The limitations of renal epithelial cell line HK-2 as a model of drug transporter expression and function in the proximal tubule[J]. Pflügers Archiv: European Journal of Physiology, 2012, 464(6): 601-611.

[4] Nieskens T T, Peters J G, Schreurs M J, et al. A human renal proximal tubule cell line with stable organic anion transporter 1 and 3 expression predictive for antiviral-induced toxicity[J]. American Association of Pharmaceutical Scientists Journal, 2016, 18(2): 465-475.

[5] Aschauer L, Carta G, Vogelsang N, et al. Expression of xenobiotic transporters in the human renal proximal tubule cell line RPTEC/TERT1[J]. Toxicology in Vitro, 2015, 30(1 Pt A): 95-105.

[6] Davidson A J, Lewis P, Przepiorski A, et al. Turning mesoderm into kidney[J]. Seminars in Cell & Developmental Biology, 2019, 91: 86-93.

[7] Araoka T, Mae S, Kurose Y, et al. Efficient and rapid induction of human iPSCs/ESCs into nephrogenic intermediate mesoderm using small molecule-based differentiation methods[J]. PLoS One, 2014, 9(1): e84881.

[8] Lee S, McCabe E M, Rasmussen T P. Modeling the kidney with human pluripotent cells: Applications for toxicology and organ repair[J]. Current Opinion in Toxicology, 2022, 31: 100345.

[9] Mae S I, Shono A, Shiota F, et al. Monitoring and robust induction of nephrogenic intermediate mesoderm from human pluripotent stem cells[J]. Nature Communications, 2013, 4: 1367.

[10] Takasato M, Er P X, Becroft M, et al. Directing human embryonic stem cell differentiation towards a renal lineage generates a self-organizing kidney[J]. Nature Cell Biology, 2014, 16(1): 118-126.

[11] Takasato M, Little M H. A strategy for generating kidney organoids: Recapitulating the development in human pluripotent stem cells[J]. Developmental Biology, 2016, 420(2): 210-220.

[12] Takasato M, Er P X, Chiu H S, et al. Kidney organoids from human iPS cells contain multiple lineages and model human nephrogenesis[J]. Nature, 2015, 526(7574): 564-568.

[13] Little M H, Combes A N, Takasato M. Understanding kidney morphogenesis to guide renal tissue regeneration[J]. Nature Reviews Nephrology, 2016, 12(10): 624-635.

[14] de Carvalho Ribeiro P, Oliveira L F, Filho M A, et al. Differentiating induced pluripotent stem cells into renal cells: A new approach to treat kidney diseases[J]. Stem Cells International, 2020, 2020: 8894590.

[15] Kandasamy K, Chuah J K C, Su R, et al. Prediction of drug-induced nephrotoxicity and injury mechanisms with human induced pluripotent stem cell-derived cells and machine learning methods[J]. Scientific Reports, 2015, 5: 12337.

[16] Narayanan K, Schumacher K M, Tasnim F, et al. Human embryonic stem cells differentiate into functional renal proximal tubular-like cells[J]. Kidney International, 2013, 83(4): 593-603.

[17] Chandrasekaran V, Carta G, Pereira D D, et al. Generation and characterization of iPSC-derived renal proximal tubule-like cells with extended stability[J]. Scientific Reports, 2021, 11(1): 11575.

[18] Ngo T T T, Rossbach B, Sebastien I, et al. Functional differentiation and scalable production of renal

proximal tubular epithelial cells from human pluripotent stem cells in a dynamic culture system[J]. Cell Proliferation, 2022, 55(3): e13190.
[19] Song B, Smink A M, Jones C V, et al. The directed differentiation of human iPS cells into kidney podocytes[J]. PLoS One, 2012, 7(9): e46453.
[20] Ciampi O, Iacone R, Longaretti L, et al. Generation of functional podocytes from human induced pluripotent stem cells[J]. Stem Cell Research, 2016, 17(1): 130-139.
[21] Musah S, Dimitrakakis N, Camacho D M, et al. Directed differentiation of human induced pluripotent stem cells into mature kidney podocytes and establishment of a glomerulus chip[J]. Nature Protocols, 2018, 13(7): 1662-1685.
[22] Rauch C, Feifel E, Kern G, et al. Differentiation of human iPSCs into functional podocytes[J]. PLoS One, 2018, 13(9): e0203869.
[23] Qian T C, Hernday S E, Bao X P, et al. Directed differentiation of human pluripotent stem cells to podocytes under defined conditions[J]. Scientific Reports, 2019, 9(1): 2765.
[24] Burt M, Bhattachaya R, Okafor A E, et al. Guided differentiation of mature kidney podocytes from human induced pluripotent stem cells under chemically defined conditions[J]. Journal of Visualized Experiments, 2020, (161): e61299.
[25] Bejoy J, Qian E S, Woodard L E. Accelerated protocol for the differentiation of podocytes from human pluripotent stem cells[J]. Structured, Transparent, Accessible, Reproducible Protocols, 2021, 2(4): 100898.
[26] Barker N, Rookmaaker M B, Kujala P, et al. Lgr5(+ve) stem/progenitor cells contribute to nephron formation during kidney development[J]. Cell Reports, 2012, 2(3): 540-552.
[27] Gertow K, Wolbank S, Rozell B, et al. Organized development from human embryonic stem cells after injection into immunodeficient mice[J]. Stem Cells and Development, 2004, 13(4): 421-435.
[28] Morizane R, Lam A Q, Freedman B S, et al. Nephron organoids derived from human pluripotent stem cells model kidney development and injury[J]. Nature Biotechnology, 2015, 33(11): 1193-1200.
[29] Taguchi A, Kaku Y, Ohmori T, et al. Redefining the *in vivo* origin of metanephric nephron progenitors enables generation of complex kidney structures from pluripotent stem cells[J]. Cell Stem Cell, 2014, 14(1): 53-67.
[30] Taguchi A, Nishinakamura R. Higher-order kidney organogenesis from pluripotent stem cells[J]. Cell Stem Cell, 2017, 21(6): 730.
[31] Freedman B S, Brooks C R, Lam A Q, et al. Modelling kidney disease with CRISPR-mutant kidney organoids derived from human pluripotent epiblast spheroids[J]. Nature Communications, 2015, 6: 8715.
[32] Przepiorski A, Sander V, Tran T, et al. A simple bioreactor-based method to generate kidney organoids from pluripotent stem cells[J]. Stem Cell Reports, 2018, 11(2): 470-484.
[33] Lawlor K T, Vanslambrouck J M, Higgins J W, et al. Cellular extrusion bioprinting improves kidney organoid reproducibility and conformation[J]. Nature Materials, 2021, 20(2): 260.
[34] Homan K A, Gupta N, Kroll K T, et al. Flow-enhanced vascularization and maturation of kidney organoids *in vitro*[J]. Nature Methods, 2019, 16(3): 255-262.
[35] Rubin M I, Bruck E, Rapoport M. Maturation of renal function in childhood; clearance studies[J]. Journal of Clinical Investigation, 1949, 28(5 Pt 2): 1144-1162.
[36] Solhaug M J, Bolger P M, Jose P A. The developing kidney and environmental toxins[J]. Pediatrics, 2004, 113(4 Suppl): 1084-1091.
[37] Carta M, Cimador M, Giuffre M, et al. Unilateral multicystic dysplastic kidney in infants exposed to antiepileptic drugs during pregnancy[J]. Pediatric Nephrology, 2007, 22(7): 1054-1057.
[38] Politis M D, Yao M Z, Gennings C, et al. Prenatal metal exposures and associations with kidney injury biomarkers in children[J]. Toxics, 2022, 10(11): 692.
[39] Al-Saleh I, Al-Rouqi R, Elkhatib R, et al. Risk assessment of environmental exposure to heavy metals in mothers and their respective infants[J]. International Journal of Hygiene and Environmental Health, 2017, 220(8): 1252-1278.
[40] Rosa M J, Politis M D, Tamayo-Ortiz M, et al. Critical windows of perinatal particulate matter ($PM_{2.5}$)

exposure and preadolescent kidney function[J]. Environmental Research, 2022, 204(Pt B): 112062.
[41] Guo C, Chang L Y, Wei X, et al. Multi-pollutant air pollution and renal health in Asian children and adolescents: An 18-year longitudinal study[J]. Environmental Research, 2022, 214(Pt 4): 114144.
[42] Zhang X, Flaws J A, Spinella M J, et al. The relationship between typical environmental endocrine disruptors and kidney disease[J]. Toxics, 2023, 11(1): 32.
[43] Li Y, Oo Z Y, Chang S Y, et al. An *in vitro* method for the prediction of renal proximal tubular toxicity in humans[J]. Toxicology Research, 2013, 2(5): 352-365.
[44] Li Y, Kandasamy K, Chuah J K, et al. Identification of nephrotoxic compounds with embryonic stem-cell-derived human renal proximal tubular-like cells[J]. Molecular Pharmaceutics, 2014, 11(7): 1982-1990.
[45] Gu S, Wu G, Lu D, et al. Nephrotoxicity assessment of Esculentoside A using human-induced pluripotent stem cell-derived organoids[J]. Phytotherapy Research, 2023.
[46] Lawrence M L, Elhendawi M, Morlock M, et al. Human iPSC-derived renal organoids engineered to report oxidative stress can predict drug-induced toxicity[J]. iScience, 2022, 25(3): 103884.
[47] Bajaj P, Rodrigues A D, Steppan C M, et al. Human pluripotent stem cell-derived kidney model for nephrotoxicity studies[J]. Drug Metabolism and Disposition, 2018, 46(11): 1703-1711.
[48] Kim J W, Nam S A, Seo E, et al. Human kidney organoids model the tacrolimus nephrotoxicity and elucidate the role of autophagy[J]. The Korean Journal of Internal Medicine, 2021, 36(6): 1420-1436.

3.9 肌肉及骨骼干细胞毒理学模型

3.9.1 肌肉及骨组织的结构与生理功能

肌肉组织是人体的“引擎”，负责将能量转化为运动，由肌纤维（肌细胞）组成，具有收缩和舒张功能。在人体中，肌肉组织按形态与分布分为骨骼肌、平滑肌和心肌 3 种，其中，平滑肌主要分布于血管壁和内脏（肠道、呼吸道、膀胱等）；心肌为心脏的特有肌肉类型，构成心房和心室的肌肉层；骨骼肌成对附着在骨骼上，在人体中分布广泛，通过收缩和舒张功能控制骨骼完成人体各种活动，具有保护骨骼和内脏的作用，同时可以辅助人进行正常的血液循环，产生热量，并维持体温。骨骼肌由骨骼肌纤维构成，骨骼肌纤维又称骨骼肌细胞，具有收缩和舒张功能，是成熟的终末分化多核细胞，不具备分裂能力，在体内由肌管细胞融合形成；卫星细胞是骨骼肌中的另一种细胞，又称骨骼肌干细胞，在健康的状态下处于静息状态，肌肉受损时卫星细胞恢复增殖和分化能力，可形成成肌细胞，转化为肌管细胞和肌纤维，在骨骼肌损伤修复和功能维持中具有重要作用。

骨组织构成人体的“支架”，对机体具有支持作用，能够保护内脏器官，与肌肉协作发挥运动作用。骨由骨膜、骨质和骨髓等基本结构组成，其中骨膜覆盖于骨表面，为致密的结缔组织膜，含有丰富的血管、神经，内层含有成骨细胞和破骨细胞，骨膜对骨的营养、再生及感觉功能非常重要；骨质根据结构分为骨密质和骨松质两种，由大量钙化的细胞间质和骨细胞（osteocytes）、成骨细胞（osteoblasts）、破骨细胞（osteoclasts）等组成；骨髓为填充于骨髓腔和骨松质之间的一种柔软而富含血液的组织，分为具有造血功能的红骨髓和无造血功能而富含大量脂肪组织的黄骨髓两种。骨组织中的细胞相互协调，共同维持骨的功能与稳态。其中，成骨细胞是骨形成的主要功能细胞，成骨细胞由骨髓间充质干细胞分化而来，通过合成骨胶原基质和诱导矿化来维持骨稳态，骨形成结束后，成骨细胞可嵌入矿化基质中并分化为骨细胞；骨细胞是人类成熟骨骼组织中的主要细胞，由成骨细胞转化而来，约占骨组织细胞的95%，对维持骨的稳态具有重要作用；破骨细胞又称蚀骨细胞，是一种多核巨细胞，由造血干细胞分化而来，负责骨吸收，可通过分泌酸和裂解酶溶解骨基质的有机质与矿物质。此外，与硬骨不同，软骨是人类关节表面一层薄薄的结缔组织，为关节运动提供支撑、缓冲和润滑功能，软骨细胞（chondrocytes）是软骨中唯一的一种细胞，由间充质干细胞分化而来，负责生成和维持软骨基质。

肌肉及骨骼毒理学是毒理学的一个分支学科，关注化学或生物制剂等对肌肉与骨骼系统结构和功能的影响。人体有600多块骨骼肌、206块骨，是非肥胖人体最大的两个组织器官，占体重的60%左右，因此，易累积较高剂量的化学物质，并导致多种不良健康效应。包括肌肉无力、肌肉萎缩、骨质疏松、骨质增生、骨关节炎等。发展高效、准确预测新型化学品的肌肉与骨骼毒性特征的测试模型是目前研究的热点，其中，基于干细胞的肌肉和骨骼毒性测试模型应用越来越多，在发育毒性测试和建立高通量筛选模型及器官芯片等中都具有显著优势。

3.9.2 肌肉干细胞毒理学模型

3.9.2.1 基于成体肌肉干细胞的肌肉毒理测试模型

成体骨骼肌干细胞，也称为卫星细胞，具有再生能力，在骨骼肌的修复损伤中具有关键作用，体外培养可分化为成肌细胞、肌管细胞等。临床研究及毒理学实验表明多种药物和环境污染物可引起骨骼肌萎缩或功能障碍，目前，多数研究使用小鼠C2C12和大鼠L6细胞系评估化合物对肌肉功能的影响[1-3]，也有部分毒理学研究使用人原代分离的骨骼肌干细胞[4,5]。由于肌肉损伤及修复功能与卫星细胞的活力、增殖、分化及细胞融合密切相关，因此基于人原代骨骼肌细胞的毒理学研究常以细胞活力、增殖能力、向肌管细胞的分化及细胞融合等为评价指标。其中，细胞活力和增殖能力的检测指标及方法与常规的细胞毒性检测相似，而向肌管细胞的分化及肌管细胞融合可通过观察细胞形态（H&E染色）、检测肌肉再生相关标志物[MyoD、Myf5、肌细胞生成蛋白（MYOGENIN）、MRF4、MHC]等进行分析。例如，Neale等[6]利用xCELLigence系统实时检测了蛇毒对人原代骨骼肌干细胞的影响，以细胞指数、细胞增殖、半致死浓度为检测指标，发现蛇毒对骨骼肌干细胞具有靶向毒性效应；Galbes等[7]通过检测ROS水平、内质网应激蛋白CHOP及XBP-1、Caspase7、Caspase9等凋亡标志物的水平评价了麻醉药布比卡因对骨骼肌成肌细胞的毒性效应，并发现*N*-乙酰半胱氨酸可缓解其引起的不良效应；Guglielmi等[4]基于原代分离的骨骼肌成肌细胞评估了多种纳米颗粒在骨骼肌细胞中的分布及安全性；Chiu等[5]通过分析细胞形态和检测功能蛋白MYOGENIN和MHC评价了低浓度苯并芘及其代谢物对骨骼肌分化的影响，发现AHR、ER和AKT信号通路对毒性发生具有重要的作用，该研究为苯并芘暴露影响新生儿体重的流行病学调查结果提供了一定的参考。

这些在 2D 模型下培养的人原代骨骼肌细胞在低血清培养基中可以形成为表达终末分化标志物 MYOGENIN 并具有收缩功能的多核肌管细胞，与动物来源的骨骼肌细胞模型或动物实验相比，避免了种属差异问题，但与成体肌纤维细胞相比，2D 模型下培养获得的多核肌管细胞在结构与生理功能上相差很多，且不能长时间维持培养，因此更多应用于短期的毒性测试筛选[8]。此外，人原代分离的骨骼肌干细胞来源极其有限，且受供体遗传背景、健康状况等的影响，不利于建立稳定和高通量的筛选评价模型。研究发现，通过改变培养条件可显著提高骨骼肌细胞的培养时间和功能。例如，Madden 等[9]在以纤维蛋白（fibrinogen）和基质胶（Matrigel）构成的“支架材料”中 3D 培养人原代骨骼肌成肌细胞，获得了具有成熟结构与功能的骨骼肌束组织（myobundles），该组织包含成熟的骨骼肌纤维细胞和少量的卫星细胞，具有功能化的乙酰胆碱受体，能够响应电刺激和化学物质刺激并具有收缩功能，能在体外维持培养至少 3 周，可应用于慢性毒性的筛选。Davis 等[10]基于 Madden 等[9]建立的“Myobundles” 3D 模型，以耗氧率和肌肉疲劳相关指标为检测终点，进一步开发了针对线粒体毒性的筛选体系。Torres 等[11]利用 Madden 等[9]和 Davis 等[10]开发的 3D“Myobundles”与毒性筛选模型，研究了紫杉烷[类]化疗药物的慢性骨骼肌毒性效应，进一步验证了该模型在骨骼肌毒性测试中的实用性。此外，“Myobundles” 的结构、sTNI、CKm、FABP3 等骨骼肌损伤标志物也可作为有效的毒性终点应用于化合物毒性测试中[12]。

3.9.2.2 基于 hPSCs 的骨骼肌毒理测试模型

肌肉出生缺陷是常见的一类先天缺陷，包括面部畸形、肌肉异常等。胚胎及儿童时期，骨骼肌的发育及功能完善对成年后健康具有重要意义。环境污染物暴露是影响骨骼肌发育的重要因素之一，基于 hPSCs 的体外骨骼肌定向分化模型为研究化合物对骨骼肌发育的影响提供了有力的工具。

在胚胎期，人体的骨骼肌由轴旁中胚层发育而来，轴旁中胚层首先分化为体节（somite），随着体节进一步发育，体节的背侧形成生皮肌节（dermomyotome），负责发育为骨骼肌组织[13]。模拟体内的发育过程，hPSCs 在体外定向分化为成熟的骨骼肌细胞，经过轴旁中胚层的形成与分化、体节的发育与成熟、肌节的成熟三个阶段，通过调控 Wnt、FGF2、RA、BMP 等信号通路，轴旁中胚层形成前体节中胚层（TBX6$^+$ MSGN1$^+$）及骨骼肌前体细胞（PAX3$^+$PAX7$^+$），随后在终末分化培养基中，骨骼肌前体细胞相继分化为成肌细胞、肌细胞、肌管细胞等[13-15]。

早期，人们基于在 hPSCs 中过表达 *PAX7*、*MYOD1* 等的方法进行成肌分化，或依赖流式细胞术筛选成肌肉相关细胞达到分化目的[16-21]。尽管两种策略均能够分化获得肌肉细胞，但基于转基因的分化方法不能反映体内的正常发育过程，这限制了其在肌肉发育毒性评估中的应用，而依赖流式细胞术筛选的分化方法过程中会人为去掉非靶标细胞群体，不利于在毒性测试中获得客观的实验结果。随着对肌肉发育及体外定向分化方法的研究深入，发现 Wnt 通路的激活能够促进轴旁中胚层的发育，而 BMP 信号通路的抑制能够避免轴旁中胚层细胞向侧板中胚层转化，FGF2、EGF 在成肌祖细胞的生成及扩增或分化中具有重要作用[15,22-24]。基于此，Shelton 等[25]通过使用 CHIR99021 激活 Wnt 信号通路获得轴旁中胚层，CHIR99021 处理第 2 天表达 *T*、*MSGN1*、*TBX6* 等中胚层或成肌中胚层的标志基因，去除 CHIR99021 后继续分化 4～8 天可检测到体节标记基因 *PAX3* 和 *MEOX1* 的表达，分化第 12～第 20 天通过添加 FGF2 促进骨骼肌前体细胞的扩增，通过使用 E6 和 N2 培养基完成骨骼肌前体细胞的维持培养、分化与成熟，在第 50 天，可获得骨骼肌前体细胞、成肌细胞及成熟的肌管细胞；Hosoyama 等[15]基于拟胚体的方式，通过使用 FGF2 和 EGF 细胞因子，诱导 6 周可获得骨骼肌祖细胞，在 B27 培养基中分化 2 周可获得成熟的肌管细胞；Chal 等[14]在体外建立了高效获取轴旁中胚层细胞并定向分化为骨骼肌细胞的方法：通过模拟体内胚胎肌肉形成的关键信号事件，对特定信号通路进行有序地调节，尤其是同时激活 Wnt 信号通路并抑制 BMP 信号通路，通过分阶段使用含有 CHIR99021、LDN193189、FGF2、HGF、IGF1 等诱导剂的培养基，首先诱导出与体内前体中胚层阶段相对应的诱导旁轴中胚层祖细胞（iPAM），接着通过调整诱导剂的添加进一步促进 iPAM 分化为骨骼肌细胞。这种定向分化方案避免了基因修饰或细胞分选，仅经过 30 天的诱导，即可获得肌纤维细胞、成肌祖细胞及卫星细胞。这几种诱导方法遵循胚胎内肌肉发育的基本过程，非常适合用于研究化合物的肌肉发育毒性（图 3-25），例如 Duong 等[26]基于 hPSCs 体外骨骼肌分化模型评估了抗氧化剂 2,4-DTBP 的发育毒性，通过检测 *PAX3*、*MYOG* 的表达表明 2,4-DTBP 无显著的肌肉发育毒性。

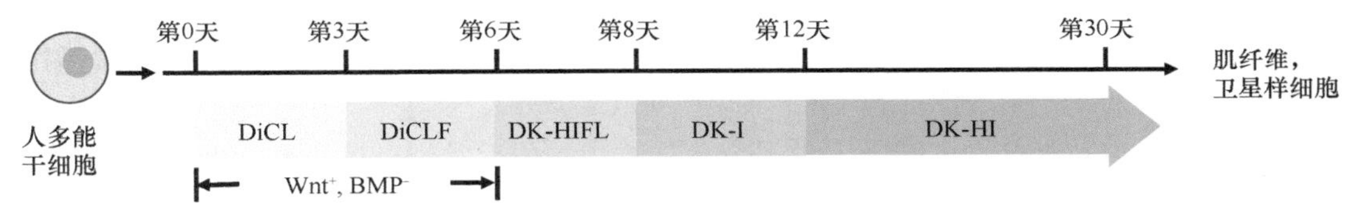

图 3-25　人多能干细胞骨骼肌诱导分化方法

DiCL：DMEM/F12 培养基，胰岛素–转铁蛋白–硒（ITS），非必需氨基酸，青霉素/链霉素，CHIR99021，LDN193189；DiCLF：DiCL，FGF2；DK-HIFL：DMEM/F12 培养基，血清替代物（KSR），非必需氨基酸，青霉素/链霉素，2-巯基乙醇，HGF，IGF1，FGF2，LDN193189；DK-I：DMEM/F12 培养基，KSR，非必需氨基酸，青霉素/链霉素，2-巯基乙醇，IGF1；DK-HI：DMEM/F12 培养基，KSR，非必需氨基酸，青霉素/链霉素，2-巯基乙醇，HGF，IGF1

此外，因 hPSCs 获得的成肌祖细胞能够大量扩增和冻存，解决了原代细胞来源有限、个体差异大等问题，在建立高通量的肌肉毒性评价体系中具有显著优势。例如，Klaren 和 Rusyn[27]基于 PSCs 来源的骨骼肌成肌细胞，结合高内涵成像技术，以细胞毒性和细胞骨架完整性为评价指标，建立了高通量的骨骼肌毒性筛选体系，该模型通过使用活细胞核染料 Hoechst 33342、线粒体膜电位荧光探针 MitoTracter、细胞活力检测试剂 Calcein AM 来检测化合物对骨骼肌细胞的毒性，使用鬼笔环肽染料评估细胞骨架（肌动蛋白）的完整性，使用 ImageXpress 软件对图像进行处理，模型具有良好的重复性和稳定性，能够区分一般毒性物质与骨骼肌靶向毒性物质。

3.9.3　骨骼干细胞毒理学模型

3.9.3.1　基于 MSCs 的骨干细胞毒理测试模型

MSCs 是一类成体多能干细胞，具有分化为脂肪、成骨及软骨的能力，骨髓中的

MSCs是成骨细胞的主要来源，对调节骨代谢和骨发生具有重要作用。体外培养的MSCs可从脂肪、脐带、骨髓等成体组织分离获得，也可由hPSCs定向分化获得。MSCs具有贴壁生长的特点，表达CD105、CD73、CD90、CD44等表面标志物，且不表达CD45、CD34、CD14、CD79、HLA-DR等[28]。

1）基于人MSCs干性维持或自我更新的毒理学测试模型

在体内，骨髓MSCs活力、增殖能力及自我更新能力是骨代谢紊乱的重要诱因。建立体外MSCs的毒性测试模型，通过检测细胞增殖、凋亡、MSCs表面标志物等的变化，预测和评价化合物的骨毒性风险及效应。

以重金属镉为例，流行病学调查研究显示人体中镉浓度与骨密度之间具有显著的负相关性[29]，可能是骨质疏松等骨损伤的诱因之一。在体外，来自不同国家的多名学者基于骨髓来源MSCs评价了重金属镉引起骨损伤的效应及潜在机制，高浓度的镉短期暴露（24～48h）可显著降低MSCs的细胞活力，引起DNA损伤及胞内Ca^{2+}浓度升高[30]，低浓度镉长期暴露（21天）也会显著降低MSCs的细胞活力[31]，可通过激活FOXO3a介导的自噬引起MSCs凋亡[32]。MSCs细胞活力与细胞增殖能力的降低可能导致成骨细胞数量减少，增加骨质疏松的发病风险，这些体外实验数据为流行病学调查的结果提供了理论支持。然而，基于经典的细胞毒性测试数据不具有骨组织的特异性，不能充分反映物质对骨组织的靶向效应。近年来，部分学者将检测物质对MSCs表面标志物的影响作为毒性评价指标之一，例如Liu等[33,34]基于MSCs体外培养模型，在检测基础毒性指标（细胞活力、胞内ROS及Ca^{2+}等）的基础上，发现不引起急性细胞毒性的低浓度处理会显著影响表面标志物CD90的表达，表面标志物的改变可能引起MSCs成脂、成骨分化的失调[35,36]。因此，检测基础毒性指标的同时，结合化合物对MSCs自我更新能力的影响，有利于综合评估化合物的骨毒性效应与风险。

2）基于人MSCs定向分化的毒理学测试模型

人MSCs在体外具有典型的三系分化能力（成脂、成骨、成软骨），三系分化方法已比较成熟，可通过使用商品化的定向分化培养基或参考文献中建立的经典分化方法达到向不同谱系定向分化的目的。在分化过程中暴露不同浓度的待测物质，通过检测分化终点目的细胞的特征基因、蛋白及功能等可初步评价物质的骨毒性效应。在体内，MSCs成脂肪的增多或成骨的减少可导致骨组织中骨密度降低，增加骨质疏松的风险；而对软骨分化的影响可能导致肿瘤、骨关节炎等风险。因此，人MSCs体外定向分化模型在骨毒性等风险评价中具有重要的应用价值。

（1）人MSCs成脂与成骨分化方法及毒性测试。

人MSCs在成脂诱导培养基中经脂肪前体细胞可定向分化为脂肪细胞，常用的成脂诱导培养基中含有地塞米松、异丁基黄嘌呤、吲哚美辛、重组人胰岛素、抗坏血酸等诱导剂[33,37]。分化周期为21天，分化结束后，通过qRT-PCR、蛋白质印迹法检测PPARγ、LPL、AP2、PLIN2、LIPE、ACACB、LEP、SCD标志基因、蛋白的表达；通过油红O、尼罗红等染色方法定量分析胞内脂滴的累积。

人 MSCs 在成骨诱导培养基中经过成骨前体细胞等阶段可定向分化为成骨细胞，成骨诱导培养基中含有地塞米松、抗坏血酸、3-异丁基-1-甲基黄嘌呤、*β*-甘油磷酸钠等诱导剂[33,37]。分化周期为 21 天，分化结束后，通过 qRT-PCR、蛋白质印迹法检测 RUNX2、COL1A1、COL1A2、SPARC、OSTERIX 标志基因、蛋白的表达；通过碱性磷酸酶染色和茜素红染色（分析钙结节）方法分析成骨情况。

在骨髓中，MSCs 成脂、成骨分化处于动态平衡，当外来化学物质影响 MSCs 分化潜力后可导致骨的代谢失衡。MSCs 体外定向成脂、成骨分化模型已被用于毒理测试中，分化模型对外来物质的响应非常敏感，许多研究均表明不引起细胞毒性的低浓度化合物暴露组在分化模型中往往具有显著的发育毒性。因大部分环境污染物在体内的暴露浓度处于较低水平，一般无急性细胞毒性，因此，将 MSCs 体外定向分化模型纳入骨毒性效应与风险评价中，能够得到更客观和综合的评估报告。

以重金属镉为例，Wu 等[38]在骨髓来源 MSCs 体外成骨分化体系中暴露无细胞毒性的镉（≤0.2μmol/L），qRT-PCR 和蛋白质印迹法检测实验结果表明镉暴露组 *ALP*、*RUNX2* 等基因与蛋白表达显著低于对照组，碱性磷酸酶和茜素红染色分别表明镉处理显著降低碱性磷酸酶活性及矿化钙结节量，基因芯片技术结合基因本体论（GO）分析等实验表明 Wnt/β-catenin 信号通路在介导镉抑制骨髓来源 MSCs 成骨分化中具有重要的调控作用。例如，Liu 等[33,34]基于脐带来源 MSCs 的体外定向分化模型评估了 PFAS 类 PFOA、PFOS 及其短链同系物全氟丁烷酸、PFHS、全氟丁酸和 PFHA 的毒性效应，结果表明：无细胞急性毒性的 PFAS 暴露显著促进 *PPARγ*、*LPL*、*AP2*、*LIPE* 等成脂相关基因的表达及胞内脂滴的累积，PFOA 显著上调了 *RUNX2*、*COL1A1*、*SPARC* 等成骨相关基因的表达及胶原蛋白的含量，而 PFOS 及其短链同系物对成骨分化无显著影响；Dong 等[39]利用脂肪来源 MSCs 体外分化模型发现低浓度 BPA 对 MSCs 的成骨和成脂分化均有显著的促进作用。上述研究中，化合物对 MSCs 成脂和成骨分化的影响并没有呈现出“此消彼长”的关系，这可能是由于化合物对 MSCs 分化的调控机制是复杂的，对多种调控分化的信号通路均有影响；此外，由于体外成脂和成骨分化是分开独立进行的两个模型，成脂与成骨分化并不存在竞争 MSCs 的关系，在具有充足起始细胞的分化体系中，因起始细胞减少而引起的毒性效应将被掩盖。因此，尽管基于 MSCs 的体外成脂、成骨定向分化模型对研究化合物的骨毒性效应、致毒机制及风险评价都具有非常重要的应用价值，但为了能更进一步地模拟体内骨髓中 MSCs 的生理功能，并获得更能直接反映人体内骨组织毒性效应的数据，开发一体化的成脂、成骨分化模型十分必要。

（2）人 MSCs 成软骨分化方法及毒性测试。

软骨细胞是软骨中唯一的细胞，能够产生胶原、蛋白聚糖等软骨基质，在维持软骨的功能与结构完整、调控骨骼生长发育以及响应外部刺激等方面具有重要作用。软骨细胞的损伤或凋亡可能导致骨疼痛、关节炎等多种健康问题。20 世纪 60～70 年代，发生在日本和中国台湾地区的由多氯联苯污染米糠油引起的食物中毒给当地居民造成了严重而持久的健康危害[40-42]，包括关节肿胀、关节痛、关节炎等；基于普通人群的队列研究也发现女性血清中多氯联苯含量与骨关节炎发病风险间具有显著相关性[43]；酒精、尼古丁、BPA、重金属等环境污染物暴露也会增加骨关节炎发病风险[44]。建立有效的体外软骨细胞毒性评估模型对发现潜在关节毒性物质具有重要价值。

人MSCs在成软骨诱导培养基中可定向分化为成软骨细胞，常用的诱导剂包括丙酮酸钠、脯氨酸、地塞米松、抗坏血酸、TGF-β3等[37]。分化周期为21天，Ⅱ型胶原蛋白是成软骨的主要标志物之一，可通过qRT-PCR、蛋白质印迹法检测SOX9、SOX6、COL2A1、Aggrecan等基因与蛋白的表达，通过阿利新蓝或甲苯胺蓝染色检测成软骨细胞内酸性黏多糖含量，通过天狼星红染色分析胶原含量。基于该模型，在分化过程中暴露化合物，可以有效评估毒物对软骨生成或修复的影响，例如，Yang等[45]基于脐带来源MSCs的软骨定向分化模型探究了尼古丁对MSCs成软骨分化的影响，结果表明尼古丁处理显著降低软骨相关标志基因*SOX9*、*COL2A1*、*Aggrecan*的表达水平及蛋白与多糖含量，MSCs表面受体CHRNA7在介导尼古丁的毒性发生中具有重要作用；此外，利用MSCs体外分化获得软骨细胞，可以有效替代目前常用的原代分离的动物或人软骨细胞，用于评估化合物对软骨细胞活力、增殖、代谢与功能的影响。

3.9.3.2　基于人骨髓造血干细胞的骨毒理测试模型

破骨细胞是一种巨型多核细胞，具有吞噬和分解骨组织的功能，与成骨细胞相互调控共同维持骨稳态。在体内，破骨细胞由HSCs分化而来[46]，HSCs作为一类成体干细胞，主要来源于骨髓，也可从脐带血中分离获得，具有自我更新和多向分化潜能。HSCs表达EMCN、CD34、CD59、CD90等表面标志物，可通过外周血单核细胞（peripheral blood mononuclear cells，PBMCs）阶段分化为破骨细胞，其中NF-κB受体活化因子配体（receptor activator of NF-κB ligand，RANKL）和巨噬细胞集落刺激因子（macrophage colony-stimulating factor，M-CSF）对PBMCs向破骨细胞的转化具有重要调控作用[46,47]。体外诱导的破骨细胞鉴定包括：观察细胞的大小、形态及细胞核数量；检测TRAP等标志基因、蛋白的表达水平及酶活性；检测骨吸收蛋白的分泌水平及骨组织吞噬功能等。

目前，基于HSCs的毒理学研究集中在评估污染物对血液系统的毒性风险，鲜少关注化学物质对HSCs向破骨细胞分化或对HSCs体外诱导的破骨细胞功能的影响。破骨细胞的功能异常将导致骨硬化、骨质疏松等代谢性骨损伤疾病，如前文所述，流行病学研究表明镉、铅等重金属及邻苯二甲酸类、双酚类等多种环境污染物暴露可增加骨质疏松的发病风险[29,48]，因此，在评估物质对骨组织损伤的毒性风险时，不能仅从成骨细胞的生成、细胞活力、细胞增殖及功能方面评估，还应考虑待测物质对破骨细胞的生成、细胞活力、细胞增殖及功能的影响。

3.9.3.3　基于hPSCs的骨骼干细胞毒理测试模型

与肌肉出生缺陷类似，骨骼出生缺陷也是常见的一类先天缺陷，包括脊柱异常、四肢畸形、成骨不全、关节挛缩等，受遗传、营养及环境污染物的暴露等因素的影响。流行病学调查研究表明：镉、铅等重金属及邻苯二甲酸类、双酚类有机污染物暴露可增加骨质疏松的发病风险[48]。在胚胎期，骨骼来源于多个胚层，其中，颅骨、牙齿、面部骨骼等头部骨骼起源于神经外胚层的神经嵴细胞，中轴骨及四肢骨则分别由轴旁中胚层和侧板中胚层发育而来[49]。其中，轴旁中胚层首先分化为体节，随着体节进一步发育，腹侧部分通过上皮–间质转换过程形成骨节，骨节最终发育为肋骨、软骨、脊椎骨等组织[50]，侧板中胚层进一步分为分别负责发育形成血管等循环系统组织的脏壁中胚层和四肢骨等的体壁中胚层[51]。

大部分研究采用 MSCs 体外诱导成骨和软骨分化的方法将 hPSCs 分化为成骨细胞和软骨细胞，使用相似的培养基和诱导剂[52,53]。例如，Sottile 等[54]最先建立了基于 hPSCs 的体外成骨分化体系，通过在自发分化培养基中获得包含三胚层的拟胚体结构后，在铺有凝胶的培养板中单层培养诱导成骨分化，使用包含地塞米松、抗坏血酸、β-甘油磷酸盐等成骨诱导因子的培养基达到定向分化的目的；与成骨方法类似，Gong 等[55]通过拟胚体悬浮培养及拟胚体贴壁后单层诱导的方法，使用包含抗坏血酸、地塞米松、ITS（胰岛素、转铁蛋白、亚硒酸钠的混合物）等软骨诱导因子的培养基达到定向分化的目的。这些方法均可以有效获得骨组织，但对分化过程的具体分子机制及骨细胞的胚层来源研究相对较少。近几年，随着对体内骨组织发育研究的深入，研究人员开发了遵循体内分化进程的逐步分化法。例如，Kanke 等[56]模拟体内成骨发育过程，使用 CHIR99021、Cyc、SAG 和 TH 4 种小分子组合，建立了通过中胚层、成骨细胞诱导及成骨细胞成熟等分阶段的体外诱导方法；Smith 等[57]通过分阶段添加 Activin A、BMP2、CHIR99021、FGF2、C59、SB431542、GDF5、TGF-β3 等诱导因子，建立了通过原条、侧板中胚层、体壁中胚层、软骨祖细胞、前软骨细胞等阶段的体外软骨定向分化方法。这种分阶段体外定向诱导成骨和软骨细胞的体系可用于研究早期胚胎骨发育及药物筛选与发育毒性测试等。此外，hPSCs 可通过胚外外胚层、神经嵴、中胚层等多个分化谱系获得 MSCs[58]，通过 hPSCs 诱导获得 MSCs 后再进行成骨或软骨分化也是体外骨组织再生的有效手段，但在针对筛选胚胎期骨组织发育毒性的研究中，我们更推荐使用基于模拟体内发育过程而在体外建立的成骨或软骨定向分化方案。

早期人们基于小鼠胚胎干细胞建立了骨发育相关的 EST 模型，用于评价化合物的骨发育风险[59-61]。考虑到人与鼠的胚胎发育过程及成骨组织均有较大的差异，可能影响结果的准确性，因此有必要开发人源的骨发育毒性测试模型。在小鼠 EST 模型研究的基础上，Madrid 等[62]基于人源胚胎干细胞建立了骨发育相关的 EST 模型，使用单层培养的方法，以人源胚胎干细胞（H9）和人皮肤成纤维细胞（hFF）为材料，以两种细胞的半致死浓度及人源胚胎干细胞分化中的钙离子浓度 3 个指标为测试终点，将化合物分为无、弱、强胚胎毒性三类；其骨分化具体步骤为：在多孔板中培养 H9，细胞到达 75%汇合度后开始分化，第 0～第 5 天使用 CDM 培养基（DMEM 高糖培养基+10% FBS+0.1mmol/L β-巯基乙醇+NEAA+青霉素/链霉素），第 5～第 20 天更换 ODM 培养基（CDM+10mmol/L β-甘油磷酸钠+50μg/mL 抗坏血酸+0.05μmol/L 维生素 D），20 天后结束分化，以钙离子浓度评价骨分化情况。此外，Martinez 等[63]开发了基于视频动态分析成骨钙化特征的骨发育毒性测试体系，与传统的染色法相比，该方法不仅可以获得待测物质的半抑制分化浓度，还可以对活细胞和分化过程进行实时监测，获得分化进程动力学曲线，具有成本低、简单高效的优势。

Madrid 等[62]的 EST 模型中骨组织分化方法采用的是 MSCs 成骨诱导培养基进行的

直接分化，正如上文所述，这类分化方法的效率有待提高，且与体内发育不同阶段的匹配度较低、验证应用较少。事实上，除了通过钙化程度进行功能的分析之外，通过检测分化不同阶段特征基因及重要转录因子的变化对评估化合物的骨发育毒性具有重要的参考价值。例如，Duong 等[26]基于 hPSCs 分阶段的成骨分化方法，评估了抗氧化剂 2,4-DTBP 的发育毒性，通过检测 *RUNX2*、*OSX* 等成骨发育调控因子的表达及钙结节形成情况表明 2,4-DTBP 显著抑制成骨发育进程。

尽管软骨的正常发育与增殖是骨骼发育完全的重要决定因素之一，然而与基于 hPSCs 的成骨发育研究相比，目前，针对化合物软骨发育毒性的研究还严重依赖动物实验。鉴于体外 hPSCs 定向分化为软骨细胞的研究方法已相对成熟，可实现基于神经嵴、侧板中胚层或轴旁中胚层谱系的软骨定向分化，因此，呼吁骨发育毒性相关研究学者积极探索和开发基于 hPSCs 的软骨发育毒性评估模型，进一步健全骨发育毒性的评估指标。

参 考 文 献

[1] Chen X, Zhang Y, Jiang S, et al. Maduramicin induces apoptosis through ROS-PP5-JNK pathway in skeletal myoblast cells and muscle tissue[J]. Toxicology, 2019, 424: 152239.

[2] Haramizu S, Asano S, Butler D C, et al. Dietary resveratrol confers apoptotic resistance to oxidative stress in myoblasts[J]. Journal of Nutritional Biochemistry, 2017, 50: 103-115.

[3] Bao Z, Wang J, He M, et al. Benzo[*a*]pyrene inhibits myoblast differentiation through downregulating the Hsp70-MK2-p38MAPK complex[J]. Toxicology in Vitro, 2022, 82: 105356.

[4] Guglielmi V, Carton F, Vattemi G, et al. Uptake and intracellular distribution of different types of nanoparticles in primary human myoblasts and myotubes[J]. International Journal of Pharmaceutics, 2019, 560: 347-356.

[5] Chiu C Y, Yen Y P, Tsai K S, et al. Low-dose benzo(*a*)pyrene and its epoxide metabolite inhibit myogenic differentiation in human skeletal muscle-derived progenitor cells[J]. Toxicological Sciences, 2014, 138(2): 344-353.

[6] Neale V, Smout M J, Seymour J E. Spine-bellied sea snake (*Hydrophis curtus*) venom shows greater skeletal myotoxicity compared with cardiac myotoxicity[J]. Toxicon, 2018, 143: 108-117.

[7] Galbes O, Bourret A, Nouette-Gaulain K, et al. *N*-acetylcysteine protects against bupivacaine-induced myotoxicity caused by oxidative and sarcoplasmic reticulum stress in human skeletal myotubes[J]. Anesthesiology, 2010, 113(3): 560-569.

[8] Wang J, Khodabukus A, Rao L, et al. Engineered skeletal muscles for disease modeling and drug discovery[J]. Biomaterials, 2019, 221: 119416.

[9] Madden L, Juhas M, Kraus W E, et al. Bioengineered human myobundles mimic clinical responses of skeletal muscle to drugs[J]. Elife, 2015, 4: e04885.

[10] Davis B N, Santoso J W, Walker M J, et al. Human, tissue-engineered, skeletal muscle myobundles to measure oxygen uptake and assess mitochondrial toxicity[J]. Tissue Engineering Part C: Methods, 2017, 23(4): 189-199.

[11] Torres M J, Zhang X, Slentz D H, et al. Chemotherapeutic drug screening in 3D-Bioengineered human myobundles provides insight into taxane-induced myotoxicities[J]. iScience, 2022, 25(10): 105189.

[12] Khodabukus A, Kaza A, Wang J, et al. Tissue-engineered human myobundle system as a platform for evaluation of skeletal muscle injury biomarkers[J]. Toxicological Sciences, 2020, 176(1): 124-136.

[13] Iberite F, Gruppioni E, Ricotti L. Skeletal muscle differentiation of human iPSCs meets bioengineering strategies: Perspectives and challenges[J]. Nature Partner Journals Regenerative Medicine, 2022, 7(1): 23.

[14] Chal J, Al Tanoury Z, Hestin M, et al. Generation of human muscle fibers and satellite-like cells from

human pluripotent stem cells *in vitro*[J]. Nature Protocols, 2016, 11(10): 1833-1850.
[15] Hosoyama T, McGivern J V, van Dyke J M, et al. Derivation of myogenic progenitors directly from human pluripotent stem cells using a sphere-based culture[J]. Stem Cells Translational Medicine, 2014, 3(5): 564-574.
[16] Darabi R, Arpke R W, Irion S, et al. Human Es- and iPS-derived myogenic progenitors restore dystrophin and improve contractility upon transplantation in dystrophic mice[J]. Cell Stem Cell, 2012, 10(5): 610-619.
[17] Goudenege S, Lebel C, Huot N B, et al. Myoblasts derived from normal hESCs and dystrophic hiPSCs efficiently fuse with existing muscle fibers following transplantation[J]. Molecular Therapy, 2012, 20(11): 2153-2167.
[18] Borchin B, Chen J, Barberi T. Derivation and FACS-mediated purification of $PAX3^+$/$PAX7^+$ skeletal muscle precursors from human pluripotent stem cells[J]. Stem Cell Reports, 2013, 1(6): 620-631.
[19] Stavropoulos M E, Mengarelli I, Barberi T. Differentiation of multipotent mesenchymal precursors and skeletal myoblasts from human embryonic stem cells[J]. Current Protocols in Stem Cell Biology, 2009 (Suppl. 9): 1F81-F1810.
[20] Barberi T, Bradbury M, Dincer Z, et al. Derivation of engraftable skeletal myoblasts from human embryonic stem cells[J]. Natural Medicines, 2007, 13(5): 642-648.
[21] Albini S, Puri P L. Generation of myospheres from hESCs by epigenetic reprogramming[J]. Journal of Visualized Experiments, 2014, (88): e51243.
[22] Xu C, Tabebordbar M, Iovino S, et al. A zebrafish embryo culture system defines factors that promote vertebrate myogenesis across species[J]. Cell, 2013, 155(4): 909-921.
[23] Yamaguchi T P, Takada S, Yoshikawa Y, et al. *T* (Brachyury) is a direct target of Wnt3a during paraxial mesoderm specification[J]. Genes & Development, 1999, 13(24): 3185-3190.
[24] Miura S, Davis S, Klingensmith J, et al. BMP signaling in the epiblast is required for proper recruitment of the prospective paraxial mesoderm and development of the somites[J]. Development, 2006, 133(19): 3767-3775.
[25] Shelton M, Kocharyan A, Liu J, et al. Robust generation and expansion of skeletal muscle progenitors and myocytes from human pluripotent stem cells[J]. Methods, 2016, 101: 73-84.
[26] Duong T B, Dwivedi R, Bain L J. 2,4-di-tert-butylphenol exposure impairs osteogenic differentiation[J]. Toxicology and Applied Pharmacology, 2023, 461: 116386.
[27] Klaren W D, Rusyn I. High-content assay multiplexing for muscle toxicity screening in human-induced pluripotent stem cell-derived skeletal myoblasts[J]. Assay and Drug Development Technologies, 2018, 16(6): 333-342.
[28] Kobolak J, Dinnyes A, Memic A, et al. Mesenchymal stem cells: Identification, phenotypic characterization, biological properties and potential for regenerative medicine through biomaterial micro-engineering of their niche[J]. Methods, 2016, 99: 62-68.
[29] Engstrom A, Michaelsson K, Suwazono Y, et al. Long-term cadmium exposure and the association with bone mineral density and fractures in a population-based study among women[J]. Journal of Bone and Mineral Research, 2011, 26(3): 486-495.
[30] Hussein A M, Hasan S. Cadmium affects viability of bone marrow mesenchymal stem cells through membrane impairment, intracellular calcium elevation and DNA breakage[J]. Indian Journal of Medical Sciences, 2010, 64(4): 177-186.
[31] Mehranjani M S, Mosavi M. Cadmium chloride toxicity suppresses osteogenic potential of rat bone marrow mesenchymal stem cells through reducing cell viability and bone matrix mineralization[J]. Indian Journal of Medical Sciences, 2011, 65(4): 157-167.
[32] Yang M, Pi H, Li M, et al. From the cover: Autophagy induction contributes to cadmium toxicity in mesenchymal stem cells via AMPK/FOXO3a/BECN1 signaling[J]. Toxicological Sciences, 2016, 154(1): 101-114.
[33] Liu S, Yang R, Yin N, et al. Environmental and human relevant PFOS and PFOA doses alter human mesenchymal stem cell self-renewal, adipogenesis and osteogenesis[J]. Ecotoxicology and

Environmental Safety, 2019, 169: 564-572.
[34] Liu S, Yang R, Yin N, et al. The short-chain perfluorinated compounds PFBS, PFHxS, PFBA and PFHxA, disrupt human mesenchymal stem cell self-renewal and adipogenic differentiation[J]. Journal of Environmental Sciences (China), 2020, 88: 187-199.
[35] Flores E M, Woeller C F, Falsetta M L, et al. Thy1 (CD90) expression is regulated by DNA methylation during adipogenesis[J]. Federation of American Societies for Experimental Biology Journal, 2019, 33(3): 3353-3363.
[36] Chung M T, Liu C, Hyun J S, et al. CD90 (Thy-1)-positive selection enhances osteogenic capacity of human adipose-derived stromal cells[J]. Tissue Engineering. Part A, 2013, 19(7-8): 989-997.
[37] Deng P, Zhou C, Alvarez R, et al. Inhibition of IKK/NF-kappaB signaling enhances differentiation of mesenchymal stromal cells from human embryonic stem cells[J]. Stem Cell Reports, 2016, 6(4): 456-465.
[38] Wu L, Wei Q, Lv Y, et al. Wnt/β-catenin pathway is involved in cadmium-induced inhibition of osteoblast differentiation of bone marrow mesenchymal stem cells[J]. International Journal of Molecular Sciences, 2019, 20(6): 1519.
[39] Dong H, Yao X, Liu S, et al. Non-cytotoxic nanomolar concentrations of bisphenol A induce human mesenchymal stem cell adipogenesis and osteogenesis[J]. Ecotoxicology and Environmental Safety, 2018, 164: 448-454.
[40] Kanagawa Y, Matsumoto S, Koike S, et al. Association of clinical findings in Yusho patients with serum concentrations of polychlorinated biphenyls, polychlorinated quarterphenyls and 2,3,4,7,8-pentachlorodibenzofuran more than 30 years after the poisoning event[J]. Environmental Health, 2008, 7: 47.
[41] Guo Y L, Yu M L, Hsu C C, et al. Chloracne, goiter, arthritis, and anemia after polychlorinated biphenyl poisoning: 14-year follow-up of the Taiwan Yucheng cohort[J]. Environmental Health Perspectives, 1999, 107(9): 715-719.
[42] Okumura M. Past and current medical states of Yusho patients[J]. American Journal of Industrial Medicine, 1984, 5(1-2): 13-18.
[43] Lee D H, Steffes M, Jacobs D R. Positive associations of serum concentration of polychlorinated biphenyls or organochlorine pesticides with self-reported arthritis, especially rheumatoid type, in women[J]. Environmental Health Perspectives, 2007, 115(6): 883-888.
[44] Deprouw C, Courties A, Fini J B, et al. Pollutants: A candidate as a new risk factor for osteoarthritis-results from a systematic literature review[J]. Rheumatic & Musculoskeletal Diseases Open, 2022, 8(2): e001983.
[45] Yang X, Qi Y, Avercenc-Leger L, et al. Effect of nicotine on the proliferation and chondrogenic differentiation of the human wharton's jelly mesenchymal stem cells[J]. Bio-Medical Materials and Engineering, 2017, 28(s1): S217-S228.
[46] Ikeda K, Takeshita S. The role of osteoclast differentiation and function in skeletal homeostasis[J]. J Biochem, 2016, 159(1): 1-8.
[47] Miyamoto T, Suda T. Differentiation and function of osteoclasts[J]. The Keio Journal of Medicine, 2003, 52(1): 1-7.
[48] Pizzorno J, Pizzorno L. Environmental toxins are a major cause of bone loss[J]. Integrative Medicine : Integrating Conventional and Alternative Medicine, 2021, 20(1): 10-17.
[49] Nakashima K, de Crombrugghe B. Transcriptional mechanisms in osteoblast differentiation and bone formation[J]. Trends in Genetics, 2003, 19(8): 458-466.
[50] Tani S, Chung U I, Ohba S, et al. Understanding paraxial mesoderm development and sclerotome specification for skeletal repair[J]. Experimental & Molecular Medicine, 2020, 52(8): 1166-1177.
[51] Prummel K D, Nieuwenhuize S, Mosimann C. The lateral plate mesoderm[J]. Development, 2020, 147(12): dev175059.
[52] Nakayama N, Pothiawala A, Lee J Y, et al. Human pluripotent stem cell-derived chondroprogenitors for cartilage tissue engineering[J]. Cellular and Molecular Life Sciences, 2020, 77(13): 2543-2563.
[53] Ferreira M J S, Mancini F E, Humphreys P A, et al. Pluripotent stem cells for skeletal tissue

engineering[J]. Critical Reviews in Biotechnology, 2022, 42(5): 774-793.
[54] Sottile V, Thomson A, McWhir J. *In vitro* osteogenic differentiation of human ES cells[J]. Cloning and Stem Cells, 2003, 5(2): 149-155.
[55] Gong G, Ferrari D, Dealy C N, et al. Direct and progressive differentiation of human embryonic stem cells into the chondrogenic lineage[J]. Journal of Cellular Physiology, 2010, 224(3): 664-671.
[56] Kanke K, Masaki H, Saito T, et al. Stepwise differentiation of pluripotent stem cells into osteoblasts using four small molecules under serum-free and feeder-free conditions[J]. Stem Cell Reports, 2014, 2(6): 751-760.
[57] Smith C A, Humphreys P A, Naven M A, et al. Directed differentiation of hPSCs through a simplified lateral plate mesoderm protocol for generation of articular cartilage progenitors[J]. PLoS One, 2023, 18(1): e0280024.
[58] Jiang B, Yan L, Wang X, et al. Concise review: Mesenchymal stem cells derived from human pluripotent cells, an unlimited and quality-controllable source for therapeutic applications[J]. Stem Cells, 2019, 37(5): 572-581.
[59] zur Nieden N I, Baumgartner L. Assessing developmental osteotoxicity of chlorides in the embryonic stem cell test[J]. Reproductive Toxicology, 2010, 30(2): 277-283.
[60] zur Nieden N I, Davis L A, Rancourt D E. Comparing three novel endpoints for developmental osteotoxicity in the embryonic stem cell test[J]. Toxicology and Applied Pharmacology, 2010, 247(2): 91-97.
[61] zur Nieden N I, Davis L A, Rancourt D E. Monolayer cultivation of osteoprogenitors shortens duration of the embryonic stem cell test while reliably predicting developmental osteotoxicity[J]. Toxicology, 2010, 277(1-3): 66-73.
[62] Madrid J V, Sera S R, Sparks N R L, et al. Human pluripotent stem cells to assess developmental toxicity in the osteogenic lineage[J]. Methods in Molecular Biology, 2018, 1797: 125-145.
[63] Martinez I K C, Sparks N R L, Madrid J V, et al. Video-based kinetic analysis of calcification in live osteogenic human embryonic stem cell cultures reveals the developmentally toxic effect of Snus tobacco extract[J]. Toxicology and Applied Pharmacology, 2019, 363: 111-121.

3.10　生殖干细胞毒理学模型

随着 19 世纪一系列重大自然灾害事件的发生，如日本水俣病事件、洛杉矶光化学烟雾事件以及切尔诺贝利核泄漏事件等，以及在 1961 年发现孕期沙利度胺的摄入导致胎儿畸形的问题，提醒人们意识到外源化合物可能对生殖系统造成严重影响，并针对污染物的生殖毒性开展了一系列相关的研究工作。生殖毒性主要是研究外源化合物对生殖系统发育和功能的影响。目前研究发现，许多外源化合物都会影响男性精子从形成到传送的全过程，或影响女性的卵巢，导致后代出现流产、围产期死亡、发育异常、畸形等问题，造成不良妊娠结局。目前，在进行生殖毒性的研究时主要观察以下七种毒性机制：基因与染色体突变、基因表达异常、细胞凋亡、细胞间通信受阻、胎盘毒性引起的生殖发育毒性、母体稳态受损引起的毒性以及内分泌干扰物造成的毒性。

3.10.1　生殖细胞的组成和发育

包括精子和卵子在内的人类生殖细胞，均有相同的前体细胞，即原始生殖细胞。原始生殖细胞具有全能性，可以经过三胚层定向分化后，发育成人体的几乎所有组织器官。人类的原始生殖细胞最早出现在妊娠 3 周左右，位于卵黄囊内胚层的背侧壁，在妊娠第

4 周开始向生殖嵴迁移，在迁移过程中经历了表观遗传改变和重编程等一系列变化，而后通过减数分裂进一步形成精子或卵母细胞。

3.10.2 传统的生殖毒理学评价方法

对于生殖毒性检测和评价的常规方法主要是生殖毒性实验。传统方法主要利用大鼠，在交配前进行配子成熟全周期的污染物暴露，即雄性 35 天，雌性 14 天的暴露处理，同时，在孕期继续进行暴露处理，并根据第 1 代和第 2 代的性状，分别评价污染物的生殖毒性和对子代生殖功能的潜在影响。采用的毒性实验终点包括生育力指数、妊娠指数、活力指数和哺乳指数等。上述实验方法可以有效地评估污染物对雄性和雌性的生殖能力以及对后代发育的影响，但存在实验检测周期长、通量低、花费高等问题，因此其应用范围受到了限制。

3.10.3 基于干细胞的生殖毒性评价模型的构建和应用

3.10.3.1 基于干细胞的生殖系统分化方法构建

1）雄性生殖细胞及器官的构建

雄性配子起源于原始生殖细胞，考虑到其在生命进程中的重要作用，也早有研究关注其体外定向分化方法。在 2003 年前，研究更多地关注原始生殖细胞的长期培养和初步分化，但一直没有获得功能成熟的雄性生殖细胞，随后，Toyooka 等[1]第一次成功地将小鼠胚胎干细胞诱导分化为生殖细胞后，将上述细胞移植到小鼠睾丸，并获得了成熟的精子。随后，Geijsen 等[2]从拟胚体中筛选了 SSEA1$^+$的细胞，进而将其诱导分化为圆形精子，这些精子可与卵母细胞结合受精，并发育成双细胞期的胚胎和胚囊。研究发现，通过将 ESCs 诱导的原始生殖细胞与出生后的睾丸细胞共培养，并添加激活素 A、BMP 和 RA，可以实现 ESCs 的完全减数分裂[3]。而 hESCs 向精子的诱导分化过程可以通过添加 RA 和 BMP4 来实现[4]。也有研究提出，将 hESCs 与丝裂霉素-C 灭活的猪卵巢成纤维细胞共培养，可以更好地进行雄性生殖细胞的培养[5]，而激活素 A 的添加也可以促进 hESCs 分化为生殖细胞[6]。而随着诱导多能干细胞技术的成熟，其在雄性配子分化过程中的应用也逐渐得到关注。Imamura 等[7]首先将诱导多能干细胞与转导了 GDNF 和 EGF 的 M15-BMP4 细胞共培养，成功获得了雄性生殖细胞。而基于人诱导多能干细胞，Eguizabal 等[8]也通过调节 RA 的浓度，获得了减数分裂后的细胞，并通过 LIF、bFGF、FRSK 以及 CYP26 抑制剂的加入，获得了单倍体的精子细胞。

3D 培养技术的发展，也为基于多能干细胞的雄性生殖细胞的诱导的研究做出了重要贡献。Ganjibakhsh 等[9]在人诱导多能干细胞向精子分化的过程中，采用了 3D 培养的方法，在得到拟胚体后，向培养基中加入 FSH、BPE、睾酮、bFGF 以及 EGF，并在 DAM 凝胶中进行 3D 培养，获得了功能更加完善的单倍体细胞。许多男性生殖相关器官的类器官的构建也得到了广泛关注。前列腺是男性生殖腺，用于产生碱性精液，以支持精子的寿命。Karthaus 等[10]通过在培养基中添加 EGF、NOGGIN、RSPO1、A8301、双氢睾酮（dihydrotestosterone）、FGF10、FGF2、前列腺素（prostaglandin）、E2（PGE2）、烟酰胺以及 p38i 等外源小分子或蛋白质，可以获得单层或双层的类器官，这些结构中包含基底细胞和管腔细胞，但是缺乏神经内分泌细胞。Hepburn 等[11]也利用诱导多能干细胞，将其经过 110 天左右的分化，经定向内胚层、早期前列腺器官和成熟前列腺类器官阶段，获得了功能较为完善的前列腺类器官。睾丸是精子生成的场所，近年来，也有部分研究希望通过构建睾丸类器官，以模拟精子发生的过程。基于 3D 培养，研究人员构建出了多种与雄性生殖细胞产生相关的器官，如 Cyr 和 Pinel[12]就构建出了一种基于柱状细胞分化的附睾类器官。在该类器官中，出现了包括基底细胞、主细胞和透明细胞在内的多种细胞类型，使得人们对附睾的功能和发育过程的理解不断加深，为进一步开展生殖毒性以及相关疾病的研究和治疗打下基础。未来，对这一模型的开发也将帮助我们更好地了解男性生殖系统的发育过程，在生殖障碍相关疾病的研究中发挥作用。

2）雌性生殖细胞及器官的构建

雌性生殖细胞同样来源于原始生殖细胞，在迁移形成卵原细胞后，卵原细胞会大量增殖，并进行第一次减数分裂，形成初级卵母细胞，而在性成熟后，卵母细胞会进行第二次减数分裂，获得次级卵母细胞，在排卵后获得生殖能力。在体外实现生殖细胞的重建一直是研究人员的目标。目前，许多研究都尝试从胚胎干细胞或诱导多能细胞出发，获取具有正常受精和卵裂能力的雌性生殖细胞。在 2003 年，Hubner 等[13]第一次从小鼠胚胎干细胞诱导得到卵母细胞，但其功能尚不成熟。随后，Qing 等[14]在得到拟胚体后，将其与卵巢颗粒细胞共培养 10 天后，可以得到生殖细胞样的克隆，发现生殖细胞特异性和卵母细胞特异性，但是无卵泡样结构。Hayashi 等[15]将小鼠胚胎干细胞来源的原始生殖细胞样细胞和小鼠性腺体细胞组合在一起，进行小鼠卵巢的体外培养，成功获得了体外的卵母细胞，并可以产生后代。目前，这种由小鼠多能干细胞先经过外胚层样细胞阶段生成原始生殖细胞样细胞，然后将原始生殖细胞样细胞与性腺体细胞结合的培养方法被认为是诱导小鼠雌性生殖细胞最有效的实验方法。使用类似的方法，人类原始生殖细胞样细胞与胎儿卵巢体细胞聚集在一起，经历了减数分裂后，也可以产生卵母细胞[16]。

诱导多能干细胞的出现拓宽了卵细胞分化方法的应用前景。目前，基于诱导多能干细胞，已经成功构建了几种功能更加完备的雌性生殖细胞。2016 年，Hikabe 等[17]第一次利用重编程小鼠胚胎干细胞和诱导多能干细胞培育出了功能成熟的卵母细胞，为理解卵子形成过程打下了基础。该团队基于诱导多能干细胞获得了原始生殖细胞样细胞后，与雌性性腺体细胞混合构成了重组的卵巢。上述细胞经过 3 周的培养后，会获得初级卵母细胞，在这一过程中，通过视黄酸的加入，可以获得初期的卵泡。在随后的 3 周培养后，可发现毛囊样结构，11 天后，出现生发泡卵母细胞。进而在成熟培养基中，经过 1 天即可获得卵母细胞。在 2021 年，Yoshino 等[18]成功利用小鼠的诱导多能干细胞分化成为可供卵子成熟和发育的胚胎卵巢体细胞样细胞（fetal ovarian somatic cell-like cells，FOSLCs），这一过程主要包括，在加入 Wnt 和 BMP4 后，先获得中段中胚层细胞，随后利用 RA、SHH 以及 FGF 抑制剂诱导，可以得到前腹侧中段中胚层，进一步可以获得成熟的胚胎卵巢体细胞样细胞。可以在其中发育出有活性的卵子，且这些卵子可以受精形成受精卵，并产生健康的后代。对于人类细胞来说，Hamazaki 等[19]研究发现，添加含有 Figla、Sohlh1、Sohlh2、Lhx8、Nobox、Taf4b、Yy1、Tbpl2 8 种转录因子的培养基可使得人诱导多能干细胞无须经历原始生殖细胞阶段，直接转化为卵母细胞样细胞（oocyte-like cells，OLCs）。虽然研究显示 OLCs 具有正常受精及卵裂能力，但由于伦理限制，无法进行后续验证。这一实验也为进一步研究卵细胞的发育提供了重要实验依据。

目前也建立了多种将多能干细胞诱导分化为雌性生殖系统类器官的培养方法。雌性生殖系统的组成包括子宫、输卵管和卵巢等。在 2021 年，Li 等[20]利用小鼠的雌性生殖系干细胞首次构建了卵巢类器官，并从该卵巢类器官获得的卵母细胞中成功地产生了后代，因此也显示该模型在毒性测试中的巨大应用潜力。可以用于卵巢类器官构建的基质包括藻酸盐、胶原蛋白、水凝胶、基质胶以及纤维蛋白凝块等。Yucer 等[21]利用诱导多能干细胞，经中间中胚层阶段，诱导得到输卵管上皮细胞前体后，将其在基质胶中继续培养，获得了模拟体内输卵管发育的实验方案，这些细胞后续也发育成激素反应性的输卵管上皮类器官，其中出现的细胞类型包括纤毛细胞和分泌细胞等。

这些研究帮助人们更好地认识到了生命的发育历程，为未来在发育生物学的研究拓展了全新的领域。

3.10.3.2 基于干细胞的生殖毒性评价模型的应用

为解决上述问题，目前希望通过体外替代实验的方法来开展生殖毒性研究，主要采用的研究方法包括胚胎细胞微团培养、基于斑马鱼的生殖及发育毒性研究、全胚胎培养实验以及胚胎干细胞实验法等。这些体外实验方法具有实验周期相对较短、相对经济的特点，同时也更加符合 3R 原则。而其中，干细胞作为发育毒理学重要的研究模型，也早早被应用于生殖毒性的研究中。生殖毒性的研究也是干细胞在毒理学中的早期应用，然而目前，由于分化方法的局限性，研究进展相对较慢。目前，在生殖毒性研究中使用较多的干细胞种类为胚胎干细胞、原始生殖细胞以及精原干细胞。

Krtolica 等[22]早在 2009 年就提出利用人源胚胎干细胞进行胚胎毒性和生殖毒性的研究，他们也指出，小鼠和人源胚胎干细胞存在一定的差异，这种差异导致利用小鼠胚胎干细胞无法直接反映污染物对人体健康的影响。虽然人和小鼠的基因同源性达 78.5%[23]，但是在胚胎干细胞的水平上，两者的确存在较大差异[24]，因此，建议利用人源胚胎干细胞开展生殖毒性研究，才能更好地反映污染物的真实效应。同时，Krtolica 和 Giritharan[25]提出将胚胎干细胞分别分化为原始生殖细胞、精原干细胞以及精子，并用于生殖毒性的研究。但由于分化方法尚不成熟，最初开展基于胚胎干细胞的生殖毒性研究时，多采用以生殖细胞活性检测和增殖能力检测为实验终点的检测方法，相对比较简单，但是不能完全反映污染物的毒性。例如，Riebeling 等[26]筛选了 8 种已知具有生殖毒性的物质，利用胚胎干细胞进行评估，最终根据对细胞活性的影响，对上述污染物根据毒性大小进行再分类。Zdravkovic 等[27]利用人源胚胎干细胞，通过观察

hESCs 集落形态、检测细胞黏附、整合素以及多能性标志物等基因的表达，来评价烟雾暴露对女性生殖能力的影响。目前，基于胚胎干细胞的生殖毒性研究模型多用于污染物的毒性预测和分类工作，科学家提出了多种检测指标，以进一步完善该模型在生殖毒性预测中的准确性。West 等[28]提出了一种利用人源胚胎干细胞进行生殖和发育毒性预测的方法，他们结合代谢组学结果，寻找可能造成胚胎畸形的生物标志物，并以此为标准，准确预测了 7 种药物的致畸性。Yamane 等[29]对人源胚胎干细胞分别进行 20 种环境污染物的暴露处理，结合转录组数据，构建基因网络图谱，利用支持向量机（support vector machines，SVM）的方法，大大提升了该模型的预测准确性。以 97.5%～100%的预测准确率，成功地将上述 20 种环境污染物分为神经毒素、遗传毒性致癌物和非遗传毒性致癌物 3 种类型，这种方法在污染物晚发性化学毒性即胚胎发育过程中的化学毒性的预测中，显示出了极大的应用潜力。Zang 等[30]开发了一种包含 EGFP 标志物的小鼠胚胎干细胞模型，通过三维培养的方式，验证了 9 种已知发育毒性的化学物质的胚胎毒性及生殖毒性，并发现生存素（survivin）可作为胚胎毒物高通量筛选的分子终点。虽然在污染物毒性预测方面显示出了较好的应用前景，但以上方法和胚胎干细胞测试方法类似，且无法较好地对污染物的生殖毒性和毒性机制进行深入研究。而随着基于胚胎干细胞的生殖细胞的分化方法的逐渐成熟，越来越多的研究开始利用该模型进行生殖毒性测定，并取得了较好的结果。Easley 等[31]将人多能干细胞分化为精原细胞、初级和次级精母细胞以及单倍体精子细胞，通过对细胞活力和活性氧的检测，评估了 2-溴丙烷（2-BP）和 1,2-二溴-3-氯丙烷（DBCP）的生殖毒性，并通过该研究模式，提出了一种快速、高效地评估各种环境毒物对人类生殖毒性影响的方法。虽然实验终点简单，但是该研究是利用胚胎干细胞进行生殖毒性研究的一次很好的尝试，结果也能比较好地反映污染物对男性生殖系统的影响。而利用一种基于男性人源胚胎干细胞分化为精原干细胞或精子细胞的实验模型，研究人员[32]也发现，PFOS、PFOA、全氟化纳米酸（perfluorononanoic acid，PFNA）以及全氟辛烷的暴露能够降低精原细胞和初级精母细胞标志物的表达水平，进而长期影响精子状态。这些基于胚胎干细胞的分化模型极大地拓展了生殖毒性的研究思路，为污染物的生殖毒性机制研究做出了巨大贡献。

考虑到胚胎干细胞向生殖细胞的分化过程相对复杂，这时，体内的原始生殖细胞就成为用于生殖毒性研究的主要关注对象。原始生殖细胞是产生雄性和雌性生殖细胞的早期细胞，常通过其碱性磷酸酶和 DPPA3 的表达来鉴定。在生殖毒理学研究中，Kee 等[33]利用人类原始生殖细胞发现，多环芳烃可能通过干扰 AHR 信号通路对细胞的增殖造成影响。在生殖毒性的研究中，卵母细胞的健康也是许多研究关注的焦点，而卵母细胞线粒体对外源污染物极其敏感，因此许多研究也利用原始生殖细胞构建卵母细胞的分化模型，通过检测卵母细胞中的活性氧水平变化等，评估外源污染物对卵母细胞线粒体的影响，为母源的生殖毒性研究提供了新的研究思路和解决办法[34]。2014 年，科学家首次通过体外诱导分化，获得了人类原始生殖细胞[35]，这一研究不仅可以帮助揭示人类生殖细胞早期的发育过程，也使得原始生殖细胞在生殖毒理学中的应用前景更加光明。

体内的精原干细胞也常作为生殖毒性研究的重要研究模型。精原干细胞是一种能够定向分化产生精母细胞的原始精原细胞，其增殖和分化过程如果受到影响，将直接导致精子的发育出现异常。研究人员也很早就关注了外源污染物对精原干细胞的影响。有几项研究也利用了小鼠的精原细胞，结合 DNA 损伤和细胞活性评价等方法，有效地评估了外源污染物的生殖毒性。Habas 等[35]发现，雌激素己烯雌酚可能会造成小鼠精原细胞的 DNA 损伤，并导致细胞凋亡。Jeon 等[36]以细胞活性、活性氧的产生为实验终点，评估了羟基脲的生殖毒性。Hashemi 等[37]发现氧化石墨烯同样会通过氧化应激等方式，影响精原细胞活性，造成遗传毒性和生殖毒性。而针对增塑剂的生殖毒性和毒性机制研究也是近年来关注的热点。Karmakar 等[38]发现，BPA 的暴露会直接影响精原干细胞的细胞活性和增殖能力，同时导致生殖细胞结构异常、生殖细胞比例改变、引起精原干细胞凋亡及功能特性的丧失，也会诱导雄性生殖细胞的生理和功能出现紊乱[39]。结合转录组分析结果发现，BPA 可能通过影响 ATP6V0D2 和 LAPTM4B 的转录组与蛋白质水平的变化来影响精原干细胞的溶酶体功能，进而影响精原细胞的增殖能力[40]。而除 BPA 外，其他增塑剂的替代品，如邻苯二甲酸酯，也被发现能够抑制精原干细胞的活性，从而对生殖能力造成影响。以上基于小鼠或人的精原干细胞的生殖毒性研究模型，都能较好地用于外源污染物的生殖毒性效应评价和毒性机制研究中，也为未来生殖毒性的预防和相关疾病的治疗提供了解决办法。

目前，对于引起生殖毒性的因素，除外源污染物外，在孕期内，许多中药的服用是否会引起生殖及发育毒性仍然值得商榷，因此，也是生殖毒性研究中主要关注的方向，而干细胞毒理学模型也被用于回答这一问题。虽然有研究发现，在进行中药的生殖毒性的预测时，全胚胎培养的方法略好于胚胎干细胞实验方法，但两者的差距不大，且胚胎干细胞能更高通量、更大规模地用于药物筛选和评价中[41]。Li 等[42]通过检测中药对胚胎干细胞增殖和分化的影响发现，白术提取物和板蓝根提取物无胚胎毒性，黄连提取物和桂枝提取物分别具有弱胚胎毒性和强胚胎毒性。这些结果也为孕妇如何进行中药的选择提供了一定的依据，胚胎干细胞在中药的安全性评价中也显示出了巨大的应用前景。

总体来说，目前体外生殖毒性的研究选取的实验终点主要包括细胞活性变化、DNA 损伤情况、活性氧水平以及基因表达水平变化等，这些结果可以在一定程度上反映污染物的生殖毒性，但距离揭示其真正的毒性机制仍有一定的距离。随着对生殖系统中不同种类细胞分化和来源机制了解的加深，研究认为，DNA 甲基化对生殖细胞及胚胎的发育有重要意义，因此许多研究开始从表观遗传学的水平上，关注污染物对干细胞和生殖细胞甲基化状态的影响。随着人类细胞甲基化图谱的成功构建[43]，未来在生殖毒性的研究中，也应当增加污染物对基因转录前后修饰状态的影响的关注，以更精准地揭示污染物的毒性作用机制。

目前，随着科学技术的进步，3D 培养方法的成熟使得多种基于干细胞的生殖细胞及生殖相关的类器官模型不断涌现，也为进一步研究外源污染物的生殖毒性奠定了良好的基础。除了上述的附睾类器官或卵巢类器官等，也可以直接构建羊膜类器官，以更好地模拟生命进程。如 Zheng 等[44]利用微流控装置构建了一个由人多能干细胞分化而来的外胚层和羊膜外胚层模型，该模型能够在人多能干细胞中引起原肠胚样事件的发生，是一个可以用于人类生殖研究的强大的系统。由此可见，目前，基于干细胞的男性和女性性腺类器官的研究逐渐引起重视，而这些类器官的出现，也将更好地帮助我们开展生殖毒理学研究工作，对于污染物生殖毒性和分子机制的研究也将迈上新的台阶。

此外，在方法学上，Witt等[45]提出，目前很难开展高通量的生殖毒性研究的原因主要是实验周期过长、标记蛋白表达的通量低以及检测程序无法实现自动化等问题。基于此，他们开发了一种适应96孔板的自动化生殖毒性研究平台，通过流式细胞术和高内涵成像对标志蛋白进行直接分析，以评估外源污染物对胚胎干细胞的增殖和分化能力的影响。这一工作流程的改进，也为基于干细胞开展更敏感、更快速、可重复的高通量生殖毒性研究和毒性预测打下了基础，也在未来的商业化应用中显示出了极大的应用潜力。

综上所述，近年来，随着实验方法的改进、生殖细胞诱导分化的方法不断成熟以及生殖类器官的不断涌现，干细胞在生殖毒理学研究中展现出了极高的应用潜力和前景。

参 考 文 献

[1] Toyooka Y, Tsunekawa N, Akasu R, et al. Embryonic stem cells can form germ cells *in vitro*[J]. Proceedings of the National Academy of Sciences of the United States of America, 2003, 100(20): 11457-11462.

[2] Geijsen N, Horoschak M, Kim K, et al. Derivation of embryonic germ cells and male gametes from embryonic stem cells[J]. Nature, 2004, 427(6970): 148-154.

[3] Yu Z, Ji P, Cao J, et al. Dazl promotes germ cell differentiation from embryonic stem cells[J]. Journal of Molecular Cell Biology, 2009, 1(2): 93-103.

[4] Aflatoonian B, Ruban L, Jones M, et al. *In vitro* post-meiotic germ cell development from human embryonic stem cells[J]. Human Reproduction, 2009, 24(12): 3150-3159.

[5] Richards M, Fong C Y, Bongso A. Comparative evaluation of different *in vitro* systems that stimulate germ cell differentiation in human embryonic stem cells[J]. Fertility and Sterility, 2010, 93(3): 986-994.

[6] Duggal G, Heindryckx B, Warrier S, et al. Exogenous supplementation of Activin A enhances germ cell differentiation of human embryonic stem cells[J]. Molecular Human Reproduction, 2015, 21(5): 410-423.

[7] Imamura M, Aoi T, Tokumasu A, et al. Induction of primordial germ cells from mouse induced pluripotent stem cells derived from adult hepatocytes[J]. Molecular Reproduction and Development, 2010, 77(9): 802-811.

[8] Eguizabal C, Montserrat N, Vassena R, et al. Complete meiosis from human induced pluripotent stem cells[J]. Stem Cells, 2011, 29(8): 1186-1195.

[9] Ganjibakhsh M, Mehraein F, Koruji M, et al. Three-dimensional decellularized amnion membrane scaffold promotes the efficiency of male germ cells generation from human induced pluripotent stem cells[J]. Experimental Cell Research, 2019, 384(1): 111544.

[10] Karthaus W R, Iaquinta P J, Drost J, et al. Identification of multipotent luminal progenitor cells in human prostate organoid cultures[J]. Cell, 2014, 159(1): 163-175.

[11] Hepburn A C, Curry E L, Moad M, et al. Propagation of human prostate tissue from induced pluripotent stem cells[J]. Stem Cells Translational Medicine, 2020, 9(7): 734-745.

[12] Cyr D G, Pinel L. Emerging organoid models to study the epididymis in male reproductive toxicology[J]. Reproductive Toxicology, 2022, 112: 88-99.
[13] Hubner K, Fuhrmann G, Christenson L K, et al. Derivation of oocytes from mouse embryonic stem cells[J]. Science, 2003, 300(5623): 1251-1256.
[14] Qing T, Shi Y, Qin H, et al. Induction of oocyte-like cells from mouse embryonic stem cells by co-culture with ovarian granulosa cells[J]. Differentiation, 2007, 75(10): 902-911.
[15] Hayashi K, Ogushi S, Kurimoto K, et al. Offspring from oocytes derived from *in vitro* primordial germ cell-like cells in mice[J]. Science, 2012, 338(6109): 971-975.
[16] Yang S, Liu Z, Wu S, et al. Meiosis resumption in human primordial germ cells from induced pluripotent stem cells by *in vitro* activation and reconstruction of ovarian nests[J]. Stem Cell Research & Therapy, 2022, 13(1): 339.
[17] Hikabe O, Hamazaki N, Nagamatsu G, et al. Reconstitution *in vitro* of the entire cycle of the mouse female germ line[J]. Nature, 2016, 539(7628): 299-303.
[18] Yoshino T, Suzuki T, Nagamatsu G, et al. Generation of ovarian follicles from mouse pluripotent stem cells[J]. Science, 2021, 373(6552): eabe0237.
[19] Hamazaki N, Kyogoku H, Araki H, et al. Reconstitution of the oocyte transcriptional network with transcription factors[J]. Nature, 2021, 589(7841): 264-269.
[20] Li X, Zheng M, Xu B, et al. Generation of offspring-producing 3D ovarian organoids derived from female germline stem cells and their application in toxicological detection[J]. Biomaterials, 2021, 279: 121213.
[21] Yucer N, Holzapfel M, Jenkins Vogel T, et al. Directed differentiation of human induced pluripotent stem cells into fallopian tube epithelium[J]. Scientific Reports, 2017, 7(1): 10741.
[22] Krtolica A, Ilic D, Genbacev O, et al. Human embryonic stem cells as a model for embryotoxicity screening[J]. Regenerative Medicine, 2009, 4(3): 449-459.
[23] Tecott L H. The genes and brains of mice and men[J]. American Journal of Psychiatry, 2003, 160(4): 646-656.
[24] Gabdoulline R, Kaisers W, Gaspar A, et al. Differences in the early development of human and mouse embryonic stem cells[J]. PLoS One, 2015, 10(10): e0140803.
[25] Krtolica A, Giritharan G. Use of human embryonic stem cell-based models for male reproductive toxicity screening[J]. Systems Biology in Reproductive Medicine, 2010, 56(3): 213-221.
[26] Riebeling C, Fischer K, Luch A, et al. Classification of reproductive toxicants with diverse mechanisms in the embryonic stem cell test[J]. Journal of Toxicological Sciences, 2015, 40(6): 809-815.
[27] Zdravkovic T, Genbacev O, LaRocque N, et al. Human embryonic stem cells as a model system for studying the effects of smoke exposure on the embryo[J]. Reproductive Toxicology, 2008, 26(2): 86-93.
[28] West P R, Weir A M, Smith A M, et al. Predicting human developmental toxicity of pharmaceuticals using human embryonic stem cells and metabolomics[J]. Toxicology and Applied Pharmacology, 2010, 247(1): 18-27.
[29] Yamane J, Aburatani S, Imanishi S, et al. Prediction of developmental chemical toxicity based on gene networks of human embryonic stem cells[J]. Nucleic Acids Research, 2016, 44(12): 5515-5528.
[30] Zang R, Xin X, Zhang F, et al. An engineered mouse embryonic stem cell model with survivin as a molecular marker and EGFP as the reporter for high throughput screening of embryotoxic chemicals *in vitro*[J]. Biotechnology and Bioengineering, 2019, 116(7): 1656-1668.
[31] Easley C A t, Bradner J M, Moser A, et al. Assessing reproductive toxicity of two environmental toxicants with a novel *in vitro* human spermatogenic model[J]. Stem Cell Research, 2015, 14(3): 347-355.
[32] Steves A N, Turry A, Gill B, et al. Per- and polyfluoroalkyl substances impact human spermatogenesis in a stem-cell-derived model[J]. Systems Biology in Reproductive Medicine, 2018, 64(4): 225-239.
[33] Kee K, Flores M, Cedars M I, et al. Human primordial germ cell formation is diminished by exposure to environmental toxicants acting through the AHR signaling pathway[J]. Toxicological Sciences, 2010, 117(1): 218-224.

[34] Malott K F, Luderer U. Toxicant effects on mammalian oocyte mitochondria[J]. Biology of Reproduction, 2021, 104(4): 784-793.
[35] Habas K, Brinkworth M H, Anderson D. Diethylstilbestrol induces oxidative DNA damage, resulting in apoptosis of spermatogonial stem cells *in vitro*[J]. Toxicology, 2017, 382: 117-121.
[36] Jeon H L, Yi J S, Kim T S, et al. Development of a test method for the evaluation of DNA damage in mouse spermatogonial stem cells[J]. Toxicological Research, 2017, 33(2): 107-118.
[37] Hashemi E, Akhavan O, Shamsara M, et al. Synthesis and cyto-genotoxicity evaluation of graphene on mice spermatogonial stem cells[J]. Colloids and Surfaces. B, Biointerfaces, 2016, 146: 770-776.
[38] Karmakar P C, Kang H G, Kim Y H, et al. Bisphenol a affects on the functional properties and proteome of testicular germ cells and spermatogonial stem cells *in vitro* culture model[J]. Scientific Reports, 2017, 7(1): 11858.
[39] Karmakar P C, Ahn J S, Kim Y H, et al. Paternal exposure to bisphenol-a transgenerationally impairs testis morphology, germ cell associations, and stemness properties of mouse spermatogonial stem cells[J]. International Journal of Molecular Sciences, 2020, 21(15): 5408.
[40] Ahn J S, Won J H, Kim D Y, et al. Transcriptome alterations in spermatogonial stem cells exposed to bisphenol A[J]. Animal Cells and Systems, 2022, 26(2): 70-83.
[41] Li L, Yin Tang L, Liang B, et al. Evaluation of *in vitro* embryotoxicity tests for Chinese herbal medicines[J]. Reproductive Toxicology, 2019, 89: 45-53.
[42] Li L Y, Cao F F, Su Z J, et al. Assessment of the embryotoxicity of four Chinese herbal extracts using the embryonic stem cell test[J]. Molecular Medicine Reports, 2015, 12(2): 2348-2354.
[43] Loyfer N, Magenheim J, Peretz A, et al. A DNA methylation atlas of normal human cell types[J]. Nature, 2023, 613(7943): 355-364.
[44] Zheng Y, Xue X, Shao Y, et al. Controlled modelling of human epiblast and amnion development using stem cells[J]. Nature, 2019, 573(7774): 421-425.
[45] Witt G, Keminer O, Leu J, et al. An automated and high-throughput-screening compatible pluripotent stem cell-based test platform for developmental and reproductive toxicity assessment of small molecule compounds[J]. Cell Biology and Toxicology, 2021, 37(2): 229-243.

3.11　其他干细胞毒理学模型

3.11.1　多能干细胞诱导肠上皮模型的毒理学应用

肠道是消化系统中吸收营养物质和药物的主要器官，人类的肠道长度平均在 8m 左右。肠道由两个主要部分组成，即小肠和大肠。位于近端的小肠进一步被细分为十二指肠、空肠和回肠，而远端大肠包括盲肠和结肠。根据形态学特征，近端小肠有长的叶状绒毛，而结肠绒毛相较之下更短、更平坦。这样的形态变化反映了不同部分的肠道在食物分解和营养吸收方面的独特功能。肠上皮细胞是构成肠道内层的细胞，顶端具有微绒毛，具有吸收、分泌和保护肠道的功能。肠上皮细胞排列成手指状突起结构，又称绒毛，覆盖约 250m^2 的表面积。肠道有两种主要的上皮细胞类型：分泌细胞和吸收性肠上皮细胞。其中，吸收性肠上皮细胞占上皮细胞的 90%，负责吸收营养物质，使其进入血液循环以到达其他器官。

3.11.1.1　肠分化过程中的分子调控机制

基于人多能干细胞的肠道上皮细胞诱导方法比较成熟，其过程可以大致分为以下两步。

内胚层的诱导：在 Wnt/β-catenin 通路和 Activin A/Nodal 通路的调节下，多能干细胞分化为 $SOX17^{+}FOXA2^{+}$的内胚层细胞。

后肠上皮细胞的生成：在 FGF 和 Wnt/β-catenin 通路的协同作用下，内胚层细胞表达后肠上皮标志基因 *CDX2*。目前的分化方案将内胚层细胞 3D 培养，并提供高浓度的 FGF4（500ng/mL）和 Wnt/β-catenin 通路配体蛋白（如 Wnt3a，500ng/mL）。细胞通过形态发生排布成 3D 肠管状结构，在含有 R-Spondin 1、EGF 和 BMP 通路抑制蛋白头蛋白的条件培养基中能够实现多代传代培养[1]。

3.11.1.2　hPSCs 肠诱导分化方法

将 hPSCs 接种于 Matrigel 包被的 24 孔培养皿中，使用含有 ROCK 通路抑制剂（ROCKi）的培养基培养过夜。第 2 天，在 80%～90%的含量下开始分化。分化的前 3 天，细胞分别培养在含有 0%、0.2%和 2% dFBS 的 RPMI 1640 培养基中，培养基中还需添加 100ng/mL 的 Activin A 生长因子。在分化为内胚层后，细胞在含有 500ng/mL FGF4、500ng/mL Wnt3a 和 2% dFBS 的 RPMI 1640 中进一步诱导分化 4 天。4 天后，培养基中会出现三维悬浮细胞球，随后使用 Matrigel 包裹悬浮细胞球，并且培养在含有 500ng/mL R-Spondin1、100ng/mL NOGGIN 和 100ng/mL EGF 的分化培养基中，此时的分化培养基为含有 2mmol/L *L*-谷氨酰胺、10μmol/L HEPES、1×N2 补充剂、1×B27 补充剂和青霉素/链霉素 advance DMEM/F12 培养基（图 3-26）。随后每四天需要为肠类器官换液一次。28 天后，肠类器官中会出现具有绒毛状内陷的柱状上皮。

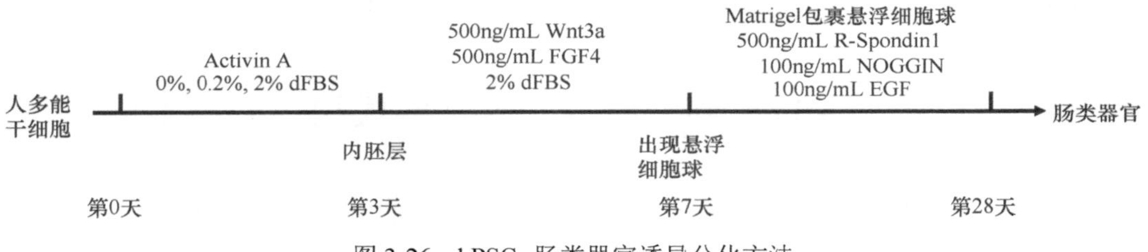

图 3-26　hPSCs 肠类器官诱导分化方法

尽管肠上皮诱导分化的方法相对简单，但目前应用此模型的毒理学研究报道尚且十分有限。已知 Hou 等[2]将人多能干细胞诱导获得的肠道类器官暴露于约 50nm 粒径的聚苯乙烯纳米塑料，证实了它们在肠道类器官中不同类型的细胞中均具有明显的积累，导致了细胞凋亡和炎症反应。这一研究也阐明，如果将肠道类器官共同暴露于聚苯乙烯纳米塑料和内吞作用抑制剂——氯丙嗪，则纳米塑料的胞内积累显著减少，说明聚苯乙烯纳米塑料通过内吞的方式进入肠道上皮细胞，而抑制内吞作用潜在可以减轻这种塑料颗粒对人体肠道的毒性。

微米和纳米级塑料颗粒对人类健康的威胁日益受到关注。它们广泛存在于环境中，且来源丰富。这些塑料颗粒随食物经口进入人体，到达肠道。虽然塑料颗粒在人体中的运输和吸收尚不清楚，但先前的研究表明它们对肠道有潜在的毒性效应，因此研究其在人体肠道中的吸收和毒性具有重要意义。尽管塑料颗粒在人体内的运输和吸收尚不清楚，但先前的研究表明它们在肠道域产生局部影响，且对人结直肠腺癌细胞（Caco-2）

有明显的细胞毒性[3,4]。因此，评估塑料颗粒对人体肠道的毒性具有重要的现实意义。基于诱导肠上皮模型的纳米颗粒物毒性评估是一个充满前景的研究领域。

3.11.2　其他已报道的干细胞毒理学评估模型

成骨细胞的主要功能是合成骨基质（一种由胶原蛋白和无机矿物质组成的复杂基质），从而促进骨组织的形成和生长。碱性磷酸酶是成骨细胞的标志性酶，主要功能是催化无机磷酸酯水解产生无机磷酸盐，以提供骨基质矿化所需的磷酸盐。基于此，碱性磷酸酶活性检测可以被用于指征环境污染物对成骨细胞分化和功能的影响。此外，基于茜素红等对钙离子的检测也可以指征成骨细胞的钙化程度，从而反映细胞的分化程度和功能性。Martinez 等[5]通过对细胞钙化程度的成像和分析，研究了烟草提取物对人源胚胎干细胞向成骨细胞分化的影响。结果表明，烟草提取物延迟了成骨细胞的钙化，说明骨发育受到干扰。孕期吸烟或暴露于二手烟环境，会增加自然流产、早产或胎儿出现畸形的风险。除此之外，小鼠胚胎干细胞向成骨细胞分化的模型也被应用于评估如氯化无机盐和强致畸剂 5-氟尿嘧啶的骨发育毒性[6,7]。

内皮细胞的发育和血管的构建是人体循环系统发育的基础。理论上讲，经由母体穿过胎盘屏障而作用至胚胎的污染物都经母婴血液传播，因此理解环境污染物对胚胎内皮细胞、血管构建以及血液的毒性具有重要的现实意义。Elcheva 等[8]利用人多能干细胞向造血细胞诱导的模型，评估了经典环境污染物对骨髓前体细胞（$CD43^+CD45^+CD32^+$）分化的影响。过表达转录因子 GATA2 和 ETV2，促使人多能干细胞分化成 $VE\text{-}cadherin^+$ 造血内皮细胞，这种细胞仅保有向骨髓造血系细胞进一步分化的潜能，因此是一种骨髓前体细胞，可以用于研究环境污染物对内皮–骨髓造血细胞转化的干扰。该研究表明，5-氟尿嘧啶和苯并芘抑制细胞分裂，促使造血程序向非造血内皮和间充质命运转变。这一结果说明该毒性评价模型可以有效监测污染物对骨髓前体细胞的影响。另一研究则利用人多能干细胞诱导获得的骨髓系免疫细胞，如巨噬细胞和树突细胞，初步验证了这一模型可以用于评估室内空气纳米颗粒物的毒性[9]。

视网膜色素上皮细胞（retinol pigment epithelial cell）对于神经感觉视网膜的功能和视觉的维持至关重要。基于人多能干细胞诱导视网膜色素上皮细胞的高通量药物筛选检测出了如环吡酮胺（ciclopirox olamine）等能够缓解氧化应激模型下视网膜色素上皮细胞胞内氧化水平和线粒体功能的化合物[10]。Zeng 等[11]利用诱导视网膜上皮类器官评估了 $PM_{2.5}$ 对视网膜发育的潜在不良影响，揭示了其导致类器官细胞排列和类器官结构的紊乱，异常调节 MAPK 和 PI3K/AKT 通路，从而抑制细胞增殖而促进细胞凋亡。除此之外，Li 等[12]的研究发现 BDE-47 这种多氯联苯醚同源物也能够导致诱导视网膜上皮类器官细胞排列和类器官结构的紊乱，并揭示了这种环境污染物导致细胞异常表达细胞外基质类的基因，细胞的嘌呤和谷胱甘肽的代谢也发生了紊乱。同一团队[13]的另一研究发现双酚类化合物也对视网膜上皮类器官的细胞分化和结构形成具有显著毒性，且结构相似的双酚类化合物毒性有所不同。

参 考 文 献

[1] Spence J R, Mayhew C N, Rankin S A, et al. Directed differentiation of human pluripotent stem cells into intestinal tissue *in vitro*[J]. Nature, 2011, 470(7332): 105-109.
[2] Hou Z, Meng R, Chen G, et al. Distinct accumulation of nanoplastics in human intestinal organoids[J]. Science of the Total Environment, 2022, 838(Pt 2): 155811.
[3] Wu S, Wu M, Tian D, et al. Effects of polystyrene microbeads on cytotoxicity and transcriptomic profiles in human Caco-2 cells[J]. Environmental Toxicology, 2020, 35(4): 495-506.
[4] Xu D, Ma Y, Han X, et al. Systematic toxicity evaluation of polystyrene nanoplastics on mice and molecular mechanism investigation about their internalization into Caco-2 cells[J]. Journal of Hazardous Materials, 2021, 417: 126092.
[5] Martinez I K C, Sparks N R L, Madrid J V, et al. Video-based kinetic analysis of calcification in live osteogenic human embryonic stem cell cultures reveals the developmentally toxic effect of Snus tobacco extract[J]. Toxicology and Applied Pharmacology, 2019, 363: 111-121.
[6] zur Nieden N I, Baumgartner L. Assessing developmental osteotoxicity of chlorides in the embryonic stem cell test[J]. Reproductive Toxicology, 2010, 30(2): 277-283.
[7] zur Nieden N I, Davis L A, Rancourt D E. Comparing three novel endpoints for developmental osteotoxicity in the embryonic stem cell test[J]. Toxicology and Applied Pharmacology, 2010, 247(2): 91-97.
[8] Elcheva I, Sneed M, Frazee S, et al. A novel hiPSC-derived system for hematoendothelial and myeloid blood toxicity screens identifies compounds promoting and inhibiting endothelial-to-hematopoietic transition[J]. Toxicology in Vitro, 2019, 61: 104622.
[9] Fransen L F H, Leonard M O. Induced pluripotent and $CD34^+$ stem cell derived myeloid cells display differential responses to particle and dust mite exposure[J]. Scientific Reports, 2023, 13(1): 9375.
[10] Cai H, Gong J, Abriola L, et al. High-throughput screening identifies compounds that protect RPE cells from physiological stressors present in AMD[J]. Experimental Eye Research, 2019, 185: 107641.
[11] Zeng Y, Li M, Zou T, et al. The impact of particulate matter ($PM_{2.5}$) on human retinal development in hESC-derived retinal organoids[J]. Frontiers in Cell and Developmental Biology, 2021, 9: 607341.
[12] Li M, Zeng Y, Ge L, et al. Evaluation of the influences of low dose polybrominated diphenyl ethers exposure on human early retinal development[J]. Environment International, 2022, 163: 107187.
[13] Li M, Gong J, Ge L, et al. Development of human retinal organoid models for bisphenol toxicity assessment[J]. Ecotoxicology and Environmental Safety, 2022, 245: 114094.

3.12 畸 胎 瘤

胚胎干细胞来源于胚胎内部细胞团，正常情况下，这些细胞团会进一步分化，形成内胚层、中胚层和外胚层这 3 个胚层。在形态学上，这些胚层的结构差异明显，随着分化程度的提高，形态学变化更加明确。然而，如果胚胎干细胞的发育受到内在或外部因素的干扰，可能会导致细胞分化过程受到影响。这些干细胞仍会分化，但胚层或组织排列可能会混乱，从而在生物体内形成肿瘤，即畸胎瘤。这种现象在临床上并不罕见。

畸胎瘤是一种包含来自一个或多个胚层的组织或器官的肿瘤。除了术语“teratoma”外，它还有其他专有名称，如“dysembryoma”“teratoblastoma”“organoid tumor”“teratoid tumor”。根据畸胎瘤的分化程度，可分为良性和恶性两种。良性肿瘤中的细胞高度分化成熟，而恶性肿瘤则包含未分化细胞。临床上，畸胎瘤可在成年人和儿童体内发现，甚至可以在胎儿体内存在。

最常见的畸胎瘤类型包括脊柱畸胎瘤和颈部畸胎瘤。畸胎瘤组织通常包含不同类型的组织，如头发、牙齿、骨头，有时甚至包含较为复杂的器官，如眼睛、手、脚或肢体。通常情况下，畸胎瘤并不危险。然而，如果肿瘤阻碍了正常的血液或体液循环，或者因肿瘤形成引发心脏衰竭，可能会产生严重后果，如血管“窃流效应”（vascular steal effect）。

3.12.1　临床上的畸胎瘤

3.12.1.1　畸胎瘤的分类与诊断

根据 Gonzalez-Crussi 分级体系，可以将畸胎瘤分成 4 个类型：0 级或分化成熟的肿瘤，为良性肿瘤；1 级或分化不成熟的肿瘤，为可能的良性肿瘤；2 级或分化不成熟的肿瘤，为可能的恶性肿瘤或可能的癌变肿瘤；3 级或实质性恶性肿瘤。另外，根据肿瘤内容物分类，可以将其分为实质型、囊泡型或混合型。分化完全的畸胎瘤，可以是囊泡型，也可以是实质型，或者是两者的混合型。这些组织中可能含有皮肤、肌肉、骨头等，通常是良性肿瘤。

畸胎瘤的成因涉及多能干细胞的异常发育，包括生殖细胞和胚胎干细胞。胚胎源性畸胎瘤通常是先天性的，而源自生殖细胞的畸胎瘤可能是先天性的，也可能是后天获得的。生殖细胞来源的畸胎瘤发生在睾丸或卵巢中，而来自胚胎细胞的畸胎瘤通常出现在身体的中轴线部位，如脑、颅骨、鼻腔、舌头、颈部、纵隔、腹膜后腔和尾骨，较少出现在实质性或中空器官中。

畸胎瘤的恶性转变，也就是“含恶性转化的畸胎瘤”（teratoma with malignant transformation，TMT），相对罕见，通常由含有非生殖细胞型的恶性肿瘤成分引起。例如，可能包括白血病、癌症或恶性肉瘤。畸胎瘤的临床诊断方法多种多样，许多情况下可以通过外观检查发现突起物，但也有些需要通过超声、核磁共振或 CT 扫描等影像学技术来观察。基于仪器的检测手段有助于孕期胎儿畸胎瘤的筛查。畸胎瘤的临床处理一般是通过手术切除为主，同时可能需要辅助化疗，并进行术后跟踪，如监测血浆中一些肿瘤标记物的水平等。

3.12.1.2　动物体内的畸胎瘤

除了人体，畸胎瘤在一些哺乳动物体内也常见。例如，一只年龄为 12 岁的怀孕雌性长颈鹿在距离临产前 2 个月突然死亡，经过解剖发现它体内出现了脐带畸胎瘤，从解剖中分离得到的脐带畸胎瘤的组织病理学切片展示了包埋在肿瘤组织中的脐动脉。畸胎瘤组织中可观察到软骨和鳞状细胞囊肿，鳞状上皮囊肿、囊肿消退以及角质化的过程，并具有分化不完全的神经组织[1]。

另一个案例发生在一只 13 岁的猴子身上，它表现出阴道出血和贫血症状。在解剖后的检查中，发现它左侧卵巢产生了畸胎瘤，而右侧卵巢则发展成了绒毛膜癌。组织病理学切片揭示了左侧卵巢中典型的畸胎瘤组织，包括软骨、角化上皮、皮脂腺、毛囊和骨质等，而右侧卵巢则显示出合胞体滋养层和细胞滋养层，免疫组化分析还显示合胞体滋养层呈现人体绒毛膜促性腺激素阳性[2]。综上所述，这些临床案例显示了畸胎瘤不仅在人体中存在，还在动物体内广泛存在。

3.12.2 活体畸胎瘤模型的研究进展

除了在临床上讨论较为广泛的畸胎瘤，研究领域中畸胎瘤模型也被广泛研究和应用。研究人员常常通过将干细胞注入动物体内，促使这些细胞在活体环境中分化和生长，从而形成肿瘤组织，这就构成了畸胎瘤模型。这是除离体分化以及芯片技术外评价干细胞多能性的另一个活体实验方法。

3.12.2.1 畸胎瘤模型的基本特性

胚胎干细胞在体外条件下能够分化形成拟胚体，在体内则可能形成畸胎瘤。这些畸胎瘤通常是良性肿瘤，其具有 3 种典型的组织结构，分别是外胚层、中胚层和内胚层。在研究实践中，人们主要通过识别这些组织结构来判断胚层发育的分布情况。外胚层的神经组织呈现出未分化的花状结构，中胚层则分化出成纤维细胞、毛细血管、平滑肌、横纹肌、软骨、脂肪等成分。而内胚层则分化出腺状结构，这些结构被柱状或立方形上皮细胞包围。如果畸胎瘤内部产生未分化的细胞区域，则表明可能发生了恶性转变，形成了畸胎癌。不同的胚层含有不同的分子生物标志物，如内胚层的标志物包括 α-胎蛋白（AFP），中胚层的标志物有 α-平滑肌肌动蛋白（α-SMA），外胚层的标志物则有 Tuj1 和神经上皮干细胞蛋白（Nestin）等。

3.12.2.2 畸胎瘤模型的构建

在活体畸胎瘤形成实验中，影响成瘤率的因素主要涵盖以下几方面。首先，实验动物模型的选择对成瘤率产生重要影响。通常为了避免接种细胞后的免疫排斥反应，研究者常常采用免疫缺陷小鼠模型。其中，常用的小鼠模型包括 CB-17 SCID 小鼠，该品系表现出严重的联合免疫缺陷症状，以及非肥胖型糖尿病（NOD）小鼠，该品系与人类 1 型糖尿病相似。干细胞模型也是影响成瘤率的关键因素之一，研究中常使用多种人源胚胎干细胞和小鼠胚胎干细胞作为模型。注射方式也在实验中发挥着重要作用。在活体小鼠中进行细胞注射的方式多种多样，包括肌内注射、皮下注射、腋下注射、睾丸内注射以及肾脏被膜下注射等。除此之外，还有一些其他因素在畸胎瘤模型制作过程中产生重要影响。例如，滋养细胞的共接种对于人源细胞的活体成瘤非常关键，细胞接种密度、小鼠肉瘤细胞分泌的胶状蛋白质混合物、细胞悬液状态、细胞的免疫排斥反应以及分化细胞的共接种等，都可以调控干细胞在活体中的增殖与分化过程。因此，了解和控制这些影响因素对于畸胎瘤的形成和发展研究具有重要意义，不仅可以提高实验效率，还有助于更深入地探究干细胞在活体环境中的行为和特性。

胚胎干细胞活体成瘤的标准实验流程主要分为以下几个关键步骤。首先，需要对胚胎干细胞进行表征，以确保其特性和状态符合实验需求。其次，制备细胞混合液，为接种做准备。最后，进行动物接种，将干细胞注射到选定的接种位点中。在这个过程中，辅因子也需要被接种。在每个步骤中，需要优化条件以达到最佳结果。研究表明，起始接种干细胞的数量与成瘤率呈正相关，但在接种后的 10～30 周内动物的死亡率随着接种细胞量的增加而上升。若以达到 1cm^3 体积的畸胎瘤为目标，接种干细胞数目越多，所需的接种时间越短。换句话说，在相同的接种时间内，起始干细胞的接种密度越高，所获得的畸胎瘤体积越大。所获得的畸胎瘤通常呈现非均质的三胚层结构。

分析探讨分化细胞的共移植效应显示，在相同条件下，接种干细胞与由干细胞分化而来的视网膜色素上皮细胞相比，干细胞可以形成典型的三胚层瘤体。而分化细胞只残留在注射位点，并不产生增生现象。此外，分化细胞对干细胞的成瘤产生抑制效应，当将可成瘤的低密度干细胞与分化细胞联合接种时，仅当干细胞起始接种密度升高到一定数量（如 10000 个细胞以上），才出现一定数量的成瘤现象。这表明来自分化细胞的信号可能对干细胞的活体增殖与分化产生抑制效应，或诱导干细胞死亡。

通过实验室的研究案例，可以更好地解释干细胞活体成瘤模型的构建过程。在这个案例中，实验室使用了 5 周龄的 NOD-SCID 小鼠模型，在腋下和侧背皮下分别接种小鼠胚胎干细胞（J1），接种细胞量为 2000000 个。随着接种时间的推移，侧背接种干细胞的小鼠在 13 天后出现了皮下隆起物，17 天后体积达到 1cm^3 以上。相比之下，腋下接种的干细胞在接种后 16 天才明显出现皮下隆起物，生长速度更快。两个位点形成的畸胎瘤在质地、颜色等方面存在差异。监测生长体积变化后发现，腋下畸胎瘤形成较慢但生长速度更快。不同区域的组织病理学切片观察显示，瘤组织中存在不同的胚层结构、血细胞和脂肪组织，这表明通过不同的接种方式，可以成功地构建出小鼠畸胎瘤模型。

3.12.2.3　畸胎瘤模型研究的典型案例

针对胚胎干细胞活体接种免疫缺陷小鼠构建畸胎瘤模型的研究，目前也有一些很好的研究案例，可让初学者或相关研究人员进行很好的借鉴。在这里示意性列举 3 个典型例子供参考。

在 2008 年，Swijnenburg 等[3]在一项研究中探讨了胚胎干细胞在移植接种后的存活模式及免疫排斥效应。他们采用了基因同型（syngeneic，129/Sv，H-2kb）和基因异型（allogeneic，BALB/c，H-2kd）两种小鼠模型，将 100 万个小鼠胚胎干细胞注射到肌肉中进行成瘤实验。首先，研究对胚胎干细胞进行了转染，引入了 Fluc 和 eGFP 报告基因质粒，使干细胞能够稳定地表达荧光信号。流式分析显示，干细胞的 eGFP 荧光标记率达到 93.9%，荧光强度与细胞数量呈显著正相关。通过选取源自畸胎瘤的分化细胞（mES-TC）作为参考，对胚胎干细胞的多能性进行了表征。结果显示，胚胎干细胞表面抗原 SSEA-1 高表达细胞占 88.6%，而分化的 mES-TC 细胞中仅有 10.7%的细胞高表达 SSEA-1。相反，胚胎干细胞中的 MHC-Ⅰ和 MHC-Ⅱ抗原表达较低，被 H-2kb 和 1-Ab 抗体标记的细胞数量都低于 1%。而在分化细胞 mES-TC 中，这两类抗体标记的细胞分别达到 73.3%和 25.7%，表明相应抗原的高表达。形态上，小鼠胚胎干细胞呈现典型的成团克隆生长，而分化细胞更倾向于贴壁铺展生长。

在活体肌肉中接种胚胎干细胞后的 28 天内，基因同型小鼠体内接种位点的荧光信号随着时间延长而略有增强，然而在基因异型小鼠体内，荧光信号则随着时间延长而逐渐减弱，到 28 天时所有荧光信号全部消失。这表明不同类型宿主对干细胞活体成瘤的影响是不同的。解剖分析不同类型小鼠肌内的畸胎瘤发现，基因同型小鼠的肌内形成了明显的瘤样组织，切片显示存在大量未分化细胞和典型的多胚层结构。然而，基因异型小鼠的肌内则没有明显的瘤样组织，切片显示接种位点的肌纤维细胞形态正常。

免疫组化分析揭示，在基因异型小鼠的接种位点周围存在大量 CD45 阳性细胞，这表明干细胞接种引发了免疫反应。与基因同型小鼠相比，基因异型小鼠体内的 CD3、CD4、CD8、Mac-1、Gr-1 阳性细胞数量显著增加，分别对应 T 细胞、T 细胞辅助细胞、细胞毒性 T 细胞、巨噬细胞和中性粒细胞的增加。同时，预敏化宿主对胚胎干细胞移植也产生了影响。研究通过预先在基因异型小鼠体内接种未标记荧光的胚胎干细胞和脾脏细胞，再接种带有荧光标记的胚胎干细胞，发现预先接种胚胎干细胞或分化的脾细胞都能够加速二次接种的荧光标记胚胎干细胞的荧光熄灭。这说明预敏化过程激活了宿主体内的免疫体系，从而加速了移植的胚胎干细胞的死亡。同样地，再次移植分化细胞也会导致细胞活力快速丧失。在基因异型小鼠体内，接种带有荧光标记的小鼠胚胎干细胞或畸胎瘤衍生细胞后，后者接种位点的荧光信号在 10 天内明显减弱，表明分化细胞的增殖和分化能力已经丧失，荧光信号不再持续表达。

关于畸胎瘤的分子生物标志物研究，2010 年，Simboeck 和 Di Croce[4]在 *The EMBO Journal* 上发表研究指出 HDAC1 是一种良性畸胎瘤的新型生物标志物。他们认为组蛋白去乙酰化酶（histone deacetylases，HDACs）在细胞内发挥重要调控作用，在癌症组织中高表达。与 HDAC2 不同，缺失 HDAC1 会引起肿瘤组织的恶性转变。研究采用了野生型和 HDAC1–/–的两种小鼠模型，通过小鼠胚胎干细胞的活体接种发现，在野生型小鼠中，胚胎干细胞能够形成良性的畸胎瘤组织，而在 HDAC1–/–小鼠体内，干细胞则形成了畸胎癌组织。在正常小鼠中，转录因子 SNAIL1 会招募 HDAC1/2 与转录因子形成复合物，并与 E-钙黏蛋白启动子上的 E-box 结合，从而抑制 E-钙黏蛋白的合成，促使上皮细胞分化成有序排列。然而，在 HDAC1 被敲除的小鼠中，尽管 HDAC2 合成量增加，但它无法招募 SNAIL1，因此 E-钙黏蛋白的合成不受抑制，导致细胞增生失控，引发干细胞的恶性变化。

综上可见，临床上畸胎瘤描述为源自胚胎细胞与生殖细胞功能紊乱产生的肿瘤组织，而在研究领域，畸胎瘤模型作为一种非常有用的工具，可在活体中评价干细胞的多能性。

3.12.3　畸胎癌与癌干细胞

3.12.3.1　畸胎癌

1）畸胎癌概述

在临床实践中，畸胎瘤组织被分为良性和恶性两种类型。良性畸胎瘤包含分化成熟的细胞，而恶性畸胎瘤则含有未分化成熟的细胞，通常称为畸胎癌（teratocarcinoma）。这种罕见的癌症类型影响人类和多种动物的健康。临床上，畸胎癌可表现为畸胎瘤与胚胎癌（较罕见，涉及卵巢或精巢）的联合存在，或者与绒毛膜癌并存。

畸胎癌生长速度极快，迅速扩散，主要定位于生殖道内部，较少侵犯生殖道外的组织。尽管发病率较低，但多由一个或多个生殖细胞的遗传基因缺陷引发。这些缺陷可能源于遗传，更常见的是受外部环境因素影响导致基因突变。肿瘤组织有时会向外生长，形成可见的隆起，但也可能保持较小体积，并向周围组织器官蔓延。这类癌症可以通过淋巴液在淋巴系统中广泛传播，从而影响身体几乎所有部位。

针对畸胎癌，常规诊疗方法包括观察生理异常症状，如无痛的睾丸肿块、腹部不适和月经异常。最可靠的诊断手段是对异常组织进行病理学切片分析。治疗成功率与疾病的进展程度密切相关。医学界常采用化疗、放疗和手术切除等方法进行治疗。此外，营养、锻炼和健康的生活方式在癌症治疗中具有重要作用，积极的情绪对疾病的康复同样至关重要。

2）畸胎癌与畸胎瘤的关系

畸胎癌通常与畸胎瘤一起讨论，畸胎瘤一般指良性肿瘤，而畸胎癌则一般包含畸胎瘤与胚胎癌（较少见），或者畸胎瘤与绒毛膜癌。无论是畸胎瘤，还是畸胎癌，英文单词都以“terato”打头，该词头在希腊语中意思是“怪物”（monster），表明这两种类型的组织外形都非常丑陋。这两类组织中可包含通常存在于身体其他部位的器官或组织，如牙齿、皮肤、骨头，有时可以是整个肢体，或者是由于怀孕失败留下的死去的胎儿组织。在这两类肿瘤组织中，只有含有未分化细胞的畸胎癌组织才可以通过再接种形成肿瘤。

在组织病理学切片上，畸胎癌与畸胎瘤可出现伴生现象，差异较为明显。图 3-27 列出了小鼠与人体胚胎干细胞在活体与离体条件下形成的畸胎瘤或拟胚体，其中有些组织恶变为畸胎癌组织。

通常在良性的畸胎瘤中，可能包含分泌型上皮组织、纤毛上皮、神经外胚层结构、软骨、肌肉等多种类型的组织。与此不同，在恶性的畸胎瘤中，很可能存在着嗜碱性很强的恶性神经管、鳞状细胞癌，或者腺癌等恶性组织。通过组织病理学切片的观察，这些结构特征可以被鉴别出来。然而，由于肿瘤组织的异质性，可能会导致取材不够充分，从而在诊断中出现不同程度的偏差。

在分子生物学层面，对于畸胎瘤与畸胎癌组织，可以根据未分化细胞的分布情况，运用一些生物标志物进行识别。例如，OCT4 与 NANOG 是用于标志胚胎干细胞多能性的分子，在分化完善的畸胎瘤组织中呈阴性表达。然而，在含有大量未分化细胞的畸胎癌组织中，它们可能呈阳性表达。因此，通过结合免疫组化分析技术，可以很好地定位在胚胎癌组织中存在干性且未完全分化的癌细胞。此外，HDACs 在干细胞癌变过程中也具有重要作用。不同亚型的 HDACs 缺失可能是癌细胞无序增长的内在因素之一。综上，从广义上讲，肿瘤涵盖的范围最广，它可以包括良性的，称为良性肿瘤；也可以包括恶性的，称为癌症。肿瘤可以分为畸胎瘤与体细胞瘤，其中畸胎瘤是肿瘤中一种特殊的形式，通常包括生殖细胞瘤与胚胎瘤。畸胎瘤中含有未分化细胞则表明发生恶性转变，称为畸胎癌。

3.12.3.2 恶性肿瘤细胞

1）恶性肿瘤细胞定义

恶性肿瘤细胞是指一类能够无序快速生长分裂的细胞，其特点在于快速增殖并失去

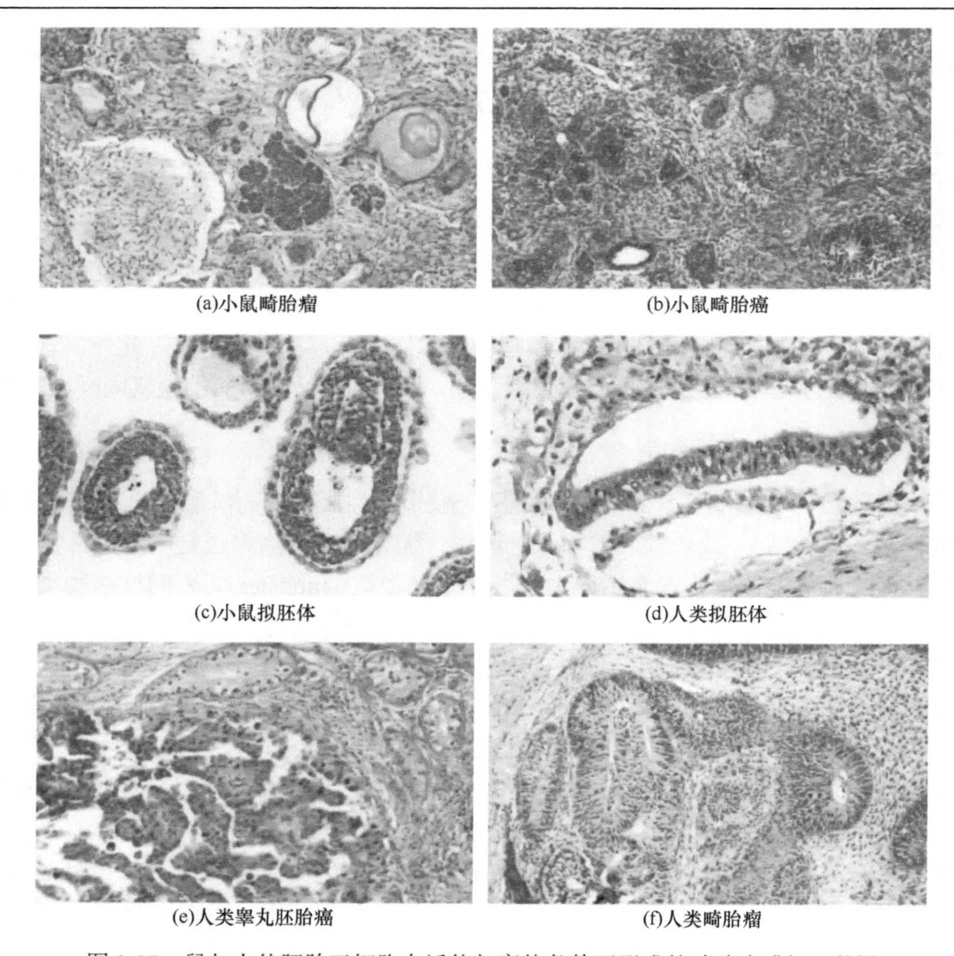

图 3-27　鼠与人体胚胎干细胞在活体与离体条件下形成的畸胎瘤或拟胚体[5]

（a）小鼠畸胎瘤组织，其中包含了分泌腺、肌肉、角化珠与神经组织；（b）小鼠畸胎癌，其中有许多畸胎癌细胞巢；（c）腹腔内注射小鼠胚胎癌细胞形成的拟胚体；（d）人类拟胚体中含有睾丸畸胎癌；（e）人类睾丸胚胎癌；（f）人类畸胎瘤

对正常生长和分化的调控。这类细胞的恶性表现在于它们能够逃避机体免疫细胞的识别和破坏，其表面也缺乏与淋巴细胞发生反应的抗原分子。恶性肿瘤在动物界和植物界都是普遍存在的现象。在动物界，从最原始的后生动物到脊椎动物，都可能发生自发性或诱发性的肿瘤。从扁虫到哺乳动物，似乎几乎无法避免恶性肿瘤的发生。这种肿瘤的存在对人类造成了广泛的危害，因此治疗肿瘤的过程需要对肿瘤细胞有深入的认识。

众所周知，肿瘤细胞可分为良性和恶性两种。良性肿瘤细胞不具备侵袭和转移的特性，对机体的危害相对较小。然而，恶性肿瘤细胞通常统称为癌瘤细胞。根据其组织起源，它们可进一步分为癌细胞和肉瘤细胞。前者起源于上皮细胞，而后者则起源于结缔组织细胞和肌肉细胞。此外，还有来源于造血细胞的多种类型的白血病，以及源自神经系统的多种癌瘤细胞。在癌瘤研究中，人们广泛使用体外转化的肿瘤细胞模型，这些细胞具有癌瘤细胞的特征，并且可以在动物体内形成肿瘤，因此被称为转化细胞。癌瘤细胞和恶性转化细胞经常被统称为恶性细胞。

2）恶性肿瘤细胞的形态结构

恶性肿瘤细胞的恶性状态并非可以通过单一形态特征来确定，而是需要综合多方面的判断。以下是恶性细胞的一些形态特征的描述。

恶性细胞在大小和形状上与相应的正常细胞相比存在显著变化，表现出多形性和异形性。这种变化可能表现为细胞的不规则大小和形状。恶性细胞的染色质更为丰富，核较大且深染色，核质比增加，核内含有明显的核仁。这种核仁的增大和染色质的丰富可以在恶性细胞中观察到。恶性细胞群中的有丝分裂现象较为频繁，即有丝分裂指数较高。举例来说，在恶性癌瘤组织中，相较于正常或良性肿瘤组织，有更多的细胞处于有丝分裂状态。然而，在正常生长较快的组织中，也可能存在较多细胞处于分裂期。恶性肿瘤组织中常见到病理性核分裂，以及巨细胞中的大异形核和多核现象。这些异常的核型特征有助于区分恶性细胞。恶性细胞的染色体数量或形态可能异常，出现异倍体以及染色体片段的易位现象。这种染色体异常可能在恶性肿瘤中出现。恶性细胞的细胞骨架组装异常，微丝和微管的结构与正常细胞明显不同。构成细胞骨架的蛋白质，如肌动蛋白和管蛋白等，可能处于解聚或不完全组装状态。这可能导致细胞内张力纤维减少，细胞形状较圆，并影响细胞与基质的黏附性能。

需要注意的是，恶性细胞的骨架组装异常可能与其细胞内 pH 的降低有关。这种酸性环境可能源自恶性细胞过度的糖酵解代谢，产生大量乳酸。此外，纽带蛋白的磷酸化增强可能影响微丝与膜的结合，从而增强细胞膜的动态性。总的来说，恶性肿瘤细胞的恶性特征需要通过多个形态特征的综合分析来判断，这些特征涵盖了细胞大小、核形态、有丝分裂率、核型异常、细胞骨架组装等方面。

A. 细胞表面的特点

细胞表面不仅是接收外部环境信息和进行物质交换的地方，还在细胞间相互作用和细胞与基质自我检测中发挥作用。它在细胞的社会行为中具有重要地位。此外，细胞表面还在调节细胞的增殖、分化、代谢和功能方面扮演关键角色。在细胞生命周期的不同阶段，以及不同的分化状态或功能需求下，细胞表面成分会发生变化。总的来说，细胞表面的变化与细胞的生理状态和病理状态紧密相关。在这个高度敏感的细胞区域，恶性细胞的表面改变异常显著，并且与其恶性行为密切相关。举例来说，恶性细胞表面的异常变化可能导致生长失控、迁移能力增强、细胞间黏附和细胞与胞外基质黏附能力减弱、侵袭性增加、转移能力提升，同时可能导致表面相关抗原的表达增加，在凝集素作用下表面反应增强等。研究已证实，某些致癌物或抑癌物可能只需要作用于细胞表面就能产生生物效应。生长因子和肿瘤坏死因子就属于这类物质。恶性细胞的表面不仅在物理性质上有显著变化，还在化学组成上发生了显著变化。例如，细胞膜的流动性增加，表面负电荷可能增加，细胞膜通透性提高，营养物如葡萄糖和氨基酸的跨膜转运增强。此外，细胞膜中磷脂、糖脂、胆固醇、蛋白质、蛋白聚糖等组成成分以及它们的比例也会发生变化。

许多科学家长期以来一直在探索恶性细胞表面变化的规律。近年来，在肿瘤细胞表面抗原、糖脂和糖蛋白等方面已取得了相当大的研究进展。这些进展有助于更深入地理解细胞表面变化与恶性细胞行为之间的关系。

癌瘤细胞的表面抗原可以分为三类，对于癌症研究具有重要意义。首先，癌瘤（转化）相关抗原是一类在病毒、化学致癌物或辐射引起的恶性转化过程中，出现在细胞表面的抗原。这些抗原通常是与正常细胞不同的，可以分为两种类型。在病毒引起的细胞转化中，这些抗原可能与病毒特异性相关，而在不同组织中转化的细胞可能会表现出相同的抗原。与此不同，化学物质或物理因素引起的细胞转化中，抗原与转化因素的种类无关，而与转化细胞的类型有关，因为它们呈现组织特异性。其次，胚胎抗原是一类在胚胎细胞中存在，但在成体细胞中不再表达的抗原。癌瘤细胞可以重新表达这些抗原，如癌胚抗原（CEA）和甲种胎儿蛋白（AFP）。这些抗原在某些癌症类型中高表达，如 CEA 在结肠癌、直肠癌、胰腺癌、肝癌、某些肺癌和乳腺癌中高表达。此外，甲种胎儿蛋白在肝癌、睾丸癌、胰腺癌和胃肠癌中表达，被用作肝癌的主要生化标记物。最后，去遮蔽表面抗原存在于正常细胞表面，但由于其他分子的作用而被遮蔽，因此在正常情况下不表现抗原性。然而，在恶性细胞中，这些抗原可以暴露出来。这些癌瘤细胞表面抗原及其在体液中的脱落物被认为是癌症的标志物，可用于早期诊断和疾病监测，具有重要的临床价值。此外，脱落的癌瘤细胞表面抗原可以中和体内的抗癌瘤抗体或封闭 T 淋巴细胞表面的受体，帮助癌瘤细胞逃避宿主的免疫反应。

癌瘤细胞的表面抗原：总体来看，癌瘤细胞表面抗原的免疫抗原性各异。一些不转移的癌瘤细胞的抗原性较强。癌瘤相关抗原的单克隆抗体不仅可以用于敏感且特异的诊断和疾病监测，还可以直接用于免疫治疗，或者与抗癌药物、毒素或放射性同位素结合，用于导向治疗。这方面的研究不仅在实验室得到广泛探索，且已经开始在临床实践中得到应用，取得了一定的效果。癌瘤细胞表面抗原通常是糖蛋白或糖脂，如在胃肠癌和其他癌症类型中的唾液素 Lewis x 或 a 抗原。这些抗原常以唾液酸、半乳糖、乙酰氨基葡萄糖及岩藻糖等为基础构成的糖链的形式存在，它们是路易斯（Lewis）血型抗原的衍生物或类似物。这些抗原在癌症患者的体液中，如血清、胸水、腹水和分泌物中都可以检测到，并且呈高阳性率。胰腺癌的标志物 CA19-9 也同样存在于 Lewis 血型阴性者的血清和唾液中。此外，在不同动物和人的黑色素瘤细胞中，存在着共同的抗原——GM3。GM3 是一种由唾液酸和己糖基构成糖链的神经节苷脂。在人和大鼠的自发性及化学致癌物诱发的肝癌细胞中，存在着丰富的 GD3，这是一种由两个唾液酸和两个己糖基构成糖链的神经节苷脂。

恶性细胞表面的鞘糖脂：恶性细胞表面的鞘糖脂是一类广泛存在于脊椎动物质膜上的分子。这些鞘糖脂不仅可以充当某些激素、毒素和病毒等的受体，还在细胞的识别、黏附和增殖调节中发挥重要作用，并具有抗原性。恶性细胞表面的鞘糖脂常有改变，其变化趋势有以下几种：①由于鞘糖脂的糖链合成可能不完全，可能会出现结构较为简单的前体鞘糖脂。②恶性细胞表面可能会出现正常细胞中较为罕见的、结构异常的复杂糖脂。这可能包括糖链的唾液酸化和岩藻糖化增加等现象。③鞘糖脂在细胞膜中的排列情况可能会发生改变，从最初的隐蔽状态变为更为外露的状态。这些变化不仅导致了癌瘤相关抗原的出现，还可能与恶性细胞的失控生长密切相关。

此外，这些鞘糖脂的变化也可能与细胞的识别和黏附异常有关。近期的实验结果证实，癌基因的转染可以引发细胞表面鞘糖脂的改变，这表明某些癌基因在细胞表面鞘糖脂的变化中扮演着重要角色。这些发现为我们更深入地理解癌症的分子机制提供了有价值的线索[6]。

恶性细胞表面的糖蛋白：恶性细胞表面除出现某些糖蛋白抗原，如 CEA、AFP 及表糖癌蛋白等外，糖蛋白糖链的唾液酸化程度常增加，以致细胞表面负电荷增多，细胞电泳速度增快。当细胞外钙离子浓度较低时（常见于肿瘤组织），细胞表面负电荷间的排斥作用使癌细胞很容易从瘤块上脱落。此外，恶性细胞表面糖蛋白的某些糖链外端可发生多位岩藻糖基化及硫酸化。关于恶性细胞表面糖蛋白 *N*-糖链的分枝情况，已有报告显示常出现正常组织中少见的 3 个以上分枝的大糖链。肝癌组织中碱性磷酸酶糖链结构的主要改变是核心岩藻糖减少及平分型 *N*-乙酰氨基葡萄糖基增多，从而导致复杂性 *N*-糖链的分枝减少。也有报道说肿瘤细胞表面糖链的核心岩藻糖增多，并可能与癌细胞的肺转移有关。总之，恶性细胞表面的糖脂及糖蛋白与其对应的正常细胞相比变化显著，这些变化是糖基转移酶或糖苷水解酶失常所致。这些变化虽然有一定的规律性，但例外或矛盾的报道也很常见。由于细胞表面成分处于活跃变动状态，不同的材料、方法及实验条件可产生不同的结果。近年通过分子细胞生物学方法的研究发现，癌瘤细胞对多种抗癌药同时耐药，这与细胞表面的一种糖蛋白有关。众所周知，有时化疗对某些肿瘤一开始就无效，或先有效后失效，而且这种耐药性常常是对多种抗癌药（即使不曾使用过）共同耐药，从而成为癌瘤化疗中非常棘手的问题。研究显示，具有耐药性的癌瘤表面存在一种泵糖蛋白，在药物敏感的癌瘤细胞表面几乎不表达这种泵糖蛋白。这种蛋白由约 1280 个氨基酸残基组成，具有糖链，分子量大约为 170000。其肽链中有 12 个疏水区段，在质膜中盘曲 12 次，形成一个由 12 个边围成的孔，是一种质膜整合糖蛋白。其糖链朝细胞外，肽链的两端伸向胞质，并可与 ATP 结合。整个泵糖蛋白肽链由相同的两半组成，它的基因系由一个古老的基因复制演变而来，该基因在耐药的癌细胞中发生扩增，可多至 60 个拷贝，而且表达十分活跃。泵糖蛋白的作用为先与进入癌瘤细胞的抗癌药结合，然后泵出胞外。各种化疗药，无论其分子大小、结构及作用方式是否相同，均可与泵糖蛋白结合而被排出体外。因此单一的泵糖蛋白可以解释癌瘤细胞对多种不相关抗癌药的广泛交叉耐药性。泵糖蛋白在进化上非常保守，细菌、昆虫对抗生素、杀虫剂的耐药也是由它所致。用 cDNA 探针与单克隆抗体证明，在正常成人的肾脏、肝脏和部分胃肠道及肾上腺也表达泵糖蛋白，这可能是由于这些器官在正常情况下有更多的机会接触到有害物质。来自这些器官的癌瘤细胞一般对联合化疗不敏感，其可能是由于它们保留相应正常细胞原来就表达的泵糖蛋白。泵糖蛋白的发现以及对其结构、功能和特性的研究为消除癌瘤细胞的多耐药性提供了可能。现在已发现多种可以抑制泵糖蛋白功能的化合物，称为化学致敏剂（chemosensitizer），它们可以干扰化疗药与泵糖蛋白的解离，从而使药物在细胞内堆积，进而杀死癌瘤细胞。

恶性细胞在凝集素的作用下表现出易凝集的特性。凝集素是一类蛋白质，它们具有与特定糖基结合的能力。每个凝集素分子通常具有两个或更多与特定糖结构相互结合的位点，因此可以引发一定类型的细胞凝聚。值得注意的是，癌瘤细胞和转化细胞在受凝集素作用时，所需的凝集素浓度明显低于正常细胞，而且这一现象与它们的失控生长状态密切相关。这种现象可能与恶性细胞表面的糖蛋白和糖脂的变化，以及细胞膜的流动性增加有关。进一步的研究使用荧光标记的凝集素与恶性细胞进行结合实验，结果显示，正常细胞表面结合的凝集素呈均匀分布，而恶性细胞表面结合的凝集素则呈现出集中、帽状的分布模式。这个现象可能是由于恶性细胞的细胞骨架组装异常，导致质膜上的糖蛋白侧向运动增强，同时凝集素具有多价结合的特性，因此会在细胞表面形成聚集。有趣的是，凝集素对胚胎细胞也产生类似的作用，这表明恶性细胞的表面成分可能向胚胎细胞的方向发展或转化。这一发现揭示了恶性细胞表面的改变可能与细胞胚胎发育状态有关，进一步拓展了我们对恶性细胞行为的理解。

B. 恶性肿瘤细胞的代谢特点

恶性细胞具有与其异常的物质代谢相关的生物学特性。这些代谢变化主要与细胞的快速增殖有关，其中酶的改变起着重要作用。这包括某些代谢途径中关键酶活性的升高或降低，以及同工酶谱的变化。这些酶谱的改变可以导致肿瘤细胞在代谢上失去平衡，从而表现出生长失控和侵袭性生长等特性。癌瘤酶谱的研究广泛进行，其变化规律可以归纳为以下几方面：①细胞结构成分的合成代谢途径变得旺盛。这包括蛋白质的生物合成，DNA、RNA 以及嘌呤和嘧啶核苷酸的合成途径，它们的酶活性增加。②合成细胞结构成分所需原料的分解代谢途径减弱，例如氨基酸的分解代谢以及嘌呤和嘧啶核苷酸的分解代谢途径中的酶活性降低。③供应核苷酸合成原料的代谢途径变得更为强大，包括磷酸戊糖通路的酶活性增强，它产生的磷酸核糖和 NADPH 为核苷酸的合成提供原料。④恶性细胞的有氧氧化减少，而有氧酵解增强。早在 1927 年，Warburg 等[7]就提出了肿瘤细胞呼吸损伤学说，即使在充足氧气供应的情况下，肿瘤组织也会大量进行糖酵解。这是因为肿瘤组织中的呼吸链能量偶联机制受损，因此糖酵解成为提供能量的补偿机制。此外，癌瘤组织中的巴斯德（Pasteur）效应（有氧氧化抑制糖酵解）减弱，而克勒勃屈利（Crabtree）效应（酵解抑制氧化）增强。这是肿瘤组织中线粒体减少，细胞色素等呼吸链成分的含量降低，糖酵解酶系增强，以及同工酶谱的改变所致。

然而，一些研究发现，有氧酵解主要存在于生长迅速的癌瘤组织，而生长缓慢的肿瘤在有氧和无氧酵解速度上与相应的正常组织没有显著差异。此外，一些正常组织，如视网膜、肾髓质和骨髓的髓样细胞也可以通过糖酵解利用葡萄糖。因此，对于癌瘤组织是否真正存在特异型的物质代谢，人们提出了质疑。

组织特异的代谢途径减弱或异常。已分化的组织一般有其特有的代谢途径。例如，肝细胞的糖异生、尿素合成及生物转化等，肝癌细胞的糖异生及尿素合成的速度可显著降低，甚至停止。

酶合成的调节如诱导或阻遏异常。酶是基因的表达产物，酶的合成或表达可受到其作用物或激素的诱导，也可受一些因素的阻遏，从而维持机体或细胞内环境的平衡与稳定，而癌瘤细胞酶合成的诱导及阻遏常有异常。此外，肝细胞特有的生物转化酶系某些酶的诱导及阻遏与化学致癌过程有关。例如，3,4-苯丙芘、α-乙酰氨基芴及黄曲霉素 B_1 等化学致癌剂多是非极性物质，本身并不能直接致癌，因此属于前致癌剂（precarcinogen）。肝微粒体生物转化酶系中的混合功能氧化酶系及环氧化物水合酶可将前致癌剂分别转化为极性的羟化物及环氧化物，而成为近致癌剂（proximate carcinogen），然后进一步变为终致癌剂（ultimate carcinogen）。后者可与 DNA、RNA 或蛋白质结合而引起细胞恶变。细胞色素 P450（或 P448）是混合功能氧化酶系中的关键酶。给动物投以一定的化学致癌剂后，肝脏中的细胞色素 P450 被诱导而暂时性增高，然后逐渐降低。此外，近致癌剂或终致癌剂也可通过结合反应转变成水溶性强、易排泄的产物而解毒。少数情况下，近致癌剂也可经过某种结合反应而变成终致癌剂。参与结合反应的酶主要有 UDP-葡萄糖醛酸转移酶及谷胱甘肽 S-转移酶。这些酶及其同工酶在诱癌后活性趋于增加。在癌前期病变，这些酶谱的改变可用组织化学技术检测出来。再者，β-葡萄糖醛酸酶通过水解葡萄糖醛酸酯（葡萄糖醛酸转移酶的反应产物）或谷胱甘肽过氧化物酶通过氧化谷胱甘肽，均不利于上述结合反应的进行，甚至使已灭活的致癌剂重新变成终致癌剂。由此可见，诱癌剂作用后肝细胞酶谱的变化与致癌过程密切相关。

癌瘤细胞常表达胎儿期或去分化的旺盛增殖细胞的酶谱。肝癌细胞不表达成年型醛缩酶 B，而表达太尔欣醛缩酶 A。这说明胎儿基因被重新活化而成年基因受到阻遏。癌瘤细胞所表达的胎儿同工酶种类较多。肝再生时干细胞增殖旺盛并有去分化现象。其酶谱也与肝癌有类似之处。很多恶性转化细胞系对氨基酸、核苷酸及葡萄糖的跨膜转运异常增强，为恶性细胞的快速增殖及能量供应提供充足的原料，生长快的正常组织也有类似的情况[8]。

由上述内容可见，癌瘤细胞的代谢变化虽有一定特点和规律，但并非正常细胞所没有而癌瘤细胞所独有的。另外，癌瘤细胞在物质代谢及细胞表面抗原等方面虽具有一些胚胎细胞或低分化细胞的特点，但不应视为简单的去分化（dedifferentiation）或反分化（retrodifferentiation），而应视为分化异常。例如，再生肝的去分化现象是暂时的，肝再生完成后可自发停止增殖并转入分化状态。而肝癌的去分化现象是永久的，一般不能自发转入分化状态，肝癌细胞的增殖也不会自发停止。然而恶性细胞在体外或体内可被一定物质诱导分化，例如高度恶性的白血病母细胞可在体外分化为巨噬细胞或多形核白细胞。白血病细胞在体内诱导分化可导致临床血液学上的缓解。在个别情况下也可见癌瘤细胞的自发分化。

C. 恶性肿瘤细胞的生长特性

生长失控是癌瘤细胞最为显著的恶性行为之一。癌瘤细胞在体内的生长具有两个时相，原发的恶性实体瘤在体内的生长速度可区分为血管长入前和血管长入后两个时相。在血管长入前，癌瘤细胞的生长速度极慢，常需要几年甚至十几年才能长到 1mg 左右（大约 10^9 个细胞），成为临床可发现的癌瘤。此后仍保持高速生长，但并非始终保持指数上升的直线趋势，生长速度的增加逐渐以指数下降。原因有两方面：①瘤块中心血液供给不足或宿主免疫机能的作用使一些癌瘤细胞死亡；②一些癌瘤细胞从原发瘤脱落侵袭正常组织并转移至远方。癌瘤细胞的脱落速度非常惊人，例如有人将乳腺癌移植至卵巢，研究癌细胞释放入血液的速度，发现在 24h 内可进入血流的以百万计的活细胞，也就是从癌组织流出的每毫升血液中可能含有 100 个以上的癌细胞。癌细胞侵袭性及转移性生长。癌瘤细胞可突破基膜侵袭到结缔组织，或迁移至周围正常组织（包括体腔）中生长，还可以通过血液或淋巴转移到远处组织中增殖形成转移瘤。这种侵袭性和转移性生长特性是癌瘤细胞另一最显著的恶性行为。

癌瘤细胞在体外生长展现出一系列与正常细胞不同的特性。首先，癌瘤细胞在体外培养中表现出无限的生存寿命，通常被称为不死性。正常的二倍体细胞在体外培养中会经历有限的生命周期，例如，哺乳动物细胞在培养中经历 50～60 代后，其活力会急剧下降，最终死亡。然而，恶性细胞系在适宜条件下可以无限次进行细胞群体的倍增。一些人类和小鼠的癌瘤细胞系已经在体外连续培养了 25 年以上，经历了一万代以上的倍增，因此被戏称为“不死的”细胞。然而，在连续传代的过程中，常常伴随着核型的改变，即染色体数目的增加，导致多倍体细胞的出现。其次，癌瘤细胞失去了对于固定表面的依赖性生长。正常细胞，除了白细胞外，无论是从组织中刚刚分离出来的还是细胞系，通常需要附着在固体表面上才能进行增殖。这一现象被称为定着依赖性生长（anchorage-dependent growth）。然而，恶性细胞通常能够在液体或半固体培养基中进行增殖，即使没有黏附在固体表面上，这表明它们已经丧失了定着依赖性生长的能力。这一特性在恶性细胞的生物学中具有极其重要的地位。事实上，这种在半固体软胶中悬浮生长的特性以及在软胶中形成集落的能力，也被用于从细胞混合物中分离癌瘤细胞。再次，癌瘤细胞表现出了失去了密度依赖性生长抑制的特性。在正常情况下，细胞的增殖速率会受到细胞密度的限制。细胞密度较低时，细胞增殖较快，但随着细胞密度的增加，生长速度逐渐减慢，当细胞相互接触时，细胞停止分裂，形成一个单层的细胞群，这一现象被称为密度依赖性生长抑制，也称为接触抑制。然而，恶性细胞失去了密度依赖性生长抑制的特性，即使在高密度或相互接触的情况下，它们仍然持续增殖，形成重叠的细胞层。这意味着癌瘤细胞在增殖中丧失了正常细胞具有的限制点控制。最后，癌瘤细胞减少了对外源性生长因子和血清的依赖。正常细胞在体外培养时通常需要高浓度的血清来提供生长因子和营养物质。然而，癌瘤细胞可以在低浓度甚至无血清的条件下正常生长，因为它们能够自我产生生长刺激因子，因此对外源生长因子的需求减少，依赖性降低。这些特性在癌瘤细胞的生物学中具有重要的意义，并对癌症治疗策略的设计具有重要影响。如果能够找到一种药物，能够使正常细胞在限制点进入 G0 期，而癌瘤细胞不受限制，那么可以在不损害正常细胞的前提下，有针对性地杀伤癌瘤细胞，提高化疗的效果。因此，这些特性对于癌症治疗的研究至关重要。

恶性细胞的生长调节机制存在着明显的异常。正常细胞的增殖受到精密的正反馈调控，以维持细胞数量的平衡，确保生长受到适当的控制。而恶性细胞的生长失控往往与正负反馈调控的不平衡相关，正反馈增强而负反馈减弱。正常细胞的生长受到内分泌和旁分泌因素的调控，而癌瘤细胞则更加依赖自身分泌的生长因子，减少了对外源性生长因子的依赖。这些恶性细胞自行产生生长因子，并释放到外部环境，然后与细胞表面的相应受体结合，从而刺激其增殖。举例来说，一些肿瘤如纤维肉瘤、横纹肌肉瘤、骨肉瘤、成胶质细胞瘤、黑色素瘤和支气管癌等，能够分泌血小板来源的生长因子和转化生长因子。这种自我提供生长因子的特性使得癌瘤细胞不再依赖外部因素的约束。此外，恶性细胞的受体也经常发生数量、结构和性质上的变化。这些变化可以总结为受体数量的增加或与配体的结合亲和性的增强。例如，人类头颈部或外阴部的鳞癌细胞表面的EGF 受体数量显著增加，或与 EGF 的结合亲和性异常增高，或者两者兼有。这导致了细胞对配体结合后的效应增强，即恶性细胞对生长刺激的反应更为敏感。此外，一些细胞可能大量表达缺失配体结合域的受体，使得这些细胞不再依赖生长刺激因子，而持续处于生长刺激的状态。恶性细胞增殖的调节涉及多种因素，包括激素、生长因子、环核苷酸、磷脂酰肌醇、钙离子以及抑素等。在最近的研究中，多肽类生长因子及其受体与癌基因的关系成为癌细胞生物学研究的热点之一。此外，一些金属离子对于细胞增殖也是必需的，其中钙离子尤为重要。恶性细胞对于外源性钙离子的需求较低，这并不是因为它们不需要钙离子来进行增殖，而是因为它们能够更有效地从低钙环境中摄取钙离子。这一现象的生物学意义在于，即使在低钙离子浓度下，恶性细胞仍能正常生长。实验证明，钙离子可以加速海胆卵的细胞分裂，同时在肝再生过程中，钙离子也对于干细胞的增殖至关重要。这解释了为何癌细胞减少了对外源性钙离子的需求，这种适应有助于它们在不同环境中生存和繁殖。

总之，恶性细胞的生长调节异常是一个重要的研究课题，也是癌症治疗策略设计的关键因素之一。通过深入了解这些异常调节机制，研究人员可以寻找新的治疗方法，以有针对性地干扰癌瘤细胞的生长，提高治疗效果。这一领域的研究和应用正在不断快速发展。

D. 恶性肿瘤细胞的迁移特性

在成体内，正常细胞中只有极少数类型能够表现出迁移能力，这些包括白细胞、巨噬细胞、黑色素细胞以及小肠上皮细胞等。相比之下，胚胎细胞在体内迁移活跃。而在体外培养条件下，虽然一些正常细胞也能够展现出迁移能力，但一旦细胞密度达到让它们相互接触的程度，它们就会停止迁移。这种现象被称为细胞运动的接触抑制。

然而，与正常细胞不同，癌瘤细胞通常表现出更加活跃的迁移能力，并且不受到细胞间接触的抑制。换句话说，恶性细胞失去了在运动中受到细胞接触限制的特性。这种失去接触抑制的特性对于癌瘤细胞的浸润和扩散至关重要，因为它们能够穿越组织界面并迁移到其他部位，导致肿瘤的转移和扩散。

E. 癌瘤细胞的异质性

同一个体乃至同一癌灶中的癌瘤细胞是不同质的，这是癌细胞生物学的一个重要特性。同一癌瘤肿块中的癌细胞在核型、抗原性、免疫原性、生化特性、生长行为、侵袭转移潜能以及对药物、辐射、高温和宿主免疫机制的敏感性等方面都具有异质性。因此，同一瘤块中的癌瘤细胞是不均一的，可以分为若干具有不同生物学特性的克隆。显然，在同一个体生长的原发瘤和转移瘤，以及不同部位的转移瘤的癌瘤细胞之间更是不同的。癌瘤细胞在表型上的异质性是由其基因型的异质性决定的。癌瘤细胞的异质性是难以用单一手段治愈恶性肿瘤，而常需要综合治疗的症结所在。也是癌瘤在临床环节后容易复发的原因之一，这在肿瘤的研究中也具有不可忽视的重要性。

F. 癌瘤细胞表型的不稳定性

癌瘤细胞的表型非常容易发生变化，尤其是那些具有高转移潜能的癌细胞，它们的表型更加不稳定。这种表型的变化受到多种因素的影响，既有来自细胞核内的因素，又包括细胞核外的因素。癌瘤细胞的发生通常是由多个基因的连续突变引起的。这些已经发生癌变的细胞仍然可以继续经历基因突变。癌瘤细胞在DNA的复制、重组和修复方面存在缺陷，这些缺陷有助于增加它们的突变率。此外，还存在非突变性的基因修饰，如DNA甲基化和去甲基化，以及基因扩增。在使用叶酸抗代谢物（如甲氨蝶呤）进行化疗时，可能会导致二氢叶酸还原酶基因的扩增，而在多药耐药性出现时，可能会导致P糖蛋白基因的扩增。此外，不同基因的活化、转录或翻译水平的调控也可以导致癌瘤细胞表型的差异。细胞外微环境也可以对癌瘤细胞的形态和表面糖蛋白产生影响，从而引发表型的改变。综合来看，这种表型的不稳定性导致了癌症组织中存在多样性的细胞类型。关于癌症细胞的多样性，有两种主要理论观点。一种观点认为癌症组织中包含不同类型的细胞，但其中大多数细胞都具有无限增殖的潜力，并且能够形成新的肿瘤。另一种观点则认为，在癌症组织中，只有少数癌干细胞具有无限增殖的潜力，而其他细胞经过有限次分裂后会发生凋亡或死亡。

G. 恶性肿瘤细胞的成因

机体由各种类型的细胞构成，这些细胞通过生长和分裂来维持机体的健康。正常情况下，当细胞变老或受损时，它们会经历凋亡（细胞自我毁灭）并被新的细胞取代。然而，有时细胞增殖出现错误，DNA发生突变，导致正常的细胞生长和分裂受到损害，这些细胞不再执行凋亡程序，而是不断生长并形成一团组织，被称为肿瘤。这也解释了为什么老年人患上肿瘤的风险较高，因为机体不能有效清除这些异常细胞。

恶性肿瘤既不传染又不遗传，但随着对癌基因（oncogene）和抑癌基因（tumor suppressor gene）的研究不断深入，我们对恶性肿瘤的发生、发展规律以及对细胞增殖和分化的调控机制有了更深入的了解。每个生物体都携带未活化的原癌基因（proto-oncogene），这些基因在离子辐射、物理辐射、化学试剂或生物试剂的作用下可能会突变成癌基因。癌基因的产物包括生长因子、生长因子受体、信号传导分子、蛋白激酶和转录因子等。从理论上讲，生物体拥有多少癌基因，就拥有多少抑癌基因。抑癌基因在癌变和正常细胞增殖分化方面的作用与癌基因同等重要。癌基因促进细胞进入增殖周期，组织发生分化，而抑癌基因则抑制细胞进入增殖周期，促使组织发生分化成熟。癌变可能是由单个等位癌基因的活化引起的，也可能是由两份等位抑癌基因的丧失或失活引起的。需要注意的是，癌基因的作用方式是显性的，而抑癌基因的作用方式是隐性的。

H. 肿瘤干细胞

肿瘤起源于干细胞的观点早已存在。根据恶性肿瘤细胞的异质性理论，我们可以发现，癌瘤组织中的细胞并不一致。一部分细胞可能会经历有限次的增殖和分裂，然后凋亡或死亡，而另一小部分细胞则保持了干细胞的特性，可以实现无限次的增殖，驱动肿瘤的形成和生长。这些被定义为肿瘤干细胞。明显地，肿瘤干细胞只占肿瘤组织中极少部分的细胞数量，通常只占总细胞的0.1%至百分之几。肿瘤干细胞具有以下基本特征：它们在肿瘤组织中非常稀少，仅占总细胞的一小部分；这些细胞有自我更新的能力，可以不断增殖；它们对药物、辐射或细胞应激具有很强的抵抗力；肿瘤干细胞能够分化成瘤组织中的其他类型细胞；它们与肿瘤的转移和复发密切相关。基于这些基本特征，我们可以制定更有效和有针对性的肿瘤治疗方案。

肿瘤干细胞学说认为，癌症的起源是干细胞的疾病，每个干细胞都具有患癌的潜在可能性，而每个恶性肿瘤细胞都保留了干细胞的基本特性。干细胞缺陷可能导致它们变成癌瘤细胞，因此识别机体中的干性和肿瘤性非常重要。正常干细胞和肿瘤干细胞都具备自我更新的能力，但它们的自我更新方式截然不同。正常干细胞的自我更新是受到控制的，增殖和分化保持平衡，有序进行；而肿瘤干细胞的自我更新是无序和失控的。肿瘤干细胞的研究历史可以追溯到20世纪50年代。早期的研究提供了关于肿瘤干细胞存在的初步证据。随后的研究不断深入，特别是在近年，我们对肿瘤干细胞的理解更加精细。肿瘤干细胞的存在和作用已经成为癌症研究的重要领域，这些研究为未来的癌症治疗提供了新的方向和希望。

I. 肿瘤干细胞的定义与形成

肿瘤干细胞是一种在癌瘤组织（包括肿瘤和血癌）中存在的特殊细胞类型。这些细胞具有与正常干细胞相似的特性，包括自我更新和能够分化成肿瘤组织中的各种细胞类型。与其他细胞不同的是，肿瘤干细胞具有成瘤性，它们有能力形成新的肿瘤，这是肿瘤组织中其他细胞所不具备的特征。因此，肿瘤干细胞的存在对于肿瘤的持续存在和复发转移至关重要。类似于正常干细胞，肿瘤干细胞能够长期进行自我更新和不对称分裂，这导致了肿瘤组织的持续增长。然而，与正常细胞不同的是，肿瘤干细胞失去了正常的生长调控，表现出恶性特征。在干细胞的各种生理过程中，包括自我更新和分化形成前体细胞或分化细胞，都可能发生基因突变，从而形成恶性细胞或肿瘤干细胞。

人们提出了两种不同的肿瘤干细胞模型：分级模型（hierarchic CSC model）和动态模型。在分级模型中，肿瘤干细胞可以进行自我更新和增殖，同时能分化成前体样细胞，进一步分化成成熟的肿瘤细胞。这一模型认为在肿瘤组织中存在不同类型和不同级别的细胞，它们之间不能互相逆向转化。而在动态模型中，肿瘤干细胞同样可以进行自我更新和增殖，但与之同时，分化的肿瘤细胞或前体样细胞也可以在基质细胞的作用下反向分化成肿瘤干细胞。这一过程被描述为动态平衡，强调了肿瘤细胞群体的可塑性和适应性。

综上所述，肿瘤干细胞是癌瘤组织中的一类特殊细胞，具有自我更新和分化的能力，与正常干细胞相似，但具有成瘤性。不同的模型提供了不同的观点，分级模型强调不同级别的细胞存在，而动态模型强调肿瘤细胞群体的可塑性。这些模型有助于我们更好地理解肿瘤的发展和治疗。

J. 肿瘤干细胞的标志物与信号通路

不同肿瘤类型可以通过细胞表面的标志物表达来表征肿瘤干细胞，并且这些标志物在肿瘤形成、可塑性、复发和转移等过程中扮演着关键角色。这些标志物在不同癌瘤组织中有部分共通，同时存在一些独特的标志物，如CD44，这是一种跨膜蛋白，它作为透明质酸的细胞黏附分子在细胞外基质中发挥着关键作用，并存在于多种癌瘤组织中，如结肠癌、乳腺癌、胃癌、胰腺癌、前列腺癌和头颈部癌等。此外，其他标志物如CD133、CD24、CD34、CD38、CD20和ESA等也分别在不同癌瘤组织（如结肠癌、乳腺癌、胰腺癌、肝癌、脑癌、转移性黑素瘤和急性髓细胞样白血病等）中特异性表达。

癌症的恶性主要在于其转移性过程，这是由于癌症干细胞发生上皮间质转化，导致细胞的活动和迁移。这些细胞类似于干细胞，能够进入血管和淋巴管，实现远距离的迁移。这些细胞经过不对称分裂，形成分化子细胞和癌症干细胞。

虽然关于肿瘤的研究广泛，但关于其生长机制存在两个主要的理论模型：一是肿瘤干细胞模型，它认为癌瘤组织的形成是由肿瘤干细胞的自我更新和分化驱动的，分化后的短期增殖细胞可以进一步分化为成熟的肿瘤细胞，这与肿瘤的分级模型概念相符。二是随机模型，它认为肿瘤生长是一个随机过程，肿瘤组织中的所有细胞都可能对肿瘤的生长具有一定的贡献。

调控干细胞自我更新和分化的信号通路，如 Notch、Sonic hedgehog（SHH）和 Wnt 等，同样在肿瘤干细胞癌变过程中发挥着重要作用。这些信号通路的突变可能导致干细胞向癌细胞的转变。这些信号通路在造血干细胞的自我更新中已经得到深入研究，但在其他干细胞中的作用仍需要进一步研究。具体而言，Wnt 信号通路在多种细胞类型中发挥重要作用，包括造血干细胞、上皮细胞和肠道细胞，但也在结肠癌和表皮肿瘤中发挥关键作用。Notch 信号通路在正常造血干细胞、神经细胞和生殖细胞的自我更新中发挥重要作用，但也影响了白血病和乳腺癌的形成与恶化。

肿瘤干细胞概念的提出对于指导癌症治疗具有重要的临床意义。传统治疗方法通过杀死肿瘤细胞来缩小肿瘤体积，但不能从根本上治愈癌症，因为残留的肿瘤干细胞仍然具有潜在的风险，可以在适当的条件下产生新的肿瘤组织，从而引发癌症的复发和转移。基于肿瘤干细胞理念的新治疗理念是有针对性地杀灭肿瘤干细胞。一旦肿瘤干细胞被杀灭，肿瘤组织将失去持续增殖和转移的细胞来源，随后分化的肿瘤细胞也会逐渐死亡，从而达到根治癌症的目标。因此，在未来的癌症治疗中，疾病的诊断、靶向药物的选择、肿瘤转移的预防以及干预措施的制定和实施将是研究的重要方向。

K. 干细胞与肿瘤干细胞的区别

通过上述概念，我们可以清晰地看到正常的干细胞与肿瘤干细胞之间的相似性和差异。表 3-2 详细地比较了这两类细胞在形态、增殖、信号通路、迁移或转移、异质性、端粒酶活性、分化或转分化等方面的特点，揭示了它们之间的异同。

3）*畸胎癌临床病例——生殖细胞瘤*

生殖细胞瘤（GCT）是一类来源于生殖细胞的肿瘤，其性质可以是癌性的，也可以是非癌性的。通常情况下，生殖细胞瘤发生在性腺内，如卵巢和精巢。然而，一些情况下，生殖细胞瘤也可能在性腺之外出现，这可能是在胚胎发育过程中的错误引起的。生殖细胞癌可以根据生殖细胞发育的不同阶段划分为多个亚型，包括精原细胞瘤、精母细胞性精原细胞瘤、非精原细胞瘤、胚胎癌、绒毛膜癌、管内生殖细胞瘤、混合生殖细胞瘤以及畸胎瘤等。

胚胎干细胞的转录因子在生殖细胞癌细胞的多能性、细胞增殖和分化调控中发挥着重要作用。生殖细胞癌组织中保留了许多胚胎干细胞的转录因子的表达，因此检测这

表 3-2 肿瘤干细胞与干细胞的特性比较

特征	相似处	不同处	
	肿瘤干细胞/干细胞	干细胞	肿瘤干细胞
形态	分化不成熟、一个或多个核仁、核质比较高	细胞小而圆	细胞较大，代谢快
增殖	能够增殖许多代、永生的	大多处于休眠态或静息状态、在增殖与静息状态间处于精确的平衡中、基因表达正常	无限的、不稳定增殖、平衡丧失、有突变基因表达
信号通路	具有相似的信号通路调控细胞增殖、自我更新与信号转导	Notch、SHH、Wnt 等	Notch、SHH、Wnt 等
迁移或转移	均可以从细胞巢中移动至特异性组织或器官中	迁移	转移
异质性	均具有异质性	分化程度、再生能力、表面标志物与对外界的刺激响应不同	侵袭能力、生长速度、对荷尔蒙或抗癌药物的响应不同
端粒酶活性	均具有很高的端粒酶活性，确保端粒酶系列的扩增	端粒酶活性高、基因序列正常	端粒酶活性高、基因序列突变
分化或转分化	均可以分化	多能性	具有一定的分化能力，分化程度越高、恶性程度越低

些因子的 mRNA 和蛋白水平可以作为一种特异而敏感的生殖细胞癌诊断方法。例如，OCT4 是第一个用于生殖细胞癌的胚胎干细胞标志物，它在精原细胞瘤、无性细胞瘤、生殖细胞瘤和胚胎癌中特异性表达。NANOG 在原位睾丸癌和生殖细胞瘤中高表达，其表达水平与胚胎干细胞相当，同时它是中枢神经系统生殖细胞癌最敏感的标志物。SOX2 是生殖细胞癌中特异性最低的标志物，它在鳞状细胞癌、肺腺癌和神经内分泌瘤中高表达，但在精原细胞瘤中不表达，突显了某些标志物在表达模式上的复杂性。SALL4 是一种用于病理学诊断的标志物，可用于区分卵黄囊瘤与其他生殖细胞瘤或非生殖细胞瘤类似物。与 OCT4 类似，SALL4 在精原细胞瘤、生殖细胞瘤和胚胎癌中高表达，但与其他胚胎干细胞转录因子相比，它在卵黄囊瘤中具有特异性表达。这些因子的表达可以通过免疫组化技术进行定量表征，有助于生殖细胞癌的准确诊断。

4）畸胎瘤与畸胎癌的研究案例

畸胎癌的发展机制目前尚不完全清晰。为了研究干细胞在癌变过程中的相关基因，科研人员采用了免疫缺陷小鼠模型，并进行了活体注射实验，将胚胎癌细胞与胚胎干细胞注入小鼠体内，随后观察了 45 天的肿瘤生长情况。虽然离体染色体组型分析显示这两类细胞并无明显差异，但活体观察表明畸胎癌细胞的肿瘤生长速度明显高于畸胎瘤。组织病理学切片进一步显示，畸胎瘤组织呈现出典型的三胚层结构，而畸胎癌组织中出现了大量未成熟的神经表皮组织和坏死结构。通过基因芯片分析，发现两类细胞和两类瘤组织中存在相同的上调或下调基因，这表明在瘤组织形成过程中，一些细胞癌变的基因特性得以保留。RT-PCR 验证了相关基因的表达变化，这些基因参与了细胞周期中的相关信号通路，对细胞增殖产生重要调控作用。

为了研究干细胞接种后出现的癌变风险，研究者进行了多因子比较分析，考察了细胞数量、移植位点、细胞类型和宿主因素对成瘤效果的影响。他们采用了不同来源的胚胎干细胞和胚胎癌细胞作为细胞模型，并使用了免疫缺陷型小鼠和免疫竞争型小鼠作为宿主模型。首先，通过 OCT4 标志物的高表达显示不同类型细胞均具有干性。然后，通过皮下和腹腔内接种不同类型的细胞，研究发现它们均能形成肿瘤，而腹腔内接种的肿瘤组织更大，所需细胞数量更少，这表明接种位置对成瘤率有影响。在宿主影响的比较中，免疫竞争型小鼠对干细胞的成瘤有抑制效应，而对胚胎癌细胞的抑制效应不明显，这一发现伴随着免疫竞争型小鼠内淋巴细胞浸润的观察。组织病理学分析进一步揭示了畸胎瘤和含有未分化细胞标志物的畸胎癌组织之间的显著区别。解剖分离畸胎癌组织进行再次离体培养和二次成瘤实验，结果显示这些细胞具有一定的干性，并且能够再次形成肿瘤[9]。

进一步的研究通过进行 3 次顺序操作即活体成瘤、再离体培养、再活体成瘤，发现活体形成的癌瘤组织恶变程度增强，出现了恶性神经管、鳞状细胞癌和腺癌等癌变组织。此外，多次离体培养和再活体接种的瘤组织生长速度明显高于单次操作的样本，这表明胚胎癌的反复移植可以增加其生长速度和恶性程度。生物信息学分析显示，加深细胞恶性程度的信号通路涉及 3 个不同的 Wnt 信号通路：经典通路（canonical pathway）、平面细胞极性通路（PCP pathway）和 Wnt/Ca^{2+}通路。

另外，一些研究也表明许多因子，如 OCT4、KLF4、SOX2 等，在成熟或不成熟的畸胎瘤中发挥着重要的调控作用，这有助于解释不同类型畸胎瘤或畸胎癌的发生和发展过程。这些研究为我们更深入地理解畸胎癌的发展机制提供了重要线索。

3.12.4　毒理学研究中畸胎瘤与畸胎癌模型的应用

3.12.4.1　化合物的致畸性与致癌性

致畸学是研究个体生理发育异常的领域，包括先天性异常和非出生发育阶段（如青春期）产生的生理异常。这一领域关注胚胎毒性和胎儿期毒性，涵盖了由有毒物质引起的所有异常发育现象。为了评估化学品的安全性，已经建立了多种关于致畸性的测试方法和操作流程。致癌性是指化学品具有损害细胞基因组或干扰细胞代谢过程，从而引发癌症的潜力。这些化学品不一定具有急性毒性，其效应可能相对隐蔽。已知的一些致癌剂包括二噁英或二噁英类化合物、苯、十氯酮、苯并芘等。对于化学品的致癌性也有一些标准的分析测试方法和操作流程。致突变剂是指能够改变机体中通常是 DNA 的基因物质的物理或化学试剂，它们可以增加基因突变的发生率，而在许多情况下，这种突变可以导致癌症。常见的致突变剂包括物理致突变剂、与 DNA 反应的化学品如 ROS、去氨剂、PAHs、烷基化试剂，以及碱基类似物、DNA 插入剂（如溴化乙锭）、金属化合物或生物试剂等。用于测试化学品致突变性的方法包括细菌实验、酵母实验、果蝇测试、植物实验、细胞培养测试、染色体检测和动物实验等。在人体健康评估中，上述效应通常在母体怀孕前后受到高度关注，统称为生殖发育毒性效应。这些效应主要包括母体的受孕情况和子代的发育情况。由于胚胎和胎儿对外部环境敏感，因此可能对许多成年人可以忍受的化学物质暴露产生显著响应，表现为胚胎毒性或致畸效应。

环境化学品引起的生态危害和健康效应案例也非常多，如DDT、PCBs、PAHs、二噁英等。相关的测试方法体系包括离体细胞实验、斑马鱼活体实验、啮齿类动物实验以及人群流行病学研究。不同的方法具有不同的信息可靠性和成本，因此在研究中需要进行综合设计和合理评估。经济合作与发展组织制定了一系列标准测试方法体系，用于化学品的毒性评估，不同方法的成本也不同，大多涉及大量啮齿类动物的使用。随着毒理学研究的不断发展，一些新型、有效、高通量和低成本的分析技术正在逐渐取代传统方法，如斑马鱼胚胎毒性测试，该方法利用斑马鱼与人类基因高度相似的特点，通过对整个生理周期中斑马鱼胚胎发育的充分研究，可以在96孔板上高通量分析化学品的胚胎毒性。这种测试方法关注斑马鱼胚胎发育中可能出现的各种病理学变化。目前，该方法已被列入经济合作与发展组织标准方法（OECD TG 236）。

胚胎干细胞研究为药物开发和毒理学研究提供了新的策略。通过干预胚胎干细胞的自我更新和多向分化过程，可以有效评估化学品的发育毒性效应。此外，干细胞在不同阶段的增殖和分化都可能导致癌变，因此干细胞也为化学品的致癌性评估提供了多个研究方向。目前，基于胚胎干细胞的毒性测试方法已经相对成熟，例如，基于胚胎干细胞分化为心脏细胞的方法，可以评估化合物对最终心肌细胞的影响。此外，利用胚胎干细胞进行新型化学品（如纳米材料和内分泌干扰物）的毒性研究也在不断增加。

3.12.4.2 毒理学中畸胎瘤与畸胎癌的应用

胚胎干细胞在离体条件下进行分化培养可以形成拟胚体，而在活体条件下分化可形成畸胎瘤，当细胞基因序列发生突变时则可形成畸胎癌。针对畸胎瘤模型与畸胎癌模型的发展历史可追溯至20世纪50年代，在之后的几年中，人们不断构建并表征了不同类型的畸胎瘤或畸胎癌模型，并进行了相应的应用研究。Gertow 等[10]是首先尝试使用系统组织病理学来检查和详细描述人源胚胎干细胞诱导的畸胎瘤内各种组织的发育过程，并利用大量抗体来识别分化过程。将人源胚胎干细胞诱导的畸胎瘤的创造性用途是将它们用作研究正常人组织与癌症发展之间关系的工具。在免疫缺陷小鼠宿主中建立人畸胎瘤，然后将遗传标记的人癌细胞直接注射到畸胎瘤中。通过追踪畸胎瘤中癌细胞的行为，进而推断这些恶性细胞在人类环境中的行为。干细胞研究中畸胎瘤形成模型是发育生物学重要的工具与窗口，它可以提供胚胎形成中组织发育重要的线索，提供人体在正常或异常条件下发育或毒性研究的有用工具。在毒理学领域中，干细胞活体成瘤可用于模拟早期胚胎发育的替代模型，探讨每一步发育过程中环境污染物可能诱导的效应与分子信号机制。与拟胚体类似，畸胎瘤可以提供特异细胞类型进行细胞生物学研究，因此它开启了污染物影响人体胚胎正常发育与疾病发生研究的新途径。在当前毒理学研究中也有一些基于畸胎瘤或畸胎癌的应用案例，可以供大家参考学习，为将来的相关毒理学研究提供新颖的研究思路与手段。

举一个例子，在我们实验室中，构建了 mESCs 在免疫缺陷小鼠体内形成畸胎瘤的实验模型，针对该模型构建过程中涉及的关键实验条件进行了优化。结果显示，干细胞的最佳接种密度为 2×10^6 个/（100μL·只），受试动物选用重度联合免疫缺陷（NOD/SCID）小鼠，接种位置为侧腹皮下，肿瘤开始形成时间为注射后 12 天左右。通过组织病理学检查对畸胎瘤进行详细的表征与鉴定，结果表明，形成的畸胎瘤具有典型的三胚层结构。在 mESCs 活体成瘤技术优化的基础上，通过对 mESCs 预先进行 TCDD 暴露 48h，表征暴露后的 mESCs，并将其进行活体 NOD/SCID 小鼠皮下注射成瘤，28 天后解剖形成的畸胎瘤组织进行表征，同时开展瘤组织的离体再培养分析。实验结果显示，0～500nmol/L TCDD 暴露 48h 并不干扰 mESCs 的细胞活性与细胞周期，对照组与暴露组的细胞均呈克隆生长，碱性磷酸酶活性没有出现明显变化，表征干细胞多能性的分子指标（OCT4、NANOG、SOX2）也未发生显著改变。然而，TCDD 暴露可显著诱导 CYP1A1 的表达上升，但对抑癌基因 *p53* 的表达未产生影响。针对活体成瘤过程的观察分析显示，尽管各组成瘤率相似，TCDD 暴露的干细胞在小鼠皮下分化成瘤速度更快，形成的肿瘤组织更大、更重，并且多呈高度血管化的暗红色。组织病理学观察结果表明，对照组畸胎瘤组织出现典型的外胚层、中胚层与内胚层结构，而 TCDD 处理组的畸胎瘤除了这些典型的三胚层结构外，还出现细胞异型性改变和瘤巨细胞等典型的恶性肿瘤特征，表明癌变的发生。针对组织病理学的统计分析显示，对照组畸胎瘤没有癌变现象，而 100nmol/L 与 200nmol/L TCDD 预处理引起 mESCs 活体成瘤恶变发生率分别增加至 40%与 50%。分化的畸胎瘤组织各胚层的分子标志物指标表达上升，而多能性分子指标下降。与对照组相比，暴露组瘤组织中的 CYP1A1、P53 与 CD44 表达均相对较高，表明肿瘤发生恶变。对于畸胎瘤组织的离体再培养分析显示，对照组肿瘤细胞生长速度缓慢，很难开展进一步的传代培养，而 TCDD 暴露组的肿瘤细胞在离体再培养过程中生长较好，可形成未分化克隆样组织，细胞多能性（OCT4、NANOG）与恶变分子指标（CYP1A1、P53）表达均相对较高，表明这些离体细胞的恶性[11]。以上研究开创性地建立了一种基于 mESCs 活体成瘤研究污染物致癌效应及其分子机制的新的评价方法体系，为探讨新型有机污染物的发育毒性和致癌效应提供了很好的研究思路与实验技术支持。

参 考 文 献

[1] Murai A, Yanai T, Kato M, et al. Teratoma of the umbilical cord in a giraffe (*Giraffa camelopardalis reticulata*)[J]. Veterinary Pathology, 2007, 44(2): 204-206.

[2] Kollias G V, Shille V M, Cooley A J. Surgical management of menorrhagia in a mandrill baboon: A case report and discussion of abnormal uterine bleeding in primates[J]. Journal of Zoo and Wildlife Medicine, 1986, 17(2): 51-55.

[3] Swijnenburg R J, Schrepfer S, Cao F, et al. *In vivo* imaging of embryonic stem cells reveals patterns of survival and immune rejection following transplantation[J]. Stem Cells and Development, 2008, 17(6): 1023-1029.

[4] Simboeck E, Di Croce L. HDAC1, a novel marker for benign teratomas[J]. The EMBO Journal, 2010, 29(23): 3893-3895.

[5] Solter D. From teratocarcinomas to embryonic stem cells and beyond: A history of embryonic stem cell research[J]. Nature Reviews Genetics, 2006, 7(4): 319-327.

[6] Pucci M, Moschetti M, Urzì O, et al. Colorectal cancer-derived small extracellular vesicles induce

TGFβ1-mediated epithelial to mesenchymal transition of hepatocytes[J]. Cancer Cell International, 2023, 23(1): 77.
[7] Warburg O, Wind F, Negelein E. The metabolism of tumors in the body[J]. Journal of General Physiology, 1927, 8(6): 519-530.
[8] Knox W E. The enzymic pattern of neoplastic tissue[J]. Advances in Cancer Research, 1967, 10: 117-161.
[9] Bruttel V S, Wischhusen J. Cancer stem cell immunology: Key to understanding tumorigenesis and tumor immune escape?[J]. Frontiers in Immunology, 2014, 5: 360.
[10] Gertow K, Przyborski S, Loring J F, et al. Isolation of human embryonic stem cell-derived teratomas for the assessment of pluripotency[J]. Current Protocols in Stem Cell Biology, 2007, 3(1): 1B.4.1-1B.4.29.
[11] Yang X, Ku T, Sun Z, et al. Assessment of the carcinogenic effect of 2,3,7,8-tetrachlorodibenzo-*p*-dioxin using mouse embryonic stem cells to form teratoma *in vivo*[J]. Toxicology Letters, 2019, 312: 139-147.

第 4 章　干细胞毒理学模型应用和风险管理

4.1　干细胞毒理学模型在环境毒理学中的应用

当今科学技术迅猛发展，生活更加便捷，但人类的生产活动也对环境造成了不可忽视的影响。有风险的物质在环境中超标、安全性不明的新型化合物也被大量生产并广泛投入使用。这些环境污染物进入环境后，破坏了环境的正常组成和特性，使人类不断暴露在已知或未知的环境污染物中，直接或间接地对人体健康产生不良影响，危及人类的生存。

环境毒理学是一门研究环境中有害因素对人体健康影响的学科，它是环境科学和毒理学的一个重要分支。然而，关于环境污染物的安全评估与毒理学数据非常有限，大量化合物亟须进行完备的健康风险评估。

目前，环境毒理学研究使用的评价模型主要分为两类，即动物模型（体内实验）和细胞模型（体外实验）。动物模型长期以来一直是科学研究中常用的实验模型，但随着科技的进步，对其进行了一定的实验约束和规范，同时也引发了一些争议[1]。基于生物体的整体水平对风险物质/潜在风险物质的研究与评估是动物模型的优点，能够相对全面准确地反映物质在生物体中的吸收、分布、代谢和排泄等生理生化反应过程；但动物的个体差异性造成实验重复性较差、对实验样品需求量较大等；更重要的是动物与人是不同种属，其间存在着不可忽视的物种差别，对相同物质的反应可能存在差异甚至完全不同。因此动物模型并不能胜任当下繁重的毒理学评价任务。目前毒理学研究使用的细胞模型很多是原代细胞或癌细胞系，这类细胞的优点是性状均一、易培养，有更好的重复性和可操作性；然而由于原代细胞或癌细胞并不是能反映人体正常生理状态的健康细胞类型，也无法进行胚胎或器官发育过程的模拟和多靶点的研究，很大程度上限制了研究风险物质对人体健康影响的发生机制。近年来，随着干细胞生物学的迅速发展，越来越多的研究开始采用干细胞作为实验平台，以替代动物模型，评估未知污染物的毒性，相比于传统的动物模型和一般细胞模型的毒理学研究方法，新兴的干细胞毒理学模型有其优势也有一些短板（表 4-1）。干细胞毒理学作为一种新兴的毒理学方法，致力于研究环境污染物对人体健康的影响和相关作用机制（图 4-1）。

表 4-1　环境毒理学研究方法优缺点比较

环境毒理学研究方法	优点	缺点
动物模型	全面准确地反映物质在生物体中的吸收、分布、代谢和排泄等生理生化反应过程，急性/亚急性/慢性毒理学研究，发育毒性、功能毒性研究	个体差异、重复性较差，通量较低，耗时耗力，实验样品需求量大，物种差异，机制研究困难

续表

环境毒理学研究方法	优点	缺点
原代细胞/癌细胞模型	重复性较好，易培养，时间较短，实验样品需求量较小，具备进行高通量实验的条件，机制研究	个体差异（如使用动物细胞），无法进行发育毒性、功能毒性研究，非正常人体生理状态，无法反映物质在生物体的吸收、分布、代谢和排泄等生理生化反应过程
干细胞毒理学模型	重复性较好，时间较短，实验样品需求量较小，具备进行高通量实验的条件，发育毒性、功能毒性研究，模拟人体正常生理状态，机制研究	培养技术有门槛，无法反映物质在生物体的吸收、分布、代谢和排泄等生理生化反应过程

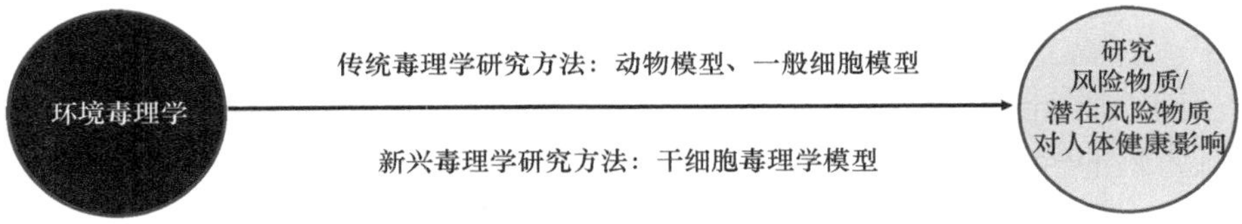

图 4-1　环境毒理学研究方法现状

本书第 3 章介绍了一系列的干细胞毒理学实用模型，本节将从环境毒理学角度出发，具体举例相关干细胞毒理学模型是如何应用于实际毒理学评价中。

4.1.1　干细胞毒理学模型在大气颗粒物毒性效应评价中的应用

近年来，随着科学技术的迅猛发展，工业生产效率提高、人们日常生活更加便利，然而大气污染问题日益严重，尤其是近几年北京接连出现的沙尘暴、雾霾等天气引起了广泛关注[2]。大气污染这一问题受到了越来越多的研究和关注，$PM_{2.5}$（即细颗粒物指环境空气中空气动力学当量直径小于等于 2.5μm 的颗粒物）这一新兴名词也进入人们的视野。因此，人们开始着眼研究颗粒物对人体健康的潜在风险。已有流行病学调查研究表明，接触大气污染物与心血管系统、皮肤、呼吸系统、免疫系统等的疾病发生正相关[3-6]。与此同时，很多基于动物实验的传统毒理学研究也证明了大气污染物对人体的健康风险。

在小鼠实验模型中，研究人员利用热解的方法模拟产生大气污染物的环境状态，然后使用不同浓度的污染状态暴露小鼠（C57BL/6），并对小鼠的心脏情况进行生理生化指标检查。实验结果发现，大气污染物可引起小鼠心脏电生理指标异常，钙调蛋白激酶等蛋白的磷酸化水平升高，心脏纤维化、炎症等病理性情况发生[7]。在对皮肤的毒性效应研究中，实验将使用胶带剥离术处理角质层后的小鼠（BALB/c）暴露于收集的颗粒物，结果显示小鼠完整皮肤和破坏角质层皮肤区域的毛囊中均观察到颗粒物，并造成表皮层增厚、真皮层发炎等病理性症状出现[8]。另一项研究中，研究人员使用鼻内滴注 $PM_{2.5}$ 的方法来探究小鼠（C57BL/6）是否会出现肺纤维化及其影响的信号通路。研究发现小鼠在长期（9 周）滴注 $PM_{2.5}$ 后会出现肺活量降低的生理指标变化，同时组织纤维化、线粒体异常显著增加，还影响了 TGF-β 通路的相关蛋白表达[9]。基于动物模型的体内实验可以得到很直观的毒性效应，但时间较长、较难得到具体的毒性机制，且实验过程对动物福利等规定的要求严格。

当然，干细胞毒理学模型也逐渐应用于包括颗粒物在内的大气污染物的人体健康效应评价中，利用干细胞毒理学模型评价大气颗粒物对人体的健康影响，展现出更加丰富且多样的数据层次。

干细胞毒理学模型可以是基于干细胞分化形成有生理功能的终末细胞，进而研究环境污染物对成熟细胞功能的影响。在一项大气污染物对心血管系统的影响研究中，Cai等[10]研究利用人诱导干细胞分化形成的心肌细胞（hiPSC-CMs），结合电生理技术，作为评估 $PM_{2.5}$ 对心脏系统的影响的模型（图 4-2）。他们的研究发现颗粒物给药处理会增加心律失常的倾向，结果表明 hiPSC-CMs 可以用于研究空气污染物的心脏毒性。在另一项大气污染物对呼吸系统的研究中，研究人员利用人多能干细胞分化形成的肺泡上皮细胞（hPSCs-AECs）作为评估颗粒物细胞毒性的模型，发现颗粒物可明显上调促炎症细胞因子（IL-1α、IL-β、IL-6 和 TNF-α）的转录，并诱导与细胞死亡、炎症和氧化应激相关的基因上调（图 4-3）。该项研究证实了人多能干细胞肺分化模型可很好地阐明颗粒物造成肺毒性的潜在机理[11]。以上研究表明干细胞毒理学模型分化出的终末功能细胞能很好地替代小鼠实验，不仅能得到相关生化指标与信号通路的机制数据，还能观察到生理指标的变化，且时间相对较短，实验操作不涉及动物而更可控。

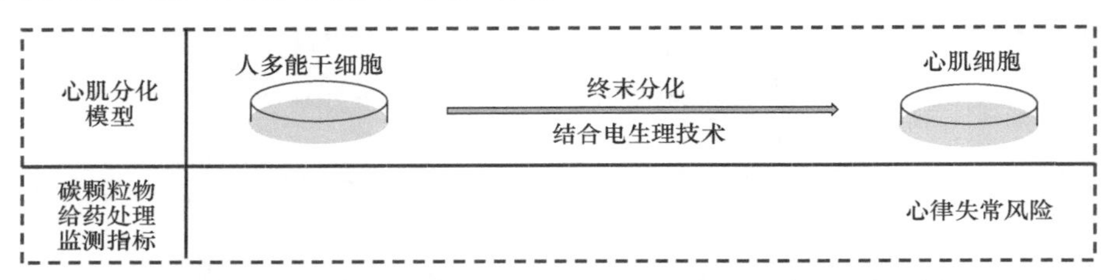

图 4-2　基于心肌细胞终末分化的干细胞毒理学模型研究示例

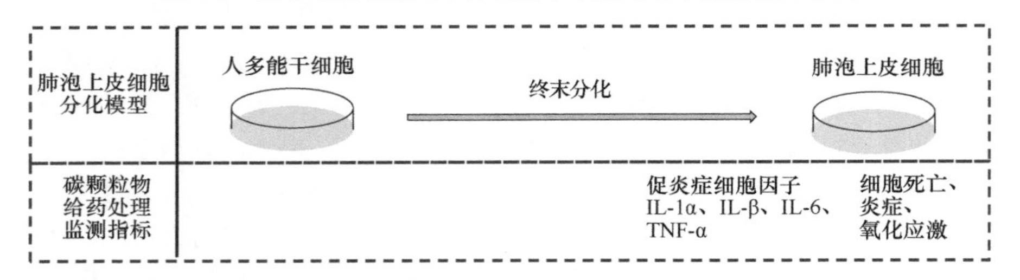

图 4-3　基于肺泡上皮细胞终末分化的干细胞毒理学模型研究示例

研究环境污染物在胚胎动态发育过程中的影响也是干细胞毒理学模型的一个突出特点，其可在体外模拟发育过程中，避免使用动物进行发育毒性的研究。在一项大气污染物对皮肤影响的研究中，Cheng 等[12]使用了由人源胚胎干细胞分化获得的皮肤细胞，研究超细碳颗粒物对皮肤的潜在毒性效应。由于大气颗粒物的组成复杂，直接使用环境中收集到的颗粒物样品无法保证实验的单一变量和可重复性要求。研究人员考虑到大气颗粒物的特性，即大气颗粒物中粒径小于 100nm 的超细颗粒物是主要组成部分，且已有相关研究表明超细颗粒物能通过呼吸系统直接进入人体血液循环，造成严重的炎症反应并伴随氧化应激的产生[13]。故在此项研究中选取了商业化的均质超细碳颗粒物作为实验样品，以保证实验的顺利进行。实验结果显示，在人源胚胎干细胞早期阶段，超细碳颗粒物对细胞活力与细胞形态无明显影响，但显著降低了多能性标志基因（*SOX2*）的表达，提示超细碳颗粒物可能会影响胚胎动态发育过程。进一步的实验基于人源胚胎干细胞多向分化体系，即拟胚体分化模型，发现超细碳颗粒物污染物会大量附着于拟胚体，并出现非神经外胚层标志基因（*SMYD1*、*WISP1*、*KRT18*、*DSG3*）的上调趋势，提示超细碳颗粒物的作用靶点可能的是非神经外胚层的谱系。更进一步地，为阐明大气细颗粒物的毒性靶点及致毒机制，研究人员将皮肤终末分化进行更细致的分类，由于角质形成细胞占表皮细胞的90%[14]，因此利用人源胚胎干细胞分化形成角质形成细胞这一非神经外胚层特定细胞系的发育路径来作为研究颗粒物对皮肤发育影响的毒理学模型（图 4-4）。超细碳颗粒物对角质形成细胞特有的 KRT 蛋白家族相关基因影响显著，同时炎症相关基因和化学趋化因子相关基因表达上调，表明超细碳颗粒物影响了角质形成细胞发育过程。研究结果提示颗粒物可能会对皮肤发育和再生过程有负面影响，本实验结果和模型可为大气颗粒物的毒性评价提供方法与思路[12]。可以发现，干细胞分化模型应用于发育毒性研究中，可对生物学效应进行深入分析与探索，同时还可避免由动物个体间差异、种属不同等问题引发的数据偏差。

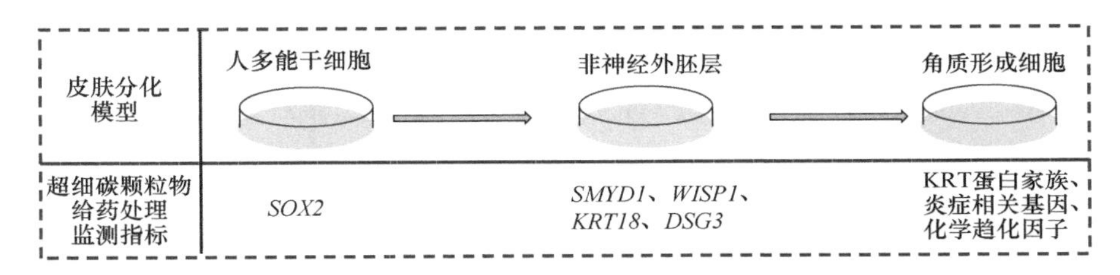

图 4-4　基于皮肤分化过程的干细胞毒理学模型研究示例

此外，基于干细胞的类器官模型也可以应用在环境毒理学的研究中，在一项大气污染物对呼吸系统的影响中，Liu 等[15]利用人多能干细胞肺分化毒理学模型研究常见的大气污染物二氧化硅颗粒物对肺的影响研究，首先使用人多能干细胞分化形成人肺前体细胞（human lung progenitor cells，hLPs）并收集，然后使用这些细胞进行三维培养，形成具有多种细胞类型和一定排列结构的肺类器官作为实验模型（图 4-5）。在细胞分化过程中使用二氧化硅颗粒物给药处理，探究其对人体健康的毒性效应。研究发现，虽然二氧化硅颗粒物并未严重影响细胞活力和相关标志基因表达，但导致活性氧水平显著上升。此外，通过电感耦合等离子体质谱法（ICP-MS）检测技术发现，二氧化硅颗粒物在细胞内有积累的趋势，进一步提示颗粒物具有通过生物屏障并对人体健康造成威胁的能力。该项研究是基于类器官的干细胞毒理学模型，可以很好地帮助我们了解颗粒物对更贴近人体真实生理情况的三维类器官模型的毒性效应[15]。更重要的是，类器官模型不仅可以模拟发育情况，还能更加真实地模拟有结构的器官发育，相对单层细胞培养的模型来说，对动物发育模型的替代性更强。

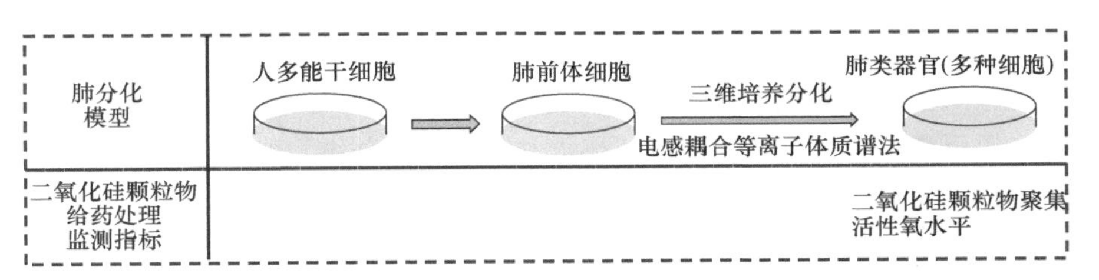

图 4-5　基于肺类器官分化的干细胞毒理学模型研究示例

综上所述，干细胞毒理学模型在评估大气颗粒物的毒性效应方面具有重要的应用价值。通过利用干细胞分化形成特定成熟细胞系或进行三维类器官培养，可以更准确地阐释颗粒物的毒性作用靶点，并进一步深入评价颗粒物对特定器官的影响。这些研究结果不仅提供了新的方法和思路，还推动了环境污染物对人体健康影响的深入研究。

4.1.2 干细胞毒理学模型在全氟或多氟烷基物质毒性效应评价中的应用

PFAS 是一大类合成有机化学物质的总称，包含超过 4700 种结构类似的化合物，其共同特征是具有 C—F 键，这是有机化学中最强的化学键之一[16]。由于 C—F 键的存在，PFAS 具有耐高温性、化学惰性强的特性，表现出良好的防水、防油、抗污等性质，广泛应用于工业制造和日常生活中，如工业涂料、灭火器、食品包装、不粘锅、冲锋衣等。然而，正是由于 PFAS 非常稳定的性质，在为人们提供了便利的同时，也意味着它们在一般条件下很难被降解，导致其在环境中长期存在并能够长距离迁移，因此其被归类为持久性有机污染物。2022 年底，生态环境部公布《重点管控新污染物清单（2023 年版）》，其中包含对 PFAS 的禁止、限制、限排等管控措施[17,18]。为了更好地研究 PFAS 这一持久性有机污染物对人体健康的潜在风险效应，如影响胎儿和儿童早期发育[19,20]、糖尿病[21]、代谢紊乱与肥胖症[22]等健康风险，研究人员在传统毒理学领域开展了很多研究工作，干细胞毒理学模型在此领域也有应用，并逐渐显现出它独特的优势。

在传统毒理学的动物模型中，有研究使用斑马鱼暴露多种 PFAS 发现斑马鱼体轴发育异常等毒性效应[23]，通过动物模型观察到非常明显的发育异常表型，但对于更深入的机理研究有一定困难。也有使用癌细胞或原代细胞研究 PFAS 的毒性效应，实验人员研究了 PFOA、PFOS 和全氟壬酸对人肝癌细胞（HepG2）内甘油三酯和胆固醇水平的影响，发现给药组的甘油三酯水平升高、胆固醇基因表达降低[24]，有相关脂代谢指标出现异常的情况，但由于常规的一般的细胞（原代细胞或癌细胞）通常由一种单一的细胞组成，无法对不同器官中的细胞群落比例进行分析。

干细胞毒理学模型可以在体外定向分化模拟同一谱系细胞不同种类的发育过程，以更好地研究未知的环境污染物是如何影响人体发育过程的。在 F-53B 和 PFOS 的心脏发育毒性研究中，实验人员使用干细胞毒理学模型，对心脏分化中的不同谱系进行一系列研究[25]。首先对构成心脏功能性部分的心肌细胞开展实验，并结合转录组测序技术，发现 F-53B 和 PFOS 会降低心肌细胞的标志物蛋白 NKX2.5 和 TNNT2 的表达量，即降低心脏分化过程中心肌细胞的数量、抑制心脏分化效率，并且 F-53B 还显示出比 PFOS 在更低浓度就会影响心脏分化效率，说明 F-53B 比 PFOS 具有更强的心脏发育毒性。实验还观察到给药组中出现了大量呈鹅卵石状的细胞，提示这类污染物可能是通过影响细胞分化命运，从而产生的心脏发育毒性。在正常的心脏生理过程中，除功能性的心肌细胞外，还存在着一类起到支撑作用的心外膜细胞。心外膜细胞和功能性的心肌细胞在分化初期均来源于相同的心脏前体，但当终末分化时，主调控 Wnt 通路的激活或抑制会定向调控这两种细胞的生成比例。结合转录组数据，实验人员初步判断这类鹅卵石状的细胞可能是心外膜细胞（图 4-6）。在进一步的验证实验中，实验人员研究利用 Wnt 通路抑制剂 Wnt-C59 调控心脏分化过程。研究发现抑制剂 Wnt-C59 的生物学效应与 F-53B 和 PFOS 的效应恰好相反，且 F-53B 与 PFOS 的变化有差异，表明其对心脏分化的影响可能部分依赖于激活 Wnt 通路。在以上研究中，可以发现干细胞毒理学模型的可塑性非常强，在上一部分的研究实例中，已经表明干细胞毒理学模型可以进行具体功能细胞的毒性研究和发育过程的毒性研究，本部分研究是直接锁定同一谱系不同细胞类型的研究方向，这在动物实验中是无法做到的。

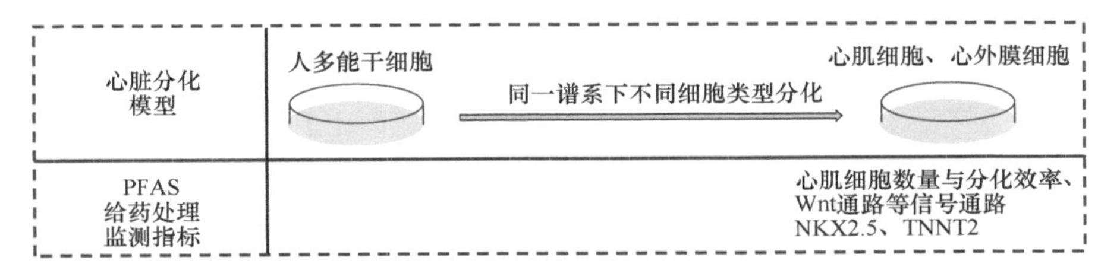

图 4-6　基于心脏分化的干细胞毒理学模型研究示例

Liu 等[26]使用胰腺干细胞毒理学模型研究 PFOA 和 PFOS 这两种典型的 PFAS 及其四种短链替代物（全氟己酸、全氟丁酸、全氟己烷磺酸和全氟丁烷磺酸）的胰腺发育毒性及其对分化后期内分泌细胞的影响。首先，研究通过诱导人多能干细胞向胰腺祖细胞（human pancreas progenitor，hPP）分化，并在分化过程中使用 6 种 PFAS 给药处理，然后检测相关标志基因和蛋白的表达水平，分析判断胰腺分化是否受到影响（图 4-7）。研究结果显示，6 种 PFAS 均会干扰胰腺祖细胞的分化过程，导致分化结束时胰腺祖细胞标志基因（*PDX1*、*SOX9*、*FOXA1*、*SOX17* 和 *HNF4a*）表达水平发生变化。具体而言，PFOA 和 PFOS 会下调相关标志基因的表达，全氟丁酸、全氟丁烷磺酸和全氟己酸对基因表达水平没有显著影响，而全氟己烷磺酸对其中两种标志基因（*PDX1* 和 *FOXA1*）的表达水平有抑制效应。此外，6 种 PFAS 均下调了关键蛋白 SOX9 的表达水平，提示污染物可能通过影响 SOX9 的蛋白表达，从而影响胰腺祖细胞分化过程。进一步地，为了更好地研究污染物是否会持续影响后续胰腺细胞在成体中的代谢更新能力，利用基于人多能干细胞分化形成的胰腺祖细胞进行其自我更新能力的检测。研究发现 6 种 PFAS 并没有对胰腺祖细胞的标志基因与蛋白（SOX9 和 PDX1）的表达量产生显著的效应，即胰腺祖细胞的自我更新能力没有受到干扰。然而，在胚胎发育过程中，胰腺祖细胞可以继续分化形成多种胰腺相关细胞，因此研究还将利用胰腺祖细胞持续分化为内分泌细胞这一相对后期的胰腺发育过程，探究 PFAS 对内分泌细胞分化的影响。结果显示，除全氟丁酸外，5 种 PFAS（全氟己酸、PFOA、全氟丁烷磺酸、全氟己烷磺酸和 PFOS）上调了成管命运相关标志基因（*SOX9*）、下调了成内分泌细胞标志基因（*NGN3*）的表达。此外，6 种 PFAS 均上调了关键蛋白 SOX9 的表达水平，提示 PFAS 对 SOX9 的影响具有持久性和普遍性，并可能对后续分化过程产生一定影响，SOX9 可能是 PFAS 造成胰腺功能障碍的分子靶点。有文献报道，NOTCH 通路是胰腺发育过程中参与成管（标志物为 *SOX9*）和成内分泌细胞（标志物为 *NGN3*）的主要调控通路，NOTCH 通路的效应蛋白[27]HES1 的高表达会促进 *SOX9* 表达[28]并抑制 *NGN3* 表达[29]，使分化路径向成管方向进行。在另一项研究中，科研人员检测到基因 *HES1* 及其表达的蛋白在 PFAS 处理后出现上调趋势，与 *SOX9* 的趋势一致，进一步验证了 PFAS 在胰腺发育后期是通过 NOTCH 通路影响胰腺正常发育[26]。研究表明，在此干细胞发育毒性评估中可以锁定到每个发育过程和发育节点细胞进行研究，相比于活体动物的传统毒理学模型，更加灵活且可控。

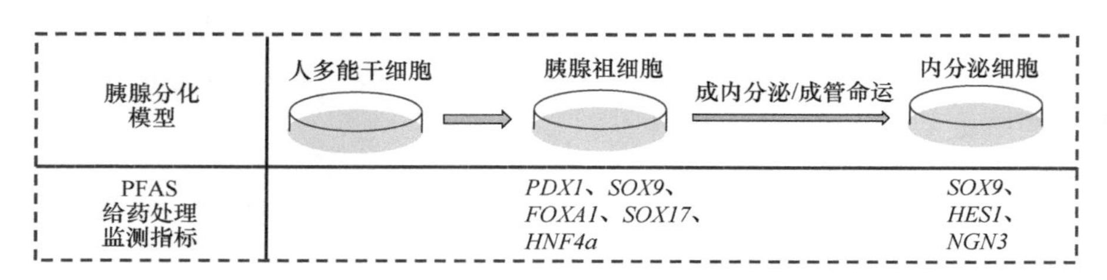

图 4-7 基于胰腺分化的干细胞毒理学模型研究示例

综上所述，基于干细胞毒理学模型的研究在评估 PFAS 的毒性效应中能够根据实验需求而调整不同的发育时间节点进行测试，相比于传统的活体动物毒理学模型更具灵活性和可控性。这种模型可以提供有关 PFAS 对人体发育影响的详细信息，并为了解其潜在风险和相关毒性机制提供深入挖掘的可能性。

4.1.3 干细胞毒理学模型在双酚类化合物毒性效应评价中的应用

BPA 作为一种化工原材料大量应用于各种物品的制造[30]，但由于 BPA 与雌激素的结构非常相似，BPA 所具有的类雌激素效应逐渐限制了它在日用品中的使用，尤其在婴幼儿用品中[31]。由于工业产品的需求，BPA 的类似物在近些年替代 BPA[32-35]。在之前的报道中已有指出长期暴露于 BPA 与许多疾病的发生相关，如肝功能方面[36]、神经发育方面[37]。对于衍生物的潜在风险，毒理学研究人员十分担心它们可能具有类似的毒性效应。然而，受限于毒理学模型的通量，目前缺乏足够的研究证明其衍生物的安全性。

关于双酚类化合物的毒性效应研究很多，已有研究通过动物实验等传统毒理学手段对其健康效应有一定的研究。有研究人员利用斑马鱼研究 BPF 的发育毒性，实验结果表明 BPF 可能通过 T3 通路和 Notch 通路干扰发育过程，造成斑马鱼体节发育异常[38]。另一项在 BPA 神经发育毒性的小鼠模型研究中，发现 BPA 的毒性效应会延续到子代，实验人员将妊娠第 6～第 17 天小鼠（C57BL/6）暴露于 BPA，再使用子一代（F1）小鼠的雌性子二代（F2）进行解剖分析，子二代雌性小鼠海马中新产生的细胞数量减少[39]。这些基于动物实验的研究结果对双酚类化合物的发育毒性效应有一定的启示，但相对来说实验较复杂、周期较长。

目前，已有研究利用基于人源胚胎干细胞的干细胞毒理学模型这一新兴毒理学研究手段，研究以 BPA 为代表的双酚类化合物对人体健康的潜在风险。Liang 等[40]使用基于人源胚胎干细胞的拟胚体发育模型，评估了 BPA 及 BPS、BPF、BPE、BPB、BPZ、BPAF 6 种替代物对早期胚胎发育阶段的毒性效应。为了更加全面地研究双酚类化合物的毒性效应，还结合使用转录组测序技术，分析了这 7 种双酚类化合物给药处理的拟胚体样品的基因表达水平。首先，通过 KEGG 方法分析差异表达基因，发现这 7 种双酚类化合物中BPE的毒性影响最小，表现为BPE处理组没有显著受到影响的通路。除了BPE和BPAF，其余5种双酚类化合物均对脂代谢相关通路和营养代谢产生影响。另外，BPF、BPS和BPZ对PPAR信号通路产生显著影响，BPS对Hedgehog信号通路产生显著影响。其中，PPAR是调控脂代谢的重要信号通路。由此可见，双酚类化合物在拟胚体分化过程中影响了多个生理过程，尤其对脂代谢相关通路影响最为显著。为了进一步探究双酚类化合物对脂代谢的影响，研究选择了与脂代谢直接相关的肝分化和脂肪分化两个分化系统，并对KEGG富集通路中包含的基因在人肝和脂肪组织中表达量进行了比较。结果发现，大多数基因在胎肝和肝脏组织中表达量很高，但在脂肪组织中表达量较低（参考GeneAtlas U133A，gcrma dataset基因表达图谱数据）。与此同时，研究还对比了双酚类化合物处理组中与肝脏和脂肪相关的标志基因的基因表达水平，发现肝相关的基因在双酚类化合物的处理组中变化显著大于脂肪相关基因的变化程度，所以选择建立肝分化模型进行下一步探究。在此基础上，通过基于人源胚胎干细胞的肝分化模型，在分化过程中使用以上7种双酚类化合物给药处理，发现仅有两个肝组织的标志基因（*HNF4A*和*AFP*）显著变化，其他与脂代谢相关的基因并没有明显变化。这与在拟胚体分化模型中得到的实验结果有较大差别，提示可能是两个模型之间存在差异导致早期发育相关信号在两个模型中表达不同。此外，通过深入研究胚胎发育早期细胞命运决定过程还发现，HOX家族基因受到双酚类化合物的影响非常显著。这表明双酚类化合物可能通过干扰早期胚胎发育过程，引发后期脂代谢异常。总体而言，通过人源胚胎干细胞建立的拟胚体分化模型和肝分化模型，研究并比较了BPA及其6种替代物的发育毒性，发现BPE可能是一种可以用于工业产品的相对安全的BPA替代物[40]。可以从本研究使用的干细胞毒理学模型中发现，在体外进行基于人多能干细胞的拟胚体分化实验，可以模拟人体胚胎的早期发育过程，作为不同化合物多靶点发育毒性的盲筛平台，探究未知的环境污染物对早期胚胎发育过程的影响，并锚定环境污染物影响的发育方向和靶点器官；然后进一步采用靶点器官方向的发育分化模型进行特定方向的研究。这在动物实验和癌细胞及一般细胞的模型中是无法做到的，体现了干细胞毒理学模型在实验设计和进行上更可控，具有操作性（图4-8）。

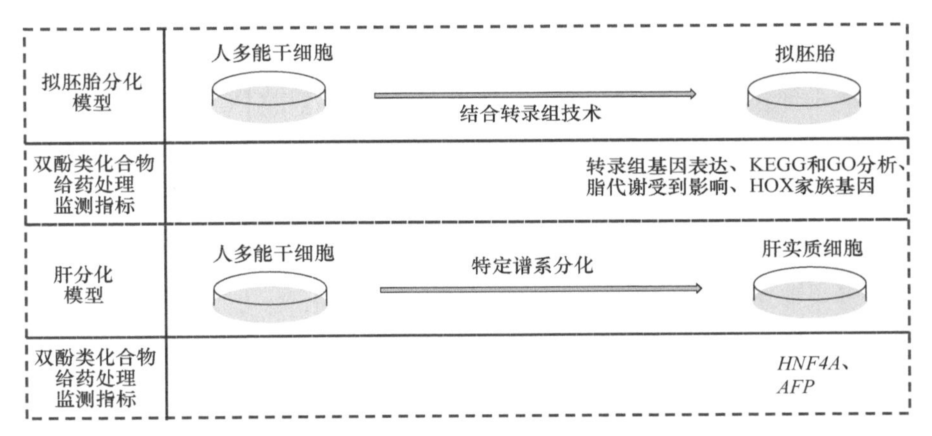

图4-8　基于拟胚胎分化和肝分化的两种干细胞毒理学模型对比分析研究示例

综上所述，基于干细胞毒理学模型能够模拟早期胚胎发育过程，作为早期发育毒性筛选的平台，对双酚类化合物及其他未知污染物进行初步评估，进而指导后续研究方向。

4.1.4　干细胞毒理学模型在纳米材料毒性效应评价中的应用

随着科学技术发展，纳米材料因其在 1~100nm 尺度下独特的理化性质，如较大的比表面积和界面效应等，引起了广泛关注。纳米材料因其独特的理化性质目前作为一种新兴的工业原材料已被广泛应用于医疗用品、食品、化妆品等与人们日常生活息息相关的领域[41-43]，甚至近年来，纳米塑料颗粒已被检测出存在于不同环境中，进一步提示人们已经不可避免地长期暴露于纳米环境中[44]，研究还发现纳米材料可以通过皮肤系统、呼吸系统、消化系统进入人体循环内，甚至可透过胎盘屏障对动物胚胎的发育造成影响[45]。人群调查研究中也发现了纳米材料可能会影响肝脏、肺、神经、皮肤系统、血管系统和生殖系统等[46]，因此有必要研究纳米材料对人体健康的毒性效应[47]。很多研究基于动物实验或原代细胞或癌细胞对日常生活中可接触到的纳米材料进行了毒理学研究。

为了研究纳米银的神经发育毒性，研究使用孕期大鼠（Wistar）在妊娠第 10～第 21 天口服纳米银，并对产后 6 周的子代进行行为评估和解剖学研究。实验发现子代表现出多动症和焦虑症的情况，且解剖出海马体和小脑组织染色后发现氧化应激水平升高、细胞凋亡现象，表明母体暴露纳米银会对子代的发育有影响[48]。还有研究实验使用纳米银处理人皮肤癌细胞（A431）和人纤维瘤细胞（HT-1080），观察到氧化应激和细胞凋亡现象[49]。然而，使用动物实验和癌细胞实验并不能很好地模拟人体真实情况，实验获得的纳米银安全使用浓度不一定适用于健康人，同时动物实验研究子代发育毒性周期长且发育只能依照动物生长，过程并不可控。

同样地，由于干细胞毒理学模型可以作为体外模型模拟发育过程，因此也有一部分研究使用干细胞毒理学模型探究纳米材料对人体健康的潜在风险。Hu 等[50]利用人源胚胎干细胞分化形成神经外胚层细胞、神经嵴细胞、非神经外胚层细胞及颅基板细胞这 4 种外胚层谱系的细胞，研究了纳米银对外胚层谱系发育的毒性效应（图 4-9）。首先，实验利用人源胚胎干细胞分化形成 4 种外胚层谱系的细胞（神经外胚层细胞、神经嵴细胞、非神经外胚层细胞以及颅基板细胞），并在分化过程中给药处理无细胞毒性的纳米银，然后分别检测了神经外胚层细胞（*FOXG1*、*PAX6*、*HES5* 和 *SOX1*）、神经嵴细胞（*PAX3*、*TFAP2A* 和 *SOX10*）、非神经外胚层细胞（*WISP2*、*SMYD1* 和 *GATA3*）及颅基板细胞（*PAX6*、*SIX1* 和 *SIX3*）的标志基因是否发生改变。研究发现，纳米银并未显著影响神经外胚层的标志基因，仅有最高给药浓度对 *FOXG1* 的表达有轻微的下调作用。纳米银也并未显著影响神经嵴的标志基因，仅最高给药浓度对 *TFAP2A* 表达呈现出下调趋势。同时，纳米银并未显著影响非神经外胚层的标志基因表达水平。然而，纳米银对颅基板的标志物 *PAX6* 在基因和蛋白水平都有明显上调的效应。此外，由于在颅基板细胞分化过程中纳米银处理组出现细胞簇消失的表型，有研究表明这种现象与 FGF 通路相关联。因此，在分化过程中加入了 FGF 通路抑制剂 SU5402，并观察是否会出现与纳米银相似的效应。研究发现，在加入 SU5402 后，*PAX6* 的表达呈上调趋势，提示纳米银可能对颅基板细胞发育的影响部分通过 FGF 通路作用[50]。研究证明干细胞毒理学模型作为一种体外模型，能够模拟早期胚层发育阶段，从而更好地研究环境污染物在人体早期胚胎发育阶段对特定胚层不同谱系细胞的毒性效应。

图 4-9　基于外胚层四种谱系分化的干细胞毒理学模型研究示例

综上所述，干细胞毒理学模型能够观察和研究纳米银对外胚层分化过程中不同谱系细胞的影响，并通过相关信号通路的小分子抑制剂/激活剂寻找导致毒性效应的分子事件和信号通路，以得到更多纳米颗粒及其他污染物毒理效应机制的研究结果。

4.1.5　展　　望

干细胞毒理学评价体系相较于传统毒理学研究具有显著的优势。干细胞毒理学模型可以对未知物质进行细胞毒性、胚胎毒性、发育毒性、功能毒性、生殖毒性等多方面的毒理学评价。尤其是多能干细胞能在体外形成拟胚体，模拟早期胚胎发育阶段进行胚胎发育毒性的检测，这在体外毒理学模型中具有独特性。近年来，干细胞毒理学模型不断发展和改进，在环境毒理学研究中进展颇多。

干细胞模型本身相较于其他细胞模型更加贴近人体真实的健康生理状态。同时，干细胞所处的状态是有一定灵活性的，当外界刺激对干细胞造成影响时，可能不会对最基础的细胞活性产生影响，但却可能损害其潜在的分化能力或其他功能方面的能力，从而造成危害。因此，干细胞毒理学模型的应用可以将环境污染物毒理学评价中实验污染物浓度控制在了人体或环境中检测到的实际浓度，尽可能地做到实验室研究的污染物浓度与实际环境中人体暴露污染物的浓度数量级趋于一致，更好地模拟了环境污染物对人体健康造成影响时可能发生的情况。

基于生物学基础研究的干细胞分化模型往往比较复杂，并不适合高通量、大规模地进行未知环境污染物筛选实验。干细胞毒理学模型源于干细胞生物学相关基础研究提供的分化模型思路，但又对其进行改进以适用于更高通量和更方便获取数据的未知环境污染物毒性筛选。同时，结合高内涵等高通量技术与工具，可以提高毒性评价的数据通量和自动化处理能力。

干细胞毒理学模型还有进一步提升的空间。干细胞分化模型通常都是在特定实验条件下加入相关分化因子，以确保细胞分化的成功。然而，这些分化因子带来的细胞外界信号作用通常较强，甚至会出现细胞被分化筛选后出现大量死亡的情况。为了更好地了解未知污染物的毒性效应，需要在尽可能保证分化模型成功的前提下改进分化方案，以突出或放大未知污染物本身对分化过程造成的影响，从而更精准地评估未知污染物的潜在健康风险效应。

参 考 文 献

[1] 白晶. 动物实验“3R”原则的伦理论证[J]. 中国医学伦理学, 2007, (5): 48-50.

[2] Yin Z, Wan Y, Zhang Y, et al. Why super sandstorm 2021 in North China?[J]. National Science Review, 2022, 9(3): nwab165.

[3] Thurston G D, Newman J D. Walking to a pathway for cardiovascular effects of air pollution[J]. Lancet, 2018, 391(10118): 291-292.

[4] Guarnieri M, Balmes J R. Outdoor air pollution and asthma[J]. Lancet, 2014, 383(9928): 1581-1592.

[5] Fadadu R P, Abuabara K, Balmes J R, et al. Air pollution and atopic dermatitis, from molecular mechanisms to population-level evidence: A review[J]. International Journal of Environmental Research and Public Health, 2023, 20(3): 2526.

[6] Adami G, Pontalti M, Cattani G, et al. Association between long-term exposure to air pollution and immune-mediated diseases: A population-based cohort study[J]. Rheumatic & Musculoskeletal Diseases Open, 2022, 8(1): e002055.

[7] Park H, Lim S, Lee S, et al. High level of real urban air pollution promotes cardiac arrhythmia in healthy mice[J]. Korean Circulation Journal, 2021, 51(2): 157-170.

[8] Jin S P, Li Z, Choi E K, et al. Urban particulate matter in air pollution penetrates into the barrier-disrupted skin and produces ROS-dependent cutaneous inflammatory response *in vivo*[J]. Journal of Dermatological Science, 2018, 91(2): 175-183.

[9] Xu M, Wang X, Xu L, et al. Chronic lung inflammation and pulmonary fibrosis after multiple intranasal instillation of $PM_{2.5}$ in mice[J]. Environmental Toxicology, 2021, 36(7): 1434-1446.

[10] Cai C, Huang J, Lin Y, et al. Particulate matter 2.5 induced arrhythmogenesis mediated by TRPC3 in human induced pluripotent stem cell-derived cardiomyocytes[J]. Archives of Toxicology, 2019, 93(4): 1009-1020.

[11] Kim J H, Kang M, Jung J H, et al. Human pluripotent stem cell-derived alveolar epithelial cells as a tool to assess cytotoxicity of particulate matter and cigarette smoke extract[J]. Development & Reproduction, 2022, 26(4): 155-163.

[12] Cheng Z, Liang X, Liang S, et al. A human embryonic stem cell-based *in vitro* model revealed that ultrafine carbon particles may cause skin inflammation and psoriasis[J]. Journal of Environmental Sciences (China), 2020, 87: 194-204.

[13] Brunekreef B, Holgate S T. Air pollution and health[J]. Lancet, 2002, 360(9341): 1233-1242.

[14] Goleva E, Berdyshev E, Leung D Y. Epithelial barrier repair and prevention of allergy[J]. JCI Insight, 2019, 129(4): 1463-1474.

[15] Liu S, Yang R, Chen Y, et al. Development of human lung induction models for air pollutants' toxicity assessment[J]. Environmental Science & Technology, 2021, 55(4): 2440-2451.

[16] Banyoi S M, Porseryd T, Larsson J, et al. The effects of exposure to environmentally relevant PFAS concentrations for aquatic organisms at different consumer trophic levels: Systematic review and meta-analyses[J]. Environmental Pollution, 2022, 315: 120422.

[17] Panieri E, Baralic K, Djukic-Cosic D, et al. PFAS molecules: A major concern for the human health and the environment[J]. Toxics, 2022, 10(2): 44.

[18] 张利娟. 中国和欧美消费品中全氟和多氟烷基物质(PFAS)合规要求分析与展望[J]. 轻工标准与质量, 2023, (2): 37-40.

[19] Bach C C, Bech B H, Brix N, et al. Perfluoroalkyl and polyfluoroalkyl substances and human fetal growth: A systematic review[J]. Critical Reviews in Toxicology, 2015, 45(1): 53-67.

[20] Ballesteros V, Costa O, Iniguez C, et al. Exposure to perfluoroalkyl substances and thyroid function in

pregnant women and children: A systematic review of epidemiologic studies[J]. Environment International, 2017, 99: 15-28.

[21] Lind L, Zethelius B, Salihovic S, et al. Circulating levels of perfluoroalkyl substances and prevalent diabetes in the elderly[J]. Diabetologia, 2014, 57(3): 473-479.

[22] Domazet S L, Grontved A, Timmermann A G, et al. Longitudinal associations of exposure to perfluoroalkylated substances in childhood and adolescence and indicators of adiposity and glucose metabolism 6 and 12 years later: The European youth heart study[J]. Diabetes Care, 2016, 39(10): 1745-1751.

[23] Gaballah S, Swank A, Sobus J R, et al. Evaluation of developmental toxicity, developmental neurotoxicity, and tissue dose in zebrafish exposed to GenX and other PFAS[J]. Environmental Health Perspectives, 2020, 128(4): 47005.

[24] Louisse J, Rijkers D, Stoopen G, et al. Perfluorooctanoic acid (PFOA), perfluorooctane sulfonic acid (PFOS), and perfluorononanoic acid (PFNA) increase triglyceride levels and decrease cholesterogenic gene expression in human HepaRG liver cells[J]. Archives of Toxicology, 2020, 94(9): 3137-3155.

[25] Yang R, Liu S, Liang X, et al. F-53B and PFOS treatments skew human embryonic stem cell *in vitro* cardiac differentiation towards epicardial cells by partly disrupting the Wnt signaling pathway[J]. Environmental Pollution, 2020, 261: 114153.

[26] Liu S, Yang R, Yin N, et al. Effects of per- and poly-fluorinated alkyl substances on pancreatic and endocrine differentiation of human pluripotent stem cells[J]. Chemosphere, 2020, 254: 126709.

[27] Hidalgo-Sastre A, Brodylo R L, Lubeseder-Martellato C, et al. Hes1 controls exocrine cell plasticity and restricts development of pancreatic ductal adenocarcinoma in a mouse model[J]. American Journal of Pathology, 2016, 186(11): 2934-2944.

[28] McDonald E, Li J, Krishnamurthy M, et al. SOX9 regulates endocrine cell differentiation during human fetal pancreas development[J]. International Journal of Biochemistry & Cell Biology, 2012, 44(1): 72-83.

[29] MacNeil J, Steenland N K, Shankar A, et al. A cross-sectional analysis of type II diabetes in a community with exposure to perfluorooctanoic acid (PFOA)[J]. Environmental Research, 2009, 109(8): 997-1003.

[30] Eladak S, Grisin T, Moison D, et al. A new chapter in the bisphenol a story: Bisphenol S and bisphenol F are not safe alternatives to this compound[J]. Fertility and Sterility, 2015, 103(1): 11-21.

[31] Baluka S A, Rumbeiha W K. Bisphenol A and food safety: Lessons from developed to developing countries[J]. Food and Chemical Toxicology, 2016, 92: 58-63.

[32] Liao C, Kannan K. A survey of bisphenol A and other bisphenol analogues in foodstuffs from nine cities in China[J]. Food Additives & Contaminants. Part A, Chemistry, Analysis, Control, Exposure & Risk Assessment, 2014, 31(2): 319-329.

[33] Liao C, Liu F, Moon H B, et al. Bisphenol analogues in sediments from industrialized areas in the United States, Japan, and Korea: Spatial and temporal distributions[J]. Environmental Science & Technology, 2012, 46(21): 11558-11565.

[34] Jurek A, Leitner E. Analytical determination of bisphenol A (BPA) and bisphenol analogues in paper products by GC-MS/MS[J]. Food Additives & Contaminants. Part A, Chemistry, Analysis, Control, Exposure & Risk Assessment, 2017, 34(7): 1225-1238.

[35] Cacho J I, Campillo N, Vinas P, et al. Stir bar sorptive extraction coupled to gas chromatography-mass spectrometry for the determination of bisphenols in canned beverages and filling liquids of canned vegetables[J]. Journal of Chromatography A, 2012, 1247: 146-153.

[36] Kim D, Yoo E R, Li A A, et al. Elevated urinary bisphenol A levels are associated with non-alcoholic fatty liver disease among adults in the United States[J]. Liver International, 2019, 39(7): 1335-1342.

[37] Perez-Lobato R, Mustieles V, Calvente I, et al. Exposure to bisphenol A and behavior in school-age children[J]. Neurotoxicology, 2016, 53: 12-19.

[38] Zhu M, Chen X Y, Li Y Y, et al. Bisphenol F disrupts thyroid hormone signaling and postembryonic development in *Xenopus laevis*[J]. Environmental Science & Technology Letters, 2018, 52(3): 1602-1611.

[39] Jang Y J, Park H R, Kim T H, et al. High dose bisphenol A impairs hippocampal neurogenesis in female mice across generations[J]. Toxicology, 2012, 296(1-3): 73-82.
[40] Liang X, Yang R, Yin N, et al. Evaluation of the effects of low nanomolar bisphenol A-like compounds' levels on early human embryonic development and lipid metabolism with human embryonic stem cell *in vitro* differentiation models[J]. Journal of Hazardous Materials, 2021, 407: 124387.
[41] de Moura M R, Mattoso L H C, Zucolotto V. Development of cellulose-based bactericidal nanocomposites containing silver nanoparticles and their use as active food packaging[J]. Journal of Food Engineering, 2012, 109(3): 520-524.
[42] Zhou Y, Tang R C. Facile and eco-friendly fabrication of AgNPs coated silk for antibacterial and antioxidant textiles using honeysuckle extract[J]. Journal of Photochemistry and Photobiology B: Biology, 2018, 178: 463-471.
[43] Kraeling M E K, Topping V D, Keltner Z M, et al. *In vitro* percutaneous penetration of silver nanoparticles in pig and human skin[J]. Regulatory Toxicology and Pharmacology, 2018, 95: 314-322.
[44] Yee M S, Hii L W, Looi C K, et al. Impact of microplastics and nanoplastics on human health[J]. Nanomaterials, 2021, 11(2): 496.
[45] Melnik E A, Buzulukov Y P, Demin V F, et al. Transfer of silver nanoparticles through the placenta and breast milk during *in vivo* experiments on rats[J]. Acta Naturae, 2013, 5(3): 107-115.
[46] Ahamed M, Alsalhi M S, Siddiqui M K. Silver nanoparticle applications and human health[J]. Clinica Chimica Acta, 2010, 411(23-24): 1841-1848.
[47] 冯辰昀, 李旭东, 郑妤婕, 等. 纳米材料的毒理学研究进展[J]. 中国科学:化学, 2022, 52(1): 15-22.
[48] Danila O O, Berghian A S, Dionisie V, et al. The effects of silver nanoparticles on behavior, apoptosis and nitro-oxidative stress in offspring wistar rats[J]. Nanomedicine, 2017, 12(12): 1455-1473.
[49] Arora S, Jain J, Rajwade J M, et al. Cellular responses induced by silver nanoparticles: *In vitro* studies[J]. Toxicology Letters, 2008, 179(2): 93-100.
[50] Hu B, Yang R, Cheng Z, et al. Non-cytotoxic silver nanoparticle levels perturb human embryonic stem cell-dependent specification of the cranial placode in part via FGF signaling[J]. Journal of Hazardous Materials, 2020, 393: 122440.

4.2　干细胞毒理学模型在食品、化妆品、医疗器械、药品与临床医学中的应用

现代科学技术迅速发展，各种技术和工业化进程的不断更新为人类生产生活带来了便利，同时引发了人类健康风险和环境危机等一系列问题，并受到广泛关注。与4.1节讨论的环境中的风险物质研究相比，食品、化妆品、医疗器械、药品与临床医学相关安全话题与人们日常生活密切相关，尤其是近年来网络平台迅速发展和信息传播的快速直接性，一些以“科技与狠活”为标题的食品安全等话题进一步影响了个人与社会对安全风险的感知与重视程度[1,2]。这对国家在相关安全标准制定、安全问题检测与监测、潜在安全风险预测与管控方面提出了新的要求。

为应对这些问题，国家制定了一系列有关食品、化妆品、医疗器械、药品与临床医学的法律法规和标准，并不断更新与修订以适应科技飞速发展的社会现状。例如，《中华人民共和国食品安全法》于2009年2月28日通过，在2015年4月24日进行修订[3]；《化妆品安全技术规范》于2015年11月审议通过，并于2023年2月公开征求意见进行修订[4]；《生物制品批签发管理办法》旨在加强生物制品监督管理，规范生物制品批签发行为，保证生物制品安全、有效[5]；《医疗器械监督管理条例》自2000年公布以来，经

历了 3 次修订，2021 年发布的最新修订版条例旨在保证医疗器械的安全与有效，保障人体健康和生命安全，促进医疗器械产业发展[6]。

目前，关于食品、化妆品和医疗器械检验的相关法律法规与标准更多地采用了理化分析法检测分析重金属、农药残留、添加剂、药品纯度、微生物等指标[7,8]。相比之下，动物或细胞的毒性实验在日常质量安全检测相对使用较少，这与研究型的实验目的不同，更多的是为了在有限时间内获得相关安全结果数据[9,10]。因此，在食品、化妆品和医疗器械检验方面的现状就是几乎使用理化学检测手段与短时间的微生物、动物实验和一般细胞系实验检测手段（图 4-10），很少有基于干细胞毒理学模型的检测方法作为标准进行使用。因此，对于干细胞毒理学在建立标准化快速筛选评价的探索和应用中还有待加强。

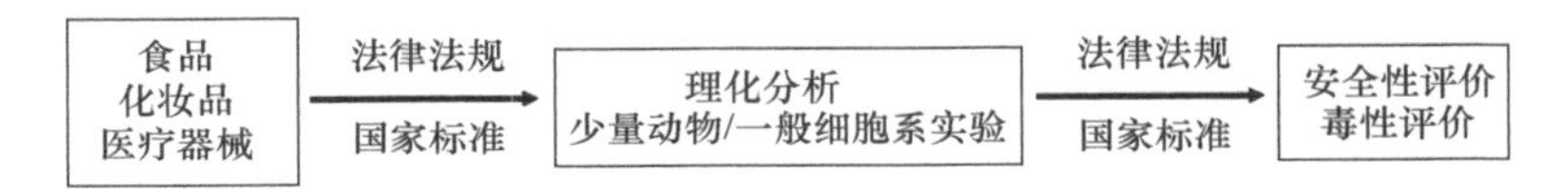

图 4-10　食品、化妆品和医疗器械检验现状

然而，药品和临床医学中的安全性评估与食品、化妆品和医疗器械检验的安全检测又存在一些差异。食品、化妆品和医疗器械的安全性检测是在这些产品已通过前序安全评估工作批准上市的前提下，对照相关标准进行的质量安全检测。换句话说，希望使用快速、高效、灵敏、准确且具有良好性价比的检测方法完成安全质量评估。但药品和临床医学中的安全性评估更多是在投入使用之前进行的研究，更加注重对治疗药物机理的探究，以为其在临床应用中提供相关数据支撑（图 4-11）。因此，干细胞生物学的飞速发展，有了干细胞这类具有自我更新和分化成其他细胞可模拟发育过程的优秀特点且可整合基因编辑技术、重编程技术、高通量测序技术等多种新兴技术这一强大的平台基础，其近年来在临床医学的应用较多。干细胞在临床医学的应用既可以是干细胞本身作为“药物”进行的细胞治疗[11,12]，又可以是基于干细胞建立实验模型探究相关药物等治疗方法的有效性和安全性[13]。在干细胞毒理学模型的框架下，本节讨论的就是后者，即基于干细胞毒理学模型对药物等临床治疗进行的科学研究。

图 4-11　药品与临床医学中的安全性评估现状

综上所述，干细胞毒理学模型在食品、化妆品和医疗器械及药品与临床医学中的应用可主要分为两大方面：一方面是服务于食品、化妆品和医疗器械检验、药物初筛、靶点筛选而建立高效灵敏的高通量快速筛选检测模型；另一方面是应用于食品、化妆品和医疗器械检验中已有标准的物质是否对人体健康具有潜在风险的安全性研究，还有药品与临床医学中相关治疗方法的探索，并研究其在疾病治疗中的有效性与安全性（图 4-12）。

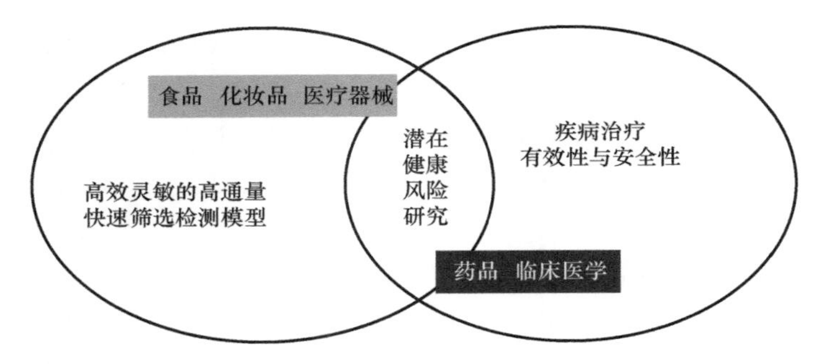

图 4-12　干细胞毒理学模型在食品、化妆品、医疗器械、药品与临床医学的应用

4.2.1　干细胞毒理学在食品安全检验中的应用

截至 2022 年 11 月，我国已经发布了食品安全国家标准 1478 项。其中，通用标准 15 项、食品产品标准 70 项、特殊膳食食品标准 10 项、食品添加剂质量规格及相关标准 651 项、食品营养强化剂质量规格标准 62 项、食品相关产品标准 16 项、生产经营规范标准 34 项、理化检验方法标准 237 项、微生物检验方法标准 32 项、毒理学检验方法与规程标准 29 项、农药残留检测方法标准 120 项、兽药残留检测方法标准 95 项、被替代（拟替代）和已废止（待废止）标准 107 项[14]。根据我国的食品安全国家标准目录，可以将食品安全检验分为三个主要方面：一是对食品生产过程中可能存在的有害物质进行检测，二是对食品的营养成分进行检测，三是对食品生产经营规范的管控。在毒理学检验方法与规程标准中，涉及基于细胞的安全检测试验，如《食品安全国家标准　哺乳动物红细胞微核试验》（GB 15193.5—2014）、《食品安全国家标准　哺乳动物骨髓细胞染色体畸变试验》（GB 15193.6—2014）、《食品安全国家标准　小鼠精原细胞或精母细胞染色体畸变试验》（GB 15193.8—2014）、《食品安全国家标准　体外哺乳类细胞 DNA 损伤修复（非程序性 DNA 合成）试验》（GB 15193.10—2014）、《食品安全国家标准　体外哺乳类细胞 HGPRT 基因突变试验》（GB 15193.12—2014）、《食品安全国家标准　体外哺乳类细胞 TK 基因突变试验》（GB 15193.20—2014）、《食品安全国家标准　体外哺乳类细胞染色体畸变试验》（GB 15193.23—2014）、《食品安全国家标准 体外哺乳类细胞微核试验》（GB 15193.28—2020）。这些标准仅使用癌细胞或其他一般细胞系进行简单的细胞试验，并未使用干细胞毒理学模型进行安全性检测。

在现行检验标准体系和毒理学分析手段下，对食品的安全性检验和研究有不少是利用理化分析技术与动物实验进行的。例如，采用理化分析的方法分析食品中添加剂成分。食品中经常添加可食用染料调节颜色，闵宇航等[15]利用固相萃取净化技术联合超高效液相色谱串联质谱法，能检测包含肉制品、豆制品、水产品和调味品等食品中的 24 种酸性工业染料进行定性检测与定量分析，为食品添加的工业染料的相关监管提供一种方法。同时，有利用动物实验研究食品生产过程中是否会有对人体健康有害的情况出现。因为酸菜在制作过程中会产生亚硝酸盐，过多地摄入亚硝酸盐会对人体有直接或间接的危害，韩晓鸥等[16]采集了 120 份辽宁地区市场在售酸菜样品，使用小鼠急性毒性模型和慢性毒性模型进行毒性实验，建立了辽宁地区酸菜流通领域的暴露评估模型，评估结果表明辽宁地区酸菜中的亚硝酸盐的含量在安全范围内。相关研究都是在遵循国家标准的基础上进行实验与比较的，检测标准相对单一，滞后于现代科技发展，无法满足高速发展的现代社会中层出不穷的新问题。

目前，仅有很少的研究利用干细胞毒理学模型对食品添加剂的加入是否会对人体造成健康风险进行研究。例如，Athinarayanan 等[17]发现食品添加剂的物理化学性质并没有得到足够的重视与评估，尤其是随着纳米毒理学的发展，是否应该考虑食品添加剂中的纳米级成分对人体健康存在的潜在风险效应，并进行相应的安全性评估。研究首先选取了二氧化硅（E551）和磷酸三钙（E341）两种食品添加剂，通过透射电子显微镜观察两种食品添加剂，发现它们其实是由纳米颗粒组成的，二氧化硅颗粒的直径是 2～50nm、磷酸三钙颗粒的直径是 70～200nm。进一步地，研究利用人间充质干细胞研究这两种纳米级的食品添加剂是否有毒性效应。在二氧化硅和磷酸三钙这两种食品添加剂共同给药处理后，研究发现细胞出现了形态变化、细胞活力降低、线粒体膜电位变化和活性氧产生这些细胞毒性效应，氧化应激相关基因 *MDM3*、*TNFSF10* 和 *POR* 的表达呈上升趋势。这表明食品添加剂虽然在量上符合国家安全标准，但其自身的理化性质未被充分考虑，可能对人体健康存在潜在风险[17]。

除了对已有标准中涉及的食品添加剂和残留有毒物质等的进一步研究，食品加工和包装环节中也有可能在与食品接触的过程中泄漏某些成分，对人体健康有潜在的风险效应。例如，BPA 广泛用于合成环氧树脂、聚合物材料和聚碳酸酯塑料，这些材料常被用作食品容器或表面涂层等，在与食物接触的过程中通过浸出作用进入食物中，人们就会通过食物摄入 BPA[18]。塑料材料中两种最常用的化合物是邻苯二甲酸酯和邻苯二甲酸二丁酯（DBP），它们经常被用于制作咖啡等饮料的包装容器。研究发现邻苯二甲酸酯和邻苯二甲酸二丁酯可以在与咖啡的接触过程中迁移到饮品中，提示人们通过咖啡等饮品会暴露邻苯二甲酸酯和邻苯二甲酸二丁酯这些塑料浸出的化合物[19]。瓶装水在太阳光照射下会出现重金属铬、镉、铅、砷和镍的浸出，因此建议避免将瓶装水暴露在太阳光下，以减少潜在暴露风险[20]。另外，使用塑料作为外包装的食品会增加微塑料的暴露风险[21]；使用陶瓷餐具时会出现金属元素的迁移，可能导致超过建议的元素膳食摄入量的风险[22]。在食品检验中存在的 BPA、微塑料、重金属这些物质在环境中均能够检测到，也属于环境污染物的大类，在 4.1 节作为环境污染物也有所讨论。

由此可见，干细胞毒理学模型可应用于食品安全评估，并能深入研究之前标准中未涉及的领域，更好地应对新时代出现的新问题，在研究的过程中检测不同指标，并得出相关结论，揭示相关潜在的人体健康风险，为食品安全检测与评估提供支持。此外，在现有安全标准下，干细胞毒理学模型还可探索高通量筛选模型，并在日常检验和检测中应用。

4.2.2　干细胞毒理学在化妆品安全检验中的应用

自 2021 年 1 月 1 日起，我国开始施行《化妆品监督管理条例》，该条例进一步规范了化妆品的生产经营活动、加强了对化妆品的监督管理，为更好地保证化妆品的质量安全、保障消费者的身体健康、促进化妆品产业良好发展提供管理标准和依据[23]。根据我国现行的化妆品安全国家标准，可将其分为六个主要方面：基础标准、开发设计标准、生产和采购标准、产品标准、安全与卫生标准、检测方法标准。其中，与化妆品安全评价相关的内容集中在安全与卫生标准和检测方法标准这两方面，用于检测化妆品中各种物质的成分与含量[24]。在检测方法中，高效液相色谱法、电感耦合等离子体质谱法、液相色谱–串联质谱法、微生物检验法等的理化学分析技术采用较多。例如，《化妆品中二十四种防腐剂的测定 高效液相色谱法》（GB/T 26517—2011）、《化妆品中 7 种维生素 C 衍生物的测定 高效液相色谱–串联质谱法》（GB/T 30926—2014）、《化妆品微生物标准检验方法 金黄色葡萄球菌》（GB/T 7918.5—1987）。然而，这些标准并未使用细胞模型或干细胞毒理学模型进行安全性检测。

为达到国家标准相关要求，在传统检测实验中，常利用或联用色谱法和质谱法对相关成分进行定性与定量分析。维生素 A 类物质是化妆品中经常添加的物质，有促进表皮再生等功效，但使用不当也可能增加皮肤过敏情况或损害皮肤。章欣等[25]通过优化前处理流程，并利用超高效液相色谱法，对采集的化妆品样品中的 6 种维生素 A 类物质进行定量检测，建立了灵敏度高、效率高、可适用于化妆品中的维生素 A 类物质含量测定的快速方法。其中，维生素 A 类物质视黄酸在化妆品中使用广泛，同时视黄酸在胚胎发育阶段是一种被精确控制时间和空间浓度的信号分子，缺乏和过量都会导致胚胎发育畸形[26]，因此也有相关动物实验表明少量或过量的视黄酸对生殖方面有消极影响[27]。然而，以往的相关安全性评价实验大多建立在国家标准要求和动物实验上，很少有完全贴近人体真实情况的实验模型，对安全性的评估可能还存在不足。

其实，目前有利用基于干细胞毒理学模型对化妆品成分使用在人体上的安全性进行测试研究。例如，Lee 等[28]利用干细胞与基质骨架共培养建立皮肤–神经共培养模型和皮肤–肝脏共培养模型，并结合气–液界面培养技术、钙成像技术、谷胱甘肽和活性氧的定量检测技术，开发用于化妆品的安全评估方法。在皮肤–神经共培养模型中，研究使用人角质形成细胞作为最表面的皮肤细胞层接触空气、人神经干细胞与三维水凝胶基质共培养后在皮肤细胞层下方的第二层、水凝胶基质在神经细胞层下方的第三层，并直接接触培养基。该模型通过检测神经元活动的变化，结合钙成像技术，能够在化合物处理后进行实时定量分析皮肤致敏反应。在皮肤–肝脏共培养模型中，研究首先使用人角质形成细胞作为最表面的皮肤细胞层接触空气，其次填充水凝胶基质在皮肤细胞层下方作为第二层，再次在第三层是与水凝胶基质共培养的基于人诱导多能干细胞生成的类肝实质细胞（human induced pluripotent stem cell-derived hepatocyte-like cells，hiPSC-HEPs），最后是第四层水凝胶基质并直接接触培养基。该模型借助谷胱甘肽和活性氧的定量实验可以评估接触皮肤的化学物质在使用过程中的潜在肝毒性。研究还使用高浓度视黄酸这一经常使用的皮肤化妆品成分进行了皮肤–神经共培养模型毒性实验，使用对乙酰氨基酚和樟脑这两个已知的肝毒性化合物进行了皮肤–肝脏共培养模型毒性实验，结果显示这两种模型在给药处理后均出现了相应的反应，表明这些模型可以用于化妆品成分的毒性效应研究[28]。

干细胞毒理学模型不仅可以用于上述研究中，对化妆品成分的毒性效应进行研究和安全性评估；而且可以利用干细胞毒理学模型进行相关生理过程的模拟，对天然或合成的化合物进行功效筛选和评估，如美白效果、促进细胞增殖再生等。特别是近年来儿童化妆品市场的兴起，对化妆品的安全性检验应更加重视[29]。儿童处于发育阶段，干细胞毒理学模型能够很好地研究与评估化合物的发育毒性[30]，更应发挥其优势，为化妆品的安全监管提供支持[31]。

因此，干细胞毒理学模型不仅可以在更深入评估化合物潜在风险和探索机制方面提供毒理学实验平台，还可以改进现有标准并探索其在高通量筛选模型方面的应用，以支持日常检测和检验工作。

4.2.3　干细胞毒理学在医疗器械安全检验中的应用

随着医学技术的不断进步与医疗行业的发展，为更好地满足并保障人们的医疗诉求，《医疗器械监督管理条例》自 2000 年首次发布后经过多次修订和调整，于 2020 年 12 月 21 日通过最新修订，并于 2021 年 2 月 9 日发布最新文件，自 2021 年 6 月 1 日起施行条例[32]。对于医疗器械相关安全性评价的国家标准是《医疗器械生物学评价》，该标准由中国质检出版社与中国标准出版社于 2012 年出版发布，对概念解析、实验要求和流程标准都进行了详细阐述。其中，《医疗器械生物学评价　第 5 部分：体外细胞毒性试验》规范了医疗器械使用体外细胞实验的生物学安全评价流程与标准。标准中对细胞毒性试验的测试终点有四种类型：按形态学评定细胞损伤、细胞损伤的测定、细胞生长的测定、细胞代谢特性的测定。标准还规定了三类对待测物的细胞测试方法：浸提液试验、直接接触试验、间接接触试验。然而，标准中并没有具体规定使用的细胞种类或细胞系[33]。因此，在医疗器械生物学评价标准中，关于体外细胞毒性实验的部分是可以将干细胞毒理学模型结合，按照三类待测物的细胞测试方法和四类待测物细胞毒性实验终点进行安全评价。

医疗器械安全一直以来都是被关注的状态，特别是随着科技的发展，越来越多的新材料因其优异的理化性质，成为医疗器械的原材料。例如，邻苯二甲酸酯类物质作为增塑剂可以提高产品的柔韧度、耐用性等相关性能，在食品包装、个人护理品等日常产品中使用，也广泛在输液管、透析袋等医疗器械中使用，已有不少流行病学调查利用动物模型等传统毒理学实验研究并总结其毒理学效应，研究表明邻苯二甲酸酯类物质对肝脏、甲状腺、肾脏、肺部、生殖、内分泌、神经和呼吸系统产生毒性影响，并与哮喘、肥胖、孤独症和糖尿病有关[34]。目前，已有研究利用干细胞毒理学模型对医疗器械中的成分进行毒理学研究。例如，软质聚氯乙烯（PVC）材料大量应用于医疗器械中，其中的增塑剂成分含有邻苯二甲酸二(2-乙基己基)酯（DEHP），在医疗使用过程中存在浸出的风险[35]。Yang 等[36]利用基于人源胚胎干细胞的类脑器官模型对 DEHP 进行了神经毒性研究。研究发现，DEHP 给药处理显著抑制了细胞增殖，并增加了细胞凋亡的发生。在实验中，脑类器官出现了形态学上的变化，提示其对大脑皮质的形态发生有损害作用。研究通过划痕实验和细胞迁移实验发现 DEHP 破坏了神经发生和神经祖细胞迁移。结合转录组测序技术，对比处理组与对照组的基因表达情况，还发现 DEHP 可能影响了细胞外基质（ECM）的相互作用和信号传递，从而进一步出现神经发育毒性[36]。值得注意的是，DEHP 不仅是医疗器械产品（可能会含有潜在风险的成分），也是一种环境污染物，这表明干细胞毒理学模型在这方面具有广泛的应用前景。

口罩也是一种医疗器械。Guo 等[37]利用“高通量多功能成组毒理学分析系统”（high-throughput and multifunctional integrated toxicology analyzer，ITA）对一次性医用口罩、外科口罩和（K）N95 口罩中的有机化合物与微米/纳米颗粒进行了检测与分析。通过气相色谱–高分辨质谱疑似靶标分析，共检测出 79 种有机化合物，这些有机污染物主要是制造口罩的原料物质、制造口罩过程中有目的性的添加剂、一些化合物的转化产物。研究通过呼吸模拟还发现相关过程中还会有聚丙烯微纳塑料、纤维素、硬脂酸钙、碳酸钙等颗粒物的存在，且直径小于 2.5μm 的颗粒物占包括微米和纳米级别的颗粒物总数的近 90%。口罩作为直接接触人体皮肤和进行呼吸交换的中转站，有机化合物和颗粒物可以直接接触人体皮肤，并通过呼吸进入体内，具有潜在暴露风险[37]。后续，还可整合加入基于干细胞毒理学模型的毒性效应测试模块，在检测分析医疗器械中潜在风险物质的同时，对其进行毒理学评价。

因此，在医疗器械安全性评估方面，干细胞毒理学模型不仅可以用于深入研究毒性效应和机制，还可以有针对性地优化实验方法和流程，将其纳入高通量毒理学分析的整体框架中。

4.2.4　干细胞毒理学在药品与临床医学中的应用

我国于 1984 年 9 月 20 日通过了《中华人民共和国药品管理法》，经历了两次修正与两次修订，最新一次修订于 2019 年 8 月 26 日。该管理法对包括中药、化学药和生物制品等在内的药品从研制到上市、生产到经营全流程进行了规范和管理[38]。

随着生物技术的快速发展，药物研发与临床研究进入了新的阶段。尤其在人工智能发展迅速、社会正经历数字化转型的变革期，药物研发与临床研究可以借助算法与模型在小分子药物设计、药物性质预测、药物虚拟筛选等多方面提供应用场景，加速研发流程、提高筛选通量。然而，通过算法生成的数据与候选化合物会出现解释性不够、没有重复性研究等问题[39]。因此，需要有更高效的实验模型进行验证，获得实际的药物有效性与安全性数据，为进入临床阶段提供依据与准备。

然而，药物研发和安全性评估一直以来都是一项费用贵、耗时长、难度高的事情，且在临床试验期间出现的意外不良反应导致终止或停药的情况时有发生。以往研究采用体外癌细胞/原代细胞模型和体内动物模型预测毒性的方法，但从动物模型得到的数据有种间差异，可能并不能很好地适用于人，如由沙利度胺引起的著名的“海豚肢”胎儿事件[40]。

基于上述限制，干细胞毒理学模型在药物研发与安全性评估中具有强大优势。首先，基于干细胞毒理学模型可以进行疾病发生的模拟，进一步探索相关发病机制与靶点；其次，干细胞毒理学模型可以作为高通量平台，对相关对症的候选化合物进行筛选，从一种候选化合物中找出有治疗效果的物质；最后，干细胞毒理学模型具有全方位评估细胞毒性、胚胎毒性、发育毒性和功能毒性的优势[41]，可用于对筛选出的化合物进行安全性评估和有效性排序。值得注意的是，由于干细胞毒理学模型能够与微流控、基因编辑、高通量测序、机器学习等新兴科学技术无缝结合，因此在整个研发和评价期间能够很好地运用当今发展的新技术进行更高效、准确的研究。

干细胞毒理学模型可以利用不同来源的细胞，如患者来源的细胞、使用基因编辑等方式获得遗传变异的细胞，建立由不同原因造成的疾病发生的实验模型，寻找与疾病发生相关的关键靶点和重要通路，研究疾病发生机制，更好地为后续疾病治疗提供基础数据。例如，Wen 等[42]从一个确诊精神分裂症和分裂情感障碍的美国家庭中的 4 位成员获取了皮肤样品，其中两位成员有 *schizophrenia 1*（*DISC1*）基因的突变，另外两位成员没有。研究使用这 4 位成员的皮肤样品和一个从美国典型培养物保藏中心（American Type Culture Collection，ATCC）获得的商业化成纤维细胞系共 5 种细胞进行重编程，得到了诱导多能干细胞，再进行前脑神经细胞谱系的特异性分化。研究发现，携带 *DISC1* 基因突变的细胞系中，DISC1 蛋白表达缺失会导致后续分化形成的前脑神经细胞的突触前细胞的突触小泡释放过程出现问题。为了进一步确认 *DISC1* 基因突变与突触功能缺失的必要性，研究还利用基因编辑技术诱导纠正了一个突变诱导多能干细胞系的 4 个碱基缺失，将一个非患病成员和一个商业化成纤维细胞系这两个对照组诱导多能干细胞系引入了 4 个碱基缺失，验证 *DISC1* 基因突变与突触功能缺失的确定性。后续研究为了更好地了解 *DISC1* 基因突变对前脑神经细胞的影响，进行了转录组测序，发现 *DISC1* 基因突变会导致人类神经元的突触功能损害和相关基因转录失调。研究通过重编程患者细胞样品得到的诱导多能干细胞进行前脑神经分化实验建立疾病模型，找到 *DISC1* 基因突变可能是作为精神分裂症和分裂情感障碍精神疾病中的重要单位点基因，为复杂性疾病研究提供宝贵线索[42]。

干细胞毒理学模型可以结合高内涵技术、高通量测序技术、机器学习等算法，作为高效筛选平台对化合物进行有效性判断、毒性筛选与安全性评估。例如，Schwartz 等[43]将干细胞生物学、组织工程学、生物信息学和机器学习相结合，开发了用于发育神经毒性筛选的干细胞毒理学模型。研究首先将人多能干细胞分别分化为神经祖细胞、内皮细胞、间充质干细胞、小胶质细胞/巨噬细胞前体，再将这些前体细胞培养在基质胶骨架上，培养了基于人多能干细胞分化衍生而成的三维神经组织结构。机器学习根据 34 种有神经毒性和 26 种无神经毒性的化合物处理了 240 个三维神经组织结构细胞模型得到的转录组数据建立神经毒性预测模型。在 10 种化合物的盲筛实验中，神经毒性预测模型正确地预测了 9 种化合物的神经毒性情况[43]。

干细胞毒理学模型还可以用于不同器官或分化过程的细胞毒性、胚胎毒性、发育毒性、功能毒性的评价，对化合物进行安全性评估。例如，Takasato 等[44]基于人多能干细胞分化形成肾脏类器官，该类器官包括被内皮和肾间质包围的完全分段的肾单位，且转录组基因表达图谱与胎儿肾组织样品表现出很高的一致性，提示分化形成的肾脏类器官的组织复杂性和细胞功能一定程度上能支撑用于肾毒性筛选的模型。顺铂是一种含铂的抗癌药物，可导致肾脏近端肾小管细胞急性凋亡。研究使用顺铂处理肾脏类器官，发现成熟近端小管细胞出现特异性急性凋亡情况，表明肾脏类器官对顺铂有毒性反应。提示使用人多能干细胞分化形成的肾脏类器官可以模拟人体肾脏器官，作为肾毒性筛选的干细胞毒理学模型[44]。

4.2.5 展　望

干细胞毒理学模型在与人们日常生活更直接相关的领域中应用相对较少，集中在科学研究方向。然而，实际上在食品安全、化妆品安全、医疗器械安全和药品安全等与人们直接相关的领域可以进行一定的干细胞毒理学模型的探讨及研究。例如，中国科学院生态环境研究中心的“高通量多功能成组毒理学分析系统”将化学分析技术与毒性学检测技术相结合，为未知物质的毒性效应筛选研究提供了一个整合的通用平台，显著提高了未知物质识别及毒性评价的可靠性及效率，可以用于食品安全、化妆品分析、药物安全评价、医疗器械安全检测甚至临床上的药物筛选。干细胞毒理学模型也可以整合至毒理学分析模块，使干细胞毒理学模型可以通过这一通用平台更好地进行基于标准下的日常检验检测。现阶段，干细胞毒理学模型通常是从作为研究目的的干细胞分化模型中发展而来的，其间涉及的生物过程和信号通路纷繁交错，相对复杂。因此，以高通量筛选与检测为目的的干细胞毒理学模型还需要将以研究为目的的干细胞毒理学模型进一步简化，并找到相关毒性效应的标志物作为靶点，尽量简化实验方法、降低实验成本、提高实验的通量与效率，使其能在更大范围中运用于不同化合物的高通量筛查。

干细胞毒理学模型在食品、化妆品、医疗器械检验、药品与临床医学中具有不可替代的特点，相较于其他毒理学模型如动物模型和癌细胞/原代细胞模型，更接近人体真实的生理状况，具备自我更新和分化能力。这使得干细胞毒理学模型可以更深入地研究某种化合物的作用效应和作用机制，并提供与发育毒性相关的数据。实验室得到的数据与流行病学调查得到的数据相互支持与佐证，通过互相补充，可以得到更贴近人体真实情况的潜在健康风险效应链，从而有的放矢地对这些产品的生成、加工和使用进行有效的监督、管控与补救。

由于干细胞毒理学模型的人源性、无限增殖与多向分化特性，其在药品与临床医学中的应用场景更为广阔。从初期的模拟疾病模型找到关键靶点和机制，到对应靶点的化合物筛选，再到化合物的安全性评估，都可以通过干细胞毒理学平台很好地实现。随着干细胞毒理学的进一步研究与发展，使用干细胞毒理学模型在药品与临床医学的使用将越来越广泛与便捷。

参 考 文 献

[1] 王玉斌, 宋慧琪. 看懂“科技与狠活”：科学对待食品安全问题[J]. 群言, 2023, (4): 30-32.

[2] 张盖伦. 科技与狠活：浅析短视频对食品安全风险的放大效应[J]. 科技传播, 2023, 15(3): 118-121.

[3] Liang X, Yang R, Yin N, et al. Evaluation of the effects of low nanomolar bisphenol A-like compounds' levels on early human embryonic development and lipid metabolism with human embryonic stem cell *in*

vitro differentiation models[J]. Journal of Hazardous Materials, 2021, 407: 124387.

[4] 中国食品药品检定研究院. 中检院关于征集《化妆品安全技术规范》2023 年制修订建议的通知[EB/OL]. [2023-2-17]. https://www.nifdc.org.cn//nifdc/xxgk/ggtzh/tongzhi/20230217105754474685. html.

[5] 国家市场监督管理总局. 生物制品批签发管理办法[J]. 中华人民共和国国务院公报, 2005(16): 37-39.

[6] 贾邹赛, 柏荣庆, 杨艳. 新修订《医疗器械监督管理条例》解读[J]. 中国医疗器械信息, 2022, 28(5): 4-6, 132.

[7] 黄迪, 刘丽英. 食品安全检验检测技术分析[J]. 食品安全导刊, 2023, (3): 49-51.

[8] 何彪. 化妆品质量安全检测技术及应用[J]. 轻工标准与质量, 2023, (2): 82-85.

[9] 卢静, 郭文秀, 张劭康, 等. 细胞毒理学技术在食品安全方面的应用[J]. 食品工业科技, 2009, 30(8): 356-358.

[10] 李兵霞, 王友升. 细胞毒理学在食品领域中的应用[J]. 食品科学, 2011, 32(17): 384-387.

[11] Yamanaka S. Pluripotent stem cell-based cell therapy-promise and challenges[J]. Cell Stem Cell, 2020, 27(4): 523-531.

[12] Chari S, Nguyen A, Saxe J. Stem cells in the clinic[J]. Cell Stem Cell, 2018, 22(6): 781-782.

[13] Hook L A. Stem cell technology for drug discovery and development[J]. Drug Discovery Today, 2012, 17(7-8): 336-342.

[14] 食品安全标准与监测评估司. 食品安全国家标准目录(截至 2022 年 11 月共 1478 项)[EB/OL]. [2023-01-11]. http:// www.nhc.gov.cn/sps/s3594/202301/ff4b683101d1443bb479a1853b0a80bf. shtml.

[15] 闵宇航, 刘斯琪, 余晓琴, 等. SPE-UPLC-MS/MS 同时测定食品中 24 种酸性工业染料[J]. 食品工业科技, 2024, 43(24): 1-18.

[16] 韩晓鸥, 平小红, 伊萍, 等. 辽宁地区酸菜中亚硝酸盐的风险评估[J]. 食品安全质量检测学报, 2020, 11(24): 9555-9562.

[17] Athinarayanan J, Khaibary A A L, Periasamy V S, et al. Co-exposure to commercial food product ingredient E341 and E551 triggers cytotoxicity in human mesenchymal stem cells[J]. Environmental Science and Pollution Research International, 2023, 30(12): 33264-33274.

[18] Manzoor M F, Tariq T, Fatima B, et al. An insight into bisphenol A, food exposure and its adverse effects on health: A review[J]. Frontiers in Nutrition, 2022, 9: 1047827.

[19] Velotto S, Squillante J, Nolasco A, et al. Occurrence of phthalate esters in coffee and risk assessment[J]. Foods, 2023, 12(5): 1106.

[20] Umoafia N, Joseph A, Edet U, et al. Deterioration of the quality of packaged potable water (bottled water) exposed to sunlight for a prolonged period: An implication for public health[J]. Food and Chemical Toxicology, 2023, 175: 113728.

[21] Joseph A, Parveen N, Ranjan V P, et al. Drinking hot beverages from paper cups: Lifetime intake of microplastics[J]. Chemosphere, 2023, 317: 137844.

[22] Liu W, Wang X, Zhong H, et al. Risk assessment of eighteen elements leaching from ceramic tableware in China[J]. Food Additives & Contaminants Part B: Surveillance, 2023, 16(3): 209-218.

[23] 中华人民共和国国务院. 《化妆品监督管理条例》开始施行[J]. 质量与标准化, 2021(1): 2.

[24] 倪晨皓, 陈晨雨, 朱方成, 等. 国内外化妆品标准化现状及标准体系构建研究[J]. 质量与市场, 2022(19): 193-195.

[25] 章欣, 李珊, 周湖武, 等. 超高效液相色谱法测定化妆品中 6 种维生素 A 类物质的含量[J]. 香料香精化妆品, 2023, (5): 1-12.

[26] Piersma A H, Hessel E V, Staal Y C. Retinoic acid in developmental toxicology: Teratogen, morphogen and biomarker[J]. Reproductive Toxicology, 2017, 72: 53-61.

[27] 夏晓雪, 缪旭, 张冬梅, 等. 维甲酸类药物的临床应用及对生殖的影响[J]. 皮肤病与性病, 2020, 42(4): 498-501.

[28] Lee J S, Kim J, Cui B, et al. Hybrid skin chips for toxicological evaluation of chemical drugs and cosmetic compounds[J]. Lab on a Chip, 2022, 22(2): 343-353.

[29] 金悦. 儿童化妆品市场预计 2026 年将达 492.7 亿元[J]. 中国化妆品, 2022(10): 64-69.
[30] Yao X, Yin N, Faiola F. Stem cell toxicology: A powerful tool to assess pollution effects on human health[J]. National Science Review, 2016, 3(4): 430-450.
[31] 杨珂宇, 田少雷, 董江萍, 等. 儿童化妆品安全风险与监督检查重点探讨[J]. 中国食品药品监管, 2023(1): 68-73.
[32] 蒋海洪, 方媛. 论 2021 年《医疗器械监督管理条例》的修订与影响[J]. 医疗卫生装备, 2022, 43(1): 1-5.
[33] 国家食品药品监督管理局济南医疗器械质量监督检验中心, 国家食品药品监督管理总局北京医疗器械质量监督检验中心, 江苏省医疗器械检验所, 等. 医疗器械生物学评价 第 5 部分：体外细胞毒性试验[S]. 北京：中华人民共和国国家质量监督检验检疫总局；中国国家标准化管理委员会, 2017.
[34] Simunovic A, Tomic S, Kranjcec K. Medical devices as a source of phthalate exposure: A review of current knowledge and alternative solutions[J]. Archives of Industrial Hygiene and Toxicology, 2022, 73(3): 179-190.
[35] 王越, 谢昕, 姜红强, 等. DEHP 在 PVC 医疗器械中的应用及安全性评价[J]. 中国医疗器械杂志, 2018, 42(4): 293-295.
[36] Yang L, Zou J, Zang Z, et al. Di-(2-ethylhexyl) phthalate exposure impairs cortical development in hESC-derived cerebral organoids[J]. Science of the Total Environment, 2023, 865: 161251.
[37] Guo Y, Liu Y, Xiang T, et al. Disposable polypropylene face masks: A potential source of micro/nanoparticles and organic contaminates in humans[J]. Environmental Science & Technology, 2023, 57(14): 5739-5750.
[38] 国家药品监督管理局. 中华人民共和国药品管理法[J]. 中华人民共和国全国人民代表大会常务委员会公报, 2015(3): 626-636.
[39] Vamathevan J, Clark D, Czodrowski P, et al. Applications of machine learning in drug discovery and development[J]. Nature Reviews. Drug Discovery, 2019, 18(6): 463-477.
[40] Franks M E, Macpherson G R, Figg W D. Thalidomide[J]. Lancet, 2004, 363(9423): 1802-1811.
[41] Faiola F, Yin N, Yao X, et al. The rise of stem cell toxicology[J]. Environmental Science & Technology, 2015, 49(10): 5847-5848.
[42] Wen Z, Nguyen H N, Guo Z, et al. Synaptic dysregulation in a human iPS cell model of mental disorders[J]. Nature, 2014, 515(7527): 414-418.
[43] Schwartz M P, Hou Z, Propson N E, et al. Human pluripotent stem cell-derived neural constructs for predicting neural toxicity[J]. Proceedings of the National Academy of Sciences of the United States of America, 2015, 112(40): 12516-12521.
[44] Takasato M, Er P X, Chiu H S, et al. Kidney organoids from human iPS cells contain multiple lineages and model human nephrogenesis[J]. Nature, 2015, 526(7574): 564-568.

4.3　干细胞毒理学未来发展趋势

进入 21 世纪，在评估新型化学品、药物或环境污染物对人体的潜在健康风险时，越来越倾向于采用以人源细胞为基础的测试模型来替代传统的动物实验，并体现 3R 原则。因此，研发准确、有效、低成本、高通量的动物替代新方法，是近年来毒理学研究致力于实现的目标。自 1997 年德国动物实验替代方法评价中心（Centre for Documentation and Evaluation of Alternative Methods to Animal Experiments，ZEBET）首次提出了基于小鼠胚胎干细胞测试的毒性模型用于评价化合物的胚胎毒性，到 2015 年中国科学院生态环境研究中心干细胞毒理学研究室系统地提出基于胚胎干细胞或诱导多能干细胞的干细胞毒理学模型，干细胞在毒理学中的应用得到了快速发展[1,2]。细胞模型从小鼠胚胎干细胞扩展到包含人多能干细胞和成体干细胞的多元体系；测试终点从单一的 IC_{50} 和 ID_{50} 扩展到包含细胞形态、基因/蛋白的表达水平、特征代谢物等多层次的评价指标；应用领域也不仅局限于评价化合物的胚胎毒性，还包括评价其细胞毒性、发育毒性、器官功能毒性、生殖毒性等。随着干细胞基础研究的突破与组织工程学等学科的发展，3D 组织培养与微流控技术等为干细胞毒理学的研究与发展提供了新的机遇，组学技术、基因编辑及机器学习等的应用进一步丰富了干细胞毒性测试模型的多样化及测试终点的多元化，提高了测试平台通量及筛选模型的准确性，这些新技术的应用促进了干细胞毒理学的发展，有助于开发和实现准确、有效、低成本、高通量的体外动物替代测试平台。

4.3.1　类器官技术

类器官是由多能干细胞或成体干细胞在体外自组织并分化形成的具有三维结构的细胞簇，具有与体内器官相似的结构和部分生理功能，能够反映细胞–细胞或细胞–基质的相互作用。类器官技术是在 3D 细胞培养技术上发展起来的，但与三维细胞球不同，类器官的结构更加复杂，具有调控不同细胞组成与功能的信号网络，如通过控制培养体系中的诱导因子调控 Wnt、FGF9 等信号通路，hPSCs 可诱导形成包含极化的上皮细胞及足细胞、肾小管等多种功能细胞的肾类器官[3]。部分构建类器官的方法基于细胞的“自组织”，如悬滴法，或在超低吸附的 U/V 形孔板中使细胞形成细胞团，进一步通过更换含不同诱导因子的培养基，获得类器官；此外，使用基质胶、海藻酸、胶原、层粘连蛋白、聚乙二醇等生物凝胶材料作为载体为细胞提供 3D 生长环境是目前构建类器官常用的方法，这些凝胶材料可以被制作成凝胶珠用于包裹细胞，也可以作为“墨水”与细胞混合，通过 3D 打印技术形成类器官；随着生物工程技术的发展，磁悬浮技术、微流控技术、生物反应器技术等为类器官的构建、发展与应用提供了更多的可能[4-7]。

目前，研究人员已基于干细胞构建了包括人类皮肤、大脑、心脏、肾脏、肝脏、肺、胰腺、肠等在内的多种类器官模型，并建立了相关类器官的毒理测试模型，与传统的以 2D 细胞模型为基础的毒性测试方法相比，其优势主要有以下三方面。

第一，具有更加完善的生理功能。与 2D 单层贴壁培养模型相比，类器官中的细胞在 3D 空间中生长，更接近体内的正常生理状态，类器官中的细胞具有更加完善的形态结构与生理功能，在毒性测试研究中能够获得更准确的结果。例如，hPSCs 体外诱导可形成包含近端肾小管细胞、远端肾小管细胞、足细胞等多种功能细胞的肾类器官，且在近端肾小管细胞、远端肾小管细胞和足细胞中分别观察到了典型的刷状缘、短微绒毛、足突等典型形态结构特征[8]，基于肾类器官的毒性测试模型能够筛选无肾毒性和有肾毒性的物质，并能在同一测试体系中区分化合物对肾小管和肾小球的靶向毒性[9]，与永生化的肾相关细胞系 HEK293 和 LLC-PK1 相比，肾类器官对秋水仙碱、顺铂等肾毒性药物的反应更敏感，具有与体内相似的毒性效应，能显著刺激炎性相关因子、谷氨酰转移酶、肾毒性标志基因与蛋白等的水平升高，并降低细胞色素 P450 酶的活性[10]。

第二，能够反映细胞–细胞或细胞–基质的相互作用。由干细胞自组织分化形成的类器官通常包含多种细胞类型，细胞与细胞之间具有紧密的信号调控作用，在类器官形成及化合物刺激过程中相互影响；此外，类器官构建过程中使用的基质胶、层粘连蛋白、胶原等生物凝胶材料为细胞提供三维生长环境，有助于其中的细胞形成特定的结构特征，有助于研究化合物对细胞的极化、迁移、黏附、分化等功能的损伤效应。例如，Kim等[11]利用肾类器官评价了免疫抑制剂药物他克莫司的毒性效应与机制，他克莫司处理肾类器官 24h 可显著影响类器官的大小、细胞活力及肾小管细胞极性，并揭示了细胞自噬在他克莫司引起的肾毒性中的作用。

第三，能够模拟器官的发育过程。在人体胚胎发育过程中，多种内源信号分子调控胚胎干细胞分化为机体的各种细胞，最终形成具有复杂结构和特定生理功能的组织与器官。线虫、小鼠等动物模型是常用于研究细胞谱系分化和器官发育的工具，但动物发育与人类胚胎发育存在很大差异，因此，这些模型在研究早期发育及用于筛选化合物的发育毒性时存在较大的偏差。基于 hPSCs 的类器官构建模型，在多种外源信号分子的调控下，能够模拟体内的胚胎发育过程，形成具有一定复杂结构和生理功能的组织或器官，包括大脑、心脏、肝脏等[12]。这些类器官模型已被广泛应用于筛选化合物的器官发育毒性研究中，如 Hoelting 等[13]利用由 hPSCs 分化得到的神经前体细胞进一步在 3D 结构中自发分化 3 周，在该过程中探究了纳米颗粒的作用，发现这些纳米颗粒可以穿透神经前体细胞分化形成的 3D 结构，通过调控 Notch 信号通路影响神经元的产生；为模拟人大脑发育，研究人员将上述神经球分化过程延长至 8 周，得到了含多种神经细胞（神经元、星形胶质细胞、少突胶质细胞）的 3D 组织结构，并检测到了突触生成、神经元–神经元相互作用、神经元–胶质细胞相互作用等重要的神经细胞功能，给药暴露发现鱼藤酮可选择性地诱导多巴胺神经元毒性，甲基汞则能激活星形胶质细胞，证实了该体系用于发育神经毒性研究的实用性[14-16]。

4.3.2　器 官 芯 片

器官芯片是基于细胞生物学、组织工程、生物工程等技术在芯片上构建的能模拟人体复杂生理系统、组织或器官主要功能、系统反应等的一种仿生系统，又称微流控或微生理系统。器官芯片是目前最有望再现人体复杂生理系统特征的工具模型，被列为十大新兴技术之一[17]，与传统的 3D 类器官模型及 2D 孔板培养模型相比，器官芯片能够通过模拟化学梯度或生物力学力量等精准控制细胞微环境，模拟组织或器官内部的空间结构及生理微环境，包括多种器官组织的器官芯片连接系统可以实现器官或组织的相互作用及联合毒性分析等。目前已建立了基于肝脏、心脏、肠、肺、肾脏、皮肤、大脑等组织或器官芯片，其在毒理学研究领域展现出了巨大的应用潜力，在未来可能完全替代动物实验进行药物或化学物质的毒性测试。

人体器官组织或器官的基本功能单元是其发挥功能的基本单位，如肺泡、肝小叶、肾小球分别是肺、肝脏和肾脏的基本功能单位。因完整组织或器官的体积庞大，其较难实现体外培养，因此器官芯片以在体外构建人体组织或器官的基本功能单位并为其提供仿生的体内微环境为主要目标。器官芯片的构建过程主要包括微流控系统、细胞/组织、机械应力的执行部件及检测细胞状态的传感器四部分，微流控系统与细胞/组织为器官芯片的两个基本要素，而机械应力的执行部件与检测细胞状态的传感器则提高了器官芯片集成度，使其功能更加完善[18]。具体来讲，目前微流控芯片的常见制备技术有光刻法、机械加工、模塑法、热压法、3D 打印等。3D 打印作为一种新兴技术，可制作复杂的三维结构，具有稳定性高、重复性好、操作简便、一体化成型的优势，在器官芯片制备中应用广泛。用于制备器官芯片的常见材料有聚二甲基硅氧烷（PDMS）、玻璃、硅、聚甲基丙烯酸甲酯（PMMA）、水凝胶、聚己内酯（PCL）、热塑性聚氨酯（TPU）等，PDMS 具有生物相容性好、可塑性强、疏水透气、光学透明、对细胞无毒性等优点，为最常用的加工和制备器官芯片的一种高分子材料。用于构建器官芯片的细胞有永生化的细胞系、原代分离细胞及 hPSCs 来源的各种功能细胞，hPSCs 具有无限增殖、正常的核型、强大的分化能力等优势，将是未来构建器官芯片的主要细胞来源。

器官芯片的仿生性主要体现在以下四方面。

1）模拟体内流体流动

在体内，血管系统负责向组织与器官输送氧气和营养物质并带走代谢物质，同时，血管系统的流体流产生的流体剪切力也会影响组织与器官的发育及功能，如肾脏组织中毛细血管产生的流体剪切力可诱导肾脏器官的形态发生与细胞极化，影响其运输与过滤功能[19]。器官芯片通过微量注射泵、气动泵、蠕动泵或摇杆控制等微流控系统产生层流、脉动流、渗流等多种液体流动作用，模拟体内微环境，运输营养物质及代谢废物，并产生一定的流体剪切力[20]。此外，在构建器官芯片时，除了考虑流体流动作用外，如何将细胞固定在器官芯片上是研究人员不可忽视的一个问题，尽管大多数细胞具有自发贴壁性能，但在进行毒理测试应用研究时，药物或化学物质可能影响细胞的状态并损伤其贴壁性能，使一部分细胞在流体剪切力作用下丢失。在构建器官芯片时，可采用多通道设计或水凝胶等多孔基质灌注的方式使细胞与培养基间接接触，从而减少毒理测试中损伤细胞的流失[21,22]。

2）模拟机械应力

在体内环境中，细胞会承受来自相邻组织或胞外基质的多种作用力，这种作用力称为机械应力，包括流体剪切力、牵张力与压缩力等。其中，流体剪切力即体内流体流动产生的机械应力，而牵张力与压缩力刺激是心脏、肺、骨骼肌等组织与器官内部产生的机械应力。机械应力对体内许多细胞的生长、分化、凋亡等生理功能具有重要作用，例如研究发现牵张力和流体剪切力促进骨髓来源间充质干细胞的成骨分化，压缩力则促进其向软骨分化[23]。肺组织的周期性的循环运动是其发挥正常生物功能必不可少的，传统的肺相关细胞 2D 培养体系及 3D 肺类器官模型均不能模拟肺泡的收缩与膨胀功能，也难以实现气血交换过程，而器官芯片不仅能够实现体内的间质流体作用，还能模拟周期性的机械应力。哈佛大学 Ingber 课题组的 Huh 等[24]首次构建了具有功能性气血屏障结构的人工肺芯片，该模型主要由 3 个腔室组成，通过控制两侧腔室内部气压的变化实现中间腔室的膨胀和收缩，模拟人体肺的呼吸作用，中间腔室由多孔的 PDMS 膜分割为气体通道和液体通道上下两部分，并分别培养人肺泡上皮细胞和血管内皮细胞，构成肺泡–毛细血管屏障，模拟气血交换过程；通过暴露纳米颗粒发现模拟呼吸作用的力学性能变化会影响上皮与血管内皮细胞层对纳米颗粒的吸收，纳米颗粒能够穿透气血屏障进入微血管中，该结果与动物实验结果一致[24]。在 Huh 等[24]建立的方法的基础上，研究人员基于软光刻技术或 3D 打印技术等开发和建立了更多适用于评估大气细颗粒物、气溶胶等多种环境污染物的肺芯片模型[25]，表明肺芯片在未来的环境毒理研究中具有广泛的应用前景。器官芯片通过模拟体内的机械应力，为细胞提供了更仿生的微环境，极大地提高了相关组织与器官的功能，也进一步加速了其作为体外动物替代模型在毒理学研究中的应用进程。

3）模拟 3D 组织环境

机体内的大部分细胞或器官生长在三维立体环境中，其功能受微环境中营养物质、机械应力、胞外信号等多种因素影响，因此，2D 培养模式可能造成细胞某些结构与功能的缺失。类器官培养技术极大地提高了体外细胞培养的仿生性能，但单纯的类器官培养难以形成具有完整功能的血管网络，导致内部细胞因营养功能障碍而无法长期培养。与类器官技术相比，器官芯片通过微流控技术提供更接近生理状态的细胞生长发育微环境，提供血管化网络系统，避免了当前类器官培养中营养输送限制的问题，通过软光刻技术等设计多通道灌流系统和精确的空间结构支架或细胞培养室等，促进具有更为复杂三维结构与功能的组织或器官形成。例如上文提到的哈佛大学 Ingber 课题组构建的有功能性气血屏障结构的人工肺芯片，具备肺泡–毛细血管屏障，能够模拟气血交换过程，为细胞提供了更仿生的 3D 组织微环境[24]。

4）模拟细胞–细胞或器官–器官的相互作用

在体内，化合物对机体的毒性效应是通过不同细胞或器官相互作用实现的，不同细胞或器官之间的信息传递、物质交换等相互作用是组织与器官发挥功能所必需的，将多种组织来源细胞或器官在一个系统中共培养对于准确地评估化合物的毒性效应至关重要。传统的体外细胞测试模型使用单一组织来源细胞评估化合物的毒性，忽略了其他器官或组织来源细胞对化合物的转化作用，以及不同器官与组织间的相互调控作用，影响测试结果的准确性。例如，甲醇本身的毒性较小，其经肝脏代谢后转化为有毒的甲醛和甲酸，损害机体健康。目前，器官芯片技术已实现了通过多种灵活设计策略建立不同组织来源细胞或器官共培养体系的研究模型，为实现体外评估化合物对人体的整体效应及安全性奠定了基础。

最简单的用于模拟细胞–细胞相互作用的技术是利用能够渗透小分子物质的多孔膜材料将不同细胞的培养空间分隔开，与常规孔板共培养中的 Transwell 原理相似，但比 Transwell 具有更高的稳定性和敏感度。例如，Chong 等[26]建立的肝脏–免疫系统（HHS-U937）共培养器官芯片，通过 3D 肝微球模拟体内药物代谢，通过免疫细胞 U937

评估代谢产物的免疫级联激活效应，能在体外成功筛选出具有皮肤致敏效应的化合物，预测能力和稳定性都优于传统的 Transwell 共培养模型。此外，在建立包含多种器官或组织来源细胞的器官芯片时，也常通过连接蠕动泵或摇杆等动力系统来提供机械力，以使培养基在不同细胞或器官的培养腔室或芯片之间充分流动。例如，Oleaga 等[27]建立了包含肝脏、心肌、骨骼肌和神经 4 个单元共培养的器官芯片，利用外接摇杆平台的方法使培养基在这 4 个培养单元之间流动，基于此平台，作者测试了阿霉素、阿托伐他汀、丙戊酸、对乙酰氨基酚 4 种物质的多器官毒性效应，以 3-乙酰胺基苯酚为对照，以细胞活力及功能为检测终点，该测试体系的结果与已发表的体内或体外实验结果基本一致，可作为一种相对可靠的研究平台用于多器官联合毒性检测；哈佛大学 Ingber 课题组的 Novak 等[28]开发了一种自动化的多器官培养系统，基本单元包括定制的软件包、移动显微镜和自动化分液系统三部分，实现了自动培养、灌注、流体连接、样本采集、原位成像等，可维持 8 个血管化的双通道芯片（心脏、肝脏、肾脏、肺、肠、皮肤、大脑和血脑屏障）的细胞或器官功能 3 周，能够在不影响流体耦合的情况下，对不同器官芯片中的细胞进行成像或重复取样，对研究多器官的联合毒性具有很强的应用价值；Ingber 与合作者 Herland 等分别基于开发的自动化的肝脏、肾脏和肠道耦合芯片与骨髓、肝脏和肾脏耦合芯片模拟口服尼古丁和静脉注射顺铂后人体内的药代动力学及药效学，结果与已知的体内实验数据基本一致[29]，进一步证实了该自动化多器官耦合芯片系统在预测和研究化合物在人体的吸收、分布、代谢及毒性等方面的可行性。

4.3.3　高通量筛选模型

截至 2022 年，美国化学文摘社在册化学品数量达到 2 亿种，随着进入环境中的化学品种类和数量日益增加，化学品风险评估面临着越来越大的挑战。传统的化学品风险评估方法依赖于动物实验，无法对大量化学品的毒性进行高效检验与预测，并且缺少对机制的研究。为满足人类对日益增多的化学品的毒理测试需求，基于高通量的毒性筛选平台在近些年得到了迅猛发展。高通量筛选（HTS）技术最先于 20 世纪 80 年代产生，研究人员为寻找药物先导物并对大量样品进行药理活性分析，利用分子或细胞实验方法，通过快速灵敏的检测装置等建立了 HTS 技术平台。与体内的疾病效应观察实验不同，HTS 技术平台是一种将体内研究中获得的与机制相关的特异性靶标等作为检测终点的体外毒性预测平台[30]，能够在较短的时间内同时对大量的化学物质进行毒性的筛选与评估。HTS 以细胞生物学或分子生物学的实验方法为基础，以 96 孔、384 孔或 1536 孔等微孔板为工具，通过自动化的操作系统完成细胞种板、给药、换液等实验过程，以灵敏的检测系统采集实验数据，最终通过计算机软件对实验数据进行分析处理。

2007 年，美国环境保护署启动了 ToxCast 计划，将其作为 Tox21 计划的一部分，旨在通过 HTS 等新技术快速、有效地实现化学物质毒性测试与风险评估[31]，Tox21 计划实施以来，已建立和优化了 70 多种基于 HTS 的检测，筛选了约 10000 种化学品，包括药物、工业化学品和食品添加剂等，其中，干细胞作为重要的细胞来源在毒性评价中发挥了重要作用。将 HTS 技术与干细胞毒理学模型相结合，建立高通量的细胞毒性、胚胎毒性、发育毒性、器官功能毒性等的筛选平台，与基于癌细胞系或原代分离细胞建立的 HTS 相比，具有无限的细胞来源和更准确的测试精度。

早期的 HTS 模型采用单一的检测指标进行化合物的毒性筛选，近年来，随着多组学、液相色谱/质谱等技术的发展与进步，研究人员开发了基于多指标建立的 HTS 模型，其与单一指标相比，能够更全面地反映化合物的毒性效应与特征，有利于提高筛选模型的预测准确度。例如，Han 等[32]使用两种人源干细胞（人间充质干细胞和人诱导多能干细胞），通过 HTS 实验初步评估了 1280 种化合物对这两种干细胞的细胞毒性，进一步通过 96 微孔板实验检测了 4 种化合物对这两种干细胞及其不同分化阶段的毒性效应，并结合蛋白组学和生物信息学技术分析其致毒机制；Palmer 等[33]以人源胚胎干细胞培养基中代谢产物鸟氨酸和胱氨酸含量比例为指标，建立了一个化合物致畸风险的预测模型；Zurlinden 等[34]基于质谱技术，利用该模型对 ToxCast 数据库中 1065 个化合物进行了发育毒性的风险评估，进一步证实了该模型在高通量筛选和预测化合物胚胎发育毒性中的应用价值。

高内涵筛选（high content screening，HCS）技术是一种新型的 HTS 筛选方法，能够在保持细胞结构与功能完整的基础上，利用报告基因、荧光标记、酶学反应等可视化检测技术及图像定量分析工具同时对细胞的形态、活力、增殖、分化、凋亡、功能基因表达和酶活性等多种靶点进行分析，具有可视化、自动化、可定量等优势，越来越广泛地被应用于体外毒理学研究中。例如，Kameoka 等[35]基于人源胚胎干细胞建立了一个为期 3 天的体外单层分化模型，以 SOX17 为检测终点，筛选和评估化合物对胚胎的致畸风险，与已知的体内实验结果一致，该方法周期短、操作简便，通过免疫荧光分析靶标指标 SOX17 的表达，未来可结合 HCS 技术，进一步提高其通量；Burnett 等[36]使用 5 个不同健康供体来源的诱导多能干细胞在体外定向分化获得心肌细胞，利用 FLIPR Tetra 高通量筛选系统和 HCS 成像系统，在 384 孔板中建立了以钙流变化和细胞活力为检测指标的心肌毒性评估模型，并对 1029 个化合物进行了心肌毒性筛选和评估，该研究提供了一个用于快速评估和筛选化合物心肌毒性的 HTS 研究模型；Joshi 等[37]在 384 孔板中使用神经干细胞建立了一种神经毒性的 HTS 模型，利用 HCS 技术同时对线粒体损伤、细胞膜完整性、细胞凋亡等多种神经毒性指标进行分析。这些研究证实了 HCS 在 HTS 毒性测试模型中的应用价值，建立的毒性筛选模型及验证的毒性筛选指标可应用于评估更多待测化合物的健康风险，未来可参考这些前期研究基础，建立针对不同毒性筛选的标准化 HTS 测试模型。

如前文所述，类器官、器官芯片技术与传统的 2D 培养模型相比，更接近人体内细胞的微环境，能够反映细胞–基质及细胞–细胞间的相互作用，能更准确地预测化合物对人体的健康风险，在毒理学研究中的应用越来越广泛，是最具潜力的动物替代模型。然而，由于类器官、器官芯片的构建周期相对较长，构建过程相对烦琐，需要频繁更换含有不同定向诱导剂的分化培养基，因此使得类器官和器官芯片的细胞组成与功能等稳定性较差，此外，复杂的 3D 结构增加了对类器官/器官芯片特定生理功能分析及图像处理的难度，这些因素都阻碍了类器官/器官芯片实现高通量的制备与应用。为了克服类器官及器官芯片在制备上的不稳定性，研究人员将类器官技术与生物 3D 打印技术、人工智能、CRISPR/Cas9 等前沿技术结合，促进了类器官技术在 HTS 筛选中的应用[38]。例如，Liu 等[39]开发了一种基于双水相液滴微流控技术的杂合水凝胶微囊体系，用于 hPSCs 体外分化胰岛细胞的 3D 培养和胰岛类器官形成。在该研究中作者通过可集成气动泵阀操控的微流控芯片系统生产出大量可负载细胞的海藻酸钠–壳聚糖杂合微囊，该微囊生物相容性高，具有灵活可控和高通量等特点，在其中形成的胰岛类器官具备胰岛素分泌功能，大小均一、变异性低、重复性高，有利于建立高通量的胰岛类器官毒性筛选模型。此外，生物 3D 打印技术通过将生物基质材料、细胞等按照仿生形态打印出具有复杂结构的三维生物功能体，包括喷墨生物打印、微挤压成型生物打印、激光辅助生物打印等方式[40,41]。生物 3D 打印技术具有较高的稳定性、极低的变异系数、高黏度仿生材料的精准打印等诸多优势，可实现类器官复杂的仿生结构、自动化构建、高通量生产等，极大地促进了类器官技术在模型建立、药物筛选、毒理测试等领域的发展。例如，Lawlor 等[42]通过挤压法的生物 3D 打印技术实现了肾类器官的自动化构建，与人工构建的肾类器官相比具有相似的细胞类型和功能，能识别和响应阿霉素、庆大霉素、新霉素、链霉素等肾毒性物质，在准确控制细胞数量、类器官大小等指标的同时显著提高了类器官的产量，使规模化制备肾类器官并应用于化合物的肾毒性成为可能。

4.3.4　基 因 编 辑

基因编辑又称基因组编辑，是指利用核酸酶等基因编辑工具对细胞基因组中特定 DNA 片段进行突变、删除、剪切等修饰的技术，常用的技术手段有 ZNFs、TALENs、CRISPR/Cas9 等，与常用的敲低基因表达的 RNA 干扰技术相比，基于 CRISPR 等的基因编辑技术是在基因组水平进行修饰的，可以完全敲除 mRNA 的表达。目前，利用基因编辑技术在干细胞进行遗传操作多应用于疾病建模、细胞治疗及生命科学的基础研究中，在环境毒理研究中应用相对较少，基于 CRISPR/Cas9 等的基因编辑技术在定点敲除或敲入基因方面具有高效、精准等优势，并可在全基因组层面筛选靶标基因。因此，在毒理学研究中可利用基因编辑技术建立毒性测试模型，应用于筛选和识别毒性物质，并解析化合物可能的毒性分子机制或导致的有害结局通路[43]。例如，Shortt 等[44]利用全基因组的 CRISPR/Cas9 筛选技术鉴定出介导对乙酰氨基酚诱导急性肝损伤的两个新功能基因 *LZTR1* 和 *PGM5*。此外，除了通过基因敲除技术研究化合物的致毒机制，CRISPR/Cas9 筛选技术通过同源重组修复等方法可实现将荧光蛋白或其他标签编码基因定点精准敲入基因组，进而对目的蛋白进行内源性的荧光标记，与传统的荧光标记技术相比，避免了过表达融合蛋白对细胞功能的影响，可与 HCS 技术相结合，应用于建立高通量的毒性筛选模型，简化操作流程，并可实现实时动态检测。例如，Vojnits 等[45]基于 CRISPR/Cas9 筛选技术在 AAVS1 位点敲入绿色荧光蛋白编码基因，建立了持续内源表达绿色荧光的人多能干细胞系，且荧光表达不受分化的影响，与 HCS 结合，可用于建立化合物的高通量毒性筛选平台。

4.3.5　组 学 技 术

随着二代/三代测序技术、高分辨色谱/质谱技术和信息科学技术等的发展及普及，转录组学、代谢组学、蛋白质组学、表观基因组学等高通量、高灵敏度的组学技术被越来越广泛地应用于毒理学研究体系中，通过全面分析生物样本在转录、蛋白、代谢或表观遗传水平对化合物暴露的响应，分析化合物可能的毒性效应和致毒机制，已成为解决毒理学研究领域中诸多问题的强有力工具。在干细胞体外分化过程中，有成百上千的基因、蛋白等表达水平发生转变，而利用实时 qPCR 或蛋白质印迹法等技术对经典的标志物进行分析易忽略掉其他未知但重要的毒性评估终点。将干细胞毒理学技术与组学技术相结合，以全转录、翻译或代谢水平的变化为毒性评估终点，已被证实为一种非常有效的研究策略。例如，Yang 等[46]基于人源胚胎干细胞体外心肌分化模型评估了 F53-B 和 PFOS 两种氟化物对人心脏发育的影响，毒性效应结果与动物实验及人群流行病调查结果相似，作者进一步通过 RNA-seq 技术检测了转录组水平的变化，发现 Wnt 信号通路在这两种氟化物介导的心肌发育毒性中具有重要作用。近年来，利用生物信息学的技术对多组学数据进行联合分析，多维度、系统地研究化合物的毒性效应与致毒机制，有助于研究者获得更客观、准确的结果，是未来干细胞毒理学中的一个重要技术手段和发展方向。

4.3.6　小　　结

尽管干细胞毒理学研究起步较晚，但目前已建立了细胞毒性、发育毒性以及几乎涵盖人体所有组织与器官的毒性评价模型，并通过类器官、器官芯片等技术使基于干细胞的测试模型更加接近真实的机体情况，借助基因编辑技术、多组学联合分析、高内涵筛选等技术手段进一步丰富了筛选模型和评价指标，完善了分子机制的研究并提高了筛选通量。研究体系的先进性和技术的不断完善使干细胞毒理学测试模型成为最有潜力的动物体外替代模型，在未来的研究中，在攻克现有技术不足的同时，应尽快建立更多标准化的筛选模型（包括干细胞来源与种类、分化策略、测试终点、给药周期、给药浓度、预测模型等），进一步扩展干细胞毒理测试模型的应用领域。

参 考 文 献

[1] Scholz G, Genschow E, Pohl I, et al. Prevalidation of the embryonic stem cell test (EST)—A new *in vitro* embryotoxicity test[J]. Toxicology in Vitro, 1999, 13(4-5): 675-681.

[2] Faiola F, Yin N, Yao X, et al. The rise of stem cell toxicology[J]. Environmental Science & Technology, 2015, 49(10): 5847-5848.

[3] Morizane R, Lam A Q, Freedman B S, et al. Nephron organoids derived from human pluripotent stem cells model kidney development and injury[J]. Nature Biotechnology, 2015, 33(11): 1193-1200.

[4] Liu D, Chen S, Win Naing M. A review of manufacturing capabilities of cell spheroid generation technologies and future development[J]. Biotechnology and Bioengineering, 2021, 118(2): 542-554.

[5] Velasco V, Shariati S A, Esfandyarpour R. Microtechnology-based methods for organoid models[J].

Microsyst Nanoeng, 2020, 6: 76.
[6] Liu H, Wang Y, Cui K, et al. Advances in hydrogels in organoids and organs-on-a-chip[J]. Advanced Materials, 2019, 31(50): e1902042.
[7] Hofer M, Lutolf M P. Engineering organoids[J]. Nature Reviews Materials, 2021, 6(5): 402-420.
[8] Takasato M, Er P X, Chiu H S, et al. Kidney organoids from human iPS cells contain multiple lineages and model human nephrogenesis[J]. Nature, 2015, 526(7574): 564-568.
[9] Bajaj P, Rodrigues A D, Steppan C M, et al. Human pluripotent stem cell-derived kidney model for nephrotoxicity studies[J]. Drug Metabolism and Disposition, 2018, 46(11): 1703-1711.
[10] Astashkina A I, Mann B K, Prestwich G D, et al. Comparing predictive drug nephrotoxicity biomarkers in kidney 3-D primary organoid culture and immortalized cell lines[J]. Biomaterials, 2012, 33(18): 4712-4721.
[11] Kim J W, Nam S A, Seo E, et al. Human kidney organoids model the tacrolimus nephrotoxicity and elucidate the role of autophagy[J]. Korean Journal of Internal Medicine, 2021, 36(6): 1420-1436.
[12] Worley K E, Rico-Varela J, Ho D, et al. Teratogen screening with human pluripotent stem cells[J]. Integrative Biology, 2018, 10(9): 491-501.
[13] Hoelting L, Scheinhardt B, Bondarenko O, et al. A 3-dimensional human embryonic stem cell (hESC)-derived model to detect developmental neurotoxicity of nanoparticles[J]. Archives of Toxicology, 2013, 87(4): 721-733.
[14] Pamies D, Barreras P, Block K, et al. A human brain microphysiological system derived from induced pluripotent stem cells to study neurological diseases and toxicity[J]. Alternatives to Animal Experimentation, 2017, 34(3): 362-376.
[15] Pamies D, Block K, Lau P, et al. Rotenone exerts developmental neurotoxicity in a human brain spheroid model[J]. Toxicology and Applied Pharmacology, 2018, 354: 101-114.
[16] Sandström J, Eggermann E, Charvet I, et al. Development and characterization of a human embryonic stem cell-derived 3D neural tissue model for neurotoxicity testing[J]. Toxicology in Vitro, 2017, 38: 124-135.
[17] Wu Q, Liu J, Wang X, et al. Organ-on-a-chip: Recent breakthroughs and future prospects[J]. Biomedical Engineering Online, 2020, 19(1): 9.
[18] 杨清振, 吕雪蒙, 刘妍, 等. 器官芯片的制备及生物医学工程应用[J]. 中国科学, 2021, 51(1): 1-22.
[19] Ferrell N, Sandoval R M, Molitoris B A, et al. Application of physiological shear stress to renal tubular epithelial cells[J]. Methods in Cell Biology, 2019, 153: 43-67.
[20] Kaarj K, Yoon J Y. Methods of delivering mechanical stimuli to organ-on-a-chip[J]. Micromachines, 2019, 10(10): 700.
[21] Shin Y, Han S, Jeon J S, et al. Microfluidic assay for simultaneous culture of multiple cell types on surfaces or within hydrogels[J]. Nature Protocols, 2012, 7(7): 1247-1259.
[22] Kutluk H, Bastounis E E, Constantinou I. Integration of extracellular matrices into organ-on-chip systems[J]. Advanced Healthcare Materials, 2023, 12(20): e2203256.
[23] 孙斌, 段浩, 钟宗雨, 等. 骨髓间充质干细胞对机械力学微环境的响应: 观点、现状、思考与未来[J]. 中国组织工程研究, 2019, 23(25): 4075-4081.
[24] Huh D, Matthews B D, Mammoto A, et al. Reconstituting organ-level lung functions on a chip[J]. Science, 2010, 328(5986): 1662-1668.
[25] Wang H, Yin F, Li Z, et al. Advances of microfluidic lung chips for assessing atmospheric pollutants exposure[J]. Environment International, 2023, 172: 107801.
[26] Chong L H, Li H, Wetzel I, et al. A liver-immune coculture array for predicting systemic drug-induced skin sensitization[J]. Lab on a Chip, 2018, 18(21): 3239-3250.
[27] Oleaga C, Bernabini C, Smith A S, et al. Multi-organ toxicity demonstration in a functional human *in vitro* system composed of four organs[J]. Scientific Reports, 2016, 6: 20030.
[28] Novak R, Ingram M, Marquez S, et al. Robotic fluidic coupling and interrogation of multiple vascularized organ chips[J]. Nature Biomedical Engineering, 2020, 4(4): 407-420.

[29] Herland A, Maoz B M, Das D, et al. Quantitative prediction of human pharmacokinetic responses to drugs via fluidically coupled vascularized organ chips[J]. Nature Biomedical Engineering, 2020, 4(4): 421-436.
[30] Collins F S, Gray G M, Bucher J R. Toxicology. Transforming environmental health protection[J]. Science, 2008, 319(5865): 906-907.
[31] Dix D J, Houck K A, Martin M T, et al. The ToxCast Program for prioritizing toxicity testing of environmental chemicals[J]. Toxicological Sciences, 2007, 95(1): 5-12.
[32] Han Y, Zhao J, Huang R, et al. Omics-based platform for studying chemical toxicity using stem cells[J]. Journal of Proteome Research, 2018, 17(1): 579-589.
[33] Palmer J A, Smith A M, Egnash L A, et al. Establishment and assessment of a new human embryonic stem cell-based biomarker assay for developmental toxicity screening[J]. Birth Defects Research Part B: Developmental and Reproductive Toxicology, 2013, 98(4): 343-363.
[34] Zurlinden T J, Saili K S, Rush N, et al. Profiling the ToxCast library with a pluripotent human (H9) stem cell line-based biomarker assay for developmental toxicity[J]. Toxicological Sciences, 2020, 174(2): 189-209.
[35] Kameoka S, Babiarz J, Kolaja K, et al. A high-throughput screen for teratogens using human pluripotent stem cells[J]. Toxicological Sciences, 2014, 137(1): 76-90.
[36] Burnett S D, Blanchette A D, Chiu W A, et al. Cardiotoxicity hazard and risk characterization of ToxCast chemicals using human induced pluripotent stem cell-derived cardiomyocytes from multiple donors[J]. Chemical Research in Toxicology, 2021, 34(9): 2110-2124.
[37] Joshi P, Kang S Y, Yu K N, et al. High-content imaging of 3D-cultured neural stem cells on a 384-pillar plate for the assessment of cytotoxicity[J]. Toxicology in Vitro, 2020, 65: 104765.
[38] Li S, Xia M. Review of high-content screening applications in toxicology[J]. Archives of Toxicology, 2019, 93(12): 3387-3396.
[39] Liu H, Wang Y, Wang H, et al. A droplet microfluidic system to fabricate hybrid capsules enabling stem cell organoid engineering[J]. Advancement of Science, 2020, 7(11): 1903739.
[40] Gu Z, Fu J, Lin H, et al. Development of 3D bioprinting: From printing methods to biomedical applications[J]. Asian Journal of Pharmaceutical Sciences, 2020, 15(5): 529-557.
[41] Dey M, Ozbolat I T. 3D bioprinting of cells, tissues and organs[J]. Scientific Reports, 2020, 10(1): 14023.
[42] Lawlor K T, Vanslambrouck J M, Higgins J W, et al. Cellular extrusion bioprinting improves kidney organoid reproducibility and conformation[J]. Nature Materials, 2021, 20(2): 260-271.
[43] Shen H, McHale C M, Smith M T, et al. Functional genomic screening approaches in mechanistic toxicology and potential future applications of CRISPR-Cas9[J]. Mutation Research, Reviews in Mutation Research, 2015, 764: 31-42.
[44] Shortt K, Heruth D P, Zhang N, et al. Identification of novel regulatory genes in APAP induced hepatocyte toxicity by a genome-wide CRISPR-Cas9 screen[J]. Scientific Reports, 2019, 9(1): 1396.
[45] Vojnits K, Nakanishi M, Porras D, et al. Developing CRISPR/Cas9-mediated fluorescent reporter human pluripotent stem-cell lines for high-content screening[J]. Molecules, 2022, 27(8): 2434.
[46] Yang R, Liu S, Liang X, et al. F-53B and PFOS treatments skew human embryonic stem cell *in vitro* cardiac differentiation towards epicardial cells by partly disrupting the Wnt signaling pathway[J]. Environmental Pollution, 2020, 261: 114153.

4.4 干细胞毒理学伦理及风险管理

干细胞毒理学是一门基于干细胞领域研究而发展的研究领域，旨在系统评估未知物质对生物体的有害影响，干细胞毒理学的建立与兴起得益于干细胞生物学与环境科学的进展与突破，是一个新发展起来的交叉学科[1]。同时，干细胞具有无限增殖和多向/单向分化的特点与优势，可以替代一些研究发育等相关过程的体内实验，很好地避免因使用动物而带来的伦理问题[2]。尽管干细胞的使用可以绕开动物实验中的伦理道德问题，但干细胞毒理学作为一种研究不同物质的健康风险和环境问题的方法手段，其本身大量使用的来源于人的干细胞涉及一直以来存在争议的伦理问题。此外，研究的毒理学问题与研究后的衍生内容，如数据管控、食品安全、环境保护、医疗应用，也存在潜在的伦理风险与挑战[3]。因此，虽然使用干细胞模型避免了动物实验相关的伦理道德，但干细胞毒理学作为一个新兴交叉领域，本身也需要进行伦理及风险管理。

目前，干细胞在医疗技术与临床应用方面有相对较多的相关法律法规，如 2003 年科技部、卫生部联合发布的《人胚胎干细胞研究伦理指导原则》[4]，2015 年国家卫生和计划生育委员会、国家食品药品监督管总局印发的《干细胞临床研究管理办法（试行）》[5]。近年来，生物技术革新速度快、大数据与人工智能等颠覆性技术发展迅速，相应的法律法规也陆续出台，加以规范相关流程，如由国家新一代人工智能治理专业委员会制定的《新一代人工智能伦理规范》[6]、2021 年 6 月 10 日第十三届全国人民代表大会常务委员会第二十九次会议通过的《中华人民共和国数据安全法》[7]。然而，针对干细胞毒理学领域的规范几乎没有，其涉及的衍生问题就更未进入公众视野进行讨论。因此，本节内容将首先梳理干细胞毒理学全流程涉及的伦理与风险问题；其次对现有的伦理研究与干细胞毒理学之间的关系进行分类和分析；最后从干细胞毒理学角度出发，提出规范干细胞毒理学伦理及风险管理仍需加强的方面，并展望相关系统性研究如何更好地推动干细胞毒理学领域的高质量发展，以实现研究与应用、伦理与风险管控可持续性的治理愿景。

4.4.1　干细胞毒理学的伦理与风险问题

干细胞毒理学是一门结合干细胞生物学和环境科学的交叉学科，其全流程涉及的伦理与风险问题可分为四部分（图 4-13）。首先，研究主体涵盖了对生物体具有风险或潜在风险的物质，包括环境污染物、食品添加剂、临床药物与材料等，可供研究的范围非常广泛[8]。其次，研究平台即采用基于干细胞的各种实验模型，尤其在研究与人体健康相关联的潜在风险物质时，使用人源干细胞是更合适的做法，例如利用人源胚胎干细胞建立类脑模型模拟早期神经发育以检测药物是否会干扰早期神经发育过程[9]。再次，干细胞毒理学研究过程中会产生数据。更多的研究目前会结合使用新兴发展的高通量研究手段获得更多数据，例如使用高通量测序技术获得遗传信息、转录组、蛋白组等海量数据，从而更加全面地分析被检物质的生物效应，使用机器学习方法整合数据，建立物质与毒性对应的预测评价体系[10,11]。最后，在不同的时代背景、文化、历史、社会和政治环境下，同一项研究技术和研究结果的应用可能面临不同的问题，干细胞毒理学研究也不例外，因此必须考虑相关现实状况，尊重文化、信仰、历史、政治、社会环境的多样性，并妥善处理因背景不同而带来的问题[12]。

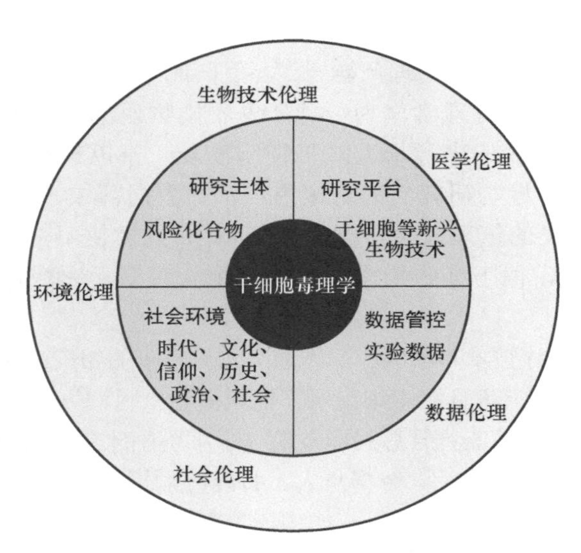

图 4-13　干细胞毒理学的主要伦理与风险问题

4.4.1.1　研究主体

干细胞毒理学研究的是对生物体有影响的外源性因素，包括化学因素、物理因素和生物因素等。近年来，随着科学技术的高速发展，许多毒理学效应尚不明确的物质被大量生产和使用，因此研究这些物质对人类健康的影响变得迫切且不可忽视。然而，对所有风险或潜在风险物质进行综合毒理学分析是一项巨大的工程，无法在短时间内完成。因此，一般会优先选择相对紧迫的物质进行毒理学分析与研究，即按照对人体健康的影响程度有选择性地确定研究主体的先后次序。

确定相关研究主体需要有实际事实和数据支持。一方面，基于环境科学这个大学科的分支领域，研究主体的选择可能涉及环境伦理相关问题[13]；另一方面，通过人群队列研究、患者病例研究等，可以确定与健康风险存在高关联性的风险物质，这就涉及医学科学数据的相关伦理问题[14,15]。

4.4.1.2　研究平台

干细胞毒理学研究是基于干细胞相关模型进行具体实验的。干细胞具有自我更新能力和分化能力这两大优势，特别是人源干细胞能够模拟健康状态下人类生理发育过程，因此非常适合用于化学品的人体健康风险评估。

例如，人源胚胎干细胞目前已有许多商业化细胞系，并广泛应用于基础科学研究，基于人源胚胎干细胞的各种发育模型可以模拟人体正常发育过程，为实验研究提供了有利条件，避免了动物实验的局限性，更贴近人体真实状态。然而，随着技术的发展，基于人源胚胎干细胞的发育模型愈发成熟，干细胞技术从细胞水平发展到组织水平，并超越了以往常规细胞实验的范畴，特别是类器官发育模型开始引起人们的重视，例如类脑模型的出现引发了生命伦理道德层面的担忧[16,17]。此外，为了有针对性地研究某种化合物的效应，常使用病患身体组织分离出的细胞进行实验研究，这也涉及医疗过程中相关的知情权和使用权等伦理问题[18]。

4.4.1.3　数据管控

随着实验的进行，必然会产生实验结果和相关数据。过去由于技术发展水平的限制，研究所得数据量较小，很少涉及大规模的遗传相关数据和大型队列比对数据。近年来，国家越来越重视相关人类遗传资源的保护和利用。例如，2023 年 6 月 1 日，科技部发布《人类遗传资源管理条例实施细则》，意在深入落实《中华人民共和国人类遗传资源管理条例》，进一步提高我国人类遗传资源管理规范化水平，有效保护和合理利用我国人类遗传资源[19]。

在干细胞毒理学研究中，借助其他技术获取更多的实验信息，可以获得更全面的研究数据以支持实验结果。例如，使用高通量测序获得基因组信息、转录组信息、表观遗传信息等，涉及遗传学伦理道德相关内容[20]。这也是《人类遗传资源管理条例实施细则》中明确规定的人类遗传资源信息管理范畴，包括人类基因、基因组数据等信息材料相关内容，因此需要重视并加强管理。

4.4.1.4　社会环境

时代的发展和社会环境是所有科学研究和技术应用都必须面对的现实问题。科学技术的迅速发展与时代背景的巨大变革，使得同一项科学研究或技术应用在不同的文化、信仰、历史、政治、社会环境中，面临的境遇可能截然不同。因此，必须认真对待并妥善处理不同背景对科学技术存在不同看法的群体。例如，对于人体胚胎的体外研究，目前国际上普遍遵循的是“14 天限制”规则，该规则已经达成共识并延续了近 40 年[21]。然而，近几年有研究者提出研究 14 天后的胚胎发育可以更好地帮助科研人员了解胚胎发育过程中出现流产和先天缺陷等问题的原因，故部分科研人员希望能够放宽 14 天的时间限制[22]。

世界正值百年未有之大变局，科学技术的发展日新月异。干细胞毒理学作为一门新兴的交叉学科，既面临着研究内容及实验平台所带来的伦理问题与潜在风险，又面临着在研究过程中使用新兴技术所带来的普遍性伦理研究难题，同时还可能面临其本身作为一门学科可能会出现的潜在风险和伦理问题。因此，应充分考虑相关学科内容涉及的问题，基于不同时代与社会背景进行风险评估与伦理研究（图 4-13）。

4.4.2　伦理研究与干细胞毒理学

通过分解干细胞毒理学全流程的四方面，即研究主体、研究平台、数据管控、社会环境相关的伦理内容，可以发现干细胞毒理学涉及的方面十分广泛。目前，虽然关于干细胞毒理学本身并没有相关伦理学研究和风险防控措施，但其涉及的不同方面内容已经有一些成熟的伦理学讨论和规范。因此，本部分内容将梳理上文中提到干细胞毒理学涉及的不同方面的伦理研究现状，即环境、医学、生物技术、数据、社会方面积累与更新的伦理研究相关内容，为干细胞毒理学的伦理研究与风险防控提供依据和启发。

4.4.2.1　环境伦理研究与干细胞毒理学

环境伦理在目前的研究中，多数是基于人与自然平衡的概念在不同领域进行延伸、在不同方面论证与补充环境伦理的概念与内涵，为可持续发展建立了一个道德框架[23]，包括人与自然和谐共生的中国式现代化环境伦理[24]、食物方面[25]、石油工业[26]、环境教育[27]、哲学[28]等方面。由此可见，当下环境伦理主要的研究内容与命题多与时代发展息息相关，更多的是宏观问题上的讨论与建议。干细胞毒理学是一门基于基础科学实验研究的学科，其实验结果与结论还可能影响决策者为管控市场所制定的标准与法规，进而影响到生产生活，其实也就是对环境保护、环境治理有一定的推动作用。虽然环境伦理目前的研究未延伸到干细胞毒理学这个具体领域，然而其中的概念与当下推行的人与自然和谐共处思想有一定联系，可以在具体工作中进行有意识地参考与指导。

4.4.2.2　医学伦理研究与干细胞毒理学

干细胞毒理学的研究主体一般是已有相关研究表明的风险物质和相对紧迫的潜在风险物质，包括环境污染物、食物添加剂与包装、化妆品、婴幼儿产品、药物、医疗器械等，覆盖面十分广泛。通过环境检测手段、流行病学数据研究、临床数据分析等手段可以更好地确定干细胞毒理学研究主体的备选物质。目前，许多干细胞毒理学研究的前提都是一些流行病学调查结果，确定相关实验方向，如基于 Tox21 数据库进行具有潜在风险的环境污染物筛选[11]、参考大气污染物的人群研究结果进行颗粒物对皮肤和肺的毒性评价研究[29,30]、参考 BPA 的流行病学调查结果进行双酚类化合物对胚胎发育、脂代谢和神经方面的研究[31,32]。因此，干细胞毒理学的研究是站在已发表研究的基础上作进一步探究，一定程度上规避了医学伦理方面的潜在风险。

其实，只要涉及个人信息的相关内容，都会引发相关伦理风险的讨论。干细胞毒理学的目的之一就是关注并更好地保护人类健康，那么由此产生共享生物学数据就涉及数据权属问题、个人隐私问题、知情同意问题、大数据信息保护问题[33]。干细胞毒理学使用的细胞与最后得到的实验结果，如新型污染物对儿童发育的影响、新研发药物制剂对特定疾病的治疗情况，可能会作为被检物质是否能够投入市场应用于生产生活的参考依据，就涉及相关内容，但并未被单独提出或重视。

国外期刊在投稿时就要求涉及人或动物的研究必须上传相关医学伦理批件以供期刊审查，无法提供相关伦理审查机构及编号、伦理证明文件的稿件是不会被接受投稿的，也无法进入下一步审稿环节。然而，国内期刊中的投稿须知虽明确规定了作者必须提供相关伦理文件才视作有效投稿，但是并没有严格执行[34,35]。因此在这一大环境下，共享生物学数据带来的医学伦理问题，仍需在今后的干细胞毒理学研究中加强与规范。

4.4.2.3　生物技术伦理研究与干细胞毒理学

生命科学领域的每项突破性技术的诞生都引发了社会对相关伦理问题的关注和讨论。1998 年，Thomson 等[36]成功分离并建立了体外培养人源胚胎干细胞系，开启了干细胞研究热潮，同时也引发了人们对人源胚胎的操作与干细胞的获取途径、生殖克隆、人兽嵌合胚胎等伦理问题的讨论和担忧。2015 年，Liang 等[37]利用 CRISPR/Cas9 技术修

复了 β-globin 基因，该基因在遗传性地中海贫血病发生中至关重要，该研究初步实现对地中海贫血这一遗传病的基因治疗，引发了新一轮生命伦理的讨论与争议；2019 年，贺建奎“基因编辑婴儿”实验更是掀起了对基因编辑等的生物技术应该如何进行伦理规范和制度约束的大讨论[38]。虽然关于干细胞、基因编辑、胚胎获取与使用等相关领域有出台法律与法规（表 4-2），但当今生物技术颠覆式的发展与变革，现有法律法规和伦理道德规范存在延时性，这就对生物技术的伦理研究提出了更具有前瞻性的要求[39]。

干细胞毒理学这一交叉学科的建立与兴起得益于干细胞生物学研究与技术的进展及突破，同时基于人源胚胎干细胞的实验模型可以无障碍地与其他前沿技术相结合，如高通量测序技术、基因编辑技术、高内涵技术、微流控技术与类器官技术等，所以生物技术领域变革所带来的伦理道德风险，在干细胞毒理学领域中同样存在，还需提出相关建议与规范。

表 4-2　生物技术领域主要监管文件

类别	发布年份	监管文件	来源
人胚胎相关研究与临床	1986	《人类胚胎法》（Louisiana Health Law Chapter 3. Human Embryos）[40]	美国
	1987	《公共健康（体外受精）条例》[The Public Health（*in vitro* Fertilization）Regulations][39]	以色列
	1989	《试管授精法》（The Swedish *in vitro* Fertilization Act）[41]	瑞典
	1990	《人类受精与胚胎学法案》（Human Fertilisation and Embryology Act 1990）[42]	英国
	1990	《胚胎保护法案》[Act for the Protection of Embryos（The Embryo Protection Act）][39]	德国
	2001	《人类受精和胚胎学（研究目的）规章》[Human Fertilisation and Embryology（Research Purposes）Regulations][42]	英国
	2002	《配子和胚胎使用规则法案》[Act Containing Rules Relating to the Use of Gametes and Embryos（The Embryos Act）][42]	荷兰
	2002	《涉及人类胚胎研究法案》（Research Involving Human Embryos Act）[42]	澳大利亚
	2003	《体外胚胎研究法案》（Act on Research on Embryos *in vitro*）[42]	比利时
	2003	《人类辅助生殖技术和人类精子库伦理原则》	中国
	2004	《关于人类复制生殖及相关研究的法案（人类辅助生殖法案）》[An Act Respecting Assisted Human Reproduction and Related Research（Assisted Human Reproduction Act）][42]	加拿大
	2008	《人类受精与胚胎法案》（修订版）（Human Fertilisation and Embryology Act, Last Amendment 2008）[42]	英国
	2009	《生命伦理法案》（修订版）（Bioethics Law, Last Amendment 2009）[42]	法国
	2009	《配子和胚胎使用规则法案》（修订版）[Act Containing Rules Relating to the Use of Gametes and Embryos（The Embryos Act）Last Amendment 2009][42]	荷兰
	2012	《胚胎保护法案》（修订版）（Embryo Protection Act Last Amendment 2012）[42]	德国
	2014	《涉及人类胚胎研究法案》（修订版）（Research Involving Human Embryos Act last Amendment 2014）[42]	澳大利亚
	2015	《人类受精与胚胎法案（线粒体捐赠）》条例 [Human Fertilisation and Embryology（Mitochondrial Donation）Regulations][42]	英国
	2016	《涉及人的生物医学研究伦理审查办法（试行）》	中国
	2019	《生物医学新技术临床应用管理条例（征求意见稿）》	中国
	2020	《中华人民共和国生物安全法》	中国

续表

类别	发布年份	监管文件	来源
人源胚胎干细胞相关研究与临床	1999	《关于胚胎干细胞研究的指导原则》(Ethical Issues in Human Stem Cell Research: Executive Summary)[39]	美国
	2002	《干细胞法案》(Stem Cell Act)[42]	德国
	2003	《人胚胎干细胞研究伦理指导原则》	中国
	2005	《人源胚胎干细胞研究的指导方针》(Guidelines for Human Embryonic Stem Cell Research)[43]	美国
	2008	《干细胞法案》(修订版)(Stem Cell Act Last Amendment 2008)[42]	德国
	2010	《人源胚胎干细胞研究的指导方针》(修订版)(Final Report of the National Academies' Human Embryonic Stem Cell Research Advisory Committee and 2010 Amendments to the National Academies' Guidelines for Human Embryonic Stem Cell Research)[43]	美国
	2010	《HFEA 人类干细胞的应用实践》(Code of Practice for the Use of Human Stem Cell Lines)[39]	英国
	2015	《干细胞临床研究管理办法(试行)》[5]	中国
	2016	《干细胞研究和临床转化指南》(ISSCR Guidelines for Stem Cell Research and Clinical Translation)[44]	国际干细胞研究学会
基因编辑	2017	《人类基因编辑:科学、伦理以及监管》(Human Genome Editing: Science, Ethics, and Governance)[45]	美国科学院、美国医学院
	2017	《人类生殖系基因组编辑》(Human Germline Genome Editing)[46]	美国人类遗传学协会、英国遗传学护士与咨询师协会、国际遗传流行病协会和亚洲遗传咨询师职业协会等
	2018	《来自香港的警示》(Wake-up Call from Hong Kong)[47]	第二届国际人类基因组编辑峰会——中国科学院院长、美国国家医学院院长、美国国家科学院院长
	2018	《基因组编辑与人类生殖:社会伦理问题》(Genome Editing and Human Reproduction: Social and Ethical Issue)[48]	英国纳菲尔德生命伦理学理事会
	2019	《CRISPR 意外的纪念日》(CRISPR's Unwanted Anniversary)[49]	"开发出一种基因组编辑方法"的 2020 年诺贝尔化学奖得主 Jennifer Doudna
	2020	《全球公民对基因组编辑的讨论》(Global Citizen Deliberation on Genome Editing)[50]	管理学、法律、生物伦理学、遗传学等领域共 25 位科学家
	2021	《人类基因编辑管治框架》(Human Genome Editing: A Framework for Governance)[51] 《人类基因编辑建议》(Human Genome Editing: Recommendations)[52]	世界卫生组织人类基因编辑全球治理和监督标准咨询委员会

4.4.2.4 数据伦理研究与干细胞毒理学

近年来,大数据、互联网、云计算等平台技术飞速发展,对于各种各样的数据赋予了新的现实意义,由此也引发了人们对数据的关注。已有相关研究对我国大数据技术使用过程中的潜在风险与伦理研究进行了总结分析,研究发现数据伦理主要有七方面:数据隐私、数字鸿沟、数据安全、数据所有权、数字身份、数据质量、数据可及,大数据应用中的数据伦理风险集中在数据共享、数据挖掘、数据存储等环节[53]。在干细胞毒理学研究的框架下，产生的数据一方面存在与所有数据相似的伦理研究问题，即数据隐私、数据安全等方面；另一方面干细胞毒理学的数据由于是风险或潜在风险物质对人体健康效应的相关数据，因此在作为数据的基础上，又增加了对个人隐私、人类遗传数据、数据分析等更加多元化的内容。由此可见，在干细胞毒理学的研究数据管理上，还应该更加谨慎。

干细胞毒理学研究的数据获取、分析、保存等工作是贯穿实验项目始终的，应该在各环节加大伦理审查力度，尤其是涉及医学伦理相关的数据获取、遗传数据的保存等，提高可控性。同时，作为一门研究科学，不可避免地会涉及实验结果与数据的发表，甚至有些实验结果还会作为管控相关化合物、药物筛选等的科学依据。研究者应提前了解相关伦理共识、国家政策与法律法规，如《中华人民共和国数据安全法》，避免出现因不知而犯的情况。总的来说，对于干细胞毒理学还没有具体的数据管理与数据伦理研究与规范，还需进一步加强。

4.4.2.5　社会伦理研究与干细胞毒理学

科学技术日新月异，在不同的时代、文化、信仰、历史、政治、社会环境中，生命科学技术（如试管婴儿、基因编辑）出现直接打破了人们固有思维，传统伦理原则与价值观受到冲击，如何更好地调整、制定相关规范文件来约束技术应用、引导民众了解，是当务之急。

目前，科学技术蓬勃发展，在发展方向、发展路径、研究应用方面都具有颠覆性和高度不确定性，同时这些技术又与社会发展、人民生活高度关联，国家的伦理研究压力与挑战前所未有。干细胞毒理学作为一门新兴学科，也应进行伦理研究与风险管控的相关研究，完善并提升自身学科建设。

4.4.3　干细胞毒理学的伦理与风险管控展望

干细胞毒理学作为一个交叉学科，其在不同领域和不同内容中的伦理研究问题交错复杂，不同方面有相似的联系也有区别之处。同时，干细胞毒理学也有其本身得到的接近人体真实情况的毒性实验数据可为后续的致毒机制探索、化学品管控政策制定甚至新药临床前评估提供参考意见的问题。对于前者，干细胞毒理学的伦理研究问题一定程度上可以借鉴其他学科管理时的类似研究与探讨，或者在已有相关伦理文件的数据公开情况下规避相关伦理问题。然而后者，是干细胞毒理学研究目的所带来的伦理研究困境，也是一个相对空白的内容，还需进一步研究。为此，提出以下建议。

加强伦理规范和制度建设。干细胞毒理学已逐渐在毒理学研究中占有一席之地，但干细胞毒理学的伦理研究并未被单独提出，相关法律法规和伦理规范处于较空白的情况。目前各个国家针对生物技术领域存在的问题已经出台了许多监管文件（表 4-2），建议可参考已有的规范文件和伦理要求，如《中华人民共和国基本医疗卫生与健康促进法》《中华人民共和国生物安全法》《涉及人的生物医学研究伦理审查办法》《生物医学新技术临床应用管理条例（征求意见稿）》等国家文件，同时结合干细胞毒理学相关特征，给出一个合适的伦理学规范文件，以便更好地指导研究开展。

加强科技伦理学教育。科技伦理学教育在我国一直以来都不是一个主流学科，在学生的教育阶段相比专业课等的学习相对缺失[54]，导致学生缺少正确的伦理相关概念和意识，从而反过来限制了自身的发展；公众很多时候对专业科学问题与科学伦理概念不了解，会使相关政策无法很好地落实到位，也会导致很多谣言和舆论出现[55]。建议加强全民科技伦理学教育与“硬”科普工作，特别是加强相关研究人员的伦理道德思想建设，提高认知、严格遵守科技伦理道德规范，提高伦理研究水平。

加强伦理监管体系建设。我国伦理监管体系存在监管依据立法层级低、监管方式不完善、监管主体权责不明确等问题[56]，今后还需进一步加大对伦理监管体系的重视程度，在专业度和规范化上进一步提高，并明确科技伦理是在科学研究中从始至终贯穿的重要环节。

本节内容涉及面广、作者笔力有限，大篇幅内容着重在已有伦理事件的举例和问题阐述提出方面。干细胞毒理学的伦理研究和风险管控是一个新兴交叉学科的空白，需要在未来的实际研究中更加积极地发现问题、提出问题、讨论问题、提出对策，进一步填补伦理道德规范相关内容。

参考文献

[1] Faiola F, Yin N, Yao X, et al. The rise of stem cell toxicology[J]. Environmental Science & Technology, 2015, 49(10): 5847-5848.

[2] Kirk R G W. Recovering the principles of humane experimental technique: The 3Rs and the human essence of animal research[J]. Science Technology & Human Values, 2018, 43(4): 622-648.

[3] 李真真, 杜鹏, 黄小茹, 等. 环境伦理的实践导向研究及其意义[J]. 中国科学院院刊, 2008, 23(3): 239-244.

[4] 中华人民共和国科技部和卫生部. 人胚胎干细胞研究伦理指导原则[J]. 中国生育健康杂志, 2004, 15(2): 71.

[5] 中华人民共和国国家卫生和计划生育委员会. 干细胞临床研究管理办法(试行)[J]. 中国实用乡村医生杂志, 2015(18): 1-5.

[6] 中华人民共和国科技部.《新一代人工智能伦理规范》发布[J]. 机器人技术与应用, 2021, (5): 1-2.

[7] Manayi A, Omidpanah S, Barreca D, et al. Neuroprotective effects of paeoniflorin in neurodegenerative diseases of the central nervous system[J]. Phytochemistry Reviews, 2017, 16(6): 1173-1181.

[8] Liu S, Yin N, Faiola F. Prospects and frontiers of stem cell toxicology[J]. Stem Cells and Development, 2017, 26(21): 1528-1539.

[9] Yao X, Yin N, Faiola F. Stem cell toxicology: A powerful tool to assess pollution effects on human health[J]. National Science Review, 2016, 3(4): 430-450.

[10] Schwartz M P, Hou Z, Propson N E, et al. Human pluripotent stem cell-derived neural constructs for predicting neural toxicity[J]. Proceedings of the National Academy of Sciences of the United States of America, 2015, 112(40): 12516-12521.

[11] Yang R, Liu S, Yin N, et al. Tox21-based comparative analyses for the identification of potential toxic effects of environmental pollutants[J]. Environmental Science & Technology, 2022, 56(20): 14668-14679.

[12] 苏夜阳, 田埂, 冯小黎, 等. 将“人”字写在天上:从 ELSI 到 HELPCESS——试谈当前生命伦理讨论中的若干问题[J]. 中国科学院院刊, 2012, 27(4): 425-431.

[13] 李真真, 杜鹏, 黄小茹. 环境伦理的实践导向研究及其意义[J]. 中国科学院院刊, 2008(3): 239-244.

[14] 吴梦强. 医学科技伦理治理面临的挑战与对策探讨[J]. 中国医疗管理科学, 2023, 13(3): 12-17.
[15] 李红文. 当代医学伦理学的四种研究进路及其反思[J]. 医学与哲学, 2023, 44(7): 8-11, 46.
[16] Chen H I, Wolf J A, Blue R, et al. Transplantation of human brain organoids: Revisiting the science and ethics of brain chimeras[J]. Cell Stem Cell, 2019, 25(4): 462-472.
[17] Koplin J J, Savulescu J. Moral limits of brain organoid research[J]. Journal of Law, Medicine and Ethics, 2019, 47(4): 760-767.
[18] 李欣慧, 李明. 我国保护性医疗制度及其存在的法律问题[J]. 医学与哲学, 2021, 42(2): 58-61.
[19] 刘垠. 有效保护合理利用我国人类遗传资源[N]. 科技日报, 2023-06-02(001).
[20] 赵功民. 遗传学的发展及其社会伦理问题的思考[J]. 北京工业大学学报(社会科学版), 2002(1): 6-11.
[21] Hyun I, Wilkerson A, Johnston J. Embryology policy: Revisit the 14-day rule[J]. Nature, 2016, 533(7602): 169-171.
[22] Servick K. Door opened to more permissive research on human embryos[J]. Science, 2021, 372(6545): 894.
[23] Randall A. Environmental Ethics for Environmental Economists[M]. Waltham: Elsevier, 2013.
[24] 彭璞. 论人与自然和谐共生的中国式现代化环境伦理[J]. 世界经济与政治论坛, 2023(2): 27-40.
[25] 练新颜, 谢玮璐. 食物环境伦理的科学主义误区[J]. 自然辩证法通讯, 2023, 45(4): 107-115.
[26] 吴亚星. 石油工业实践中的环境伦理[J]. 天津化工, 2022, 36(5): 119-121.
[27] 程郢念. 新时代大学生环境伦理观的培育研究[D]. 沈阳: 沈阳师范大学, 2022.
[28] 向娇. 克里考特环境伦理思想研究综述[J]. 文化学刊, 2022(10): 181-184.
[29] Cheng Z, Liang X, Liang S, et al. A human embryonic stem cell-based *in vitro* model revealed that ultrafine carbon particles may cause skin inflammation and psoriasis[J]. Journal of Environmental Sciences (China), 2020, 87: 194-204.
[30] Liu S, Yang R, Chen Y, et al. Development of human lung induction models for air pollutants' toxicity assessment[J]. Environmental Science & Technology, 2021, 55(4): 2440-2451.
[31] Liang X, Yang R, Yin N, et al. Evaluation of the effects of low nanomolar bisphenol A-like compounds' levels on early human embryonic development and lipid metabolism with human embryonic stem cell *in vitro* differentiation models[J]. Journal of Hazardous Materials, 2021, 407: 124387.
[32] Liang X, Yin N, Liang S, et al. Bisphenol A and several derivatives exert neural toxicity in human neuron-like cells by decreasing neurite length[J]. Food and Chemical Toxicology, 2020, 135: 111015.
[33] 王国豫. 共享、共责与共治——精准医学伦理的新挑战与应对[J]. 科学通报, 2023, 68(13): 1600-1603.
[34] 董敏, 雷芳, 刘雪梅. 期刊在医学伦理批件复核中的问题及防范[J]. 医学与哲学, 2023, 44(3): 21-24.
[35] 曾玲, 唐宗顺, 罗萍, 等. 医学期刊编辑对生物医学研究伦理问题的处理方式调研及建议[J]. 中国科技期刊研究, 2022, 33(12): 1655-1662.
[36] Thomson J A, Itskovitz-Eldor J, Shapiro S S, et al. Embryonic stem cell lines derived from human blastocysts[J]. Science, 1998, 282(5391): 1145-1147.
[37] Liang P, Xu Y, Zhang X, et al. CRISPR/Cas9-mediated gene editing in human tripronuclear zygotes[J]. Protein and Cell, 2015, 6(5): 363-372.
[38] 陈晓平. 试论人类基因编辑的伦理界限——从道德、哲学和宗教的角度看"贺建奎事件"[J]. 自然辩证法通讯, 2019, 41(7): 1-13.
[39] 范月蕾, 王慧媛, 姚远, 等. 趋势观察:生命科学领域伦理治理现状与趋势[J]. 中国科学院院刊, 2021, 36(11): 1381-1387.
[40] The Louisiana State Legislatur. Louisiana Health Law, Chapter 3: Human Embryos[EB/OL]. [2023-12-30]. https://www. legis.la.gov/legis/Law.aspx?d=108438.
[41] Ministry of Health and Social Affairs of Sweden. The Swedish *in vitro* Fertilization Act[EB/OL]. [2023-12-30]. https://repository.library.georgetown.edu/handle/10822/ 822802?show=full.
[42] Isasi R, Kleiderman E, Knoppers B M. Genetic technology regulation. Editing policy to fit the genome?[J]. Science, 2016, 351(6271): 337-339.

[43] National Academies of Sciences, Engineering, and Medicine. Guidelines for Human Embryonic Stem Cell Research[M]. Washington DC: The National Academies Press, 2005.
[44] Daley G Q, Hyun I, Apperley J F, et al. Setting global standards for stem cell research and clinical translation: The 2016 ISSCR guidelines[J]. Stem Cell Reports, 2016, 6(6): 787-797.
[45] National Academies of Sciences, Engineering, and Medicine. Human Genome Editing: Science, Ethics, and Governance[M]. Washington DC: The National Academies Press, 2017.
[46] American Society of Human Genetics. 11 Organizations Urge Cautious but Proactive Approach to Gene Editing[EB/OL]. [2023-12-30]. https://www.ashg.org/publications-news/press-releases/201708-genome-editing/.
[47] Dzau V J, McNutt M, Bai C. Wake-up call from Hong Kong[J]. Science, 2018, 362(6420): 1215.
[48] Nuffield Council on Bioethics. Genome Editing and Human Reproduction: Social and Ethical Issues[M]. London: Nuffield Council on Bioethics, 2018.
[49] Doudna J. CRISPR's unwanted anniversary[J]. Science, 2019, 366(6467): 777.
[50] Dryzek J S, Nicol D, Niemeyer S, et al. Global citizen deliberation on genome editing[J]. Science, 2020, 369(6510): 1435-1437.
[51] Shozi B, Kamwendo T, Kinderlerer J, et al. Human genome editing: A framework for governance[J]. Journal of Medical Ethics, 2021, 48(3): 165-168.
[52] Health Ethics & Governance of World Health Organization. Human genome editing: Recommendations [EB/OL]. [2023-12-30]. https://www.who.int/publications/i/item/9789240030381.
[53] 王英, 张春婵, 王铖. 我国大数据应用中的数据伦理风险及其治理研究进展[J]. 图书馆工作与研究, 2023(4): 39-47.
[54] 张宇庆, 计彤. 加强科技伦理教育 全面培养高质量理工科大学生[J]. 国防科技工业, 2023(5): 60-62.
[55] 虞伟. “限塑”公众教育的冷思考[J]. 世界环境, 2020(6): 24-25.
[56] 安丽娜. 我国伦理委员会的变迁、现状与监管研究[J]. 山东科技大学学报(社会科学版), 2019, 21(3): 26-32, 40.